TIME
AND LIGHT:
The History of Physics

时与光

一场从古典力学到量子力学的思维盛宴

芩芩◎著

清华大学出版社
北京

图书在版编目（CIP）数据

时与光：一场从古典力学到量子力学的思维盛宴 /棽棽著． － 北京：清华大学出版社，2015（2022.7重印）

ISBN 978-7-302-40745-4

Ⅰ．①时… Ⅱ．①棽… Ⅲ．①物理学史 Ⅳ．①O4-09

中国版本图书馆 CIP 数据核字（2015）第 162072 号

责任编辑：胡洪涛　王　华
封面设计：杨雪果　蔡小波
责任校对：刘玉霞
责任印制：杨　艳

出版发行：清华大学出版社
　　　　　网　　址：http://www.tup.com.cn，http://www.wqbook.com
　　　　　地　　址：北京清华大学学研大厦 A 座　　邮　　编：100084
　　　　　社总机：010-83470000　　　　　邮　　购：010-62786544
　　　　　投稿与读者服务：010-62776969，c-service@tup.tsinghua.edu.cn
　　　　　质　量　反　馈：010-62772015，zhiliang@tup.tsinghua.edu.cn
印　装　者：三河市铭诚印务有限公司
经　　销：全国新华书店
开　　本：165mm×240mm　　印　张：25　　字　数：366 千字
版　　次：2015 年 10 月第 1 版　　印　次：2022 年 7 月第 12 次印刷
定　　价：68.00元

产品编号：065409-02

献　　给

从 12 岁到 120 岁
所有对世界充满好奇的孩子

TIME
AND LIGHT:
The History of Physics

时与光
一场从古典力学
到量子力学的思维盛宴

TIME
AND LIGHT：
The History of Physics

时与光
一场从古典力学
到量子力学的思维盛宴

第一章

波，还是粒子：

光的故事

　　光是生命体最为熟悉却又最为陌生的物质。它绵延亘古，穿越层层时空来到你我面前；它刺破浓郁的黑暗，所过之处万物无不心神摇曳，虚实交错间漾起圈圈涟漪；它无声无息、了无行迹，却又如同血管中跳动的脉搏，一旦消逝，大千世界亦将崩塌于不复。自从智慧的火炬点亮了宇宙一隅这颗祥云缭绕的蓝色星球，星球上一代又一代的探险家们在好奇心的驱使下便从未曾停止追问：与我们朝夕相伴的光，它到底源自何方？竟是何物？

　　最初，在古希腊那帮思维漫步者中，有人提出了这样一种猜想：光是从眼里伸出的某种触手状物质，能够向着四方延展并攀附于各物体上。因此，我们看到某样东西，实际上是目光触摸到了它。但该结论很快就被先哲们那历经逻辑熔炉千锤百炼的头脑给否定：假若看见东西是因为眼球自带发光功能，该如何解释夜晚的存在呢？只要我们从撕开眼皮的刹那，时刻不停地释放光须，黑暗将无处藏身。"两眼泛光说"不攻自破，但光线形同触手这一想法并未就此销声匿迹。若干年后，一幅更具说服力的图景诞生了：我们之所以能够看见，是因为物体表面散发的光须钻入了双瞳。如此说来，为了能被人类感知，周围所有的石头、树木都在悄无声息地制造着光芒？为了不被视而不见，每个生命也都必须努力使自己光彩夺目？新理论勉强能够解释光明的另一面——黑暗——的存在：只需令所有生物/非生物同时停止发光即可。不过，依据"实体泛光说"，搭建一间小黑屋倒是勉强可行，而若想泯灭苍穹，其难度大概不亚于创生三界吧。为了绘制无边的暗夜，难道寰宇设计师需要在一切物质背后都偷偷装上同一型号的亮度开关？

　　遗憾的是，还没等这群可敬的幻想家沿着新开辟的小径走出多远，罗马人的铁骑便肆意地践踏起了他们的家园。凯撒（Julius Caesar）征服埃及之时，被誉为文明灯塔的亚历山大图书馆意外地遭到战火吞噬，总馆布鲁却姆七十万卷藏书被损毁四十余万。但更致命的打击还在后面。公元 4 世纪，帝国最后一位君王狄奥多西一世①决意将基督教设作国教。为了从灵魂深处掌控他的子民，狄奥多西一面疯狂迫害异教徒，一面倾尽全力誓将异端留下的遗迹在其管辖地域内一一抹去。闻名遐迩的亚历山大城自然首当其冲，大教长圣·狄奥菲鲁斯亲自披挂上阵，率领大队乌合之众一路摔抢打砸，恨不能立刻把塞拉比斯神庙夷为平地。位于其中的图书馆分馆也难逃厄运，滔天的烈焰之中，流传千年的哲思妙想须臾间化作一片灰烬。怎奈倚仗强权打造的"统一"终不过一副虚空的躯壳，狄奥多西死后，罗马帝国迅速走向分裂，可被他推向顶峰的基督教会却兀自壮大起来，不但凶残地肆虐着每一个与其不相偕同的思想流派，更逐渐凌驾于皇权之上，成为地中海沿岸真正的统治者。

　　公元 415 年 3 月的一天，一伙儿暴徒在新任主教西里尔的授意下，埋伏到亚历山大城最美丽的女儿、数学与天文学家海帕西娅（Hypatia）出门授课的必经之路上，将她从两轮车中强行拽出，一路拖进教堂，剥得一丝不挂，然后用削磨锋利的蚌壳一块块剜下她的皮肉。这位直到生命尽头依然勇力捍卫着自由与尊严，怒斥教廷无耻行径的非凡女性，此刻已是血肉模糊、息若悬丝。但穷凶极恶的暴徒仍不肯罢休，竟抢刀剁去了她的胳膊和双腿，将那尚在颤抖的残肢投入冰冷的火焰之中……希腊化文明的最后一颗星辰就这样浸没在无际的血海，陨落于历史深处。此后的漫漫长夜里，恐惧像癌细胞一样徐徐扩散，而以其为食的愚昧和妄诞则如同蛆虫一般大摇大摆地爬过街头巷道，将它们圆滚滚的身躯挤进每一户屋舍，胀满每一颗脑袋。

　　然而，人类精心培育的智慧萌芽岂是蛮力能够轻易摧折？西罗马覆亡之后，大量的书籍与残片被转移至东罗马。继续东行，它们终于找到了新的用武之地——为崛起中的伊斯兰文明提供养分。与此同时，波斯人与阿拉伯人在继

---

　　① 即弗拉维乌斯·狄奥多西·奥古斯都大帝，Flavius Theodosius Augustus "the Great"。

TIME
AND LIGHT:
The History of Physics

时与光
一场从古典力学
到量子力学的思维盛宴

承了这笔宝贵的财富之后,也不忘对其进行扩充与拓展。最终,升级版的知识库又通过地中海反哺回欧洲各君主国。这一过程断断续续耗费了近千年光阴,直到公元 13 世纪,远古的星辰才再次照耀大地。历经了三十六万日日夜夜的蛰伏,此刻,它已然炼作万道霹雳,灼目的光亮凌空划过将中世纪的阴云驱散殆尽。

千年之间,随着铜镜等光学构件在工匠的巧手下变得越来越精致,人类逐渐意识到,事物不但可以通过眼睛来认识,还可以利用仪器从不同角度进行观察。暗影中的镜片清澈如水,但只要把它移至阳光下,表面就会泛起灿烂的光华;在暗室的墙上凿一小孔,其对面的影壁就能把屋外的斑斓景象一一收纳,但图案却呈倒立状……千奇百怪的现象共同揭示着一个道理:"看"确实是外部光线投射到视网膜而激起的神经信号,但并不是唯有发光的物体才能被感知,不会发光的物体也可倚赖穿梭于近旁的光线来勾勒自己的轮廓。而所谓黑暗,不过是由于特定区域内的光源暂时熄灭或受到阻隔,令不发光的物体恢复了本来面貌而已。关于"看"的谜题似乎找到了答案,可更深层的困惑也随之而来:究竟要依据什么才能判断一个物体是在"发光"还是"借光"? 光的本质到底是什么? 为探寻谜底,让我们暂且将自己融入时空之中,化作一团无形无质的泡沫,跟随跃动的光斑来一场奇幻大冒险吧。

反射与折射

这是光源发出的一束光,在真空自由漫步。忽然,前方出现一面镜子,它直直撞了过去,却发现身体不听使唤地被弹回空中,这便是"反射"现象。继续游走,这一回,挡住去路的是一潭清泉。它捂住眼睛,准备迎接新一轮的冲击。可是——啊哈,光竟然钻入了一种全新的介质中,运动方向也因此发生偏转,该过程即是"折射"。

如图 1.1 所示,穿过两种介质的交界面作一根垂线(即"法线"),入射光与垂线之间的夹角叫做"入射角",反射回原介质的光线与垂线之间的夹角叫做

"反射角"，而进入另一种介质的光线与垂线之间的夹角叫做"折射角"。那么，各角度之间有什么内在联系呢？

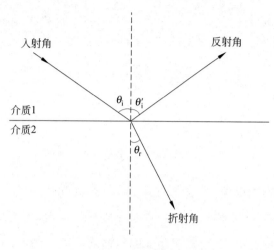

图 1.1　反射与折射

人们首先注意到，不论反射还是折射，其角度都会随着入射角的开合而变换。经测量可确定，反射角的大小总是与入射角相等。而折射的情形则更为复杂，光在两种介质间穿行时，折射角虽总有偏移，却始终保持与入射角同比例增减。可究竟是什么因素决定着那个至关重要的比值呢？直到 17 世纪初，荷兰莱顿大学的数学教授威里布里德·斯涅耳（Willebrord Snell）把积累多年的观测数据加以拟合，才第一次掘出了这层规律：光束的偏转率取决于各介质如何"搭配"。

这真是个了不起的发现。以方才所举为例，若把光的传播方向上下颠倒，令其从水中进入真空，由于改换并未触及原先设定的介质，因而只需顺势将箭头翻转——折射光变作入射光，而真空中的入射光则成了折射光——即可预知实际情形。此时，入射角 θ_i 反比折射角 θ_r 更小，但折线的形状却维持不变（图 1.2）。物理学要寻找的，正是那千变万化中难得一见的不变性！

把斯涅耳的结论转换成数学语言，即是大家再熟悉不过的"折射定律"：

$$\frac{\sin\theta_i}{\sin\theta_r} = n_{r-i}$$

TIME
AND
LIGHT: The History of Physics

时与光
一场从古典力学
到量子力学的思维盛宴

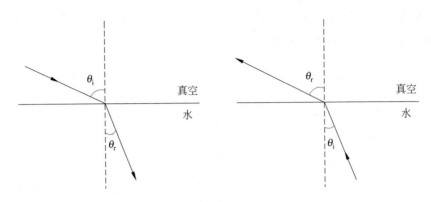

图 1.2　光从真空入水和从水入真空

其中，θ_i、θ_r 分别为入射角、折射角的大小，n_{r-i} 则为光在两种介质间的"相对折射率"。依据该定律，我们只需将任意介质放在真空中，测定光束从真空进入该介质的"绝对折射率"n，就能预测光的传播路径了。例如：已知光从真空钻入水中的绝对折射率为 $n_水$，又已知其钻入玻璃的绝对折射率为 $n_{玻璃}$，由折射定律（斯涅耳定律）：

$$\frac{\sin\theta_{真空}}{\sin\theta_水} = n_水$$

$$\frac{\sin\theta_{真空}}{\sin\theta_{玻璃}} = n_{玻璃}$$

可得

$$\frac{\sin\theta_水}{\sin\theta_{玻璃}} = \frac{n_{玻璃}}{n_水} = n_{玻璃-水}$$

即使尚未将玻璃置于水下，也可由此预先确定光束的偏转情况。但若继续往根源处追索，你将发现，不论反射定律还是折射定律，以上两条我们自中学时代起早已熟稔于心的光学法则其实都比较"唯象"——须得对特定现象进行无数次测量，才能从海量的数据之中总结出某个经验性的表达式。这样的公式源于归纳，却止于推演。以光的折射为例，如果摆在面前的是两种陌生介质，你尚无机会令一束光从真空穿入其间以记录偏转角度，那么此时若想推知光在两介质交界面的行为模式，即使精妙如斯涅耳定律也将束手无策。换句话说，由庞大的数据库中提炼出的唯象定理①兴许能告诉你往后一步是"什么"，却不能解释往前一步是"为什么"。无垠的介质中，脚下的路有千万条，光为什么偏偏要沿着直线飞翔？与另一种介质相遇后，转弯的方式有千万种，它又为什么偏偏要遵循某一固定套路呢？

最短时间原理

17 世纪 60 年代，人类引逗光线的本领日渐高超，有关反射、折射的归纳性法则也已初现端倪。首位尝试解答这一"为什么"的天才终于在万事俱备之际乘着东风翩然而至，他便是来自法国的职业法律顾问兼"业余"数学家皮埃尔·德·费马（Pierre de Fermat）。弗吉尼亚·伍尔夫（Virginia Woolf）曾说过："所谓天才就如同流星一样，他们划过夜空，撕破黑暗，道出真相，然后消失。"费马的一生便是对这句

皮埃尔·德·费马

话最为生动的诠释。这位命运的宠儿衣食无忧且与世无争，从律师到法官，他表面上循规蹈矩，过着与其贵族身份相符的平顺生活；而私底下，他却悄悄为自己营造了一整座美轮美奂的思维殿堂，像个孩童一般流连其间、尽情玩耍。

费马惯于独自潜行。他终生远离学术圈，却也偶尔调皮地浮出水面冒个泡，写上一封短信给当时的某位权威教授，将他最近游玩时无意间瞥见的美妙景象透露稍许，微微地撩拨一下学界的神经：一个原本无意流传后世的"费马大猜想"②——$x^n + y^n = z^n$，当整数 $n > 2$ 时，方程无解——令千万逻辑狂人挠破头皮求证了足足 358 年；另一个关于多级指数的猜想——$2^{2^n} + 1$ 一定是素数——又让众多数论名家信以为然、琢磨良久，最终却发现那是错的……关于费马的

---

① 为简洁起见，文中对"唯象"的解释过于绝对。严格来说，在无限逼近真实情形的道路上，我们目前已知的任何一条规律从某种角度看都是"唯象"的：牛顿的万有引力似乎已揭示出"力"的本质，但在爱因斯坦的广义相对论里"引力"却又成了时空弯曲的产物……

② 公元 1995 年，英国数学家安德鲁·怀尔斯（Andrew Wiles）历经 8 年奋战后终于给出了证明过程。从此，它成功晋升为"费马大定理"。

TIME
AND LIGHT：
The History of Physics

时与光
一场从古典力学
到量子力学的思维盛宴

传奇足有一大箩筐，可惜此处留白太小，写不下。现在，让我们先着重来领略一下费马殿堂的明珠"最短时间原理"的风采吧，一个把数学当娱乐的顽童一不小心道破了宇宙的天机。

大约 1662 年前后，费马在他某张信稿边页以其一贯的潦草笔锋轻描淡写地留下了一行小字："在从一点行进到另一点所有可能的路径中，光所选择的一定是耗时最短的路径。"这便是赫赫有名的"费马最短时间原理"。也许你会想：这不显而易见嘛，只要足够机灵，放着捷径谁还愿意绕远道呢？但在费马之前，还鲜有人尝试把自己融入一束光来思量其处境。况且一条论断之所以能被冠以"原理"头衔，仅靠揣度是不够的，它必须严格建立在事实与逻辑的双重基础之上。下面，请你试着玩几个简单的几何游戏，来证明这一原理（参见附录一）。

耗时最短，实则意味着跑得最快。速度与角度，两个原本风马牛不相及的物理量通过费马原理竟微妙地联系到了一块儿，这不得不说是对大自然的一次深刻洞见。不仅如此，费马对光行为那颇具"人性化"的诠释总透着一股子说不清道不明的刁钻气息，自问世之日起数百年来，它就像费马本人一样，激起的赞美与嘲讽两相滔滔，至今仍不绝于耳。按照斯涅耳定律，光从光源出发之后，若碰到不同介质，由于事先已约定好折射率，它只需依照老规矩及时调整方向，便可在各介质间弯来折去、畅行无阻了。整个过程自先而后，与惯常所期待的因果律恰相吻合。然而，最短时间原理的横空出世却打破了这片祥和：如果说每趟旅程都必须考虑时间损耗，那么在出发之前，光是如何确定自己将驻步何方，途中又会遭遇怎样的流转与机变的呢？从 A 到 B，它可以直奔主题，也可以醉鬼似地打着旋晃荡过去，精力充沛的话，甚至可以扑腾到海角天涯再折返回来……退一步说，即使能够预知最终落点，它究竟该采用何种方式来寻出最优路线呢？

本章我们暂且不去探究光是如何自三千弱水中毫不犹豫地取出了属于自己的那一小瓢，事实上，仅考虑它能于事件发生之前就知晓结果这一点，就足以令人头疼不已。试想，假如你是一束光，正准备从 A 点去往 B 点，依据时空王国新近颁布的"最短时间章程"，你不仅得知道目的地 B 的精确位置，更需详细了解沿途将经过几层界面，各界面的具体位置，各介质分别是什么……每段路况皆无疏漏，如此才有可能定制最优方案。倘若你尚未摸清状况便贸然前行，闷头一阵疾驰之后，猛然撞见一界面，这才临时决定进退转圜，势必得反复修正原初的轨迹。而既然还有调整的余地，则意味着它并不是上上之选，比起动身之前一口气描画的路线，势必耗时更多。因此，"费马章程"若想顺利施行，光就必须在跨上起跑线的瞬间便对所有的选择都了然于心，并早早做好计划——沿着结果去谱写过程，这简直就是一场逆时而上的盛大游行！"先"和"后"、"因"与"果"颠倒错乱，原本规规整整的逻辑拼图霎时被震得七零八落，弥散不知所踪。

与我们形影相随的光背后竟藏匿着如此纷繁的秘密。随着实验器材的改良，学者们进而又发现，费马对光行为的解读仍不够全面，光程除了取极小值之外，有时也会取定值（例如当光源位于椭圆反射镜的焦点之一时），必要时甚至还会取极大值（这需要耍点儿花招，对光进行"诱骗"。例如仍把光源置于椭圆的任意一焦点上，再紧贴椭圆内壁镶嵌一块抛物镜，则光线必定落于抛物面底端）。因此，费马原理最为精确的表述应该是："过两个定点 A、B 的光总选择光程一阶变分为零的路径。"

多年以后，随着人类对世界的了解不断地深入，最短时间原理渐渐化身成羽翼更为丰满的"最小作用量原理"，傲然翱翔在诸如广义相对论、量子场论等现代物理各前沿阵地上空。然而，有关行程的诡谲思辨不过是光奉献给世人的一碟开胃小菜而已，觥筹交错间，一场从古典力学到量子力学的思维盛宴正缓缓拉开序幕……

柴郡猫的微笑

几乎就在费马发出第一声啼哭的同时，一位游学四方的年轻人途经罗马，正巧在向他那亚里士多德学派的同行们展示一块奇异的"魔法石"。他把魔法石从随身携带的密封盒里取出，一眼望去，这只是块再普通不过的岩石碎片，粗粝而暗淡。可是，当年轻人将石片拿到阳光底下一阵暴晒，再带领大家来到伸手不见五指的暗房，不可思议的景象出现了：漆黑之中，魔法石犹如披上了一件淡彩霞衣，怡然地散发着暖暖的荧光——它把阳光拽进了屋子里！

TIME
AND LIGHT:
The History of Physics

时与光
一场从古典力学
到量子力学的思维盛宴

这个顽皮的年轻人就是伽利略，而他手中的魔法石学名叫做"硫化钡"，博洛尼亚的炼金术士给它起了一极富诗意的名字："太阳海绵"。如今，我们当然知晓硫化物晶体之所以会发光，是由于其分子在热辐射的激发下释放能量的缘故。但400年前人们还不具备探索微观领域的能力，长期浸淫在教会对各类自然现象形而上学的解读当中，众元老顿时惊得目瞪口呆。他们曾坚信，光是发光物体与生俱来的独门绝技，由上帝赋予的属性岂容篡改？但眼前这个胆大妄为的年轻人竟然把光从太阳身上剥离下来，装进了石头里。对那些笃信教条的老学究们来说，该行为无异于在他们眼皮底下把永恒的微笑从玛利亚圣洁的面庞摘下，转而镶嵌到一头驴子脸上。

虽说伽利略自个儿也搞不懂"太阳海绵"的发光机制，但透过黑暗中那温润的光华，他敏锐地觉察到其中一定包藏着尚不为人知的玄机。于是，自希腊时代终结以后，伽利略第一个对光的身份做出了不同于亚里士多德的释译。他认为，光是由许多肉眼无法分辨的细小颗粒组合而成的。就像水滴或沙粒，光作为一类实体，不但能够被度量，同样也可与其他物质发生相互作用：碰撞、反弹、渗透……既是一种独立于外物的存在，那么将光从一个地方转移到另一个地方当然无须借助什么骇人的"妖术"。该猜想不仅模糊了发光物体与普通物体之间的界限，更驳斥了把光当作一件虚无的依附品的古旧观念。被惹恼的众位长老气急败坏地想要掐灭这异端的嫩苗，怎奈在岩石碎片满溢的柔光面前，再大声的咆哮也显得苍白无力。

借由太阳海绵，"光是微粒的集合"这一新观点欢快地跃入了众人的视野。为探究世界的本来面目，伽利略自踏上征程的最初一刻，便不顾艰险，直奔已知与未知相交接的边缘地带。由于他不仅如同上古先哲那般长于逻辑，更创造性地以观测数据作为其所有构想的坚实后盾，因而就连犬牙交错的教义罗网也奈何他不得。之后的岁月里，与保守势力明里暗里地较量成了这位勇士命运的伴奏曲，伴随着揭示宇宙奥秘的主旋律一起，为开启人类心智谱写出一段段荡气回肠的乐章……

彩虹的颜色

17 世纪末，物理作为一门独立学科已初成气候，而引领风潮的重量级人物、伽利略当仁不让的头号继任者艾萨克·牛顿又为其坚信的"微粒说"[①]提供了一个漂亮例证。他用亲手打磨的三棱镜把白光撕作一条色彩斑斓的缎带：红、橙、黄、绿、蓝、靛、紫……咦，这不是彩虹的颜色吗？（图 1.3）

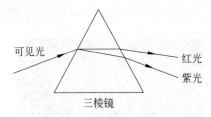

图 1.3　三棱镜的透射

只需将费马原理稍加拓展，我们便可知晓棱镜是如何将白光拆解开来的了。翱翔于真空时，各单色光速率一致[②]，但进入特定介质后，速率却不再相同，因此各单色光在真空与玻璃交界面的折射率也互不相等。如图所示，原本融为一束的白光在穿越透镜时共经历了两轮转向，而每轮转向中，每种单色光都得依据各自固有的折射率行事。随着彼此的偏转角度越拉越开，最终，红、橙、黄、绿、蓝、靛、紫彻底分道扬镳。从微观的角度看，该过程就好似把一群本性迥异的单色光颗粒一一分拨，让它们回到各自的队列中去。

光感叹道：

原来"我"其实是"我们"。

阵型一变，透明的光亮也能化作天空中一弯长虹。

从此观点出发，可以很好地理解光在均一介质为何沿直线传播？正如无外力作用时，笔直前进的小球。在不同介质的交界处为何发生反射与折射？正如小球碰到阻隔时，会根据障碍物的软硬度、黏稠度等特性来决定弹回还是穿透。然而，对另外一类光学现象，微粒说却始终不得其门而入。

---

①　其实牛顿涉猎光学之初，原本在"微粒说"与"波动说"之间摇摆不定，为与前辈罗伯特·胡克一争高下，才彻底站到了他的对立面支持微粒派。

②　该实验在普通环境也可操作，这是因为各单色光在空气中的传播速率也近似相等。

TIME
AND LIGHT:
The History of Physics

时与光
一场从古典力学
到量子力学的思维盛宴

干涉与衍射

干涉条纹

这是光源发出的一束光,在真空静静穿行。突然,前方立起一面高墙,它没有选择,只得闷声撞去。摸索中却发现墙壁上留有两道镂空,笔直而纤细,仿佛是特地为它灵动的身躯而打造的一般。可惜,才得脱身,一道屏壁又出现在眼前,光唯有义无反顾地投入它宽广的怀抱。可结局却大出所料:屏壁上映出的不是与狭缝相对的两道细线,却是明暗相间的若干条纹。

以上场景演化自能够在"十大经典物理实验"中占有一席之地的"杨氏双缝干涉",光线在后方影壁勾画的美妙图案即为干涉条纹。

穿越狭缝

该实验的缔造者名叫托马斯·杨(Thomas Young),他于 1773 年出生在英国萨默塞特郡一个富裕的贵格会教徒家庭,祖父家里藏书万卷。闻着书香成长的托马斯自幼便显示出惊人的天赋,据说他 2 岁即能诵读英文,16 岁时已熟练掌握拉丁语、希腊语、法语、意大利语,直至从属于东方语系的希伯来语、波斯语、阿拉伯语等 12 门语言。与此同时,随着眼界的拓宽,他对自然科学的兴趣也与日俱增。中学时期,不仅自学过被奉为经典的《自然哲学的数学原理》,还系统研习了海峡对岸热腾腾刚出炉的《化学基础论》[①]。除

托马斯·杨

---

① 安托万·拉瓦锡的传世名著。

了徜徉于语言之海、跋涉于数理大漠之外，托马斯还精通音律，能够弹奏当时几乎所有的乐器。19 岁时，他决定追随叔父的脚步以行医为职，仅仅 4 年后便拿下了德国著名学府哥廷根的硕士学位。而求学期间，又因为成功地解释了眼睛之所以能够聚焦，是由于眼周肌肉拉伸/挤压晶状体所致，21 岁就被选为英国皇家学会的会员。该原理与通过改变玻璃透镜的厚薄与凹凸来调整光路有着异曲同工之妙，可见年轻的托马斯已然领悟到了畅游于各学科间融会贯通的乐趣。

完成学业后，托马斯一面履行医生的职责，一面继续在自己诸多的"业余"爱好中尽情冲浪。18 世纪晚期，工业革命的浪潮席卷着巨量的知识排山倒海而来，求知者即使如达·芬奇那般披星戴月地阅读工作，也不太可能同文艺复兴时期那群幸运儿一样，博物生态、矿石冶炼、诗歌绘画……将所有科目统统收纳于一脑。学者们每每行至分门别类的岔道口，就不得不在挑出自己的最爱之后忍痛放弃其他。而托马斯却由于超乎寻常的博学，被誉为"世界上最后一个什么都知晓的人"。只是这样的称号既饱含赞赏，也难免掺杂着嫉妒吧。

1800 年前后，在阅读牛顿的另一本著作《光学》时，托马斯注意到，用微粒学说来解释以作者本人荣耀冠名的奇特现象"牛顿环"（图 1.4）似乎有些牵强。那一圈圈明暗相间、疏密有致的同心圆，怎么看也不像直来直往的粒子一族所搭建的杰作。但光若不由微粒组成，它还能是什么呢？

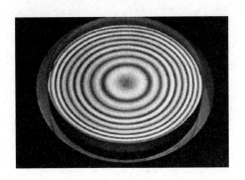

图 1.4　牛顿环

陷入困顿的托马斯合上书本，恍惚间便踱到了书房的另一端。停下脚步，他随意拨弹起沉睡在角落的大提琴。琴弦震颤，跳跃的音符越过空间的阻隔轻

TIME
AND LIGHT:
The History of Physics

时与光
一场从古典力学
到量子力学的思维盛宴

盈地落在托马斯耳尖,下一秒,却在他脑海中爆裂开来。声音,这位与光同行多年的伙伴,就这样毫无征兆地闯入了他的思维乐园。当时人们已经知晓,声音是一种波。那么,可不可以用同样的模式来解释光的行为呢?正如声音挤进门缝后能灌满一整间屋子,如果光也是一种波,那它拼命钻过狭缝自然亦是为了朝着四方发散。再如,牛顿已经解释了白光之所以被棱镜分解是因为各单色光的固有折射率不同,依据费马原理,光的折射率取决于它在各介质中的传播速率之比。而托马斯则进一步预言:单色光的传播速率恰与其另一变量"波长"有关——仅从名称就可看出,这是一个描述波动特质的物理量。作为一名出色的理论家,托马斯不但运用"波动说"重新诠释了各类光学现象,更凭借牛顿留下的实验数据,精确地算出了位于彩虹两端的红光与紫光的波长。他的计算结果历经重重考验,与现代仪器给出的测量值仍毫无二致。

为展示光波之美,1807 年,托马斯在他编纂的《自然哲学讲义》当中设计了一个精巧的小实验:令光线自点光源出发,穿过两个极微小的孔洞后,影壁上将照见明暗相间的多重条纹,那光影交错的画面即是波动学说最有力的证据。这部惊世骇俗的著作本应在把牛顿所说的每个字都视为金科玉律的学术圈投下一枚重磅炸弹,可惜时人宁愿俯首于教条之中,也不肯动手尝试下这个装备如此简单结果却一目了然的实验,反却纷纷嘲笑托马斯那蚍蜉撼树的癫狂之举。

除了寥寥几句来自行家们的讥讽外,自费出版的心血之作几乎无人问津。失望之余,他迅速转过身,加入到另一场游戏——破译埃及象形文字——当中。考古界由此竟意外收获一位奇才。数年后,一门全新的学科诞生了:古埃及文明探秘。托马斯就像一个贪玩的孩子,不知疲倦地游走于知识的海滩,为捡拾到五光十色的贝壳而欢呼雀跃。拥有这般心境的人,就算命运暂时隐去了早该属于他的荣耀,却无法剥夺他探索过程中最淳朴的快乐。而真正损失惨重的则是因循守旧的学术界,错过了一次接近事物本相的宝贵机会,整整十年之后,智慧之光才再一次悄然亮起……

泊松亮斑

这是来自光源的一团光,正均匀地向八方弥散。不远处悬着一只厚密的圆盘，没办法，它只得将身体撕裂开来，沿着盘缘轻轻滑过。这时，圆盘背面的屏壁上，本该密不透光的暗影正中，竟照出了它闪亮的容颜——一片小小的光斑（图 1.5）。这是怎么回事？光线明明没能穿透圆盘，为何却在它的领地留下了一段印记？

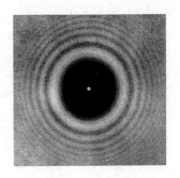

图 1.5　泊松亮斑

马上你将看到，图中这枚被误唤作"泊松亮斑"的小圆点，竟是物理史上又一个从新理论导出新现象，并以铁铮铮的事实绝地反击古旧学说的精彩例证。此类光斑都有一个共同的成因：当遇上大块头障碍物时，光不得不偏离原直线轨迹绕道而行，随后，障碍物包裹的暗影中便会浮现出"衍射"图像。

1817 年，法国科学院为一劳永逸地肃清围绕"光的本质"所存在的争议，专

奥古斯丁·菲涅尔

门设立了一个奖项（Grand Prix）以激励各地研究者对光线怪异的扭曲行为做出阐释并提供实验佐证。这次公开招标重新点燃了一名物理爱好者奥古斯丁·菲涅尔（Augustin Fresnel）对光学的热情。这位 29 岁的年轻人的正式职业是路桥工程师，作为保皇派的一员，两年前拿破仑"百日王朝"期间他不幸被"赋闲"在狱中。而正是那短短数月的自在光阴，令菲涅尔潜藏的治学天分得以释放。起先他并不知道托马斯·杨的工作，却独立推演出与其相同的结论：只有把光当作一种波，牛顿环等现象才能得到合理的解释。如今，当展示才学的机会来临，菲涅尔迫不及待地向科学院递交了一份长达 135 页的论文。不但建立起一套完整的数学语言来描述光的波动性，并且在托马斯·杨的启发下，更大胆推定：光是一列横波。

由于找不到实力相当的竞争者（参赛选手统共就两人，另一位无名氏没留下任何实验/计算细节，估计是属于天马行空的"狂想一族"），菲涅尔毫无悬念地从评审团手中接过了科学大奖。但这并不等于学界从此就接纳了波动说，因为法国科学院的领军人：天文学家皮埃尔-西蒙·拉普拉斯（Pierre-Simon

Laplace)、数学家西莫恩-德尼·泊松(Siméon-Denis Poisson)、物理学家让·波耶特等，都是牛顿光学的狂热支持者。

身为演算大师的泊松随手从菲涅尔的论述当中挑出一个数学模型，穷追不舍地求起解来。得到答案后，他那平素如同封了蜡般纹丝不可撬动的嘴角不禁得意地微微一扬："果不出我所料，看似缜密的波动说稍加深究则漏洞毕现、不堪一击。"原来，据常理推断，让一束平行光照在不透明的圆盘上，其背后的屏壁自然会产生一块浓密的暗影；但泊松在计算过程中却欣喜地发现，如果光真如菲涅尔所述是由波会聚而成的话，那么把屏壁移到与圆盘相隔距离大于圆盘直径的地方，暗影中央必然会出现一块光斑，且光斑的亮度直逼毫无遮挡时光线径直投射到屏壁上的情形。

致密的屏障背面竟透出光亮，用脚趾头想想都觉得不合情理。泊松自认为他已经拿下了波动说的七寸，便把计算结果带到评审团四处宣讲。虽说诸位评委也都不愿相信菲涅尔勾画的荒谬景象会照进现实，但作为艾萨克·牛顿忠实的传承者，他们同样坚持凡事必须用数据说话。于是，在评审主席阿拉贡(Francois Arago)的带领下，大家郑重其事地准备了一次公开实验。1719 年 3 月的一天，戏剧性的场面不期而至：众目睽睽之下，细小的光斑于圆心深处惊雷般轰然乍现，四周漾起一圈圈明暗交叠的细环。这个燃烧于暗影之中的光点便是大名鼎鼎的"泊松斑"。凭借其卓越的洞察力，菲涅尔终于为沉寂多年的波动说争取到一块立足之地；而泊松却由于"从菲涅尔报告的一个积分中推导出非凡的结果"，意外地获得了亮斑的命名权。

不同于反射与折射，光的干涉与衍射之间并没有明确的分界线，两类现象展示的皆是光穿越边界进入"禁区"的行为。非要细分的话，当光源只有一点或数点的时候(比如一道微光 vs. 两条狭缝)，就发生干涉；而当源有很多时(比如一团光 vs. 若干孔洞或大片光源环抱整块圆盘)，所产生的效应通常被称作衍射。事实上，大多数情况下，一幅曼妙的光影卷轴往往是干涉与衍射共同作用的结果。

根据菲涅尔的设想，光是一列横波。具体来说，若把波源当作一个质点的话，该点的振动方向与波的传播方向相互垂直。这就如同将一粒石子垂直投入水中,涟漪却沿着与水面平行的方向扩散。

波在介质中行走依靠的是振荡。依旧以水波为例,波纹自石子落水的地方一圈圈向四周荡漾开去。此时,若你紧盯着水面固定一点,便会发现其高低是在不断变化的,随着每一次起落,整个波形就往外扩大一圈。习惯上把波纹高凸的地方叫做"波峰",低凹的地方叫做"波谷";两个相邻波峰或波谷之间的距离即为"波长",而单位时间内水面任意一点往复振荡的次数叫做"频率",波长与频率呈反比增减。

若往相隔不远处同时掷下两粒石子,你还会看到更奇妙的景象:随着两列波不断扩散,某一时刻它们相遇了。如果相互碰触的恰好是各自的波峰,两相叠加,将得到二倍峰值的高峰;同样,如果是各自的波谷,交锋处则将陷入二倍深的低谷。那么,如果一列波的波峰与另一列波的波谷相遇呢? 答案是:它们将互相抵消,波在此处消失无踪,水面再次平复如镜(图 1.6)。

水波 　　　　　　　　　　　　水波相干

图 1.6　水波及水波相干

你想到了什么? 对,托马斯·杨双缝干涉。如果光是一列横波,那么它通过狭缝时的古怪行为就不难解释了:为了快速钻过障碍物,光不得已兵分两路,尔后,两列光波在另一片天地重新相遇。此时,若波峰与波峰或波谷与波谷相遇,其势相长,投射到幕墙上即是鲜亮的条纹;若波峰与波谷相遇,则其势相消,光彩淡去,只留下道道暗影。同理,若把泊松亮斑逐帧放大,你将发现它并不是一个孤岛般的亮点,其周围还细细密密地环绕着数层光圈,这便是沿着圆盘外缘偷偷溜进阴影中的波群彼此相消相长、共同编织的明暗交响曲。

把光看作横波后,干涉与衍射的难题纷纷迎刃而解。由于费马前辈御光而行之时猛然悟到了速率这一决定性因素，而托马斯·杨又意识到，光在介质中的传播速率与波长之间存在着某种联系，如此一来，就连最初力挺微粒说的折射、反射等行为，以及自其衍生的一系列更为复杂的现象（诸如散射、偏振等），统统皆可被波动说一并纳入囊中。

光长长地舒了一口气，关乎本质的问题终于找到了答案：

原来我是一列波。

且慢，还剩一个小问题没有解决："波一族"既然依靠振荡行走，其传播就必须借助各种介质。例如声波，它在空气、液体甚至固体内都能畅行无阻，可在真空却无法迈出半步。实物介质就像一座桥，桥若中断，声音如何能送至对岸？再如水波，如果没有了水，哪里还有波可言？然而，光不仅能够在真空中自由穿梭，且速率还比在其他介质都快。这又是怎么回事？我们知道，若想穿越真空，办法只有一个，那就是——化作粒子。

一切似乎又绕回到了原点：

谁能告诉我，

我究竟是什么？

电与磁

这一次，没等光困惑多久，物理学便欣喜地迎来了继伽利略和牛顿之后新一轮的大发现。1791 年，英格兰东南部萨里郡一个铁匠家，小男孩迈克尔·法拉第（Michael Faraday）呱呱坠地。迫于贫困，父母没有能力让孩子接受正规教育，12 岁时，迈克尔便辗转街头，为生计而奔波。幸运的是，一年后，他误打误撞地来到一个书商家里做了学徒，浩如烟海的知识正好在其探索欲勃发的年纪向他敞开了大门。而更幸运的是，维多利亚时代的伦敦作为工业革命的心脏，学者、发明家云集。每逢周末，公众便有机会亲耳聆听各学术达人五花八门的专业讲座。其中，化学家汉弗莱·戴维（Humphry Davy）在新成立的皇家研究院发表的演讲深深地吸引着迈克尔，该系列课程涉及一门新兴科学：电学。强大

的电流骤然灌入迈克尔那焦渴的心田，为了对这头尚在酣睡的巨兽有更多了
解，他不仅依靠自学掌握了声、光、力等基础知识，还与朋友组建起科研小分队，
一同磨炼实验技能。

22岁时，迈克尔凭借多年积累的学习笔记毛遂自荐，终于成为了他心目中
的大英雄——由于在物质解析方面的卓越贡献刚刚被晋封为爵士的汉弗莱·
戴维——身边的一名助手。自此，正式开启了他的科研生涯：分析烧制瓷器的
黏土，为东印度公司制造火药，被一家保险公司雇去研究鲸油的可燃性，改良英
国海军的肉干……直到1820年年底，戴维向他讲述了丹麦物理学家汉斯·奥
斯特（Hans Ørsted）关于电磁学的最新研究成果[①]，犹如当头棒喝，转动的小磁
针瞬间便把迈克尔带回了那片令他魂牵梦绕的异世界。但就在此时，随着迈克
尔的才华日益显露，昔日的恩师胸中不禁泛起阵阵妒意。他要尽手段阻挠法拉
第这个字眼出现在皇家学会的榜单上，失败后，又利用自己身为皇家化学会主
席的特权，专门指派一些诸如冶炼钢铁、生产玻璃等耗时耗力的苦差事让法拉
第去办理，使得他整整十年无暇顾及理论研究。

可是，戴维临终之前，有人问这位世界上发现化学
元素最多的科学家："在你许许多多的发现当中，最伟大
的是哪一项呢？"他却回答："我这一生意义最为重大的
发现是一个人，迈克尔·法拉第。"那一刻，所有的恩怨
在人类共同的热望——叩问真理——面前烟消云散。
逝者已矣，已近不惑之年的法拉第带着对导师的谅解与
敬重，重新踏上了寻找电磁之间本质联系的漫漫
征途……

迈克尔·法拉第

力与场

而这一切与光的身份又有什么关系呢？别着急，让我们先来看看，到底英

---

① 　由于该部分内容与光学的联系比较松散，却对整个物理审美产生过极其深刻的影响，因此把它
留待《对称》一章再做详述。

国化学先驱戴维爵士这一生最伟大的发现——法拉第——发现了什么。"通电金属导线会使其附近的小磁针发生偏转。"1821 年，法拉第在奥斯特的启发下，进一步推断：既然电流之中暗藏着磁性，那么磁体之中自然也应含有某种电性质。然而，直到 1831 年他才设计出证明该猜想的一系列经典实验。实验一：在两块磁铁的南北极之间，将一根绕有金属线圈的铁棒与电流计相连接，只有当铁棒脱离或穿入两极的瞬间，电流计的指针才会发生偏转。实验二：将线圈与电流计直接相连，然后把一根磁棒迅速插入或拔出线圈，此时，电流计的指针也会发生短暂的偏移。

十年间，欧洲许多大科学家（诸如安培、菲涅耳、阿拉贡等），都铆足了劲儿想要率先找出解译电与磁神秘关联的突破口，但最终唯有法拉第意识到，互动的关键在于"变化"。稳定的电流能带动小磁针，可当且仅当磁体运动起来时，才会产生感应电流。据此原理，法拉第造出了世界上第一台发电机。从此，将动能转化为电能不再被视作妄想，而这也令他的学术声誉达到了同时代人难以企及的高度。但法拉第并未就此止步，他明白，所谓"电磁感应"不过是一条归纳性法则，由其衍生的"十万个为什么"仍高悬于众生头顶：运动究竟改变了什么因素从而创生出电流？安培早先的实验表明，当两根平行导线中的电流同向时，它们互相吸引；反之，则互相排斥。这么说来，不论何种电流，其周围都会产生磁效应。以此类推，运动的磁体又产生电流，而电流再产生磁效应再产生电流再产生磁效应……如是，周而复始，岂非永无止境？

又过了十多年，凭借着异乎寻常的直觉，法拉第竟把抽象的自然规律一步步给"画"了出来。1844 年，在皇家学院例行的报告会上，他首次公开提出了"力线"的概念。如今，这个名词对于多数人来说已非常陌生，但说到它的样貌，相信每一个小学时上过手工课的孩子都会记忆犹新。在白纸下方放置一块磁铁，然后往纸面铺撒一层铁屑，你将看到铁屑们乖乖地依照磁极的指示排列成数条闭合曲线，好似突然获得了某种魔力，把神秘的"磁力线"给一一勾勒于纸端（图 1.7）。而正是这群隐没在时空深处的磁力线，指引着法拉第构造出一个革命性的概念："场"。

法拉第认为，不论磁效应还是电效应，都需要以"场"的形式米表达自己。

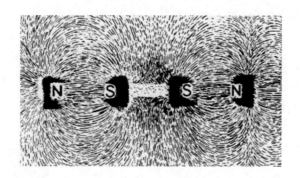

图 1.7　磁力线

以磁效应为例：只要磁体存在，其周围就必定分布着磁场，但只有当导体在磁场中切割磁力线时才会产生感应电流。也就是说，只有当磁场的形态随着时间的推移发生某种变化时，才会孕生新的电场。同理，有电荷的地方就一定有电场，但定格于时空之中的电荷仅能带来单纯的静电场；而电流——顾名思义，导体中的电荷得流动起来才会产生电流——其周围的场每分每秒都在变化，因此它身边永远都有磁场相依相伴。

但让"力线"现出身形并不只是为了揭示电与磁之间的微妙关联。法拉第继续舞动画笔，将整个时空作为画布，如痴如醉地描绘着"场"的壮丽景象。这一回，就连日月星辰在其卷轴之中也不过网格间翻滚摇曳的小小露珠。牛顿之后，所有人都相信力是建立在成对的物体之间的。举例来说，太阳与地球间的吸引力必须依赖彼此而存在。可如今，法拉第却放肆地宣称：即使把地球从轨道上摘去，由太阳自身的质量而造就的引力也依旧会以"引力场"的形式逍遥地散布在星空。换句话说，地球之所以被太阳吸引，牢牢抓住它的并不是恒星本身，而是太阳的质量于地球所处位置用"引力线"密密编织的引力之网。同电磁场一样，虽然看不见、摸不着，引力场作为一种超然独立的实体，亦是宇宙之歌里不可或缺的华美乐章。

这真是神一般的设计理念！法拉第不仅才思敏捷，更有着艺术家般近乎疯狂的想象力。遗憾的是，由于缺乏严格的数学训练，他始终没能将自己关于"场"的假说用符号语言给表述出来。光阴一天天逝去，随着电气化时代的逼近，作为发电机与电动机的缔造者，迈克尔·法拉第被世人奉入名人堂顶礼膜拜,可他最伟大的创见却得不到丝毫重视,眼看即将淹没于尘屑之中。这时,能够领悟力与场之美的另一颗明净的心终于从睡梦中苏醒,自大不列颠岛北端缓缓向他靠近……

光的兄弟姐妹

与法拉第不同的是,詹姆斯·麦克斯韦(James Maxwell)降生于爱丁堡,并在苏格兰西南部风景秀丽的格伦莱尔庄园度过了无忧无虑的童年时光。詹姆斯的父母皆是才华横溢的贵族后裔,他们把所有心血都倾注到这个年近四旬方才获得的孩子身上,陪他游玩,陪他朗诵诗歌与小说,陪他一同排演戏剧……然而,美好的一切却随着母亲的离世戛然中断。母亲弗朗西斯是个勇敢的女性,被诊断患有腹腔癌后,为向死神争取

詹姆斯·麦克斯韦

更多的时间来照看丈夫和儿子,她选择了最为痛苦的治疗方案,在不施用麻醉剂的条件下接受手术,可惜手术没能成功。1839 年,8 岁的小詹姆斯生平第一次体尝了别离之苦,但弗朗西斯对生活、对未知事物饱胀的热情却早已不知不觉灌注到詹姆斯胸中,成为他日后孤身闯荡科学秘境的动力源泉。

又过了 15 年,麦克斯韦从爱丁堡大学物理系转战剑桥三一学院数学系,并在持续 7 天,每天 6 小时马拉松式的荣誉学位考试中以第二名的成绩获得了剑桥大学的留校资格。多年来信马由缰的思维漫步令他对各类稀奇古怪的问题——从卵形线的画法到餐盘中咸鱼眼睛对光线的聚焦再到土星环的构造——无不充满好奇,但成为研究员后,他必须有所收束,将精力集中于兴趣最为浓厚的枝干,以期滋养出最为红硕的花果。短短一年间,麦克斯韦不仅核实了托马斯·杨被埋没许久的视觉三原色(红、绿、蓝)理论,并对看似无章的多重混色给出了一个清晰简明的数学公式。与此同时,他还跨入纵横交错的电磁王国进行了一番游历。

虽然人类涉足电磁领域的时间相对来说并不算长,但等到麦克斯韦立在这座神秘花园的琉璃影壁前,前辈的著作已然堆积如山。形形色色的猜想之中,

当他一眼望见法拉第的场论，便瞬息被那狂傲的气势扣动了心弦。因此，尽管麦克斯韦本人数学功底深厚，他还是决定，在洞彻法拉第的深邃思想之前，不参看其他任何公式及模型。1855 年，麦克斯韦在《论法拉第力线》一文中，另辟蹊径地将水流①的独特性状与电流进行类比，把"通量"、"环流"等概念引入电磁学，从而使抽象的法拉第"力线"与具象的"流线"相互对应了起来。这是人类借由算符来捕捉电磁场的首次尝试。论文传到法拉第手中，他激动地回复道："起初，听闻你打算就这一主题构造数学形式，我简直吓坏了。但后来，我却惊讶地发现你把它处理得如此之好！"

受到鼓舞，麦克斯韦备感振奋，继续在那错综复杂的涡旋中搏击。6 年后，他向英国《哲学杂志》递交了第二篇惊世之作《论物理力线》，将法拉第的场论推演至极致。麦克斯韦论证道：如果某区域内的电场随时间而变化，那么其邻近空间就必然会产生一个磁场；而如果这个磁场也跟随时间不断变化，它又将产生一个新的电场……法拉第的猜想没错！整个过程就好似往潭中投下一粒石子，霎时，能量在电与磁之间来回荡漾，激起一圈又一圈涟漪；而踏着电场-磁场-电场-磁场那韵律十足的节拍，波纹便跳起了霓裳舞曲，水袖向着四方弥散——电磁场以波的形式于时空之中交替衍生、源源传递，这便是"电磁波"的由来。至此，麦克斯韦不仅用数学语言将法拉第脑海中抽象的电磁场精确地绘制了出来，同时还勘破了所有形式的"场"最本质的生存方式。

深不见底的洞窟之中隐隐游来一线微光，方向很可能是对的，但脚下的路依然荆棘密布。现有的关系式仅能涵盖迷宫版图的一角，而麦克斯韦渴望参透它的全貌。4 年后，飞转的旋涡间又填进了圆滑的微型"惰轮"，其作用类似于工程师为减小转轮间的摩擦力而加装的滚珠。借助这套工具，他在牛顿力学的基石之上几乎全凭一人之力便建起了一座物理圣殿：电动力学。1865 年，麦克斯韦献给世界最珍贵的礼物《电磁场的动力学理论》正式刊发，论文以环环相扣的 4 个偏微分方程②铿锵有力地宣布：电与磁之间变幻莫测的行为模式全都可以

①　确切地说，是不可压缩流体。
②　最初的版本中，公式及变量皆多达 20 个，但运用一定的数学技巧加以整理，可将其浓缩为 4 个。

TIME
AND **LIGHT:**
The History of Physics

时与光
一场从古典力学
到量子力学的思维盛宴

由动力学定律推导出来！当把方程引入无场源的理想空间后，电场力在任意一点周围极小的邻域内平均值为零；同样，该点也感受不到来自任何一方的磁场力。磁场在空间中的变化与电场在时间中的变化两相呼应，反之亦然——大自然以至纯至简的方式向人们展示了对称性动人心魄的美丽。不仅如此，通过麦克斯韦方程组，我们还可从力与场的角度，重新导出库仑关于静电力的公式、法拉第关于电磁感应的定律等。跨越十年光阴，麦克斯韦以其三篇逐层递进的论文，通过对"运动"这一古老概念的全新解析将电场与磁场紧密地结合在了一起，从此电磁效应再也不是物质王国中的孤岛，它与力学体系心手相连、呼吸与共。

可论文刊出之后，大部分学者对麦克斯韦独树一帜的理论都感到非常困惑，而他为推演方程于虚无之中凭空捏造的机械小轮，尤其饱受诟病。虽然麦克斯韦一再强调：不论流体涡旋还是刚体惰轮，都只不过是一种模糊的参照，它们并不对应真实情形——正如大厦建好之后，拆除脚手架并不影响其稳固性——诸位应当关注方程本身的准确性。可惜，电动力学一经问世，那振长策而御宇内的气度就注定其早已超越了时代，由于尚无可靠的实验数据为佐证，在很长一段时间内，麦克斯韦方程组都没能获得承认。好在同所有追寻着好奇心前行的人一样，麦克斯韦的研究兴趣十分宽泛。他深知自己沿着法拉第的梦想，已然从经典物理这棵苍天巨树的根基培育出新的枝丫，只需耐心等待必定开花结果，所以只是欣慰地一笑，便把目光投向了其他枝干：天文学、热力学、统计力学……从天边的星辰到杯中的水滴，他要拥抱整棵大树！

1871年，麦克斯韦受命为剑桥大学创建一所实验室，它就是日后举世闻名的"卡文迪许实验室"①。作为卡文迪许的第一任领航人，麦克斯韦为初面暴风雨的巨轮扬起了一面开明、自由的风帆。众所周知，麦克斯韦是一位杰出的理论家，他本可利用这一机会带领团队专攻自己的课题，这样的话，电动力学、统计力学说不定早都得到了验证，而剑桥也将成为"麦克斯韦学派"的摇篮。但声

---

① 为纪念其投资人、剑桥大学校长威廉·卡文迪许而命名，而他们家族同时还以科学隐士亨利·卡文迪许而闻名。

望从来不是他所求，麦克斯韦深知，实验室的长远发展必须建立在参差多态的基石之上。因此，他鼓励学生独立思考，追随各自的志趣建立课题，从不为他们指定研究方向，只在学生需要时才给予建议。卡文迪许初建成时，英国在实验领域已经落后对岸许久，著名的《自然》杂志甚至含蓄地引述了来自欧洲大陆的同情："幸运的话，卡文迪许在十年之后或许有机会赶上德国地方大学的步伐。"但短短几年内，该实验室不仅成果丰厚，更以其罕见的包容性吸引着全世界的学者前来寻求合作。

可正当此时，麦克斯韦却倒下了，与母亲一样的年纪，一样的病症。1879年，年仅48岁的麦克斯韦带着他诸多未完成的心愿恋恋不舍地离开了尘世，长眠于格伦莱尔。

"一位好人，幽默而睿智，他生活在这里，并被埋葬在苏格兰教堂墓地的废墟中。"远行的游子终于又回到了故乡，回到了亲爱的爸爸妈妈身边。

然而，麦克斯韦的故事远未结束。在其身后的百年间，他的名字将一再从地平线跃出，魔术般地于蓝天之上架起座座虹桥，让古老的力学城堡与伸缩自如的相对论时空相互连接。每跨过一座桥，你都将发觉自己距离宇宙最深层的秘密又近了一步。而这趟史诗般的探险旅程其起点正是本章的主角：光。1862年，麦克斯韦在他伟大的"电磁三部曲"第二部的尾声就已明确指出：光是一种电磁扰动，该扰动严格遵循电磁定律，并以波的形式在场中传播。他不但从宏观视角重新证明了菲涅尔的结论"光是一列横波"，更进一步断言——光是一列电磁波！

原来，百万年来让我们迷恋又迷惑的光不过是庞杂的电磁波族群中的一个成员，确切地说，它的名字应该叫做"可见光"。由于可见光的振荡频率恰好落在人眼能够感知的范围之内，因此才最早为人类所结识。我们知道，彩虹之中赤、橙、黄、绿、蓝、靛、紫，各单色光是依照频率的大小来列队的，红色频率最低，而紫色频率最高。但电磁舞曲并不仅限于这七个小节，红光之外，还有振荡相对缓慢的近红外、远红外以及微波辐射等；而另一端紫光之外，则有振荡相对急促的紫外线、X射线、γ射线等。在电场与磁场的交互激发下，悠扬的旋律向着两端无限延伸……

TIME
AND LIGHT：
The History of Physics
时与光
一场从古典力学
到量子力学的思维盛宴

近代研究还发现，每种生物对"光"及"色彩"的定义也不尽相同。大多数哺乳动物都没能进化出分辨单色光的神经系统，因此它们的世界全由黑、白、灰构成；相反，被认为比较低等的昆虫却掌握了高超的辨色技能。以蜜蜂为例，科学家在它面前放上两张白纸，一张涂的是锌白，另一张是铅白，这两种"白"在普通人眼中根本毫无区别，但蜜蜂却能立刻将其分辨开来。那是因为除了我们熟悉的各单色光之外，在紫外光区纸张同样会反射各种高频的电磁波，而蜜蜂的复眼可以轻松俘获这些在地球人的辞典里找不到容身之处的"紫外色"。由此说来，人类眼里纯净如水的白色花朵，在蜜蜂心目中恰是姿色万千的精灵，引诱着它们前去采撷。然而，蜜蜂面对低频段电磁波却是不折不扣的色盲，如果一朵花仅反射红光，映在蜜蜂眼底则是黑乎乎的一团，那它岂不将失去宠爱，继而难以生存繁衍？别担心，尽管蜜蜂无法感知，但红色却是蜂鸟的最爱。正所谓各花入各眼，大自然的美并不专属于某一种生命。

印象派宗师克劳德·莫奈(Claude Monet)晚年间饱受白内障折磨，不知是疾病本身还是多次手术的原因，他的视觉渐渐发生了改变："在我眼中，红色变得混浊，粉色也显得十分平淡，一些暗沉的颜色我已经完全感受不到。"但同时，蓝色与紫色在他笔下却愈加深不见底，光影层层堆叠，盛放的睡莲好似要融化在幽谧的渊潭。他作画时眼中究竟看到了什么，难道是妙不可言的"紫外色"？

光泪流满面：

现在，我不仅知道了"我是谁"，更结识了一大群兄弟姐妹。

光与电

曾经声势浩大的微粒说面对电磁波这记重拳已然摇摇欲坠，除了真空介质这一丁点儿疑惑之外，波动说不容抗辩地整合了声、光、电、磁、力等物理学各大门派。20世纪的曙光即将照耀大地，情况似乎也日渐明朗，看来，波动说距离霸主之位仅有一步之遥了。然而，在物理江湖，你永远也料不到下一步将会发生什么，而这也正是其魅力所在。

与星光对话的人

作为麦克斯韦当年为数不多的支持者之一，来自卡
尔斯鲁厄大学、年仅 28 岁的海因里希·赫兹（Heinrich
Hertz）教授决定设计一个实验，亲手将行迹无踪的电磁
波捉拿归案。1885 年，追随热力学的开山鼻祖赫尔曼·
冯·亥姆霍兹（Hermann von Helmholtz）完成学业之后，
赫兹辗转来到德意志帝国的边境重镇卡尔斯鲁厄。沉浸
在硝烟散尽后静谧的湖光山色间，他从零开始，利用微薄
的研究经费着手装配自己的电学实验室。就在此时，赫

海因里希·赫兹

兹遇到了他一生的挚爱：伊丽莎白·多尔（Elisabeth Doll）。伊丽莎白是几何
教授多尔的女儿，她原先对物理并不甚了解，但却被赫兹那兼具思想者与行动
派的从容气质所征服，曾于日记中写道："星空之下，赫兹有一种近乎骄傲的自
信。他自认为是全世界唯一了解星光的人，在他看来，星光是远方的光源遵照
一定规律向地球输送的不同频率的电磁波……星夜不仅是美丽的，而且是严守
秩序的。"而伊丽莎白那怦怦跳动的心早已不由自主地向赫兹送出了亿万赫兹
的电磁波。知音既遇，赫兹更将全身心都投注到研究当中。两年后，在校园一
角那间垂挂着厚重窗帘的"魔幻小屋"里，奇迹诞生了。

如图，赫兹首先将一个感应线圈的两端分别与两个小铜球相连，每个小铜
球又通过铜质导线分别与一个中空的大铜球相接，再配置适当的电源后，一套
简易的电磁波发生器便搭建好了（参见图 1.8（a））。他小心翼翼地合上电路开
关，然后迅速把目光锁定在两个相隔不过 1 厘米的小铜球间。洪水般的电流无
声地穿过感应线圈，涌向作为电容的大铜球。电压持续升高，不一会儿，大球内
部的电荷总量就突破了极限。暴怒中，电流以决堤之势冲将下来，"嗞"的一声，
俩小球间的空气被彻底击穿，冰蓝色的电火花欣然绽放，像一条妖冶的小蛇，欢
快地扭动着肢体，将己方的电荷偷赠予彼端的电容。可惜好景不长，绚烂的光
芒耗费了太多的能量，致使电压急剧下降。随着火光的熄灭，一切转瞬又归于
沉寂，而沉寂则意味着新一轮的蓄势……如此，正/负电荷乘坐着全金属打造的

超级过山车往复振荡,眨眼便是百十个来回。游戏过程中,电火花的每一轮燃烧与寂灭,都昭示着电场正在经历的剧烈变化。依据麦克斯韦的理论:变化的电场必将孕生磁场,而磁场又会激发新的电场。因而赫兹可以百分百确定,发生器所辐射的电磁波此刻就游荡在他的鼻尖。下一步的关键是:如何让它现出身形?

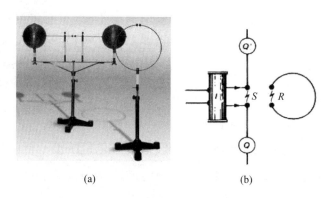

(a)   (b)

图 1.8   电磁波发生及检测装置示意图

赫兹设计的接收器简单得出奇。将一根铜质导线弯成环状,并在接口两端分别镶上一粒小铜球,两球之间照例留下 1 厘米长的间隙(参见图 1.8(b))。把铜环放置在距离电磁波发生器数米之外,如果麦克斯韦的猜想是对的,那么发生器所创造的电磁波将如同涟漪一般于空间之中层层扩散,直抵铜环;而作为回应,铜环上将产生一个感应电压,由此,俩小球间同样会迸射出些许电火花。

两套装置皆准备就绪,赫兹郑重地合上开关。少顷,发生器内狂舞的小蛇如约而至。而几乎就在同一时刻,接收器上也幽灵般地闪过一丝光亮。赫兹屏住呼吸,眼睛紧紧盯住两粒小铜球,"嗞嗞嗞……"每当对面电光乍现,铜环的缺口处便很快报以一丝羞赧的微光,一明一灭、韵律盎然。渐渐地,火花忽闪忽闪的情影在赫兹的泪水中晕成一片星光,成功啦! 这是人类历史上首次捕捉到电磁波的真身,而"赫兹"这两个字也因此被永远地印刻在地球文明的丰碑上——作为频率的国际单位,在每一本物理著作中,你都不难找见"Hz"的身影。

可令人心痛的是,赫兹本人却在事业不断跨越高峰之际,因败血症过早地离开了他所热恋的故土,去世时还不到 37 岁。也恰在同一年,20 岁的意大利小伙古列尔莫·马可尼（Guglielmo Marconi）在伦巴第消夏时，偶然读到赫兹关于电磁波的实验报告，立刻被那跌宕于时空之中永不消逝的波纹给深深吸引。他敏锐地意识到，既然赫兹已在几米之外检测到了电磁波，那么如果能造出更为精密的接收器，也一定可以在千里之外俘获同一列波。经过无数次尝试与改进，1901 年 12 月 12 日，马可尼建造的发报系统终于成功地将电磁信号从英格兰的康沃尔郡传送到大西洋彼岸加拿大的纽芬兰省，全程跨度近 3400 千米。从此，地球任意两点间实时通信不再是痴人说梦，电视传媒、卫星导航、无线网络、天文射电……一曲曲各具韵味的电磁之歌不仅彻底改变了我们的生活方式，更逐步改变着我们对宇宙的认知，把人类社会推进到崭新的信息时代。①

古列尔莫·马可尼

除了巨大的应用价值外，作为一个深谙理论之道的实验家，赫兹对现象的记录并未仅仅停留在接收器所闪现的那一小束电光下。之后，他把接收器移至房屋的不同位置，利用接收器与发生器之间距离和时间这对关系测算出电磁波的波长，再将其与电路的振荡频率相乘，就得到了电磁波的波速——与光速一模一样。麦克斯韦说的没错，光的确是一列电磁波！场论最终大获全胜。

接下来，为了确定电磁场中是否还隐含着其他不为人知的规律，赫兹在不同时段、不同温度、不同湿度等他所能想到的各种条件下，将上述操作重复了千百遍。功夫不负有心人，经过详细比对，他还真又发现一个奇怪现象：当实验室

① 据记载，同样在赫兹的启发下，俄国人波波夫比马可尼更早就发明了无线电收发设备。可惜由于环境的制约，成果没能及时商业化，因而其对历史进程的影响远不及马可尼。

TIME
AND LIGHT:
The History of Physics

时与光
一场从古典力学
到量子力学的思维盛宴

的幕帘拉得严丝合缝时，接收器只零星闪现几缕微光；而天气晴好时，保持发生器的振荡频率不变，只需将幕帘打开，就会接收到更亮、更密集的电火花。电源提供的电量并未改变，究竟是什么因素增强了电磁信号呢？19世纪末，正是物理这棵巨树生长力最为旺盛的时候，各枝条抽芽的抽芽、挂果的挂果，令人眼花缭乱、目不暇接。因此，这个看起来微不足道的谜题并没受到几分关注，随着赫兹的早逝，飘忽的电火花黯然地沉入了数据的海洋。直到多年以后，电磁之间更多的谜团一个又一个地浮出水面，赫兹当年的笔记才又被从时间的灰烬中翻找出来。人们开始认真思考：打开或关闭窗帘，究竟影响了哪一项实验参数？

没错，是光照！暗影中，本章故事的主人公迈着八字步、慢慢悠悠地从幕帘背后走了出来。它这一露面，立即引发起各实验室新一季的观测狂潮。一时间，难以解释的数据铺天盖地而来，这些离奇现象如今被我们统称为"光电效应"。

剥开原子的人

在认识光电效应之前，让我们首先去探寻一下那位与光若即若离的默契舞伴——电流——的本质吧。沿着时间之轴回溯50年，早在19世纪中期，研究人员就已观察到：对装有电极的真空管施加电压后，在真空管阴极一端的玻璃壁上会透出墨绿的荧光。有趣的是，针对该现象的诠释与光一样分作两派：德国学者普遍支持波动说，认为这种从无中创生的"阴极射线"即是振荡的"以太波"；而多数英、法学者则坚信，所谓"阴极射线"其实是一股在电势差激发下产生的粒子流。波，还是粒子？双方各有理论基础，却又都拿不出有力证据，一争就是数十年。直到1897年，时任卡文迪许实验室主任的约瑟夫·约翰·汤姆逊（Joseph John Thomson，通常被唤作"J. J. 汤姆逊"）利用电磁相互制衡的特性设计出一款经典实验，才终于揭示了阴极射线的发生机制。

图1.9便是汤姆逊的实验装置，令阴极射线水平地穿入匀强电场，你将发现，不论玻瓶转成何种角度，射线总是朝着阳极板一方靠拢。依据法拉第的电磁理论，移动的带电粒子周围必定存在电磁场，此时若在粒子的必经之路上额外施加一个电场或磁场，二场相互作用必定会使粒子的运动状态发生改变。一切恰相吻合，因而汤姆逊断言：阴极射线是携带负电的粒子流。简简单单一招

即破解了阴极射线隐藏了数十年的身份之谜，已是令人叫绝，但汤姆逊并不满足于此。接下来他在负电粒子的运行轨道上同时施加电场与磁场，借助两者之间的联动关系精确地测定出了单个粒子的荷质比。

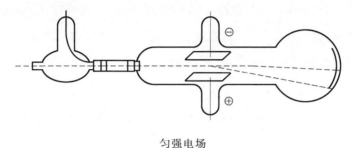

匀强电场

图 1.9　阴极射线在电场中发生偏转

据学生们后来回忆，导师 J. J. 汤姆逊并不是个长于动手的人，其操作技能笨拙到常常令自己都抓狂不已。但他却牢牢把握住了宏大的电磁理论与眼前的细微现象间的隐秘关联，不但一举驳倒了"以太波"猜想，更为人类献上了一份世纪大礼——一把开启"亚原子"宝库的金钥匙。与此同时，发现电子也为汤姆逊带来了极高的学术声誉，作为卡文迪许第三任领导者，他运用自己强大的影响力向八方才俊伸出橄榄枝，将欧内斯特·卢

J. J. 汤姆逊

瑟福、查尔斯·威尔逊等潜力选手一一招至麾下，并全力率领船队沿着麦克斯韦手绘的航线风雨兼程、破浪而行。一晃 34 年过去了，曾经其点拨的学子都逐一成长为实验派各分支的领路人，而卡文迪许也渐渐从英格兰的 No. 1 破茧而出，蜕变作全世界的 No. 1。至今，它的科研实力在地球上仍是名列前茅。回望那段征程，可以说，目光远大的老船长们功不可没。

光电效应

现在，让我们重新站到 19 世纪的尾巴尖儿上来。此时，伪装成阴极射线的微小颗粒已然暴露了身份，作为首枚被俘的带电粒子，它为自己赢得了"电子"

TIME
AND **LIGHT**:
The History of Physics

时与光
一场从古典力学
到量子力学的思维盛宴

这一法号。但诸位请不要忘记，电子是在粒子与波的纠葛之中登上历史舞台的，它的命运注定要与这段缠斗密切相连。

光的小伙伴名分既定，让我们把注意力移回赫兹的实验簿中来。上节说到，当窗外的阳光照射在接收器时，不知什么原因，原本游弋在金属表面的电子就会离开铜球，逃窜到空气当中，由此便形成了更为明亮的电火花。研究人员采用不同频段的单色光反复尝试，进而得出如下两条规律：第一，对某种特定的金属来说，其表面能否打出电子，以及电子受激之后飞离金属表面的速率，皆取决于单色光的固有频率。第二，调节光的强弱，仅只能增加或减少逸出电子的数量。

这与电磁理论岂不是自相矛盾？如果说光是一列波，其强弱程度所展示的应该是波的能量大小，而频率所对应的则是该列波振荡的快慢。因此，频率较低的波，只要不断增加其强度，当能量突破临界值，就可从金属表面将电子冲击出来；而改变波的频率（例如把红光换成相同强度的紫光），由于相同时间内包含着更多波峰与波谷，所以它对金属表面的撞击将更加频繁，逸出的电子数量应该增多才对。可事实却告诉我们：以低频单色光照射某种金属，如果它起初就无法与金属表面交换电子，那么无论将强度增大多少倍，也照样无法检测到逸出电子。而高频单色光却始终能与电子互动，当不断降低其强度，金属表面逸出的电子就从连续的一束变作游离的一丝；进一步将光线调弱，原先的电子流竟化作粒粒"霰弹"朝着虚空奔涌[①]；随着强度一再下降，最后，你将每隔一段时间才能观察到一粒电子挣脱桎梏冲向远方。

1905 年，26 岁的专利局职员阿尔伯特·爱因斯坦只身探入光电迷域，他第一个意识到，问题的症结恰在于我们对"波"的执念。如果把光拆解成与电子同一形态的颗粒状物，所有的疑团都将不攻而破。在光电效应引发的一系列现象中，假若我们不把光当作绵延的波纹，而将其看作一粒粒有确定大小的"波包"，或称"光量子"，则可以认为，具有特定频率ν的单色光在每个波包当中都储藏

---

① 请注意：固定频率、降低强度的过程中，单个电子在空气中的飞行速率并没有改变。之所以从"电子流"化作"霰弹"，完全是因为单位时间内逃出金属牢笼的电子数量在下降；就好像当你不断拧紧龙头，水流从柱状变作雨滴，但单个水分子由于所受重力不变，其下落速率并无变化。

着一份能量 E。当该单色光照射到金属表面，波包中的光量子将有机会同与其身量相当的电子相互碰撞，从而把能量 E 传递给不安分的电子，令其挣脱自己的岗位扩散到金属外部。这样一来，由于 E 值恒定，每个被撞击的电子所获得的能量都一样，因而所有电子的逃逸速率都相同。此时，如果增加光照强度，则意味着将有更多的光量子与金属相互作用，理所当然得释放更多的电子。而只有改变光的频率 ν（即更换另一种单色光）才能改变波包固有的 E 值，从而改变电子的运动速率①。粒子幽灵再次出没，它破坏了麦克斯韦波优美的连续性，一把将我们拽回到跳跃的点阵王国……

不同于爱因斯坦的其他理论，它们在发表之初由于太过艰涩皆鲜有人问津，这位天才对光电效应的诠释一经公布，就由于其对光束粗粝的"大刀切割"与圆滑流畅的麦克斯韦波是如此的水火不容，即刻为他招来一片反驳之声。对立者当中，有一位来自美国芝加哥大学的实验高手罗伯特·密立根（Robert Millikan），他决定设计一款实验来证明爱因斯坦的荒谬。逡巡于光电之间，为获取准确数据，密立根排除了一类又一类的干扰项。他发现，增加光电阴极的温度，逸出电子的能量 E 并不会随之变化；而所谓"光电疲劳"是因为光电管中渗入了空气，致使阴极一端被氧化而造成的数据偏差……最终，在光量子猜想诞生的第十一个年头，1916 年，密立根不得不承认，只有按照爱因斯坦提出的模型，光与电之间的交互作用才能得到最合理解释。虽然结果与初衷背道而驰——就好似绕着地球狂奔了整整一圈，却发现终点原来近在咫尺——但漫长的探索之路上，惊喜亦接踵而至。他率先测定出了"元电荷"，继而又将颇具传奇色彩的"普朗克常量" h 定量测出，从而以实验的方式确证了能量的颗粒性。更为有趣的是，尽管密立根平生涉猎广泛，科研成果极其丰厚，但他于 1923 年接过诺贝尔奖章的理由却恰恰是"验证光子的存在及测定电子电荷"。

粒子，还是波？

---

① 关于如何由频率来确定 E 值的问题，得等到《量子的故事》一章，结识了普朗克常量 h 之后再做讨论。

一时之间，光以其扑朔迷离的身世牵动着无数科学巨匠的心。就连善于舞弄射线的英国实验家威廉·亨利·布拉格（William Henry Bragg）——他凭借运用 X 射线的衍射特性研究晶体结构所取得的开创性突破，与儿子威廉·劳伦斯·布拉格（William Lawrence Bragg）共同分享了 1915 年的诺贝尔物理奖——也曾抱怨道："我在星期一、三、五讲解粒子理论，却在星期二、四、六向学生们兜售波动学说，可怜的物理学，你难道精神分裂了吗？"而布拉格的幽默立马就收到一记绝妙的应和，X 射线，这位可见光于高频波段的兄长也突然被粒子附了身。

就在密立根手捧诺贝尔奖的同一年，美国圣路易斯华盛顿大学的物理系主任亚瑟·康普顿（Arthur Compton）在利用 X 射线轰击自由电子的时候，注意到一个奇怪的现象：经由金属表面散射回来的 X 射线会分流作两个部分，一部分与原初入射的 X 射线频率相同，而另一部分则有所削弱。该现象从波的角度无论如何也解释不通，传播方向转个弯怎么会改变电磁波的频率呢？但如果把 X 射线看作一股奔腾的粒子流，问题就迎刃而解了：当光子撞向金属表面，在与自由电子相拥的同时，便把自身的一部分能量传递给了电子。因此，当它再度回到空中，总能量定会有所减损，而失去的那部分能量恰好导致了频率的降低。正如桌上的撞球，如图 1.10 所示，白球代表单个的 X 射线粒子，五颜六色的号数球则代表金属之中海量的自由电子；当白球以一定的初始速率撞向彩球，获得额外能量的彩球或略微晃动，或四散奔逃，而弹回的白球却因能量减损滚动速率大不如前。

图 1.10　撞球

行到水穷处　坐看云起时

当电磁波幻化为粒子流，能量与频率之间就产生了千丝万缕的联系，二者同增同减、互为因果。在此前提下，光电效应、康普顿效应等各类"异象"都得到了圆满解答。微粒说这记精彩绝伦的反击让称霸多时的波动说差点儿没惊掉下巴——好吧，就算光属于电磁波，那又怎样？连你电磁波自个儿都逃不出我粒子的手掌心！兵败如山倒，突如其来的灾难面前波动说眼看就将功亏一篑。然而，不久事情又有了新的转机。

醉心历史的小王子

故事得从 1892 年说起，塞纳河下游的迪耶普是法国久负盛名的度假胜地，这里有全欧洲最古老的的海滨浴场。雾气腾腾的海面时而被金色的霞光所晕染，时而又与暗夜的星辰相交融，谁能想象她那难以捉摸的表情曾在印象派大师们胸中激起几多波澜？传说卡米耶·毕沙罗（Camille Pissarro）最喜徜徉于小镇熙熙攘攘的货摊前，随性地把玩他中意的贝雕小件；而皮埃尔·雷诺阿（Pierre Renoir）则整日慵懒地卧靠在阳伞下，将目光牢牢地黏附在岸边风姿绰约的女郎身上……就在这片令人迷醉的山水间，法兰西名门望族——德布罗意家族——迎来了他们第十代里最小的孩子：路易·德布罗意王子（Prince Louis de Broglie）[①]。其姓氏中"布罗意"一词源自诺曼底地区的一座小城，那是祖辈以赫赫战功换来的封地。巧合的是，世纪之初，凭借秘密武器"泊松斑"过五关斩六将，最终率领波动说杀出重围的

路易·德布罗意

光学泰斗奥古斯丁·菲涅尔就出生在布罗意城。路易王子与"波"的缘分似乎冥冥之中早有注定。

不过，少年时代的小路易虽已饱览群书，最感兴趣的却是历史和政治。12岁那年，在朝为官的父亲维克多·德布罗意（Victor de Broglie）无意中把他带到上议院旁听政客们的演说，没想到，回家的路上小路易竟口若悬河地抨击起议会提案：某款条文还应详加讨论，而某些怪诞的法规早该予以修正……并对第

---

① "Prince"一词又译作"亲王"，该封号在欧洲各国贵族体系中含义略有不同，有时并非皇室专属。德布罗意家族的"prince"头衔于 1759 年受封自神圣罗马帝国，每个孩子从一出生就天然得之。但该家族最尊贵的爵位其实是法国"公爵"，历来只由长子承袭。

三共和国不停更迭的内阁成员的名单倒背如流。维克多喜出望外,心想德布罗意家族又将培养出一位大政治家啦。但两年后,父亲的猝然离世让路易不得不像同龄的贵族子弟一样,进入公学接受系统教育。也正是这段时期,令他发觉自己的热情不在从政,却在治学,由此初步选定了未来的发展方向:继承祖父的事业,重修神圣罗马帝国的历史。既然决意踏入中世纪那迷障重重的黑森林,便得先练就一身硬功夫。从此,路易潜心研读史料修习律法,18 岁时已自被誉为"欧洲大学之母"的巴黎索邦大学拿下了学士学位。

然而,就在他即将纵身一跃,扎入卷帙浩繁的文史海洋之时,1911 年,一个偶然的机会,路易从时任第一届索尔维国际物理大会专职秘书的兄长莫里斯·德布罗意公爵(Duc Maurice de Broglie)那里读到了议会内容的详细记录。莫里斯作为德布罗意家族的长子,顺理成章地承袭了公爵之衔,可这位公爵同时也是族中有名的"叛逆分子"。为了不辜负祖父的期许,他曾勉强到海军部供职,却又偷偷申请无限期休假,暗度陈仓转投到保罗·朗之万(Paul Langevin)门下学习物理,最终如愿以偿地成为一名的实验家,主攻射线领域。兄长对自然科学的一片痴心无疑也激起了路易对那座乐园的向往,成长过程中,他一面回溯于历史长河,一面遍阅亨利·庞加莱(Henri Poincaré)、亨利·柏格森(Henri Bergson)等崛起于世纪末的新锐人物的科学哲学著作,并暗地里为自己修筑了一座"叛逆哲学"堡垒。而今,莫里斯手中的卷轴恰似一支魔杖,轻轻一挥,便在路易眼前燃起数点星光:黑体辐射、紫外灾变、原子坍缩……大变革前夜暗流涌动,隐匿于时空深处的知识宝库的第二重门已微微开启,透出一缝魅惑的光晕,吸引着身怀绝技的勇士前去探访。年轻的路易热血澎湃,他立刻做出决定:我也要加入这趟冒险!而正是这次华丽的转身,让他从众人意想不到的入口误打误撞地闯进了物理迷宫,13 年后又以众人意想不到的方式带领波动说重整旗鼓、再壮河山。

1914 年,正当德布罗意痛快地遨游在数理天地中时,第一次世界大战爆发了,他随即以下士军衔应征入伍。虽然学业被迫中断,但幸运的是,凭借哥哥的人脉,德布罗意被分派到了费里埃(Ferrié)将军麾下的军事无线电部门。在这位学者型军人的领导下,他不仅得以静心钻研电子技术,参与搭建埃菲尔铁塔上的无线电台，且在与电磁波的亲密接触中，借机跳出了古典力学框架，从另一个角度重新审视物质的构成。待到战争结束，德布罗意便立马奔回他心心念念的校园，师从莫里斯的导师朗之万继续其学术之旅。朗之万是皮埃尔·居里（Pierre Curie）生前最钟爱的门生，他对物理学的贡献除了描述布朗运动的"朗之万方程"外，在高频射线、顺磁性与抗磁性、相对论等跨度极大的若干领域皆有颇高建树。在朗之万的教诲下，德布罗意终其一生都对相对论抱有一种笃定的信念，哪怕因此遭受"正统"学术圈的排挤。当然这些都是后话了，此刻，27岁的德布罗意最关心的问题，也正是整个理论界的热点：光的本性。

直到20世纪20年代初，多数学者对波粒之争的看法仍停留在非黑即白的阶段，要么双手赞成波动说，要么完全站在粒子一边。唯有一位颇具远见的理论家不偏不倚地跨立于两者交界，他就是那"一、三、五"PK"二、四、六"的"骑墙教授"——亨利·布拉格。早在1913年第二届索尔维大会上，布拉格就曾振臂疾呼："问题的关键不在于判定何种理论更为正确，而在于寻找一种新的理论，它能够同时容纳两者。"可惜，当时波粒两军鏖战正酣，布拉格的和平宣言很快就被湮没在了硝烟之中。幸而忠实的议会记录者莫里斯把该观点原封不动地传达给了弟弟，"两种属性同等重要"，这句话从此深深印在了他的脑海。

转眼，德布罗意在波峰与波谷之间沉浮已有数载。一个奇异的构想在他心中日渐明晰：如果说电磁波能够承载某种粒子属性，那么实实在在的物质颗粒（例如赢得法号不过二十来年的电子）身上会不会也隐藏着波的一面呢？不能单纯将电子视作微粒，必要时应当赋予其周期性。德布罗意思忖道，譬如拨弹琴弦，假若荡起的波纹其波长恰是弦长的整数倍，那么毫无疑问，该列波定能沿着琴弦畅通无阻地游走。但如果波长不能与琴弦长度的整数倍相匹配，那么这列波则是不稳定的。窜动于弦间，它将不停地与许多个"自己"相撞，直到耗尽所有的能量。这幅图景恰与同一时期尼尔斯·玻尔（Niels Bohr）为原子所打造的"电子能级"完美契合——只需令舒展的琴弦首尾咬合，盘成一个封闭的圆圈，那不就是玻尔梦寐以求的电子轨道吗？

1923年，踏入物理王国整整一个轮回之后，路易·德布罗意向法国科学院

TIME
AND LIGHT：
The History of Physics

时与光
一场从古典力学
到量子力学的思维盛宴

连续递交了三篇论文,为首一篇题目叫做《辐射——波与量子》。文章详细阐述了实物粒子之中内禀的波动性:运动粒子身边总是伴随着一列正弦波,粒子与波,二者永远保持相同的相位。德布罗意将这列与粒子如影随形的正弦波命名为"相波",它便是"物质波"的前身。

灵感既现,便一发不可收拾。翌年 11 月 29 日,德布罗意向巴黎索邦大学递交了自己酝酿多时的博士论文《量子理论的研究》,在长达百页的文章中[①],他首先以史学家的眼光回顾了人类一路走来在探寻世界本源的旅程中所取得的非凡成就,紧接着就切入正题,将狭义相对论引入微观粒子,并巧妙地把费马原理化用到电磁场中,从而推导出日后名震江湖的"德布罗意波长公式"——$\lambda=h/p$——让实物粒子的内在频率与缔合波的固有频率从此紧密相连。行文至此已是登峰造极,但他并未驻笔,在后几章中,更尝试将费马原理推广到闵可夫斯基时空,并进一步探讨了相位波在统计力学以及尚在襁褓之中的原子模型内的生存前景。全文行云流水、一气呵成,忽而俯观全局,忽而不动声色地潜入物质世界底层,忽而又张开双臂一直延伸到时空尽头……现今,距其刊发日期已近百年,我辈读来,仍不免被作者广阔的视野及深厚的文学底蕴所打动。如果要进行一次"最美博士论文"大评选,相信德布罗意一定榜上有名。

可没想到,尽管审核小组的专家们无不为德布罗意那滴水不漏的数学推演所折服,但对他关于"实物粒子蕴藏波性"的预言,大家却并不在意,认为那不过是利用符号所要弄的小把戏,与事实毫不相干。答辩临近尾声,主考官佩兰(Perrin)向德布罗意提出全场唯一一个问题:"既然你对自己的想法如此有信心,何不设计个实验向大家展示一下电子的'波动性'呢?""没问题",德布罗意坦然地迎上众多或疑虑或嘲弄的目光,"众所周知,X 射线在穿透晶体各晶格间的微小空隙之时会发生衍射,这是电磁波'波动性'的绝佳例证,其原理与可见光的双缝干涉并无二致,只不过把两条狭缝换成了一队狭缝阵列。"接下来,德布罗意话锋一转,出其不意地将席上众教授一齐带入实物粒子的领地:"以电子为例,由于它的质量与体积都很微小,如果'电子波'确实存在,其波长也应当与

---

① 法文原版共 106 页,译成中文后浓缩为 55 页,若有兴趣可参看沈惠川教授的译本。

高频电磁波相接近。而波只有在钻过孔径远远小于波长的空隙时，才会衍射出明暗交错的幻影。因此，能够让'电子波'舞动起来的，唯有金属晶体内原子之间的纳米级缝隙。"全场鸦雀无声，趁大家还没回过神来，德布罗意又补充道："我还可进一步断言，只需配上构造适宜的晶体，深藏于任何一种'微粒子'背后的隐形人格——'物质波'——都将暴露无遗。"

　　然而，当德布罗意试图说服实验派们动手验证这一猜想时，却四处碰壁。就连他自个儿的导师也无奈叹道："你的结论很难使我信服"。不过，大师如朗之万者，之所以能够在各个领域不断提出新见解，正是由于其豁达的襟怀，在是非未定以前，敢于容忍与惯常认知相抵触的观点，哪怕该观点并不在他本人的理解范围之内。由于难以做出评判，朗之万便将爱徒的大胆创见直接寄送给老友爱因斯坦，请他来一断高下。前文曾介绍过，早在 1905 年，爱因斯坦面对光电效应这一谜题时，就已隐隐意识到，波与粒子同时包藏在光的本质当中，二者谁也不可偏废。因此，看待这场旷日持久的波粒之争，其视角自然比一般人更为广阔。见到德布罗意的论文，他悚然一惊，提笔便同另一位好友马克斯·玻恩（Max Born）絮叨起来："这篇仿佛出自疯子之手的文章，还真有点儿道理呢。"

　　癫狂之语往往一招命中真相。爱因斯坦敏锐地意识到，德布罗意的理论非同小可，一旦得到证实，不仅表明波与粒子根本就势均力敌，电磁波中暗藏着颗粒属性，而实物粒子在运动时一旁总离不开轻舞飞扬的波，二者谁也吞并不了对方，和平共处才是王道；同时，物质波的存在更撼动着人类对世界的认知，如果构成物质的粒子是波，那物质又是什么？看得见、摸得着的实在之物与虚幻的光影之间又有什么本质区别？

　　问号一个接一个涌上心头。此时的爱因斯坦正因其狭/广义相对论逐渐为世人所领悟，声名如日中天，于是他动用自己的影响力将学界的关注点引向了物质波猜想。爱因斯坦公开点评道：德布罗意的杰出工作已然"掀开了大幕的一角"。稍后，他又向柏林科学院递交了一篇论文，沿着德布罗意的思路做了许多有意义的推演。消息自学术中心哥廷根飞速扩散，实验界这才意识到，他们险些错失了一大采掘珍宝的良机！众人一阵手忙脚乱后，验证电子波的方案纷纷出台。

TIME
AND LIGHT:
The History of Physics

时与光
一场从古典力学
到量子力学的思维盛宴

电气公司的意外收获

其实，早在 1914 年就已出现了电子在晶格当中发生衍射的记录。但当时的研究人员却认定，那是晶体某种特殊构造所导致的散射，与电子的本性无关。直到 1925 年，美国西部电气公司贝尔实验室的克林顿·戴维逊（Clinton Davisson）与助手雷斯特·革末（Lester Germer）在利用电子束轰击金属镍块的时候，才又一次与电子波不期而遇。

克林顿·戴维逊与雷斯特·革末

为了清除由于一起爆炸事故而附着在金属表面的氧化层，两人将镍块进行了加热处理。从炼狱中归来的晶体看上去光鲜如故，戴维逊并没有意识到，高温的炙烤让晶格的构造发生了奇妙变化，它早已脱胎换骨。尔后，当电子束再次打到镍块表面，其散射强度竟跟随晶格取向的变换而忽大忽小，在检测器上绘出一条波浪线。这究竟是怎么回事？同多数粒子学家一样，两人亦是谈"波"色变。他们想尽办法排除可能的干扰项，以期让散射恢复原先的平稳。

转眼，修补"纰漏"的尝试已折腾了足足一年，焦头烂额的戴维逊决定暂时逃离那间让他憋闷的实验室，到欧洲去呼吸点儿新鲜空气。可电子幽灵并不打算放过他，即使身处烟雨蒙蒙的英伦岛国，迷乱的检测数据仍时时盘旋在脑海。此时，恰逢全欧洲的物理学家都聚集在牛津大学召开讨论会，戴维逊自然不愿错过这个与同行切磋的大好机会。没想到，还没等他亮出自己新近收集的波形图，便听会议主持马克斯·玻恩点到他的大名，说他早年间设计的一款实验或许可以拿来验证德布罗意波。

德布罗意波？这是什么玩意儿，我怎么从没听说过。戴维逊心中一动，立刻联想到那折磨得自己衣带渐宽的电子束轰击实验，莫非其中另有玄机？与众人一番讨论之后，戴维逊越发觉得事情有谱。会议一结束，他连忙奔回大洋彼岸，一面埋头恶补理论知识，一面着手改进设备以便全方位搜集电子波的作案证据。到 1927 年年初，戴维逊与革末两人通过对镍单晶的巧妙切割，不但用电子束打出了同 X 射线一模一样的衍射图像，更精确地测出了电子波的波长，从而定量确认了德布罗意关系式。

与此同时，远在剑桥的乔治·帕吉特·汤姆逊（George Paget Thomson）也同样无意之中与电子波喜相逢。原来，这位 G. P. 汤姆逊正是卡文迪许备受尊敬的老船长 J. J. 汤姆逊膝下唯一的儿子。与父亲一样，他一生都对阴极射线痴迷不已。35 岁时，汤姆逊设计了一个新实验：利用单束电子轰击不同材质的金属箔以观测其散射行为。由于箔片被敲打得极薄，简直成了单层原子手牵手搭建的微型格栅，刚好为电子波舒展拳脚提供了配套空间。因此，当整群的电子钻过金属箔落到其背面的感光底片上时，一圈环着一圈的同心圆即刻便从画面中央向着四周荡漾开来……

天南海北，不同的实验室里，电子们仿佛心有灵犀一般，跳起了同一曲波之舞，德布罗意的猜想得到了反反复复的验证。千钧一发之际，波动说又一次绝处逢生，于翩翩公子的肩头——行到水穷处，坐看云起时——大自然再次向我们展露了她那不可思议的魔术戏法。

可这样一来，不但光的身份没能搞清，连原本公认的实实在在的物质也不那么"实在"了。光在黑暗之中睁大眼睛：

我本是粒子，粒子属于波，波复归于粒子，而粒子最终又幻化成了波……

我到底是什么？

我们到底是什么？

光是什么？

物质是什么？

虚空是什么？

宇宙万物的本质究竟是什么？

1929 年，德布罗意因"发现电子的波动性"而戴上了诺贝尔桂冠，他以一纸毕业论文直接拿下科学王国最高荣誉的壮举一时之间传为美谈。索邦大学大概也未曾料到，她为怀抱中这名半道闯入物理秘境的学子颁发的博士学位竟成了史上含金量最高的文凭之一。然而，斩获诺奖的喜悦并没能化解德布罗意心

TIME
AND LIGHT：
The History of Physics
时与光
一场从古典力学
到量子力学的思维盛宴

头浓重的忧虑。原来，从 1924 年到 1929 年，短短 5 年间物理学发生了翻天覆地的变化，当年他参与铺设的电子轨道如今已沿着多维的时空之轴伸展到了另一块"异大陆"。在那里，量子怪兽正挑战着每一位敢于跨入它领地的勇士想象力的极限。待到本书第五单元，我们将重回那段惊心动魄的岁月，一同领略英雄们的豪情与怅惘……

握手言和

1937 年，大洋两岸的戴维逊与汤姆逊凭借各自在电子衍射方面相互独立的研究成果分享了该年的诺贝尔物理奖。值得一提的是，1906 年，父亲 J. J. 汤姆逊因为证明电子的粒子性曾收获这份荣耀；31 年后，他却目睹自己的儿子 G. P. 汤姆逊由于证明电子的波动性而拿到同一块奖牌。粒子与波，这对相互纠缠了三生三世的宿敌，竟以这样一种独特方式握手言和。从哲学、天文到数学、物理；从亚里士多德、伽利略、笛卡儿、费马、惠更斯、胡克、牛顿到托马斯·杨、菲涅尔、法拉第、麦克斯韦、普朗克、爱因斯坦、德布罗意……由波与粒子联合导演的这出跨度长达数千年，牵涉到思想界各门各派几乎所有的掌门宗师，饱含着恩怨情仇的战争大戏，似乎也即将于皆大欢喜的气氛之中落下帷幕。

至此，世人不得不承认：波与粒子，它们既不能与对方相融合，又无法脱离对方而单独存在。二者有着不同的属性，波是连续的，在介质当中绵延扩散，两列波相遇时能够扭动身形幻化出万千纹案；而粒子是点阵的，它只会笔直行进，但同时，它的奔跑不需依赖任何实物介质，电磁波正是凭借这一特质在真空之中反而传播得比在气、液、固体内还快。粒子与波，以它俩任何一方为支柱所建立的理论都无法将另一方完全涵盖，每当事物流露出颗粒性的一面时，其波的人格就默默地躲藏进内心深处，反之亦然。二者以超乎寻常的默契从不同层面为我们描绘着宇宙的设计蓝图。恰如佛经中盲人摸象的故事，站在不同方位，每个人都以为自己正抱着一头"大象"，但事实上，每个人触碰到的都仅仅是大象的一部分。

20 世纪 30 年代末，"波粒二象性"终于得到了普遍认可。之后的年月里，波与粒子的双重属性被严苛的实验家反复考察，在日益精进的检测手段下，除了光子与电子这对搭档之外，体形更大的颗粒：质子、中子甚至单个原子……也都纷纷跳起了波之舞。

C_{60}又名"足球烯"，它是富勒烯族群中最为闪耀的明星（图1.11）。1985年，英国化学家哈罗德·克罗托（Harold Kroto）与美国化学家理查德·斯沫莱（Richard Smalley）、小罗伯特·柯尔（Robert Curl, Jr）三人在莱斯大学首次制备出了这款由60个碳原子共同搭建的巨型分子。由于其形貌与巴克敏斯特·富勒（Buckminster Fuller）于1967年为蒙特利尔世博会设计的球形薄壳建筑（图1.12）惊人地相似，三人决定以这位从22世纪穿越而来的鬼才建筑师的名字来为C_{60}命名，一些文献中也称其为"巴克球"。近年来，科学家将这群相对分子质量高达720的大家伙放置在检测屏前，对准狭缝连续射击，同样收到了期待中的衍射图案。

图 1.11　富勒烯结构示意图

图 1.12　1967年，巴克敏斯特·富勒为加拿大蒙特利尔世界博览会美国馆设计的"彩蛋"

然而，"波粒二象性"一词自诞生之日起就透着一股子和事佬般的折中与妥协，它并不能说服所有的人，尤其是物理界那帮以刨根究底为乐的超级Geek。而盲人摸象的典故似乎也在暗示：我们不能整合各种理论，是因为搜集的信息还不够全面。假使有一天，盲人们忽然睁开眼，一头活生生的大象立在面前，相信所有人都会顿悟——"真象"确实只有一个。又或者，即使盲人永远无缘光明，只要他们肯放弃执念、同心协力，把每个人所感知的"真象"的一角都翔实地记录下来，再合到一块儿，终有一天将会拼出一幅完整画面。

TIME
AND LIGHT:
The History of Physics

时与光
一场从古典力学
到量子力学的思维盛宴

横看成粒侧成波

远近高低各不同

不识此光真面目

只缘身在光子外

我们何时才能钻进光子的世界,看一看其中究竟发生着什么?

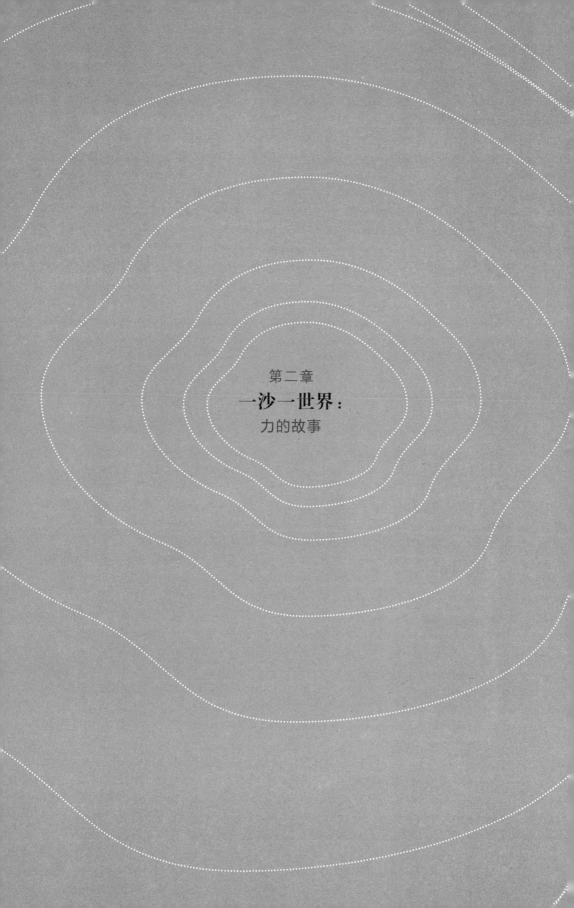

第二章

一沙一世界：

力的故事

TIME
AND LIGHT：
The History of Physics

时与光
一场从古典力学
到量子力学的思维盛宴

物体缘何会运动？亚里士多德给出的回答是，因为它受力的驱使。由此便派生出一系列推论，比如：大球与小球同时从高处落下，大球必定先着地，因为它比较重，拖着它往下坠的力自然也就比较多，因而它将更迅速地奔向地面。再如：假若忽然撤除外力，物体必将即刻停止运动。

这个答案在世间流行了千年之久，因为它实在太过"显然"。现实生活中，除非我们用力去推一只轮子，否则它绝不会向前滚动；除非我们使劲儿抛掷一个球，它绝不会自动飞上天。给物体施加一个力，它才能动起来，万事万物莫不如此。不需要思考，人人都能得出同样的结论，所以，人人都对此深信不疑。然而，"人人"都认同的，就一定是真相吗？

斜塔与椭圆

第一个对亚里士多德表示怀疑的人来自意大利海滨小城比萨。小城与达·芬奇的精神故乡佛罗伦萨相距不远，文艺复兴的雨滴悄无声息地润泽着这片刚刚从战乱中重生的土地。1564 年，没落贵族温琴佐·伽利莱（Vincenzo Galilei）家迎来了他们的第一个孩子伽利略·伽利莱（Galileo Galilei）。温琴佐是一位技艺精湛的鲁特琴师，偶尔也自行作曲，由此渐渐对音符背后那奇妙的组合规律产生了兴趣，开始研究乐理。他反复弹拨不同长度、不同材质的琴弦，发现音阶之间的数学关系并不像人们一直信奉的那样单调而稳固。两千年前，毕达哥拉斯曾认定：如果一根弦产生一个确定的音符，那么其半长度的弦就会产生一个高八度的音，以此类推，长度为该弦 1/3、1/4、1/5…的弦皆能制造出和谐之音；而倘若新弦的长度与原弦之间的比例不是简分数，两弦齐鸣，则只会出现噪声。但温琴佐认为，音乐发展至他生活的时代早已衍生出无数流派，简陋的和弦规律并不足以为复杂多变的乐谱提供完整的理论支持。遗憾的是，即使在复兴之都佛罗伦萨，温琴佐太过新奇的观点也没能得到理论家们的重视。过人的音乐才华与数学天赋都没能给温琴佐带来哪怕半分钱的收入，不得已，这位站在现代和声学与古老复调论斗争最前线的勇士只得拖家带口，依靠在城中开杂货铺勉强度日。

　　受父亲影响最大的当然是孩子。一天，在当时最权威的大乐理家扎力诺（Gioseffo Zarlino）公然无视他辛苦搜集的证据，兀自念叨着毕达哥拉斯的教义扬长而去后，温琴佐不禁将目光转向膝下正在拨弹鲁特琴的小伽利略，愤愤地教训道："记住，千万别去触碰那该死的乐理，要相信你的耳朵！音乐的美藏在琴弦里，而不是那些个哑巴理论中。"看着父亲聚精会神地拨弄琴弦，记录数据，提笔计算，伽利略很难不被这份痴迷所感染。一行行音符仿佛拥有自己的魔力，一般不论一旁的"专家"如何训斥，依旧我行我素，于时空之中建起一座又一座各具风情的梦幻城堡……

　　然而，随着伽利略一天天长大，同每个父亲一样，温琴佐开始担忧起儿子的前程："离我倒腾的那些个没用的数学远一些！孩子，以你的天分，完全有能力进入一个体面的行当。去当个医生吧，不仅受人尊敬，而且衣食无忧。"伽利略听从了父亲的劝告，17 岁便考入比萨大学研读医科。可医学院的课程却令他昏昏欲睡，反而课后独自摆弄小实验——就像父亲曾陪伴他玩耍时那样——才令他精神百倍。最终，伽利略还是不顾父亲的反对，一头扎进了算符的海洋，追随着好奇之心，去勘探那被大自然封存于海底的秘密。

　　后来的故事，地球上每个人都知道了。其中，最脍炙人口的传说是，伽利略从比萨斜塔扔下两颗铁球，一举攻破了亚里士多德流传千年的臆断，从此声

伽利略·伽利莱

威大震。时至今日，史家们仍在就伽利略当年到底有没有进行过该项实验而争论不休。但或许，伽利略是否站上过斜塔其实并不重要，重要的是，他确实通过把缜密的逻辑思维与科学的实验方法相结合，彻底改写了历史的进程。

坠落的连体球

现在，让我们回到世纪末的帕多瓦，一同来重温一下这趟改变人类命运的发现之旅吧。首先，请开动脑筋，跟随伽利略去玩一玩他最负盛名的思想实验：掷铁球。根据亚里士多德提出的力学原理，若将一大一小两个材质相同的铁球从塔顶同时抛下，大的那个由于受力更多必定先落地。目前为止，从该陈述还挑不出任何矛盾对不对？

不过，聪明的伽利略将此情境往后又延伸了一步：如果用一根极轻的细绳把两个铁球连接起来，依然一手抓一个，同时松开手，结果会怎样呢？按照亚里士多德的逻辑，大球自然得一马当先奋勇下坠，但是，和它拴在一块儿的小球由于质量轻、受力少，却慢慢悠悠拖在后面。受困于同一条绳索，大球被小球减速，小球被大球加速，综合起来，它俩落到地面所需的时间应该介于大球与小球各自单独落到地面的时间之间。且慢，先别忙着下结论，同样的过程我们还可以从另一个角度来思考：大小俩球既然被一绳相连，那么是不是可以将其看作一个整体？如此一来，该体系的总质量就应是两个铁球的质量之和，而所受的力也应是二者分别承受的"下坠力"之和。所以，当把这对连体球从塔顶抛下，其下落速率应该比任意一球单独下落时都快，落到地面所消耗的时间也应该最短才对。

同一个实验，从不同角度竟推演出不同的结果。显然，其中必有一错。然而，当回放整个思维过程，逻辑上却找不出任何漏洞。因此，只剩下一种可能：这一切背后的原理错了——亚里士多德错了。

通过小小的思想实验，我们跨出了至关重要的第一步。然而，要推翻存活了上千年的假说，单靠思辨是远远不够的。作为先行者，伽利略的过人之处在于，他能够以对客观事物细致入微的观察作为后盾，将大脑与眼睛相结合，从而创造出一种前所未有的研究范式：科学实验。

如图 2.1 所示，固定绳索的一端，在另一端坠
上重物令其紧绷。然后，把重物拉到一定高处放
手，系统便会自由地来回摆动，这便是"单摆"。通
过与自己的脉搏相对比，伽利略发现，若把摆幅控
制在很小的范围内，那么其摆动周期[①]将固定不变。
从此，人类有了全新的计时方式，它比仰观天象更
加精确，为现代实验提供了最基本的条件。

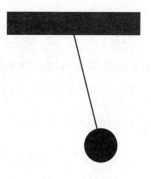

图 2.1 单摆

掌握了单摆的运行规律，更深层的问题亦随之
而来：为什么一定范围内不论摆幅大小，摆动一个来回消耗的时间总是相等？
是什么使得摆绳自动调节其运动速度来迎合等时性的需要？这让伽利略不禁
联想起自由坠落的铁球，它们有着惊人的相似——二者之所以能够运动，皆是
因为自身的重量。这其中会不会有什么关联？

接下来，伽利略在他那木匠作坊一般的工作室里，亲手搭建起倾度、长度各
不相同的几面斜坡。他把坡面打磨得尽可能光滑，让体积、质量各不相同的小
球依次从坡顶滚落。前后比对，伽利略发现，连体球实验中，亚里士多德的两种
推论都站不住脚。事实上，在无摩擦、无初始推力的情况下，不论坡体陡峭还是
平缓，也不论小球的质量、体积如何变化，它们滚落的距离永远与所用时间的平
方成正比。而把斜面立起来，令其与地面呈 90°角，不就是自由落体了吗？所
以，改变小球的质量，并不会影响它下落的快慢[②]。

亚里士多德错了，那么正确的解释应该是什么呢？为寻找答案，伽利略将
注意力一转，在以往常被忽略的下滑阻力上做起了文章。他将落体换成滑块，
又改换不同材料来制作斜坡，进而发现，随着坡面粗糙度不断增加，同一滑块的
下落速率会越来越慢。粗糙度加剧，改变的是什么因素呢？正是自己曾刻意消
除的摩擦力。所有条件不变的情况下，随着摩擦力的增大，物体的运动速率将
越来越慢。

---

① 从一个最高点到达另一个最高点，再折返回来所需的时间。
② 改变摆幅，不会影响单摆周期；改变质量，亦不会影响自由落体的运动速率。其间的关联到底何
在？伽利略当时并没完全搞明白，有兴趣的读者可以替他思考一下。

TIME
AND LIGHT:
The History of Physics

时与光
一场从古典力学
到量子力学的思维盛宴

在实验全方位的围攻下,真相终于跃出了水面:力不是驱使物体运动的原因,而是改变物体原先运动状态的原因!从而我们可以反推:如果一个物体在运动过程中不与障碍物相碰撞,不被摩擦力所拖累……也就是说,如果物体不受任何外力作用,那么它将始终保持原有状态——原先静止的永远静止,原先运动的将沿着笔直的轨迹永远匀速前进——这就是"惯性定律"。

"金鼻子"与"占星师"

几乎就在伽利略研究单摆与滑块的同一时期,另一双善于发现的眼睛正把目光投向星空,他就是来自德国杜宾根大学的约翰内斯·开普勒(Johannes

第谷·布拉赫

Kepler)。而说到开普勒,就不得不先谈一谈他那颇具传奇色彩的导师,丹麦天文学家"金鼻子"第谷·布拉赫(Tycho Brahe)。

当第谷还是一名学生时,在教授家的晚宴上与另一名叫做帕斯杰格(Pasbjerg)的男孩因为一个数学问题发生了激烈的争执。于是,二人相约来到一个僻静的地方进行决斗——因为一道奇葩的数学题而不是某位美丽的姑娘而拔剑相向,这家伙最初的亮相就有些不同凡响——可惜故事的结局却并非第谷预期的那么美好,在他挥舞着宝剑冲向对方的瞬间,血光四溅。原来,他挺拔的大鼻子已被帕斯杰格削了下来。战斗就这样结束了,但远远没有完结的是失去身体的一部分所带来的疼痛和屈辱。不过向来自信心爆棚的第谷并没因为这一残缺从此一蹶不振,据说他用贵重的金银为自己打制了一只形状与原先一模一样的鼻子,再度昂首阔步地行走在人群之中。

第谷号称"肉眼观星"第一牛人,但同时也是最后一人。他运用自己多元的几何知识与创造力,依靠皇家提供的资金带领团队制造出大批豪华而精巧的观测工具:六分仪、地平象限仪、视差尺……你若有机会穿越时空来到第谷当年的工作现场,将看到他与助手们端起一架架就如同今日的来复枪那样修长而笔挺的"武器",通过安置在悬臂末端的铜质瞄准器来瞄准天上的星星。那气势,真是直冲云霄。还有墙象限仪,半径达六米之宽。应第谷要求,工匠们把用于读数的六十分弧度每一格再六十等分，这样一来，指向一臂之远处误差仅只有针尖那么点儿大。对宏大与细微这两个极端的同等渴望，促使第谷在厄勒海峡的汶岛上建立了一座前所未有的观星台。它原本应是第谷留给后人的一座巨型宝库，但不幸的是，相隔不过十年，在科学实验的开山祖师伽利略手中，望远镜诞生了。哎，既生瑜，何生亮？此后，汶岛天文台只得孤零零地站立在海风之中，低声吟唱那古老的歌谣……

不幸中的万幸，虽说与光学望远镜这位后起之秀相比，第谷的观星设备并无深层创新，但第谷对仪器的应用却达到了登峰造极的水准。穷其一生，他从未停止观察与记录星辰的升降起落。晚年，他又将所有数据整理编制成一张庞大的星表，而这张星表才是第谷与他心爱的天文台留给世人最珍贵的礼物。

可以说，第谷正是那大时代的转折点上应运而生的矛盾综合体。他迷恋上流社会的奢华，却敢于迎娶下层女子为妻；他是托勒密体系的忠实信徒，却毫不含糊地将悄然"叛变"的观测数据一一记录在册；他鼻孔朝天（这词儿还真是为他量身打造的）、高傲自负，却独具慧眼地于众生之中掘出了天才开普勒。

约翰内斯·开普勒是一名来自德国的路德教[①]教徒，在反新教的浪潮席卷整个欧洲之际，他最初的志愿是成为一名牧师，传播自己的信仰。可修习结束后，开普勒却没能通过牧师资格考试，反而自己漫不经心辅修的占星学，成绩却出乎意料的优异。由此，他将错就错与天文结下了一段情缘，而正是凭借这段天赐良缘，开普勒最终竟以一己之力改变了人类对世界的认知。

约翰内斯·开普勒

学成之后，开普勒辗转来到奥地利边防重镇格拉茨。依靠解读群星的语言，他为哈布斯堡家族制定出一套历法，并重点预言了该城即将面临的几大灾难：酷寒、农民起义以及土耳其人的入侵。这些听起来与科研相去甚远的活计对于那个时代的学者来说，却是必备的谋生手段，不论他们内心深处是否相信

---

① 基督新教之一，由马丁·路德于 1529 年创立于德国。

TIME
AND LIGHT
The History of Physics
时与光
一场从古典力学
到量子力学的思维盛宴

这些"鬼话"。所以说,开普勒并不是唯一一个通过占星来捞取外快的人。此时此刻,就在大陆的另一方,名满天下的大学者伽利略也正忙着为佛罗伦萨豪门——美第奇(Medicis)家族——夜观星象卜凶吉呢。

1600 年,开普勒应邀来到布拉格,成为了第谷手下的一名研究助理。这个神经脆弱又略带些自卑的古怪家伙与他老师那趾高气扬的派头全然格格不入,可每当两人在观测问题中遇到分歧,开普勒却寸步不让,常常与第谷争得面红耳赤。盛怒之下,第谷不止一次地咆哮着让这个"乡巴佬"立刻滚蛋。但清醒之后,却又不得不承认,自己这位首席弟子惊人的洞察力是其他所有助手甚至第谷本人都难以企及的,只得匆匆地去与开普勒和解。

1601 年 10 月的一天,第谷像往常一样,在夜宴中放肆地豪饮。突然,他觉得身体难受得好似要爆裂开来,便不顾社交礼节匆匆退席,赶回家卧倒在床。可惜已为时过晚,酒精正一点点吞噬着他的生命……临终之前,第谷将自己的"独门秘籍"毫无保留地传授给了与其共事仅一年的首席助理,期望他能够利用这座数据库对以地球为中心的"第谷宇宙模型"进行修补,使其日趋完善。此时的开普勒虽已隐约悟到,地心说或许并不能为众星辰的运行提供最合理的解释,但还是郑重地答应了恩师的嘱托,从他手中接过那张密密麻麻的星表。

经过年复一年的埋头苦算,形态各异的轨道线在开普勒笔下终于学会了讲同一门语言——几何,并将那深藏于天际的秘密娓娓向他道来。第一个秘密便是,每颗行星皆沿着椭圆轨道围绕太阳转动,而太阳总是位于椭圆的某一焦点之上。这是一个震惊时代的发现,抛开它接过尼古拉·哥白尼(Nikolaj Kopernik)高举的火炬,为日心说提供了强有力的数学模型,并向宗教法庭献上一记漂亮的重拳这段辉煌篇章不谈;单就轨道的形状这一具体问题来说,这是第一次有人向我们世代为之痴迷的"圆"发出挑战。圆是如此的完美,从圆周每个点到达圆心的距离都严格相等,彼此是多么的平等与团结。可是,大自然却偏偏要让这完美的对称性遭受少许破坏。

不过,虽然达不到圆的境界,椭圆也并不是一堆杂乱无章的黑点。还记得几何课上你是如何与椭圆初识的吗?拿一根棉线两端各系一枚图钉,把图钉隔开一定距离分别固定在纸上,用笔穿过棉线把它拉紧,最后,绕着两枚图钉旋转一周即可得到一个椭圆。因此,椭圆上任意一点到两枚图钉的距离之和是恒定的(即为棉线的长度),我们把图钉所在位置定义为椭圆的"焦点"。虽说行星没被嵌入完美的圆形轨道,但其运行方式仍有律可循:由于太阳总是位于椭圆的某一焦点,你若把该模型想象成压扁的圆,则太阳的位置恰好落在形变之后幻化出重影的两个"圆心"之一(图 2.2)。

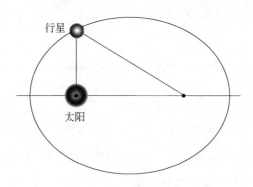

行星

太阳

图 2.2 椭圆轨道

既然轨道不是圆形,那么行星大概也不能仅以恒定速率奔跑了。它们必须做出调整,方能适应新模型。开普勒又发现,在相等的时间内,同一颗行星的运行轨迹所包围的区域的面积始终相等。也就是说,行星运动速率周期性的变换是为了保持某个物理量的恒定——于千变万化中寻找不变性,亦是开普勒为科学研究定下的永恒基调。

为什么行星越靠近太阳,其运行速率就越快?有了开普勒第二定律,原因即一目了然。如图 2.3 所示,以太阳为焦点,把行星划过的任意一段弧线的起点与终点分别与焦点相连,便在空间中得到一块巨型扇面。根据面积定律,相同时长内各弧线所对应的扇形面积总是相等,即:$Sa = Sb = Sc$。为忠实地履行上述规章,行星在距离太阳较近的地方(如图 2.3 中 c 区域)就必须以大步飞奔来弥补"扇沿"较短的缺憾,从而才能覆盖与 a、b 区域同样大小的面积。

逐一研究过各行星的运行方式之后,开普勒又把整张星表综合起来,找寻轨道之间的隐秘联系,于是便诞生了开普勒第三定律:任何两颗行星的公转周期之比皆等于它们各自的轨道半长轴(即上述棉线长度的 1/2)之比的 3/2 次方。这一非凡的定量关系式为人类历史上首轮"知识大爆炸"隆重地揭开了

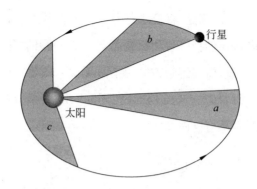

图 2.3　开普勒第二定律（面积定律）

序幕。

　　其实，早在三大定律问世之前，1597 年，开普勒与伽利略这两位惺惺相惜的探路者就已经越过大半个欧洲展开了思维的碰撞。开普勒曾主动写信给伽利略，向他论证哥白尼体系的正确性。但作为一名严谨的学者，伽利略并未立刻做出回应，他需要证据。如何才能更细致地观察星空呢？12 年后，在荷兰人汉斯·利帕席（Hans Lippershey）的启发下，世界上第一架用于科学观测的望远镜在伽利略灵巧的双手中诞生了。不久，宇宙就为这名大胆闯入它内心深处的勇士送上了一份惊喜。1610 年 1 月 4 日至 15 日夜间，伽利略用自制的单筒望远镜凝视木星时，发现其周围竟有四颗更小的星星在绕着它转动——地心说是错误的，最起码，并不是每个天体都以地球为中心。正是这一事实令伽利略毅然放弃了托勒密体系，他要亲笔来描绘星空。若干年后，伽利略也得到了与开普勒一致的结论：太阳才是宇宙的中心。两人不仅从多角度为日心说提供了理论支持与观测记录，更携手开创了一条先河——科学研究必须建立在严密的逻辑推演与可重复比对的实验这双重基础之上。从此，自然规律不再是空想家脑海中的幻影奇谭或宗教法庭上考据派们翻着经书喋喋不休的争论，现代科学正式诞生。

　　天边的星辰与手中的小球，暗藏其间的秘密一个接一个地慢慢浮出。上至教皇牧师，下至平民百姓，整个世界为之惊惶、悚动、窃喜。然而，这些秘密相互之间又有着怎样的联系呢？后文艺复新时期，伽利略、开普勒、笛卡儿等众位思想者以各自毕生的努力共同唤醒了沉睡千年的科学巨人。巨人缓缓从大地爬起，他挺直腰板、张开双臂，准备拥抱即将到来的黎明。此时，一个顽皮的小孩悄悄地站上了巨人的肩膀，好奇地向着远方眺望……

像苹果一样思考

1642 年的圣诞夜（儒略历），一个孱弱的早产儿降生于英格兰林肯郡乡下的伍尔索普庄园，看着这个小小的婴孩，邻居们最为揪心的是他能否挺得过残冬。不过，他的母亲汉娜·艾斯库（Hannah Ayscough）还是依照当地习俗早早为孩子起好了名字——艾萨克·牛顿（Isaac Newton）——同他无缘谋面的父亲一模一样。

艾萨克 3 岁的时候，汉娜改嫁给一个 63 岁的牧师。那是一个气量狭窄的老头，他竟不让嗷嗷待哺的孩子靠近母亲半步，可怜的艾萨克只得独自寄宿在外祖母家，没人知道他究竟经历了怎样一段童年时光。直到 7 年之后，继父去世，艾萨克才得以和他日思夜念的母亲重聚，而此时，他发现家里又增添了三张陌生的小脸。汉娜依然无暇顾及作为兄长的艾萨克，不久他就被送到城里去念书。在学校，艾萨克第一次体尝到了生活的乐趣。英格兰小镇上，咯吱作响的风车随处可见，通过观察与模仿，他制造出一个又一个浓缩版的风车模型，在男孩中间颇受欢迎。不久，他又利用另一套动力装置设计了一台一米多高的水钟，钟面上有他依据水位变化而标记的不等分刻度。一开始大家还以为那只是件粗糙的工艺品，没想到艾萨克每天按时往里灌水，一段时间后同学们发现，那钟走得还真准，俨然成了全班人的计时重器。把大自然的内在节律借用手工创制的小玩意儿——给展现出来，这个爱好一直伴随艾萨克到八十多岁，但后来在他手中诞生的已不仅只是"小玩意儿"了。

然而，中学尚未结束，汉娜却变卦不再支持他读书，17 岁的艾萨克被召回伍尔索普庄园干农活。身在

艾萨克·牛顿

TIME
AND **LIGHT**：
The History of Physics

时与光
一场从古典力学
到量子力学的思维盛宴

农场的他并不快乐。当时，教会要求每个子民都得如实记录自己的"罪恶"，艾萨克写道：在家中，他曾"推打妹妹"、"对母亲发火"、"与许多人打架"……这个生下来就没了父亲又常年得不到母亲照管的孩子，性格中日益流露出一种暴虐气息。但幸运的是，艾萨克在学习过程中所展露的天分给校长留下了深刻印象，他专程跑到伍尔索普庄园劝说汉娜，只要肯让孩子继续上学，学校可免收一切费用。艾萨克这才得以重返校园，完成学业。其实汉娜并不缺钱，她从两任丈夫那里分别继承了一笔财产，且独自经营着一座庄园。据史料记载，家里常年雇用着好几个仆人，可见其物质条件十分丰足。可艾萨克甚至要靠领取补助金才能跨进剑桥的大门，入校后，还需以帮有钱人家的贵公子买酒食、倒便壶来赚取微薄的生活费。足见汉娜要么是个目光短浅的守财奴，要么从来就没关心过自己这位长子。

窘迫的成长经历在艾萨克·牛顿心头凝成了一片挥之不去的阴云，即使中年之后早已功成名就，他依旧时常独自徘徊在精神崩溃的边缘。因为对光的本质的不同解读，他与罗伯特·胡克（Robert Hooke）恶言相讥，并在胡克去世以后仍耿耿于怀，利用手中的权杖操控着学术圈，妄图将这位显微镜之父的功业一笔抹去；出于对反驳之声的极端恐惧，他宁愿按下自己的研究成果迟迟不予发表；后又为同戈特弗里德·莱布尼茨（Gottfried Leibniz）争夺微积分的优先发现权而不惜使尽各种卑劣招数……种种行为，或许正是源自牛顿在内心深处永远还是当初那个缺乏关爱与认同的孤僻小孩吧。

于沙粒中见乾坤

当然这些都是后话了。现在，让我们乘坐时光机回到鼠疫肆虐的1665—1666年——牛顿一生中最快乐的时光——跟随这个治学天分与怪诞脾性皆初露端倪的年轻小伙来一场思维冲浪吧。

首先，由伽利略惯性定律可知：改变物体运动状态的唯一方式就是施加外力。如果物体运动速率骤然加快，那就说明在它运动的同一方向存在一个作用力；反之，如果速率减慢，则存在一个反方向的作用力。此外，牛顿意识到，还有一种可能：如果出现一个与运动方向既不完全一致、也不完全相反的力，它与原先的直线轨迹有一个倾斜的交角的话，那么物体的速率和运动方向都将受到影响。将其推演至星空，牛顿领悟到，假若没有外力在一旁推动，行星只会沿直线奔跑，即便偶然获得机会靠近太阳也只能遗憾地与之擦肩而过，终老不再相见。而要形成开普勒笔下的椭圆轨迹，就必须有一个垂直于行星运动方向的外力在鞭策着它——把直线扭弯——一个指向太阳的无比强大的拉力！由此，牛顿做出了更大胆的猜测：太阳本身就是这个永恒之力的源泉。

为考核该观点，让我们把目光暂且从太阳系收回，望向地球身边最忠实的伴侣：月球。月球为什么要绕着地球运行，难道它也感受到一个指向地球的作用力？凭借多年积累的数据，我们不难确证：月球环绕地球的运行模式恰与行星环绕太阳有着惊人的相似。

如图 2.4(a)所示，月球正沿着水平的初速度 v_0 向前奔去。若与此同时，它感应到来自地球的呼唤，一股与其运动方向垂直且直指地心的强大吸引力。那么，在该作用力的驱使下，月球将不得不时刻调整自己的运动状态，朝着地球表面靠近一些，再靠近一些……也就是说，在外力的作用下，月球每走一步便与地球更亲近了一层，可它为什么始终没有落到地球表面呢？

秘密就藏在图 2.4(b)当中。把镜头拉至外太空，当画面覆盖了足够宽广的区域，你将发现，地球表面正以大幅度的弯曲来避开月球的亲吻！这个使得地表得以顺利摆脱月球的追逐的法宝叫做"表面曲率"，曲率越大，物体表层就卷曲得越为猛烈。这场你追我逃的竞技终会在一种微妙的状态下找到平衡，那就是：月球围绕地球形成一条闭合的椭圆轨道，周而复始地旋转。

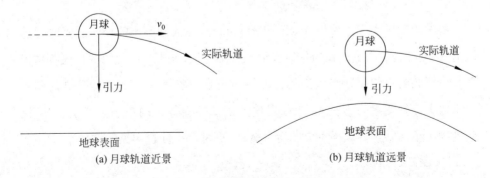

(a) 月球轨道近景　　　　　　　　　　(b) 月球轨道远景

图 2.4　月球轨道近景与远景

现在，让我们把目光复又收近，再近一点……近到立在你身旁的苹果树。相对于整个地球，一块极小的地面的弯曲度完全可以忽略不计。此时，若有个苹果忽然脱离枝干，由于不具备初速度，在引力的作用下，它只能义无反顾地奔向大地。而地面则由于曲率为零，再也无法依靠弯曲来躲避追逐，只得张开怀抱，迎接苹果的到来（图2.5）。只听"砰"的一声，苹果与大地相撞，惊醒了沉思中的牛顿……

引力

地球表面

图 2.5　苹果下落轨迹

月亮与苹果，它们都不由自主地向着地球跌落，那是因为二者皆受到一股直指地心的吸引力。作为一个对事物的普遍性具有超凡感悟力的人，紧接着，牛顿便将目光透过苹果树一直延伸到天幕尽头，难道指向地球的吸引力与指向太阳的吸引力背后也有着同样的成因？那么地球与太阳有什么共同特征呢？它们都很庞大，都拥有难以估量的质量——没错，也许它就是引力之源。于是，牛顿进一步假定：如果质量确实是上述所有作用力的幕后操纵者，那么不但太阳、地球、月亮，就连一个苹果、一粒尘埃……但凡拥有质量者，皆能散发出吸引力。

> 从一粒沙中窥见世界，
>
> 在一朵花里寻觅天堂。
>
> 掌中盛无限，
>
> 瞬间即永恒。[①]

科学顽童理查德·费曼（Richard Feynman）在谈到宇宙的设计原则时曾感慨道："大自然使用了最长的丝线来编织她的花样，使得织物上每一片段都体现着整块锦缎的组织原则。"而艾萨克·牛顿正是那循着一根丝线的踪迹而勾画出锦缎上美妙图案的第一人，他独自伫立在一颗幽蓝色的小小星球上，却奇迹般地导出了足以囊括大千世界的运行规则，真可谓于沙粒中见乾坤！

---

① 节选自威廉·布莱克的长诗 *Auguries of Innocence*。

至此，源自质量的吸引力，这一无影无形却又无处不在的幽灵终于露出了庐山真面目。原来，遥不可及的星辰与近在咫尺的苹果竟都受制于同一种作用力，牛顿把那主宰万物的伟大力量命名为"万有引力"。

地"心"引力

有了定性的分析，如何才能通过定量计算进一步证实自己的猜想呢？前辈留下的研究成果再次启发了牛顿，由开普勒行星三定律，他一半依靠推演，一半凭借直觉"猜"出了以下关系式[①]：

$$F = G\frac{m_1 m_2}{r^2}$$

这便是名垂青史的"万有引力公式"。两物体间的吸引力 F，正比于各自的质量 m_1 与 m_2 之积，而与它们之间的距离 r 的平方成反比。这就产生了一个新的问题：牛顿最初总结引力公式时，是以群星为样本的。在浩瀚的宇宙中，星与星间的距离 r 是如此巨大，因此，每个质量源 m 都可以简化为数学上的一个点而丝毫不影响计算结果。可是，当我们想要求算地面上一个苹果所受的吸引力时，时空中的一个小点瞬间便膨胀成一颗硕大的球体，地球上的每座大山、每块平原、每条江河……每一寸土地都向苹果伸出了引力之手。此时，公式中 r 的值——苹果与地球之间的距离——究竟应该取苹果到地面的距离呢（即一棵果树的高度），还是苹果到地心之间的距离（即果树高度＋地球半径）？还是苹果到地表另一端的距离（即果树高度＋地球直径）？

牛顿想到了一个绝妙的解决办法。首先，把地球切割成若干"无限小"的质量块，这样每一块都能近似地看作一个质点。然后，再把每点到苹果的距离分别代入 r，算出它们与苹果之间的吸引力 F_1、F_2、F_3……最后，再求出这无数个分力的矢量和，该矢量 F 即为地球施加在苹果之上的总作用力。

---

① 很意外吧，这一著名公式最初竟不是从数学中推导而来。物理大发现有时候确实需要那么点儿运气或者说灵性。但这也正是1666"奇迹年"过后，牛顿一直没有将其发表的原因，作为一名严苛的学者，他默默地求证着自己的公式，直到微分与积分二者在他手中完美地整合到一块儿，才终将桀骜的万有引力彻底驯服。

图 2.6 是经过简化的切割模型。假设苹果位于北极点的正上方,沿着纬线像烤面包一样把地球切成若干薄片,让我们逐一分析一下各薄片与苹果之间的作用力。最北端由北冰洋及火山岩层组成的小球冠体积最小,所提供的质量 m_1 也相对较小,但同时由于球冠与苹果距离最近,所以公式中分母 r_1^2 的值也最小。往南延伸,从欧亚大陆再到赤道太平洋,各切片的体积逐渐增大,若粗略地把地球看作一个质量分布均匀的实心球,那么每块薄片的质量 m_2、m_3、m_4······也将依次递增;但同时,随着距离 r_2、r_3、r_4······的拉大,分母也在以其平方倍数飙升。继续往南,各薄片体积陆续收缩,但距离······r_{n-2}、r_{n-1}、r_n 却依然保持着良好的增长势头。

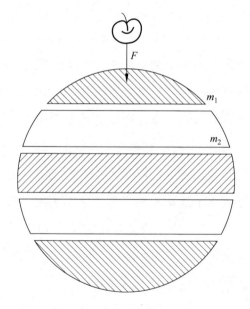

图 2.6 地"心"引力的由来

通过一系列演算,牛顿发现,质量 m 与距离 r 经此番拉锯之后,结论竟简单得出奇:实心球各质量切片对苹果的吸引力的总体效果恰好等同于把该球所有质量汇于一点——球心——时的效果,这便是"地心引力"的由来[①]。

自然再次向我们展现了其设计细节的精妙,只有当万有引力 F 的大小刚好

---

① 考虑到地球的扁胖以及质量分布不均等因素,其"质心"实地寻找起来还要稍微复杂些。

与两物体间距离 r 的平方成反比之时，巨型质量源对另一物体的吸引力才会等效于单独由质心所散发的吸引力。诸位若有兴趣，不妨把公式中的反比替换成正比，平方替换成各种次方……看看将会得出怎样一幅图景？

假如公式中 F 的数值正比于 r 的立方，则随着 r 的增大，F 将飞速衰减。在这样的模型中，质量施加的作用力将不再能够维持平衡。依旧以上图为例：北极球冠对苹果的引力最强；赤道地区虽然体积庞大，但由于分母 r^3 的激增，F 仍将大幅减弱；而可怜的南极地区在体积不占优势的情况下，分母又涨至极大，它对苹果的吸引力与北极相比，简直可以忽略不计。

如此一来，世界将会变成什么样子呢？这时，若有两颗大质量星体在距离 r 处相互吸引，由于引力的作用效果已不再凝聚于各自的质心之上，从对方传来的作用力就会变成无数只触手，撕扯着星球的各个部位。倘若每颗星球自身还在旋转、奔跑，在被对方吸引的最初几分钟，你将观赏到一场壮美无比的宇宙版"巴巴爸爸"大变身……最终，这对不幸相遇的冤家还没逮着机会进一步亲密接触，就已被引力魔掌撕成了碎片，只留下烟花般绚烂的幻影。

实际上，在立方版的引力公式下，根本就没有孕育大质量星球的可能，更别提欣赏以上奇景的智慧生命了。物理规则是如此的霸气，哪怕改动一丝一毫，都将使整个世界面目全非。

求解地球引力的过程中，需要把整体切分成 n 个无限小单元，分别对每一个单元进行剖析，最后再将所有结果整合回原状——这便是现代数学的基石"微积分"的雏形。17 世纪末，艾萨克·牛顿终于同时驾驭了数学、物理两匹烈马，他志气昂扬地跨上战车，率领人类奔向那地平线上第一缕曙光。

沿着这一征程，300 年后，苏联宇航员尤里·加加林（Yuri Gagarin）乘坐"东方一号"宇宙飞船率先冲出了大气层。而美国也不甘落后，紧接着便将尼尔·阿姆斯特朗（Neil Armstrong）、巴兹·奥尔德林（Buzz Aldrin）和迈克尔·柯林斯（Michael Collins）三人送上了月球。千禧年到来之际，中国也加入了这支逐梦大军的行列，准备建立一座大规模的空间站，并与各国科研团队合作，一同对近地空间进行探查。

说到空间站，你也许会认为，宇航员之所以能够潇洒地凌空翻腾，是因为他

TIME
AND LIGHT:
The History of Physics

时与光
一场从古典力学
到量子力学的思维盛宴

们彻底摆脱了引力的魔爪。不,恰恰相反,所谓"失重",正是因为宇航员们正连同整个空间站一起,在引力的召唤下,一秒不停地朝着地球"跌落"! 不信? 让我们来考察一下实际数据,现有的国际空间站所在位置距地面约 340 千米,比起普通飞机(6~1.2 千米)它确实高出许多。但问题的关键在于:我们计算引力时,并不是从地面算起,而是地心。地球平均半径约 6370 千米,因此,当空间站上升到 340 千米高的外层空间时,它与地心之间的距离仅从 6370 千米增加到 6710 千米——变化量只有微不足道的 5.3%,而引力的减幅则只有 9.8%。也就是说,几乎没变化。

所以,空间站的活动范围与理论上假想的"远离所有大质量物体的宇宙深处"是两个全然不同的概念。离地这么近,它是逃不出地心引力的手掌心的。如此说来,空间站的处境其实与月球如出一辙,二者之所以没有发生一头栽进地面的惨剧,是由于除了来自地心的拉力之外,它们各自还拥有一个垂直于拉力方向的初速度。只要该速度的大小超过某一值,小质量物体就能逃脱坠入大质量物体怀抱的厄运,转而在引力的作用下绕着大质量物体一圈圈奔跑。而绕地环行的最小速度,正是传说中的"第一宇宙速度",其值为 7.9 千米/秒,地球表面的任何物体只要保持这一速率勇往直前,都能突破大气层的包裹,一窥外面世界的雄浑与孤寂……

但这依旧没能解释为什么明明处在地心引力的势力范围,宇航员却纷纷"失重"了呢? 待到第四章学习了爱因斯坦的广义相对论之后,相信你会对这一难题给出自己的答案。

称量地球的人

再看那浑身是宝的引力公式,其中还镶嵌着一个特殊的字母: G。无论描述对象是两颗星球还是一双苹果,G 的大小都固定不变,我们把它称作"引力常数"。既然 G 值恒定,如果能通过两个小质量物体测出 G 的大小,再把它代入引力公式,例如:施力的双方分别是苹果与地球,已知它们之间的吸引力(即苹果感受到的重力)、距离(即果树高度+地球半径)以及苹果的质量,我们就可以求出地球的质量了。

第一个将 G 值测量出来的人是来自英国的富豪隐士亨利·卡文迪许（Henry Cavendish）。他所设计的装置如图 2.7 所示：在一根细杆的两端分别装上两只小铅球，用一根非常精细的金属丝将杠杆悬吊在空中，然后，再在每只小铅球的一侧分别固定一只大铅球。这样，大、小铅球之间细微的吸引力将使杠杆发生偏转。通过测量与杠杆相连的金属丝的扭转程度，就可以测出引力的大小了。而铅球质量及球间距离皆已知，通过引力公式即可求出 G 值。

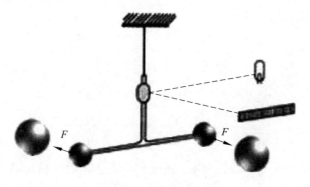

图 2.7 卡文迪许扭秤

这在 18 世纪简直就是一大壮举，附着于地球表面的小小生灵竟能够探知整颗星球的质量！就连一向少言寡语的卡文迪许也不禁暗自得意起来，骄傲地称自己是"称量地球的人"。事实上，知道了 G 值不但能够确定地球的质量，月亮、太阳……只要知道它们与地球之间的互动关系，都可以将其质量演算出来。简简单单的一个引力常数，竟包含着宇宙间无尽的秘密。

牛顿三定律

最后，让我们再次回到牛顿的力学世界，重新认识一下运动三定律。第一条：一切物体都受惯性支配，在没有外力的条件下它们将永远保持原先的运动状态。严格说来，该定律的发现者是伽利略，但牛顿把它往前延伸了一大步，从而得出第二定律：$F=ma$。质量恒定的物体，对其施加外力，所提供的作用力 F 越大，物体获得的加速度 a 也就越大。也就是说，外力越生猛，物体的运动状态变化得就越激烈。乍看起来，它不过是惯性定律的另一种表述。但仔细思量你

TIME
AND LIGHT：
The History of Physics

时与光
一场从古典力学
到量子力学的思维盛宴

会发现，公式里多了一个伽利略未能阐明的概念，那就是质量 m。在外力恒定的条件下，质量越大的物体，运动状态就越难改变。由此，牛顿意识到，质量才是物体拥有惯性的根本原因。又是质量，从引力到惯性，一切都与其息息相关。

$F=ma$，物体受力越大，其运动状态变化得就越快。那么，如何用数学语言来定义快慢呢？确切地说，所谓"快"与"慢"，皆指的是某个状态量随时间的"变化率"。因此，说某物速度变化得快，实际上是指：在微小的时间间隔之内，其速度的改变量[①]比较大[②]。

因为，

$$F = ma$$

所以，

$$F = m\frac{\mathrm{d}v}{\mathrm{d}t} = \frac{\mathrm{d}mv}{\mathrm{d}t} = \frac{\mathrm{d}p}{\mathrm{d}t}$$

由此，得到一个全新的物理量：速度 v 与质量 m 的乘积 p，我们把它命名为"动量"。现在，你可以从另一个角度来陈述第二定律了，物体的动量随时间的变化率与作用力的大小成正比。也就是说，施加在物体上的外力越大，物体所获得的动量就越多。

带着这层体悟，让我们进入三大定律的最后一条。$F_1 = -F_2$，力总是成对出现，有一个作用力就必然存在一个反作用力，二者大小相等，方向相反，同时作用在一对物体之上。如此来说，地球吸引苹果的时候，苹果也在吸引着地球；而"苹果落向大地"，把画面翻转一下，就成了"大地奔向苹果"。F_1 与 F_2 间小小的等号，让宇宙一不留神泄露了自己灵魂深处的平等情怀。

综合第二、第三定律，因为：$F_1 = -F_2$，并且力是动量对时间的变化率，所以

$$\frac{\mathrm{d}p_1}{\mathrm{d}t} = -\frac{\mathrm{d}p_2}{\mathrm{d}t}$$

---

① 即 $\mathrm{d}v/\mathrm{d}t$，这是微积分里的一个基本概念。若尚不明白也没关系，把 d 看作一个普通的算符，不会影响你对演算过程的理解。

② 在《原理》一书中，牛顿本是经由动量来推出加速度。为便于理解，此处采用的是其逆过程。

上式可进一步写作：

$$\frac{\mathrm{d}(p_1 + p_2)}{\mathrm{d}t} = 0$$

相互作用的两个物体动量之和随时间的变化率为零！如果将两个物体看作一个整体，那么其动量的矢量和即为系统的总动量。在不受外力干扰的前提下，系统内部的物体[①]之间不论发生怎样的相互作用：碰撞，挤压，撕扯……终态的总动量与初始状态相比，并无变化。也就是说，孤立体系内部的总动量永远恒定——这就是"动量守恒定律"。

瞬息万变的天地间，我们又找到一个恒久的不变量。台球桌上，当你挥杆将白球撞向黑球，"啪"的一声之后，黑球不紧不慢地朝着球洞滚去，而来势汹汹的白球却乖乖停在了黑球原先的位置，等候着你的调遣；点燃炸弹的引信，"轰"的一声，原本静止的弹壳突然间碎裂成无数弹片，朝着四方狂舞飞散……所有这些现象，只要选对系统边界，在动量守恒的法眼下，其运行规则皆无所遁形。

拉普拉斯妖

至此，有了万有引力，有了力学三定律，又有了动量守恒定律这条终极法则，世间所有的一切——从一粒微尘到日月星辰——在自然规律这柄威严的权杖面前莫不俯首称臣，而手握权杖的人类，俨然成了四海之内新一任的统治者。19世纪初，随着"拉普拉斯妖"的降临，这番狂傲之势更被机械论推上了巅峰。

还记得皮埃尔-西蒙·拉普拉斯侯爵吗？没错，他正是上一单元《光的故事》中泊松的盟友，牛顿微粒说的铁杆捍卫者之一。实际上，他与泊松既是挚友，更情同父子。泊松初露头角时，拉普拉斯已是巴黎综合理工学院有名的大教授，意识到眼前这位年轻人的才华非同一般，便当即把他收入门下，并倾力

皮埃尔-西蒙·拉普拉斯

---

① 包含两个物体的系统只是一极简模型，把2换成 n，结论仍适用。

TIME
AND **LIGHT**：
The History of Physics

时与光
一场从古典力学
到量子力学的思维盛宴

将生平所学传授于他。而泊松也不负导师之望，潜心向学，即使身处法兰西最为动乱的年代，他依然不问世事，独自沉浸在算符王国，因而每年皆有重量级论著问世。相比之下，拉普拉斯本人可就浮躁多了。凭借着极高的学术声望，他不但在改朝换代的一轮轮腥风血雨中毫发未损，且步步高升，在每一任掌权人身边都混得如鱼得水。不过，说到拉普拉斯的学术造诣，那也确实无人能及。作为法兰西国宝"3L"①之首，除了在数学领域战绩斐然之外，他还创造性地将天文与数理相互融合，发展出一门崭新的学科：天体力学。

1799—1825 年间，拉普拉斯在玩转内阁的同时，还创作了一套五卷本十六册的巨著：《天体力学》。书中，他不仅运用牛顿力学对"天体的摄动"、"潮汐的成因"等难题作了详尽分析，更只身回溯到时间之河上游，思索起了太阳系的由来。从沸腾的球状气雾团到逐渐冷却的饼状星云②——好一部穷尽地球人之想象力的动画巨片！此书一出，举座皆惊，一向以"拉普拉斯的弟子"谦恭自居的拿破仑在听闻他的天体演化论之后，不禁问道："亲爱的侯爵，不知您的学说中，上帝他老人家处在什么样的位置呢？""陛下，我并不需要这一假设。"拉普拉斯高傲地挺起了胸膛。

而那一刻所凝聚的，绝不仅仅是拉普拉斯一人的光荣与梦想。当拿破仑将拉普拉斯的回答转述与约瑟夫·拉格朗日（Joseph Lagrange）伯爵时，后者不假思索地答道："侯爵给出的真是个好假设！"此刻，每个醉心于探索自然奥秘的人的灵魂都随着拉普拉斯铿锵有力的话语飞扬到了天边。再不需要上帝，冲破了教义的重重封锁之后，人类终于昂首站立在地平线上，不再为造物主而跪拜，衷心为自己而欢呼——科学，让我们无所不知、无所不能。

可不知不觉间，拉普拉斯在否定了笼罩在文明上空千年之久的神祇之后，却又亲手为大家创制了一个新的神，那就是自然规律之神。他断言：假若宇宙间有一个"超级智慧"，某一时刻，它对时空中所有物体的位置以及受力状况全

---

① 即拉普拉斯、拉格朗日和勒让德三位数学大师，他们的姓氏皆以"L"开头。法国数学之所以在整个 19 世纪一直处于领先地位，奠基人"3L"功不可没。

② 此观点早在 1796 年拉普拉斯编著《宇宙体系论》时就已成型，在《天体力学》中又做了进一步发展。

都了若指掌的话，那么，借助力学定律，它就可以推算出宇宙任意时期的样貌，不论过去还是未来。这一全知全能的智慧生物便是大名鼎鼎的"拉普拉斯妖"。在它眼里，万事万物从降生的一刹那起，其命运便已注定。因为你总能从前一刻的缘由，推导出后一秒的结果。如此一来，万能的宇宙只需设定好运行法则，再在时空之中撒下一把粒子，所有的粒子便会循着律法——落入既定的轨道，何时团聚，何时离散，何时酝酿生命，何时又黯然寂灭……每一步都紧跟着上一步，因果之链环环相扣。就像多米诺骨牌，不论队列多长，只要轻轻地推倒第一张牌，所有队员的命运都将揭晓。

这便是"机械决定论"的由来，在拉普拉斯的心目中，宇宙俨然成了一台精密的大机器，它一刻不停地运转，从不松懈、绝无故障。而每颗星球，每粒尘埃，甚至每个鲜活的生命，都只不过是机器上一块微不足道的零部件。不论你我，抑或宇宙本身，从创生到衰亡所经历的一切，在自然规律面前皆毫无悬念可言——人类一思考，拉普拉斯妖就发笑。

然而，自然规律真的竟如拉普拉斯侯爵所言，无所不能包容吗？玩过多米诺的人都知道，再怎么费尽心机地设计路线，控制积木与积木间的距离，完工后，指尖触碰第一块积木的瞬间，你仍会忐忑不安。这一路上，不确定的因素实在太多了，哪一环节稍微出点儿偏差，就会前功尽弃。"不确定"，这词儿用得可真妙，寻找真相的旅程充满了不确定性，令人类时时如临深渊、如履薄冰……

敬爱的拉普拉斯老妖，面对种种不确定，您就真能笑得出声吗？

三个问题

故事到了这儿，你是否觉得有关力的纷争已然接近尾声？不，一切才刚刚开始。为一探原委，让我们返回大发现的起点，从惯性定律重新出发。伽利略曾断言：物体在不受外力作用时，只可能有两种状态，或匀速直线运动或静止；二者必居其一，再无第三种可能性。那么，如何才能判断一个物体是处于静止状态呢？还是匀速运动？

TIME
AND LIGHT:
The History of Physics

时与光
一场从古典力学
到量子力学的思维盛宴

答案听起来令人失望：我们没法判断。在古典力学里，适用于匀速运动的物理法则同样适用于静止体系。试想：当你从一列疾驰的火车上将一个小球向上抛起，它必然会笔直地落回到你的手中，其运动轨迹正如你从地面抛起同一个小球时所预期的一样。车厢内的小球并不会因为脱离你的手掌之后，没能跟上火车行进的步伐而落在你身后。所以，在一个封闭系统内，我们无法通过观察其中任何一条物理性质来确定自己究竟是处于静止还是匀速运动状态①。唯一能将二者区别开的方法，就是到系统之外去寻找更"大"的参照系。因此，给出两个相对孤立的"小"系统，问哪一个处在真正意义的静止状态？牛顿在《原理》中告诉你："这个问题没意义。"虽然当你脚踏大地时，可以指着奔跑的火车说："它在运动，而我呢，显然是静止的。"但是，你那坐在匀速前行的火车上纹丝不动的朋友也可以争辩说："你和你脚下的地球都在飞旋，我才是静止的呢。"

这就是牛顿版的相对性原理，通常又称"伽利略不变性原理"。运动与静止，不过是一对互相依存的概念，而始终如一的唯有那不变性。比起动量守恒，伽利略不变性更加抽象，它囊括了所有具体的物理细则，可以说是法则之上的法则。随着认知的深入，大自然逐层向我们展现着她简单至极的美，但随面纱一层层被揭开，新的问题也接踵而至……

"相对"与"绝对"

运动与静止，如果说一切状态皆是"相对"的，总得有什么东西是"绝对"的，才能在纷繁的变幻中牢牢地抓住永恒。就好像浮云背后的蓝天，亘古映照在我们眼底。对，空间本身就是一块万世长存的画布。因此，牛顿定义道："绝对的空间，它自己的本性与任何外在的事物无关，总保持相似且不动。"作为 17 世纪物理界的王者，牛顿对自己凭空构造的这幅图景颇为满意，"相对空间是这个绝对空间的度量或任意可动的尺度，它由我们的感觉通过其自身相对于物体的位置而确定"。②

---

① 本书中所有的"匀速"运动皆是指"匀速直线"运动。这一点非常重要，如果系统的运动方向在变，即使速率不变，你也将很快觉察到。

② 以上定义摘自《自然科学的哲学原理》，后同。

在牛顿的理论中，我们所感知的空间显然只是"相对"的那一部分，从一个角度看它静若处子，换另一个角度，它即刻动若脱兔。但不论舞台上的"相对空间"如何变幻，只要幕后还有"绝对空间"可以靠依，它便始终确信自己正安心地躺在"不变"的怀抱中。正如所向披靡的安泰俄斯只有时刻从大地之母盖亚身上汲取能量，才能填补自身的虚弱。

出于同样的惶恐，牛顿又创造了"绝对时间"："绝对的、真实的和数学的时间，其自身及本性与任何外在的东西无关。它均一地流动，且被另一个名为持续的、相对的、表面的和普遍的时间通过运动的任何可感觉到的外在来度量。"有了"绝对"的空间与时间，便可以依葫芦画瓢地对"绝对运动"与"绝对静止"给出定义。由此，牛顿在他恢宏的思维殿堂里建造起一整座"绝对宇宙"，它安详地坐落于时空最幽深之处，恰似喧哗背后的黑暗幕布，无形无影、无生无灭……

这会儿，大家终于可以安安稳稳地进入梦乡了，虽然牛顿给出的只是一套纯逻辑假想，并没有提供验证方案。一切我们能够感知与测量的，都是"相对"的，作为"绝对"的事物是绝对不可能被触摸到的。所以，谁也无法确定"绝对"的存在，可你也无法说它绝对不存在。只是，不能被证实的存在，它真的有意义吗？17世纪，"绝对"与"相对"这道难题尚深陷于哲学的涡流之中，不经意间，恰好帮它避开了来自现实的追问。

时间之矢

为简洁起见，以上叙述中故意忽略了一个小问题："矢量"。所谓矢量指的是不仅有大小，同时还需标明方向的物理量。其实，在力学公式中：力、速度、加速度、动量……体系内几乎所有的变化量都具有明确的方向性，只有一个例外，那就是——时间。

在牛顿君王的领地上，时间是唯一不受方向所限的精灵。把 t 换为 $-t$，朝向时间之轴的前方或后方，我们都有机会推出符合章程的结论。而现实真是这样吗？把群星环绕太阳转动的画面用镜头一一记录，再倒过来放映，看上去似乎也没什么不妥。可是，在生活中，通常只见一滴墨汁染黑一捧清水，有谁见过一杯污水慢慢澄清，却在表面浮起一滴墨汁，难道水分子们另有一套运行法则，

TIME
AND **LIGHT**:
The History of Physics
时与光
一场从古典力学
到量子力学的思维盛宴

居然敢置君王的律令于不顾？通常只见落红片片化作春泥，有谁见过一朵凋谢的花儿重新开放，难道生命的历程也不愿遵循物理规章？待到《对称》单元，我们再一同去找寻答案吧。

三体

这一题的发问者是来自德国的大数学家戈特弗里德·莱布尼茨。巧的是，与他的怪才前辈费马一样，莱布尼茨的正式职业也是一名律师。不过，莱布尼茨的"业余"爱好可不止数学，哲学、神学、政治、语言……他几乎门门精通，"他是普鲁士学院的奠基人？不，事实上，他本人就是一座学院！"勃兰登堡选帝侯腓特烈三世（即普鲁士第一任国王 Friedrich Ⅰ）曾赞叹道。莱布尼茨还是最早系统研究远东文化的西方学者之一，他从《周易》之中发现了阴阳六十四卦与自己创造的二进制之间的奇异关联①，在去世之前，还挣扎着著就了《论中国人的自然神学》一稿。

戈特弗里德·莱布尼茨

晚年间，莱布尼茨为与牛顿争夺"微积分之父"的名号，惨遭这位不可一世的皇家铸币厂厂长的猛力打压，孤苦交困。而他俩除了对微积分这个宝贝儿子的归属权观点不一致之外，对一些物理定律背后更深层的问题的见解也不尽相同，比如引力的"超距"作用，再如"绝对空间"是否存在等。然而，不同于牛顿的闭门单干，莱布尼茨爱好极广，且喜欢与人交流，从他身后留下的数以万计信件就可以看出这是一个多么乐于分享的人。因此，与牛顿的恶战并不影响他津津有味地阅读《原理》一书。在演算中他随即发现：利用牛顿的理论，预言一颗行星围绕另一颗行星的运行模式倒是容易，但如果再加一颗星（例如月球绕着地球旋转，地球再绕着太阳旋转），情况就复杂起来了。地、月两球相互吸引的同时，太阳会使地球的位置发生摄动，这就对月球的绕地轨道产生了新一层的影

---

① 一个流传甚广的版本是：莱布尼茨在阴阳学说的启示下才创造了二进制。但其实二进制诞生之时，莱布尼茨尚未听闻过《周易》，不过当他接触到中国文化后，确有尝试寻找二者之间的关联，并专门为此撰写论文。

响。力学公式可以对两个物体间的作用效应轻松求解，但加入第三个物体之后，任何方程也奈何它不得。

　　一个求解近似值的笨办法是：先假定体系内地、月两球相对静止，计算出它俩的引力共同作用于太阳时，运动轨迹会发生什么变化；然后再以向前移动了少许的太阳作为参照，反推地球与月球下一时刻的运动趋势……如此打太极似的来回个千万遍，才能大致预测出三颗星体在未来很小一段时间内的动向。更有甚者，如果把模型中的地球与月球分别置换成与太阳质量相差无几的大家伙，那么即使上述粗略计算，也将变成一项不可能的任务。此时，当你以不同顺序进行操作——先把一、二号星球捆绑在一起，推算三号星的预期位置；或先把一、三号分作一组，推算二号星的运动趋向——将得到两组截然不同的答案！

　　究竟如何才能精确预测任意三个物体在每一时刻的运行轨迹呢？这便是著名的"三体问题"。莱布尼茨身后，数学全才莱昂哈德·欧拉（Leonhard Euler）第一个对此问题给出了有效的解决方案：首先求出一个粗糙的结果，然后将其反馈回算法中产生一个稍微精细一些的结果，再将这一结果反馈回去，进而得到更加接近真实情形的结果……如此反反复复，每一轮迭代过后，结果都将比前一轮更逼近实际值。由此，欧拉开创了一种求解"不可能"方程的新思路，但该算法仍不足以给出精确答案。

　　尔后，拉格朗日、拉普拉斯等诸位大师各显身手，零星为该问题找到了几类特殊解。直到19世纪中期，法国又为世界献上了一位承前启后的科学巨擘亨利·庞加莱（Henri Poincaré）。面对难缠的三体问题，他灵光乍现，着手构建了一座"约化模型"：令三颗星球之一与另外两颗在质量上拉开档次，于是，便呈现出一幅两个太阳与一粒尘埃相拥而舞的画面。庞加莱原以为，简化之后，凭借自己的数学技巧完全可以对方程精确求解。没想到，不起眼的沙尘在双重引力的牵拉下，运动轨迹复杂得惊人，即使百分百知晓它此刻的受力情况，也无法预言十分钟后它将出现在哪。因为过程中任意一个微小扰动在历经了层层放大之后，都将对结局造成难以估量的影响。终于，"混沌"这头怪兽撕破了浮荡于谜题表层的祥和，张牙舞爪地出现在世人面前。

　　就在庞加莱迎战三体的同一时期，1887年，德国天文学家海因里希·布伦

TIME
AND LIGHT：
The History of Physics

时与光
一场从古典力学
到量子力学的思维盛宴

斯(Heinrich Bruns)通过计算证明：该问题根本不存在通解。即使掌握了运行原理，面对由三个物体构成的简单系统，我们尚且无法给出完整答案，而不得不依靠蛮力来强行破解，那再多加两颗星又会是怎样一番情形？更何况，我们面对的是浩瀚的星海。

刚刚对科学建立起些许信心，人类又有了新的困惑：假如有朝一日，我们将世间所有的物理法则统统握在手中，宇宙的全景真就能一览无遗地呈现在世人面前吗？经历过黑暗时代的人们在探索未知的征途中渐渐形成了这样一种观点：眼前的现象之所以神秘，是因为我们对它了解得还不够深，一旦藏在它背后的规律得以破解，则其一切行踪都将尽在掌控。然而，三体问题让人类首次意识到，也许世界上还有法则延伸不到的地方……

第三章

μ 子正传：

狭义相对论的故事

上一单元曾介绍过,叱咤风云的牛顿力学是建立在伽利略不变性这块基石之上的。最简单的例子,你坐在一辆沿着赤道匀速飞驰的火车上(为配合脚下的大地,就选个比较夸张的时速吧:1700 千米/小时,方向:与地球自转相反),向上空抛出一个小球,小球必将垂直朝下落回你手中。但此时,假如路边恰好立着路人甲一名,他抬头望进车窗,却会发现小球从 A 地开始上升,同时还不忘随着火车前行,直到 B 地才落回你怀中。它不再简单地直上直下,却在空中划出了一道优美的抛物线。同一个小球,同一次运动,由于观察角度不同,竟得出了两种结论。

也许你要说,你坐在火车里处于运动状态,而路人甲定立于大地,所看到的景象当然不同。我们可以在叙述的时候附加一个客观条件,"在静止者眼中,小球做抛物运动",这样就把你和路人甲区别开了。可是,路人甲同样有资格争辩:"我分明是运动者呀,跟随地球的自转,我一刻不停地飞旋;而你呢,同火车一块儿朝着自转的反方向狂奔,看似'运动',实则却'悬浮'在原地。"这绝对不是诡辩,试想,如果你乘坐的火车超静音、无颠簸,你不伸头往外望,又怎能确定自己是运动还是静止?

换言之,身在系统内部的人,根本没办法分辨该系统究竟是处于匀速直线运动还是静止状态——"运动"或"静止",完全取决于外部的参照物——这就是相对性原理的最初版本。许多人都以为"相对论"是爱因斯坦在 20 世纪才造出的新词儿,但实际上,从伽利略时代起,这一概念就已让人备受困扰。那么,是什么原因造成了这种模糊不定的相对性呢?

真空，抑或"假空"

民主的空间

众所周知，我们生活在三维世界，空间中每一点的位置都可以由笛卡儿直角坐标系准确地标注出来。如图 3.1 所示，x、y、z 三根轴线两两相互垂直并相交于原点 O，坐标系内任意一点皆可由 x、y、z 轴上三个相互独立的数字加以描述。例如：点 A 可写为 $(X_a$、Y_a、$Z_a)$。但这三个数字并没有绝对意义，试想如果 A 点保持不动，而将坐标原点向右后方移动一段距离，此时，A 点的坐标就变成了 $(X_a'$、Y_a'、$Z_a)$；又或依然固定 A 点，令 y、z 两根轴线环绕 x 轴各自旋转 90°，此时，原先的 y 轴变成了 z 轴，而原先的 z 轴不仅变成了 y 轴，且箭头指向与初始状态相反，所以，A 点的坐标可写为 $(X_a$、Z_a、$-Y_a)$。你若乐意，还可以玩出更多花样：原点沿 x、y、z 三方皆有滑移，三轴分别围绕原点翻转，甚或原点平移的同时三条轴线分别再旋上 127° 来个乾坤大挪移……每一次变换，你都将收获一组全新的坐标值。单是空间中一个小小的 A 点，就拥有无穷多组坐标值。头晕眼花了吧。茫茫点海之中，想要找到它岂不难于大海捞针？

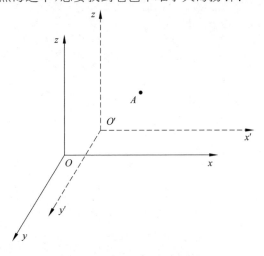

图 3.1　笛卡儿坐标系内一点

TIME
AND **LIGHT**：
The History of Physics

时与光
一场从古典力学
到量子力学的思维盛宴

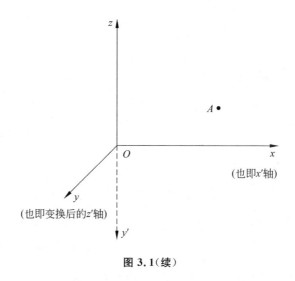

图 3.1（续）

别着急，让我们再多加几个点试试。如图 3.2 所示，令 ABC 共同围成一直角三角形，再次发挥想象力随意转动坐标系。聪明的你定能发现，不论坐标如何变换（当然，三轴间的直角不能破坏，否则就会对轴与轴划定的空间产生挤压或拉伸），A、B、C 三点之间的关系总是稳固如山——∠BAC 总是优雅地保持着 90°，而 A—B、B—C、A—C 之间的距离也始终没有改变。如此说来，只要牢牢记住某点与其相邻各点的位置关系，在变幻无常的坐标系中，就再也不用担心丢失已锁定的目标点啦。

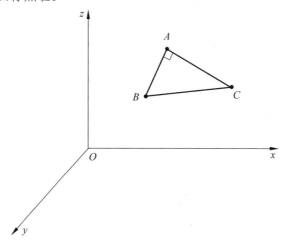

图 3.2　笛卡儿坐标系内的三角形

若令每套坐标系对应一个空间，那么，该空间不论被推移至多高、多远，或被翻转成 x、y、z 轴指向不同的另一个空间，分布在原空间的各点的相互关系并不会改变。坐标变换中这一稳固的不变性为我们揭示出一条重要信息：空间内任何一点或任何一片区域都不比其他区域更为特殊，各部分有着相同的权重，各位置之间完全平等。牛顿把这种可贵的平等性定义为空间的"均匀性"，在他看来，空间永远均匀地向着各方无限延展。因此，也就没有哪个方向更为优越，各方向之间完全平等，这就是空间的"各向同性"。

由于空间的均匀性与各向同性，任意物体都可由无穷多套坐标系加以描述，而所有这些描述，相互之间完全等价。换个角度来说，在空间中把物体任意地平移或翻转，并不会改变其禀性。

民主的时间

然而，仅有空间上的平等，并不能解释运动过程中的相对性。因为物体既然动了起来，改变的就不仅只是方位，还有一样东西在默默流淌。没错，那就是时间——一个与空间若即若离，却又总是进退相连的物理量。与空间不同的是，时间仅有一个维度，只能沿着一条轴线向两端延伸。而在《力的故事》里曾提到，牛顿定律并不拒绝时光倒流。因此，本单元中，我们权且遵照牛顿爵士的旨意，把这个与现实相悖的棘手问题先留到一边，假定你能够在时光这把望不见尽头的刻度尺上随意游走。

宇宙飞船在广袤的空间中可被近似为一质点。在相对静止状态，其轨迹不随时间而变化，只有简简单单一个点，如图 3.3 中原点 O。由于空间的均一性与各向同性，把该点置于坐标系任何位置，其形状皆不会改变——难道"点"还能有第二种样貌？

当飞船开动，情况立刻变得有趣起来。假设飞船以恒定速率 v 直线前进，如图 3.4 所示，其轨迹亦为一条直线。由于飞行速率恒定，不论取起飞后的第 3～5 分钟，还是第 1003～1005 分钟进行测量，线段的长度皆彼此相等。因此，我们可以说，时间与空间一样，均匀而稳固，时间轴上的各点同样遵循平等原则。

那么如果开得更快呢，把飞船的速率设定为 $v'(v'>v)$，图像将发生怎样的

TIME
AND LIGHT:
The History of Physics
时与光
一场从古典力学
到量子力学的思维盛宴

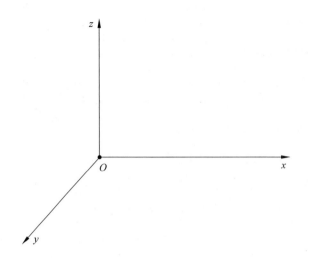

图 3.3　状态一：相对静止

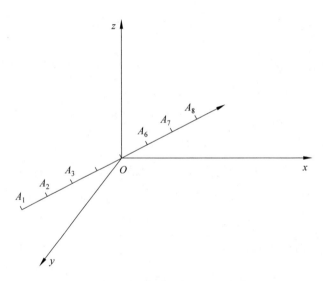

图 3.4　状态二：物体以速率 v 做匀速直线运动

变化？如图 3.5 所示，在速率 v' 下，与前例同样的时间间隔内线段的长度增加了，但点与点之间依旧等距。因此，坐标系依旧可以随意地滑动、翻转而不引起轨迹的扭曲。也就是说，速率为 v' 时的运动图像与速率为 v 时并无本质变化——若不规定参考系，我们甚至无法分辨自己究竟以多大的速率在做匀速直线运动。

　　为加深理解，此处再插播两则不符合伽利略惯性系的范例。状态四是处于

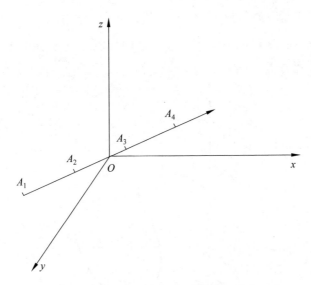

图 3.5 状态三：物体以速率 v' 做匀速直线运动

匀加速状态下的飞船，由图 3.6 可以看出，相等的时间间隔内飞船走过的路程在逐渐增长。此时，若将坐标系移至别处，所截取的线段将与原先不再一致。换句话说，你若处于变速运动当中，即使不借助参考系也能自行做出判断，正如开篇故事中，你所乘坐的火车假如突然来个急刹车，身体前倾的瞬间你马上就会意识到自己的处境。

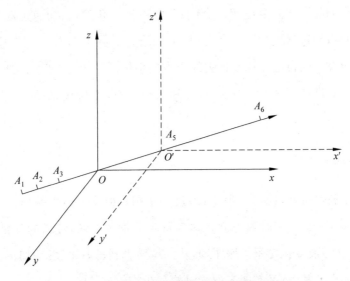

图 3.6 状态四：物体做匀加速直线运动

TIME
AND LIGHT
The History of Physics

时与光
一场从古典力学
到量子力学的思维盛宴

而状态五则是飞船驾驶员一不留神喝多了之后的杰作(图 3.7)。很显然,取不同时间段,你将得到一组风马牛不相及的抽象画,不论是否变换坐标系,它们都不太可能等效。

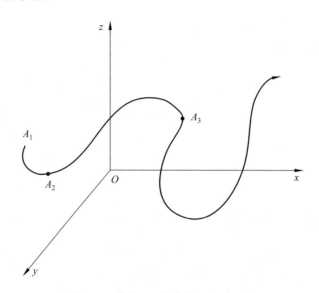

图 3.7　状态五:物体做无规则运动

再回到伽利略惯性系。我们已经论证:不论速率大小,各匀速运动系统之间并无本质差别。可是,为何不能分辨静止与匀速运动呢?点与线,它们的轨迹看起来是如此不同。要理解这个问题,你得换个角度,从匀速运动的飞船上来描绘空间中相对静止的一点。此时,假如飞行员并不知道自己在"动",他只是如实地记录下向自己靠拢又远去的质点的坐标。那么任意时段,其轨迹都将是一条舒展的直线。在均匀铺展的时间与空间里,点与线完成了一次奇妙的转化。

相对,还是绝对

恰如伽利略所言,运动与静止,不过都是相对概念。但牛顿作为一个独断专权的铁腕人物和一名时刻挺立在风口浪尖的物理学家,凭借的正是他对"绝对"的信仰。万般变化莫不臣服于理,从一粒微尘到日月星辰,一切事物都必须由统一的法则来掌管,又怎能容忍相对的存在?

不，牛顿绝不容许这种模棱两可在力学王国有分毫的立锥之地。于是，在《自然哲学的数学原理》开篇，在道出他所有伟大发现之前，牛顿首先把我们赖以生存的世界设定在了"绝对时空"之中。虽然可感知的匀速运动与静止是相对的，但一切的背后却深藏着一片无法触及的天堂，构成这片天堂的空间各向同性，不随运动状态或观察方式的改变而改变，在均匀流泻的时间之中无限扩张……

自然和自然律全被暗夜掩藏

上帝说：让牛顿降临吧

于是，就有了光亮 ①

运动与静止在相对的沼泽中挣扎

牛顿说：让绝对来主宰你们吧

从此，在相互平等的各层时间与空间背后，徒然屹立起一座"绝对静止"的高塔，它威严地俯瞰着众生，不可捉摸，却又无处不在。

于是，整座力学大厦就这样建立在了人类永远无法到达的"绝对时空"。虽然偶有质疑之声，但随着诸天体的运行特征越来越多地被牛顿体系所言中，其时空观也日渐深入人心。

直到 200 年后，麦克斯韦横空出世，他沿着法拉第的创想，独自建造起一座恢宏的电磁大厦，与古典力学并肩而立。一时间，低调务实且交游广阔的引力与轰轰烈烈地兵分两路、正负相杀的电磁力在宏观与微观两个领域各统一片江湖。它们表面上相安无事，实则早已暗流涌动，都期盼着能有机会一较高下。其实，战争的导火索早已埋藏在号称由"上帝之手"写就的麦克斯韦方程组中了。

要弄懂个中缘由，让我们先回到故事开头那辆飞驰的火车上来。这一次，你无需再抛小球，却得挥舞手电筒，打出一束光。假若手电筒的照射方向与火车行进方向一致，根据速度叠加原理，站在地面的路人甲观测到的光速应该是

---

① 18 世纪英国诗人亚历山大·波普（Alexander Pope）的名句。

TIME
AND LIGHT:
The History of Physics

时与光
一场从古典力学
到量子力学的思维盛宴

$c+v$。^① 而当你转过身,朝着火车行进的反方向照射时,路人甲观测到的结果应该是 $c-v$。还有更奇异的,假如路人甲此时正驾驶着一辆"超光速"飞船,且行驶方向与你所乘火车相同,而你依旧顺着前进方向打光,那么路人甲的座驾不仅将远远地把你给甩在身后,随着时间的积累,他也将把光给甩到身后。于是,在路人甲眼里,光竟会倒过来朝后奔逃!

这事儿在你以往的经验中,也许是再自然不过的了。五千米比赛最后的冲刺阶段,你正是依靠这一招把原本近在身旁的对手一下子甩到了爪哇国。但麦克斯韦却告诉我们,光在特定介质中的传播速率是绝不允许被篡改的。以真空为例,依据电磁理论:变化的磁场产生电场,而变化的电场又孕育着新的磁场;二者相互交叠,便源源不断地创生出传播速率为 c 的电磁波。假如电磁波的扩散速率会随观察角度而改变,那么当你以速率 c 飞驰在某列波旁,则在你眼中,此列波的速率应该是 $c-c=0$,它将为你而停驻!而这恰与产生电磁波的核心要素——变化——相互矛盾,凝固的电/磁场如何能够孕育新的磁/电场?而"场"之不存,"波"将焉附?因此,倘若麦克斯韦的理论正确,那么无论选择何种参照系,电磁波在真空中的传播速率 c 皆不会受到影响。

在古典力学体系,电磁波的运行规则与普通粒子并无二致,所以其传播速率必须跟随参照系的转换而改变,但麦克斯韦竟主张"绝对"的光速。眼看两大体系各自为政、互难妥协,而提供此次交锋契机的——不用说,正是持有波与粒子双重护照的光。

"以太"在哪里

就像国人惯于反复追问孔孟老庄一样,西方思想界在遇上问题时,首先想到的自然是向希腊先哲寻求帮助。而上古时代那群可敬的思维漫步者亦不负所望,不论哪一领域,学者们总能从先贤的著述中搜寻出几枚抽象名词。这一次,大家欣喜地挖掘到了"以太"。尽管这一单词早在公元前就已带着亚里士多

---

① 文中凡出现"c"皆指光在真空中的传播速率,其值只比在空气之中略大。对计算要求不严苛时,二者时常混用。v 为火车的运行速率。

德"第五元素"的诡秘面具出现在了世人面前,但真正把它纳入物质体系来考量的却是现代哲学之父勒内·笛卡儿(René Descartes)。为解释太阳系内各行星的公转行为,笛卡儿将以太化作大大小小的涡旋,密布于每一寸虚空,这些涡旋看似无形却有型,各实物之间的相互作用正是依靠它们才得以传递。可惜,不久之后,万有引力强势登场,一亮相便以其隔空发力的"超距"效应将尚在襁褓之中的以太学说一脚踢出了历史的舞台。不得已,以太只好默默隐居于幕后,卧薪尝胆、以待东山。

直到 19 世纪晚期,波动学说大行其道,《光的故事》中那道古老的谜题才重又引起人们的关注:如果光真的属于波一族,那么其传播必定要依靠介质。弹动琴弦,弦的震颤激荡着周围的空气,经过层层递送,美妙的音符才能到达你的耳畔。如果把音乐厅里的空气抽干,技艺再高超的琴师也无法拨出丝毫声响。那么,光又如何能在空无一物的境界中穿行呢?以太终于等到了它重出江湖的大好时机:"诸位,你们所感知的'真空'不过是幻象而已,其本质依然是'假空'。虚无中处处充斥着一种叫做'以太'的介质——没错,那正是在下。"众学者面面相觑,又是一看不见、摸不着的魔物。但出于对实践的信仰,如今的物理学家早已不满足于像牛顿前辈那样,凭空构造一个概念就直接加以利用,如果以太确实存在的话,大家决计要让它现出原形。

伴随着以太假说的崛起,光又一次盘踞到了人们的视线中心(事实上,它就从未离开过)。

粒子,还是波?

牛顿,还是麦克斯韦?

两大思想巨匠的灵魂穿越百年时光,即将展开一场巅峰论剑。

1887 年,在麦克斯韦逝世 8 年之后,深受其理论影响的美国科学家阿尔伯特·迈克尔逊(Albert Michelson)与爱德华·莫雷(Edward Morley)设计出一个经典实验,目的是测定从不同角度射出的光在"以太风"中飘行的速率差。

想象一下,如果真空中果真填充着绝对静止的以太,那么我们亲爱的地球此刻也正悬浮在以太的怀抱。并且由于地球以每秒 30 千米的速率围绕太阳公

TIME
AND LIGHT:
The History of Physics

时与光
一场从古典力学
到量子力学的思维盛宴

转,在"凝固"的以太之中,就相当于逆风而行[1]。迈克尔逊-莫雷的实验设备如图 3.8 所示,由一个光源、一块部分镀银的玻璃片、两面镜子以及一台检测器组成。两面镜子与玻片间距离相等。打开光源后,玻片可将射来的光分作两束,分别朝着相互垂直的两端投向平面镜,再反射回来,最终汇入检测仪器。

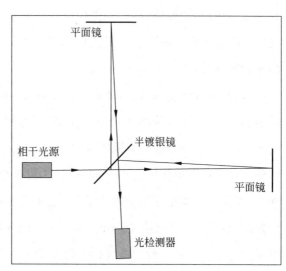

图 3.8 迈克尔逊—莫雷干涉仪及其工作原理

迈克尔逊与莫雷首先将仪器调整到使光的传播路径之一(例如图中的水平路径)与地球的公转轨道相互平行。此时,顺着地球运动方向发射的"水平光",在以太当中将感受到一股阻滞力量,而垂直于运动方向的光受到的影响则相对要小,所以两束光走完相同的路程所消耗的时间略有差别。而立在终点的检测器恰能够敏锐地嗅出这一差值,以干涉条纹将其显现出来。

但是,经过一昼夜的苦苦守候,两人却没能观测到期待中的干涉图案。或许是两块平面镜到玻片之间的距离并不精确一致,毕竟任何人工测量手段都难保没有些微误差。没关系,他们想到一个好办法:把仪器旋转90°。这样原先的"水平光"就变成了"垂直光",两条路径的任务正好交换了一下,如果原本预计的时间差因为长度误差而被抹平,倒过来放置之后差距则会变得更大。排除疑

---

① 还可想象一下你在雨中奔跑的情景。原本垂直下落的雨点,当你跑起来时,却纷纷朝你脸上砸将过来。

点后，两人日夜轮班、加紧观测，可却依旧一无所获。

结果一经公布，学界一片哗然，说好的以太呢？

作为物理史上继"泊松斑"之后第二个名垂青史的"搬起石头砸自己的脚"的实验，迈克尔逊-莫雷又一次戏剧性地把结论引向了与预期截然相反的方向——真空果然是真真切切地空呐。既然如此，光的身份之谜是不是终于揭晓了呢？能在虚无中行走自如，不正否定了光的波动属性吗？[①]

但凡高手相交，一招即见胜负，看样子牛顿大人的灵魂渗透"绝对时空"来到 1887 年，是要率领粒子战队把原本意气风发的波动军团打个落花流水喽。麦克斯韦的继任者们在惊讶之中稍作喘息，很快便稳住了阵脚。因为有人注意到，迈克尔逊-莫雷实验虽然没有检测到以太，但对光源的运动状态是否会影响光速这一难题，同样也做不了定论。麦氏方程仍有反攻的机会！

原来是和局。

历史总喜欢留点小破绽，来个大悬念。一方面：可怜的以太彻底退出了争夺空间的角逐，证明光的确能够不依靠传统意义的介质而传播，挑战着整个波动学说；另一方面，麦氏方程要求光速恒定，却又挑战着牛顿力学的基石——相对性原理。趁着双方在迷乱中休战之际，也请诸位暂且合上书本，试着思考一下，面对以上矛盾重重的信息，你又会推出怎样的结论呢？

针对迈克尔逊-莫雷实验，五花八门的诠释陆续出台。其中，最具创意的观点来自爱尔兰物理学家乔治·斐兹杰惹（George Fitzgerald）与荷兰莱顿大学的学术巨子、诺贝尔物理奖的第二任得主亨德里克·洛伦兹（Hendrik Lorentz）。他俩于同一时期分别独立地提出：物体在高速运动时，空间将发生收缩，且收缩只发生在运动方向上！如此一来，既未破坏伽利略相对性，又为以太保留了生存权。因为当"水平光"逆着"以太风"穿行时，其速率确实有所下降，但同时它所处的相对空间也被压扁了，所以，往返的总行程也随之缩短。速率减缓的同时路径缩水，使得"水平光"到达目的地所需时间与"垂直光"相比，恰巧相等。

---

① 之后的半个世纪里，同类型实验又被米勒、皮卡德和斯塔尔等人以各种方式重复了至少十次，而每一次的结果都毫无例外地否定了以太的存在。

TIME
AND LIGHT:
The History of Physics

时与光
一场从古典力学
到量子力学的思维盛宴

这就完美地解释了为何仪器永远也绘制不出干涉条纹。但洛伦兹-斐兹杰惹假说仍存在一个漏洞：如果"水平光"在以太风中获得的这个比 c 略慢的"绝对速率"无法通过实验来测定，那它同神秘莫测的"绝对时空"又有什么区别呢？

虽然对实地观测并无指导性意义，但由两人同时提出，又由洛伦兹进一步发展的"洛伦兹变换"是对麦克斯韦与伽利略两大体系进行调和的首次尝试——空间收缩——这一极富魔幻色彩的科学术语恰如星星之火，燃起了新一代探险家们的创造激情。

μ 子正传

时光退回到 8 年以前，就在麦克斯韦带着他诸多未能完成的心愿离开人世的时候，海峡对岸，一个小生命正眨巴着他明亮的大眼睛，好奇地张望着这个世界。现今，学界常常把公元 1666 年与 1905 年称作"奇迹之年"，两位举世罕见的思想者分别在一年左右的光阴里，奇迹般地参悟出天地间许多奥秘。但如果把镜头拉远，一一从时间轴上划过：公元 1642 年春，伽利略终于挣脱了尘世的宗教审判，静静地隐入他梦中的思维圣殿，同年圣诞节，牛顿出生；而公元 1879 年，麦克斯韦去世，爱因斯坦降生。此后的 50 年内，两人分别通过传承和发展前者的学说，将经典物理这颗明珠打磨得光芒万丈，并永久地改变了世界的样貌。看来命运之神也是数字游戏的一流玩家，透过种种绝妙组合，偷偷地向众生传递着振奋人心的信息——1642 年与 1879 年，承前启后、继往开来，它们是酝酿奇迹的奇迹年。

奥林匹亚科学院

1895 年，距迈克尔逊-莫雷首轮实验的结果发布又过去了 8 年，16 岁的阿尔伯特·爱因斯坦怀着沮丧的心情来到与瑞士名城苏黎世相隔不远的阿劳镇。此前在慕尼黑时，阿尔伯特曾饱受路易波尔德中学"只许接收、不许发问"的束缚型教育的折磨，为了逃离学校生活，他甚至跑去找医生开了张神经衰弱的诊断书。可校方还没等他递上休学申请，竟先一步下手，通知这名"败坏风纪"的顽劣学子：你还是直接退学吧。可怜的男孩松了口气，他终于不用再担惊受怕地被拖回那座地狱了，但接下来该怎么办呢？憎恶学校的教育方式并不等于他不爱学习，阿尔伯特依然渴望着跨入更高一级学堂，去钻研他感兴趣的几何、代数、物理和哲学……在父母的建议下，他决定报考位于德语区的苏黎世联邦理工学院，然而却没考上。于是，尽管百般不情愿，他也只得接受"回炉"，加入当地一所历史悠久的名校——州立阿劳中学——的补习班，以待来年再战。没想到，阿劳中学的学风与古板的德国模式大相径庭。这里自由而开放，学生可以平等地与老师讨论任何问题。阿尔伯特如鱼得水，生平第一次由衷地喜欢上了上学这件事。

"这所中学以它的自由精神和那些不倚仗外界权势的教师的淳朴热情，培养了我的独立性与创造性。正是阿劳中学，成了孕育相对论的土壤。"晚年间，爱因斯坦在谈及他的母校时深情满溢，他甚至抛开大学教育，把自己撼动世界的伟大发现归功于一所中学。因为那里宽松而愉悦的学术氛围，让他得以驰骋在思维的草原，追逐着光波尽情玩耍。

一年后，爱因斯坦如愿考入了苏黎世联邦理工学院。可令他大为失望的是，教授们教授的内容大多不合口味。于是，他躲进租来的小阁楼，从图书馆搬来亥姆霍兹、玻尔兹曼等众名家的著述，独自埋头苦读起来。但他并没完全脱离校园生活，每天傍晚，爱因斯坦会准时出现在咖啡馆，与一帮好友交换学习心得。桌台旁聚集着来自各个专业的学子，话题从休谟到塞万提斯无所不容。在分享与聆听的过程中，每个人都欢畅地吸纳着自己前所未闻的学说与观点。也正是在这里，爱因斯坦结识了他终身的挚友马塞尔·格罗斯曼（Marcell Grossmann）。格罗斯曼出生于布达佩斯一个犹太家庭，15岁时随父母迁居瑞士，并和爱因斯坦同年跨入联邦理工学院数学系。不过，与爱因斯坦那散漫的脾性恰好相反，格罗斯曼是教授们眼中标准的好学生，每日按时到课，笔记一丝不苟，考试门门高分。1900年毕业季才至，他就被几何学家奥托·费德勒收归门下做了助教。而不幸的爱因斯坦虽然每每依靠格罗斯曼的笔记考前突击恶补，也取得了不错的成绩，可他给教授留下的印象实在太糟，根本无人愿意推荐他留校。"嗯哼，一条懒狗"，数学界的领军人之一闵可夫斯基曾对他如是评价。

一毕业即失业，万般无奈下，他只得自费刊登小广告：

家教：数学或物理皆可

对象：大中学生

老师：阿尔伯特·爱因斯坦（苏黎世联邦理工学院师范系硕士）

每小时三法郎，试听免费

就这样，爱因斯坦的名头竟以如此幽默的方式初次亮相于报纸一角。尽管小广告为他带来了意外惊喜，应征的两名学子，哲学系的索洛文和数学系的哈比希特与他共同组成了"奥林匹亚科学院"，在院长爱因斯坦的带领下，大家废寝忘食地阅读论著，并不时为某本书中的某句话面红耳赤地争论上好几个星期。但诸位"院士"经济上都十分困窘，精神食粮再充裕，没有面包，一样心慌慌。"实在走投无路，不如挨家挨户给人拉小提琴去。"院长感叹道，索洛文马上附和："好主意，我学吉他为您伴奏吧。"情绪低落时爱因斯坦曾在信中调侃：自己就像一条无人问津的流浪狗。

而此时，昔日的好友再次向他伸出了援手。当格罗斯曼得知其父与伯尔尼专利局局长相熟识，立即向父亲建议道："您的朋友不是想挖些聪明人到他手下干活儿吗？我同学阿尔伯特，那可是绝顶的聪明！"虽然百年后的今天，"爱因斯坦"这几个字几乎已经成为"高智商"的代名词，但在成名之前，却只有格罗斯曼用"聪明"来形容过他——于平凡中见真章，堪称知己呐。

爱因斯坦

1902年，爱因斯坦终于在专利局谋得了一份三级技师的工作，负责审核前来申请专利的千奇百怪的发明创造。虽然得时常面对诸如"永动机"一类的荒唐图稿，好在作为一名公务员，他有极大的自由度来支配自己的时间。于是，一个星期的任务他通常两三天就完成了，剩下的日子，身在写字台边的爱因斯坦，心却早已遨游到了九天之外……

"同时"并不同时

为了理解狭义相对论的诞生过程，让我们先来做个脑筋操吧。这回，你将亲自驾驶一艘宇宙飞船。如图 3.9 所示，在飞船的舱头与舱尾分别固定 A、B 两点，在 A 与 B 的中点处装有光源 C。当光源打开，由于 CA 与 CB 等距，位于 A、B 两点的接收器将同时检测到光信号。

你眼中：　　　　　　　　　　　路人甲眼中：

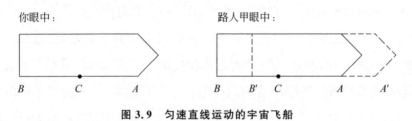

B　　C　　A　　　　　B　B'　C　　　A　A'

图 3.9　匀速直线运动的宇宙飞船

启动飞船，假设一段时间后，它以极高的速率（例如光速的一半，1.5×10^8 米/秒）匀速直线前行。此时，开启 C 处光源，由于伽利略相对性原理，处在飞船内部的一切皆无法判断自己究竟是运动还是静止，因而可以预期：A、B 两点将在同一时刻接收到从 C 传来的信号。且慢，"找茬专家"路人甲又要登场了。他站在地面，仰观飞船，忽然意识到一个问题：光从 C 点出发后，飞船并没有停止移动，这意味着一段时间后舱头 A' 将远离光源 C，而舱尾 B' 则越来越靠近 C，即 $A'C > AC = AB > B'C$。因此，假如光速恒定，在路人甲看来，从 C 发射的光线到达舱尾 B' 所需时间要小于到达舱头 A'。

情况霎时变得扑朔迷离。你坐在驾驶室，观测到信号接收器 A、B 同时响应；而地面的路人甲看到的却是 B 端先接收到信号，稍事间隔，A 端才有所回应。同一个实验，却得到两组结果，一个事件怎么可能既"同时"又"不同时"呢？如果伽利略的相对性没有问题，而从麦克斯韦的光速理论也找不出任何破绽，那么问题的症结究竟在哪里？

"排除一切不可能的原因，剩下的结论不管多么荒诞，也必然直指真相。"夏洛克·福尔摩斯的名言隐隐回荡在空中。或许，问题就出在"同时"二字，我们对时间的认知，人类文明延续了数千年的时间观念其实是错误的！或许，宇宙

TIME
AND LIGHT：
The History of Physics

时与光
一场从古典力学
到量子力学的思维盛宴

的巨幕背景上根本就没有统一的时间标尺，你与路人甲在各自的参照系内都是正确的。由此，爱因斯坦决定退出"绝对时间"这个死胡同，不再试图修改麦氏方程去迎合陈旧的牛顿体系，开始寻找新的突破口。

μ子简历

μ子是电子家族的一员，它除了质量约为电子的 200 倍之外，其余各项性质都与那颗携带负电荷的小微粒十分相似，你可以把它看作是电子的一位身材壮硕的兄长。但正是由于体型过于臃肿，μ子的性质十分不稳定，它的半衰期为 1.5 微秒，也就是说，观察 1000 个静止状态的 μ子，1.5 微秒后将有一半衰变为体型较小的各种微粒（例如一个带负电的 μ子可衰变成一个普通电子和两个中微子）；再过 1.5 微秒，剩下的 500 个 μ子中的一半又将于视野中消失……如此不断衰减，随着时间的流逝，μ子的存活概率将越来越小，最终趋近于零。由于极端阴晴不定的个性，μ子根本无法像它那小巧而结实的兄弟——电子——一样，在构成物质的基本单元——原子、分子——上起到关键作用。亿万年来，μ子们悄声无息地飘散于空间各处，静静地诞生又默默地消亡，仿佛微观世界的流星，转瞬即逝，不留下一丝痕迹。

1937 年，当 μ子佩戴着"宇宙射线观光团"的闪亮徽章进入地球人的视野之时，首先从科学家头脑中冒出的问题就是：这些古灵精怪的 μ子，它们存在的意义是什么？还来不及追问太多，很快大家便发现，这群低调的小家伙竟有一大妙用——它们是狭义相对论最为坚实的证据！

事实上，探测到 μ子时距离相对论构建完成已过去二十多年。世纪之初，爱因斯坦是在没有任何实验数据的情况下，单纯依靠归纳演绎，穿透云蒸雾绕的表象独自叩开真理之门的。本文之所以选取 μ子的传奇故事来解析狭义相对论，是期望通过一系列直观现象，让你绕开繁复的等式与计算，尽情享受这场时空之旅。[①]

---

① 其实，狭义相对论的演算过程比起它同时代的哥们儿——量子力学——来说，并不算特别困难，真正伤脑筋的是对关系式含义的诠释。没能参透其物理实质，才是爱因斯坦的诸位前辈——电子论鼻祖洛伦兹、数学全才庞加莱等——几乎要触及真相，却又与它失之交臂的真正原因。

时间延缓

看似空空荡荡的星际"空"间实则蕴藏着数量惊人的粒子，它们绝大部分是质子（氢原子的原子核），也有少量较重元素（氦、氖、氩，甚至铁等结构更为复杂的原子的核）。通常，这群粒子皆以逼近 c 的速率在宇宙间自由翱翔，但如果有谁不小心撞进了地球的怀抱，就难免要同散逸层内部的颗粒物摩擦碰撞，不走运时还会发生爆炸——当然，这种微粒级别的爆炸，其效果就像微粒级别的流星一样，我们肉眼是观赏不到的——爆炸于万里高空绽开朵朵烟花，在这孤寂的绚烂中，μ子便悄然诞生了。之后，它们得陆续穿越电离层、平流层、对流层等重重雾瘴，坚持到最后的，才有机会获得"地面一日游"大奖。

此时此刻，你若摊开掌心去感受那无处不在的"宇宙风"，μ子们正轻灵地划过你的指缝呢。但疑问也随之而来：如果说 μ 子的平均寿命仅有 1.5 微秒，那么，在接近 c 的速率下，它们平均也就能行个 450 米而已。少数运气特别好的，侥幸钻过半衰期布下的概率之网，如此反复几轮，存活时间可延长五、六倍，则它们自降生至消亡最多可以冲出 2000～3000 米。然而，仅只最贴近地面的一层空间——对流层——其平均厚度就在 10 000～16 000 米之间，按说，这群天外来客极难有机会跑完全程并闯入我们的视野。可是，科研人员却在地球表面搜集到海量的 μ 子。它们到底耍弄了怎样一套戏法，竟骗过了时间？

面对两相矛盾的事实，唯一合乎逻辑的解释就是：同一粒 μ 子，奔跑时与静止状态相比，其衰变被延缓了！这意味着，在接近光速的狂奔过程中，μ 子所经历的每一秒钟比起静止时的一秒钟来说——被拉长了。如此一来，从外部观察者的角度看，这群"魔法小精灵"通过运动延长了自己的生命，使其半衰期激增至原先的千百倍，足够让它穿越超过 85 000 米的距离来到我们身边。

"生命在于运动"果然是至理名言呐。从今天起，每日跑步上下班，岂不延年益寿抗衰老？这么说，人类渴望已久的长生秘方，原来尽在练就一双飞毛腿？为了将爱因斯坦的论述理解透彻，我且为你引荐一把密钥——γ 因子，又名"洛伦兹因子"。

假如地球上立着一座高耸入云的灯塔，一束光从塔顶射向地面，地表接收

TIME
AND LIGHT :
The History of Physics

时与光
一场从古典力学
到量子力学的思维盛宴

到光信号后又把它反馈回塔顶,如此循环往复。光走过的路线如图 3.10(a)所示。现在,请你坐进一辆飞驰的火车,以恒定速率从灯塔近旁掠过。那么透过车窗遥望,灯塔与地面之间的光信号在你手中的检测器上将绘出怎样一条轨迹?如图 3.10(b)所示,光线应像一道锯齿不断延伸。其中,三角形 ABC 的直角边 A 即是相对静止时光从塔顶传到塔底的路程,而斜边 C 则是移动的火车上看到的图像。

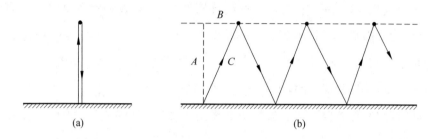

图 3.10　光在灯塔与地球之间飞行

(a) 静止状态,光的轨迹;(b) 从飞驰的火车上看,光的轨迹

由图可知:在运动者眼中,光的行程增长了。若光以恒定的速率传播,则运动系统就必须拥有更多的时间。具体增加了多少呢?假设时间的"延缓因子"为 γ,则

$$\gamma = \frac{C}{A} = \frac{\Delta t'}{\Delta t}$$

由于 C 为三角形的斜边,因此 C 与 A 的比值总是大于 1。也就是说,运动系统相对于静止状态,时间 $\Delta t'$ 一定更充裕——延缓因子名副其实啊。利用少许数学技巧,把光在真空的传播速率 c 以及火车的运行速率 v 代入几何图形当中,可进一步求得

$$\gamma = \frac{1}{\sqrt{1 - \dfrac{v^2}{c^2}}}$$

这就是洛伦兹因子的定义式。

观察此式,你将发现:火车的速率 v 越接近光速,γ 的值就越大。这意味着,车上的时间将成千上亿倍地延长!可惜,以目前的技术,别说火车,就连最

快的宇宙飞船也才及光速的万分之一。那么一般水平的运动对时间又有多大的影响呢？以你的晨跑计划为例，普通人的跑步速率大概 3.5 米/秒，代入上式，在 3×10^8 米/秒级别的光速 c 面前，v 对延缓因子 γ 的影响是何其渺小。所以，单凭我们的肉体凡胎，想要通过跑步奔向长生不老大概是难见成效的了。但请不要泄气，迈开双腿虽然不能显著提升 γ 值，但对锻炼全身肌肉以及提升心肺功能依然有着很大的帮助，绝对值得你一试。

这么说来，时间延缓效应只在接近光速的特殊状态下才能发挥威力。也难怪生活于宏观世界的我们，历经千载都未能勘破其背后的玄机。

变与不变：双生子佯谬

大明与小明是一对双胞，兄弟俩 20 周岁时，哥哥决定乘坐宇宙飞船漫游太空，而弟弟则留守家乡。假定此时航天技术已非常成熟，使得大明在太空中能以十分之一光速（3.0×10^7 米/秒）的恒定速率自由穿越星际。数月后，大明返回地面。根据时间延缓效应，飞行过程中其体内的时钟已然放慢了脚步，而地球上的一切却依旧遵从着既定的时刻表生息繁衍。因此，可以预期：再相逢时，小明将不再是弟弟，而摇身一变成了爷爷。

20 岁的大明与垂垂老矣的小明挥泪相逢，这早已是科幻小说中司空见惯的片段。但请先别忙着构思那动人画面，让我们把目光重新锁定生活在地球的小明。从小明的角度看，大明确实驾驶着飞船离他远去，但不是还有相对性原理吗？因而也可以认为：大明静止地漂浮在太空中，而小明则乘坐着地球以 3.0×10^7 米/秒的速率飞驰。同样，根据时间延缓效应，整个地球的时钟都将变慢。所以，小明才是保持年轻的那一方，他将目睹一脸沧桑的大明走下飞船。

又来了，同一过程，两种结局。粗看起来，各有道理——这便是著名的"双生子佯谬"。针对狭义相对论古怪的时间观，1911 年，法国物理学家保罗·朗之万设计了这道更加古怪的谜题，它在哲学大会一经发表，立即引起轰动。

远在布拉格的爱因斯坦听闻消息后，不慌不忙地回应道：破译佯谬的关键在于辨析大明与小明两个体系是否严格"相对"。小明一方，他脚踏大地平平稳稳，自然区分不出自己到底处在静止状态还是匀速运动。但对大明来说，他所

TIME
AND LIGHT：
The History of Physics

时与光
一场从古典力学
到量子力学的思维盛宴

驾驶的飞船在由起飞到逼近光速这段时间,须得经历猛烈的加速运动;另外,返程时还得转向,着陆前还得减速……重力的不断变化将令他始终确信自己正处于运动状态。一个是标准的惯性系,另一个却有部分时间处在非惯性系,两个系统并不完全对称。因此,大明与小明之间是不能做伽利略互换的。具体说来,当飞船到达匀速状态,在大、小明眼中,对方的衰老的确都在减缓;然而,飞船一旦进入变速状态,大明一方的时间延缓效应便凸显了出来。由于变速环节无法消除,飞船的运动是绝对的。所以,最后的结局只有一种:小明的年龄增长更快。

不变与变:时钟佯谬

上例中,如果抛开变速过程不谈,将镜头定格于飞船以 $c/10$ 的恒定速率从地球上空掠过的瞬间,情况又会如何呢?此时,伽利略相对性便可放心施展其魔力了,不论大明或是小明,都将观测到对方在移动,因而也都有理由相信对方系统的时针转得更慢——老问题又来了,他俩谁对呢?

这就是"时钟佯谬"。有人说它是双生子谜题的一个特例,去掉了加减速阶段后,问题似乎简单了一些。但其实,它比双生子更难缠。围绕时钟佯谬的争论一直持续到 20 世纪 50 年代末。究其原因,这一次,两个系统都是惯性系,相互之间完全对称。所以,我们无法判断谁对谁错。这怎么可能呢,同一个人怎么会既老又小?

要使双方观点都对,得有一个重要前提:飞船与地球,两个世界永不相交。因为大明与小明若想相见,飞船就必须减速、悬停,这样,便又绕回到双生子佯谬上了。飞船若一直处于匀速状态,大明就始终没法与小明相会。而他俩在各自的系统内,都有充分的权利保留自己的结论。

一个现象,两种结论,竟都成立。觉得怪诞?这就对了,相对论的问世挑战着所有人的时空观,包括爱因斯坦本人。他在向科学院递交论文之前,曾几度踟蹰,把对方程的诠释改了又改,直到确信其他道路统统都走不通,才小心翼翼地踏上了这条险径。没想到,拨开迷雾,前方竟是一片坦途:只要抛弃"绝对时间"概念,承认时间可以随着参照系的不同而变更,那么麦克斯韦关于光速恒定的推论不但不与伽利略原理相矛盾，反而配合得天衣无缝。二者共同指向一个事实——我们不仅无法通过宏观的力学现象来区分各惯性系，也无法借助微观的电磁学实验来区分不同的惯性系。

空间收缩

μ子的传奇还在继续。欢迎回到微观世界。现在，你将作为一名特派观察员，以同μ子一致的速率并肩飞翔。假设该微粒的延缓因子 $\gamma=40$，则可以预期：寿命为1.5微秒的μ子衰变之前在空间穿行的平均距离约为 $1.5\times10^{-6}\times40\times3.0\times10^{8}=18\ 000$（时间×延缓因子×光速）。18 000米，这段距离足够它穿透平流层啦。但此时，陪伴在μ子身边的你相对于μ子而言，却处于不折不扣的静止状态，所以在你眼里，μ子的寿命依然只有原初的1.5微秒。这段时间内，即使开足马力全速狂奔，它也只能冲出450米。

跟随粒子遨游的你，亲眼看到它飞行了450米之后就化作碎片；而静立在地球表面的接收器，却实实在在地捕捉到了这群自万米高空飘落的微型魔术师。450米与18 000米，μ子是如何瞒天过海地游走于两组观察者之间，把那17 550米的差距隐藏得滴水不漏的？

秘密就隐藏在我们对距离的定义里。如同时间一样，牛顿体系中，空间作为一种客观实在被赋予了绝对标尺。而今，既然"绝对时间"已被摒弃，不妨再大胆一点儿，让空间也自由变换，会是怎样一番景象呢？在洛伦兹-斐兹杰惹假说的启发下，爱因斯坦敏锐地指出：在你与μ子的超高速世界里，空间将沿着你俩前进的方向发生收缩。并且同时间一样，这种收缩也是相对的。也就是说，地面观测者眼中的18 000米，在你们的量尺下即缩短为：18 000/40＝450米，刚刚好够半衰期为1.5微秒的μ子走完生命的全程。

在接近光速的μ子一方，不仅空间本身[1]，包括μ子、μ子身旁的你、你的视野、你用于测距的量尺、你脑海中长度单位"米"的概念……所有的一切，统统将

---

[1] 空间仅指"运动方向的空间"，与运动不相平行的各方并不受其影响，此时空间已不再各向同性。所以，运动状态下，三维空间不是被缩小了，而是被压扁了。

TIME
AND LIGHT：
The History of Physics

时与光
一场从古典力学
到量子力学的思维盛宴

被压缩于无形。于是，相对静止状态下的 18 000 米，就这样魔术般地化作了 450 米，你俩轻轻松松就能跨越这段距离。但同时，尽管在系统外部的旁观者眼中，μ 子原本溜圆的身形惨遭挤压，成了一粒滑稽的橄榄球，你却丝毫觉察不到——因为你自个儿也正处于形变状态。

再一次，两个参考系，两组测量值，没有谁比谁更准确。"客观"一词，也许并不像你想象中那么客观，而空间也并不像古典体系所描述得那么单一。只是，同时间一样，在宏观、低速的情形之下，此类法则难以大显身手。

狭义相对论恰似一个聪明的调解人，巧妙地化解了牛顿与麦克斯韦之间的恩怨：只需移除"绝对时空"，麦克斯韦的电磁理论即可与古典力学达成某种微妙的平衡，二者相互依存又相互制约，共同将经典物理之美推向了极致。

时空初相逢

> 夫天地者，万物之逆旅也
>
> 光阴者，百代之过客也
>
> 而浮生若梦
>
> 为欢几何？

就连仗剑天涯的李大侠面对了无穷尽的时与空，也不禁慨叹起人生的缥缈来。而李白这句肺腑之言，恰恰道出了数千年来所有文化对时间与空间的界定，二者就像两条永不相交的平行线，从亘古一直延伸到未来。虽然前文介绍牛顿体系时，常常用到"绝对时空"一词，但那其实不过是将"绝对时间"与"绝对空间"两个抽象概念简单地打包到一块儿。《原理》一书中，时间与空间就像两位孤傲的君王，虽然从未忘却彼方的存在，却始终独守在各自的天地，不曾越雷池半步。

时空方差

直到 1905 年狭义相对论问世，才首次将时间与空间联系到了一起。洛伦

兹因子 γ 不仅是时间的"延缓因子"，同时也是空间的"收缩因子"。当一物体相对另一参照系高速运动时，运动系统的时间被拉长了；与此同时，运动方向上的空间却依照同等的比例被缩短了。也就是说，如果把空间与时间看作一个整体，那么，运动物体所处的时空相较于原先静止状态而言，乘了一个 γ 因子，又除了一个 γ 因子，其结果依然恒定。不论物体在惯性系之间怎样转换，也不论变化之后时空是何等的扭曲，总有一个恒定的状态量在背后牢牢地掌控着这一切！

让我们去把那神秘的状态量给找出来。遵照伽利略前辈的嘱托：寻找不变性，最直观的方式莫过于借助坐标系。如图 3.11，空间中有任意两点 A 与 B，则两点间的距离为

$$l^2 = (x_A - x_B)^2 + (y_A - y_B)^2 + (z_A - z_B)^2$$

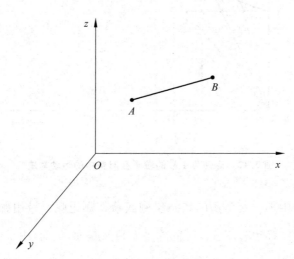

图 3.11　空间中任意两点

不妨动手计算一下，不论 x、y、z 三轴线如何旋转，原点如何滑移，线段 AB 的长度 l 始终都不会改变。

将同样的思路引入爱因斯坦的时空坐标。假想宇宙间有一种不太稳定的微粒，姑且称它 δ 子吧，它静止状态的寿命恰好等于 1 秒[①]。再者，为了叙述方

---

①　该情形只存在于思想实验。现实中，我们只能确定某一种群的衰变概率，即半衰期，而不能确定某一粒子的具体寿命。

TIME
AND LIGHT:
The History of Physics

时与光
一场从古典力学
到量子力学的思维盛宴

便，暂且把三维空间去掉两维，用横坐标表示δ子在一维空间的滑翔距离，而纵坐标则表示δ子的实际存活时间。如图3.12可知：静止时，其轨迹应停在 $t=1$ 秒处。而当δ子运动起来后，假若时间没被延长，则δ子在各种不同速率下所移动的距离应如图3.12中虚线上各点所示。但实际上，随着速率的加快，δ子收获的"额外时间"将越来越多，所以其总行程实则应参照曲线上各点。

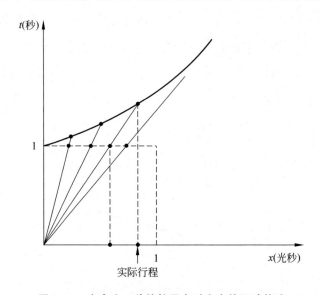

图 3.12　寿命为 1 秒的粒子在时空中的运动轨迹

那么，传说中那固若金汤的状态量到底藏在哪里呢？沿用伽利略的方法，首先，在坐标系中标定"方差"。时间的平方自然是 t^2，然而，由于运动时空间发生的是收缩，因此距离的平方 x^2 之前必须带上一个负号。再者，假定δ子寿命为1，所以实际时间 $t=1\times\gamma=\gamma$，而实际移动的距离 x 则是速率 v 与时间 γ 之积：$x=v\gamma$。最后，还需统一距离与时间的单位——别忘了二者之间暗藏着一条坚实的纽带：光速 c。所以得把 t 再乘上 c[①]，可得

$$(ct)^2 - x^2 = (c\gamma)^2 - (v\gamma)^2 = \gamma^2(c^2 - v^2)$$

代入 γ 的定义式，

---

①　天文学中最常见的距离单位不是千米，却是光年，即光在真空中飞驰一年的行程：3.0×10^8米/秒×31 536 000秒。

$$(ct)^2 - x^2 = \left(\frac{1}{\sqrt{1-\dfrac{v^2}{c^2}}}\right)^2 (c^2 - v^2) = c^2$$

$(ct)^2 - x^2$，时空坐标的平方差，又一个珍贵的常量！于万般变化中找寻不变，这才是物理学的灵魂所在。事实上，这一全新的时空理论刚刚诞生时，其缔造者爱因斯坦非常不赞同媒体将它命名为"相对论"。时间延缓与空间收缩，实则都是为了同一个目标：保证其方差$(ct)^2 - x^2$始终恒定。所以，相对论从本质上来说，应该叫"绝对论"才贴切。

牛顿在冥冥之中狂笑：绝对，我最钟爱的绝对！不管世界看上去多么混乱无章，一定有什么东西是稳固不变的。物理学抛弃了我的"绝对时间"与"绝对空间"，却不得不承认绝对的时空方差。哈哈哈，我错了，可是"绝对"却永远不会认输，它依旧主宰着宇宙万物……

这里插播一段题外话，关于爱因斯坦有三大传闻在坊间经久不息，其中之一便是：相对论的建立推翻了牛顿力学。事实上，狭义相对论正是古典体系的延伸。当物体的运动速率远小于光速时，时空的伸缩效应将变得微不足道，此时两套理论又可合而为一。至今，物理界最重磅的消息仍莫过于："某某断言，爱因斯坦错了。"其实，无论谁做出这一论断，随着时间的推移，他都必将取得胜利，因为科学本身就是一个向着真相无限逼近的过程。站在爱因斯坦的肩膀上，总有人能看得更远，所以爱因斯坦也总有一天会"错"。但要切实证明他错了，最好的方式或许并不是一门心思去"推翻"相对论，而是在理解它的基础上，进行拓展与补充——正如爱因斯坦对牛顿所做的那样。

前面说过，牛顿的时空观是小范围的民主，所有相对运动的时空之间享有平等，但其背后却还隐匿着至高无上的"绝对静止"。而爱因斯坦则决然舍弃了那虚幻的最高层，在狭义相对论的国度里，相对静止与匀速运动，各惯性系皆相互平等，誓将民主进行到底。等到下一章，广义相对论出台后，你更将领略什么才是宇宙的终极平等。

芝诺悖论

公元前450年左右，亚平宁半岛上埃利亚学派的芝诺(Zeno of Elea)为了声

TIME
AND LIGHT：
The History of Physics
时与光
一场从古典力学
到量子力学的思维盛宴

援自己的老师、学派掌门人巴门尼德（Parmenides of Elea）的"不变论"，精心设下了一千古迷局。阿基里斯是特洛伊战争中的第一勇士，他长于奔跑。在新一轮竞赛里，为显示其公平性，裁判让乌龟站在阿基里斯前方100米处。发令枪响起，乌龟慢慢悠悠地挪动着四只脚掌。而阿基里斯则记起了自己的同行——运动健将兔子——由于狂妄自大在全世界小朋友面前丢尽了脸，所以他不敢怠慢，拔腿便向前狂冲。眼看气喘吁吁的阿基里斯即将追上笨拙的小乌龟，画面突然定格，只听芝诺笑道：慢着，让我们用逻辑先分析一下战况吧。

如图3.13所示，阿基里斯与乌龟在比赛开始之前分别位于A、B两点，枪声一响，它俩朝着同一方向移动。可是，当阿基里斯好不容易追到B点时，乌龟已经不慌不忙挪到了下一站C点；而当阿基里斯赶到C点时，乌龟早已位于更前方的D点……照此模式，可怜的阿基里斯虽然每次抵达乌龟先前的位置时，二者的间隔就会缩短一截，但却无论如何也抹不掉最后那一丝细微差距。

$$A \qquad\qquad\qquad\qquad\qquad B\ \ C\ D$$

阿基里斯　　　　　　　　　　　乌龟

图3.13　阿基里斯与乌龟

在芝诺的逻辑王国，处于后方的人，不论效率多高也赶不上前者。这不符合常理啊，在现实世界，用不着半人半神的阿基里斯出马，你优哉游哉散着步，数秒之内即可轻松将前方奋力爬行的小乌龟给拿下。

几千年来，数学家们想尽一切办法试图帮助阿基里斯从根本上化解这一悖论——无穷与极限的关系，这其实也是数学自身最深层的困惑之一。比较直观的阐释可借助小学课本上"循环小数"的概念：3个0.33333……相加等于0.99999……但同时：$1/3+1/3+1/3=1$。在无限逼近的世界，0.99999……即"等于"1。诸如此类的分析手段，还有中学时代的"无穷数列"、大学里折煞脑细胞无数的"微积分"……各路算法你方唱罢我登场，为战芝诺奇招迭出。但此类方法有一个共同的缺陷：它们都预先默认了阿基里斯必定能追上乌龟，然后再顺着这一结果去反推原因。说到底，它们都没能抛开现实，真正解开芝诺在"纯逻辑"里设置的死结。

而若从物理的角度重新审视这个问题，借助狭义相对论，你将发现：芝诺那看似密不透风的逻辑城墙下实则隐蔽着一条暗道——他把时间与空间肆意地捆绑为一体，却忽略了二者的本质差别。

具体说来，假设阿基里斯的速率为 10 米/秒，乌龟的速率为 1 米/秒。按照芝诺的设定：10 秒之后，阿基里斯来到 B 点，此时乌龟已爬到 C 点，二者的距离缩短为 10 米；再过 1 秒钟，阿基里斯又移动了 10 米，而乌龟只前进了 1 米，距离差进一步缩小至 1 米。接下来，追逐赛就进入了至关重要的环节，让我们改用慢镜头播放。从此刻起，再过 1 秒，阿基里斯又将冲出 10 米，而乌龟则依旧只能爬行 1 米，相对于 A 点，阿基里斯的 $10 \times 12 = 120$ 米，已大大超越乌龟的 $100 + 1 \times 12 = 112$ 米——他将彻底把乌龟甩在身后。那么，阿基里斯追上乌龟扭转局势的那个神秘的平衡点究竟在哪里呢？请把画面拉回到 11 又 1/9 秒处，这时，距离第 11 秒阿基里斯又移动了 10/9 米，而乌龟则移动了 1/9 米，二者与 A 点的距离分别为：$100 + 10 + \frac{1}{9} \times 10 = 111\frac{1}{9}$ 与 $100 + 10 + 1 + \frac{1}{9} \times 1 = 111\frac{1}{9}$，他们终于重新站在了同一起跑线。

在芝诺看来，时间完全附着于空间之上。因此，阿基里斯为走完这关键的 10/9 米需要无限循环的 0.11111……秒。别忘了，从速率的原始定义来看，米/秒，它本身就承载着时间与空间的牵连。所以，逻辑世界中的阿基里斯并不是无法跨越那最后的路程差，而是无法穿越那可以无限切割的 0.11111……秒。

但时间真的可以无限切割吗？而物质与虚空又果真如庄子所言："一尺之棰，日取其半，万世不竭"吗？待到《量子》单元，我们再详细来探讨这一谜题。现在，你且跟从爱因斯坦的指引，将注意力聚焦于时与空的关系上。前文曾提到，时空方差的诞生让时间与空间从此紧密联结。不过，也正是"$(ct)^2 - x^2$"关系式中这枚小小的负号，从本质上揭露了时间与空间的差别。负号就意味着，当系统的运动状态改变时，二者的变化趋势恰恰相反——一方延展，另一方则收缩。虽然介绍相对论的文章里常常出现"四维时空"一词，可实际上，时间在与空间交相呼应的同时，却又执拗地保留着自己个性，它并不是笛卡儿坐标系伸出的第四只手。所以，爱因斯坦时空更确切的表述应该是"(3+1)维"。

因此,粗略地讲,该悖论可以看作是把时间与空间盲目地粘合在一起所造成的幻象。杂糅的"芝诺时空"在德谟克利特的小刀之下一切再切,最终形成一座没有尽头的迷宫……时至今日,芝诺悖论仍旧没有完全破解,也许只有在探入微观底层,搞清时间与空间各自究竟连续与否之后,人类才有可能理直气壮地回答芝诺在 2400 多年前留下的疑问吧。然而,借助(3+1)维的时空观,我们对它已有了更多一层的认识。

闵可夫斯基光锥

将时空方差还原到三维空间,其表达式如下:

$$(ct)^2 - l^2 = (ct)^2 - (x^2 + y^2 + z^2)$$

除了差值恒定之外,透过此式,我们还可以获取什么信息呢?

1907 年,最初的惊诧过后,渐渐有一批学者悟出了狭义相对论中所蕴藏的革命力量。其中之一,便是曾因"恨铁不成钢"斥责过爱因斯坦的大数学家赫尔曼·闵可夫斯基(Hermann Minkowski)。闵可夫斯基的父亲是俄国的犹太富商,由于沙俄间歇性的疯狂排犹,1872 年,他们举家迁至普鲁士的柯尼斯堡定居。此时的闵可夫斯基年方 8 岁,上面还有两位哥哥。不久,他欣喜地发现,隔壁邻居家住着一个与他志趣相投的孩子,名叫大卫·希尔伯特(David Hilbert)。希尔伯特比他年长两岁,可是一旦争论起数学问题,他敏捷的才思、连珠炮式的进攻常常让希尔伯特招架无力。备受打击的希尔伯特甚至怀疑起自己的智商来:"或许我根本就没那天分,隔壁闵可夫斯基家三兄弟才是做学问的料呢。"还好,这样的念头只是一闪而过,希尔伯特始终没舍得离弃他深爱的数学,否则,"数学王国的亚历山大"就这样陨梦在了闵氏兄弟的光环之下。早慧的赫尔曼无形中给大卫制造了巨大的压力,但这同时也是他动力的源泉。多年后,他俩的人生轨迹于柯尼斯堡大学再次交汇到了一块儿。这时,年龄总和还不到 40 岁的两个年轻人皆已成为学界光芒四射的巨星,他们共同携手,在数学与物理之间架起了座座桥梁。

读到爱因斯坦的论文时，闵可夫斯基已经离开苏黎世，追随希尔伯特的脚步入驻数学圣地哥廷根。全新的时空观令他有如雷轰电掣一般，瞬间便跨入了另一片天地。他即刻回头与当初那位自己并不太得意的门生展开合作，力图用几何语言将(3＋1)维的相对论时空形象化。经过一年多的摸索，闵可夫斯基终于意识到：只需把"时空方差"代入真实情境，这个简单到不可思议的计算式就会向我们透露出发生于不同时间、不同地点的任意两个"事件"之间的绝密关系。

闵可夫斯基

类时、类空与类光

举个例子：清晨 8 点，住在昆明翠湖之畔的你享用过美味的早餐之后，神清气爽地跨出家门；下午 4 点，高原之巅的玉龙雪山上，一朵雪莲悄然绽放。"人生不相见，动如参与商。"这两个注定没有交集的事件之间会有怎样的联系呢？粗略计算一下，昆明距离玉龙雪山约 300 千米[①]，下午 4 点与清晨 8 点之间相距 8 小时，即 28 800 秒。所以，$(ct)^2 - l^2 = (3 \times 10^8 \times 28\,800)^2 - 300\,000^2$。相比天文数字级的时间方值，距离的平方简直微乎其微。这意味着，打开房门的瞬间，若有一个微粒以光速 c 与你擦肩而过，向着玉龙雪山奔去，那么，想要见证

$$\sqrt{28\,800^2 - \frac{300\,000^2}{(3 \times 10^8)^2}} \approx 28\,800 \text{ 秒} = 8 \text{ 小时}[②]$$

后雪莲盎然而立的风姿，对这个小精灵来说可谓易如反掌。因为在微粒的世界里，你与雪莲之间并无丝毫阻隔，当你双脚跨出家门时，它曾亲历现场；而当雪莲迎风绽放时，它也曾吻过她的脸庞。时间因光速而停驻，寻常人眼中相隔 28 800 秒的两个事件，对微粒来说，却发生在同一刹那。

这正是闵可夫斯基所定义的三大时空关系中"类时"关系的一个示例。你有没有想过，假如有一天，你的身体化作一粒尘埃，在接近光速的世界里翱翔，

---

① 此处必须取两点间的直线距离。

② 令方差公式中前后两项同时除以 c^2，即可把结果切换到时间单位。

将会看到怎样一番风景？

图 3.14 是几何化的时空方差。首先，依旧把三维空间简化作一维直线，用向着两端无限伸展的 x 轴来表示。而纵轴则是只能单向延伸的时间 t，两轴垂直相交于原点。宇宙中发生的所有事件——从天琴座织女星的诞生到地球上一只虫子不小心打了个喷嚏被鸟儿发现——都可以用两条轴线间的某个黑点标注出来。

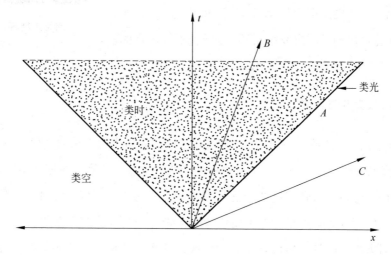

图 3.14 闵可夫斯基时空示意图

从原点分别沿 45°方向各作一条直线①，直线上所有点的方差皆等于零。也就是说，在光速移动者眼中，直线上任意两个事件之间既没有时间间隔，也没有空间阻隔——它们根本就是同一事件。闵可夫斯基把这样的区域定义为"类光"区域。举个例子：从地球某一信号发射站向环绕我们的同步卫星发射一束光，那么从光的角度看，"信号从地球发射"与"卫星接收到信号"这两个事件之间并无前与后、因与果的差别。

再者就是前例谈到的类时区域。如图中阴影部分所示，它位于类光直线所夹范围之内。此区域中，任意两个事件的方差值皆大于零，具体来说，$(ct)^2$ 的值

———————————

① 之所以选择 45°是因为若以"光秒"作为距离单位，方差式中的 c 即被约化为 1，由此可固定直线的斜率。

恒大于 x^2。对于光子这样速率超群的猛士来说，从地球表面一点移动到另一点，登上月球，甚至冲出太阳系……这些方位变换所能提供的 x^2 都太过渺小，不足以与 $(ct)^2$ 相抗衡。在此，时间将主宰一切。

让我们进入天文尺度再做探查。公元 2050 年 1 月 1 日（地球历法），一颗被半人马座 α 三合星环抱的小行星上，某智慧生物决定派遣宇宙飞船"猎手号"前去拜访未知领地。公元 2059 年 12 月 31 日，与三合星相距 4.22 光年的地球上，音乐剧《黑暗森林》于百老汇举行首演。那么，只要"猎手号"能够以逼近 c 的速率朝着正确方向航行，由于 $10^2 > 4.22^2$，飞船就有机会亲临现场，领略地球子民的创造激情。

假设"猎手号"恰在公元 2059 年 12 月 31 日到达地球：$\sqrt{10^2 - 4.22^2} \approx$ 9.07 年[①]，则在飞船上的宇航员看来，他从母星出发[②]与发生在纽约的《黑暗森林》公演盛会这两个事件的空间距离近似为零，而时间间隔则有 9 年零 24 天——这群不速之客在迈进百老汇音乐厅的一霎，将比他们离开家园时衰老 9 个地球"岁"。在类时区域之内，不论是采撷嫩叶尖的一滴朝露，抑或是观赏行星表面壮烈的火山喷发，只要两个事件的时空方差大于零，理论上来说，一部近光速的宇宙飞船定能把你依次送至各事件的发生现场，而唯一的代价就是——时间。

图中剩下的部分即是"类空"区域。与类时正好相反，该区域内时空方差恒小于零，即 $(ct)^2$ 的值恒小于 x^2。此时，事件之间的距离将掌控全局。

同样在公元 2050 年 1 月 1 日，位于牛郎星（即天鹰座 α）附近的小行星上的智慧生物也决定要造访地球。但由于它们与地球相距 16.8 光年之遥：$10^2 <$ 16.8^2，时空方差为负。所以，即使该文明也造出了性能卓越的近光速飞船"乞巧号"，驾驶这艘飞船的宇航员也绝无可能抵达《黑暗森林》的首演现场。

原来，类空即意味着就连光速也爱莫能助。$\sqrt{-(10^2 - 16.8^2)} \approx 13.50$。这隐去负号的 13.5 究竟意味着什么呢？若光子定要亲眼看见"乞巧号起航"与

---

① 因为距离选用"光年"为单位，所以 ct 之中的 c 又一次被约化了。

② 此处还需假设飞船能瞬间从静止状态加速到近光速。

TIME
AND LIGHT：
The History of Physics

时与光
一场从古典力学
到量子力学的思维盛宴

"音乐剧首演"这两个事件,除非时光倒流 13.5 年! 空间终于也凌驾于时间之上,扬眉吐气了一回。

事件光锥

以上讲述的皆是相对独立的两个事件,那么,针对有所关联的一组事件呢?闵可夫斯基同样为我们描绘了一幅精彩图景。

如图 3.15,由于小小的纸面无法展现(3+1)维,不得不忍痛割舍一个分量,取相互垂直的两条水平轴,将空间转化作二维平面。而自下往上单向延伸的纵轴则代表时间 t,三轴共同构筑成一个(2+1)维的闵可夫斯基时空。对于单一事件,原点 A 即意味着当下,而穿过原点的空间平面刚好把时间分为过去、现在与未来三部分。

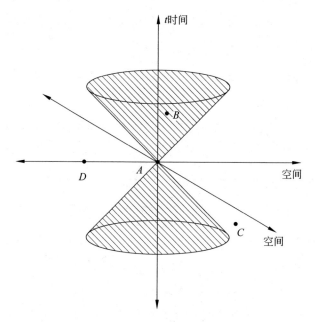

图 3.15　(2+1)维时空的事件光锥

此刻,若有一片月光落在你的掌心,把它用事件 A 来表示,将你的视线沿着 A 点往下追溯 1.28 秒,即可看到一束阳光从月球表面转身而奔向地球。相应地,位于平面下方的光锥外缘就是光子以最大速率 c 穿越时空的轨迹,而光锥包裹的整个区域都在光速范围之内，这里发生的所有事件都与 A 密切相关，是造就 A 的原因。位于平面上方的光锥则包含着事件 A 的未来，掌心里的月光将流向何方，全然取决于此刻的行动：你若握起拳头，试图将其攥紧，只会落得两手空空；你若于掌中添一镜子，任其在镜面翻腾跳跃，光子们才有机会或折返回空中，或投射于花间树丛，在大地的怀抱尽情嬉戏……所以说，平面上方阴影区域内所有的点皆是事件 A 的结果。

图 3.15 中这个沙漏即是"事件光锥"。光锥之上所有点的集合构成一片类光区域，以光速传播的任何信息，都将沿着锥壁从过去走向未来。而包裹在光锥之内的点则共同搭建了类时区域，倘若事件 A 想要对光锥内的事件 B 造成影响，只需朝着 B 方发射一个比光速略慢的信号即可。

那么，光锥之外的区域呢？没错，它正是连光速 c 也无法企及的地方，即类空区域。此时此刻，如果月球忽然自夜空消失（以事件 D 来表示），低头凝视，你将发现掌间依然跃动着光影，那是因为 384 000 千米之外的信号还没来得及到达地球。事件 D"月亮消失"与事件 A"你掌中盛有月光"虽然同位于时间轴的零点上，实则却各自独立、毫不相干——月亮消失了，你却依然保有月光；你虽拥有月光，但月亮已不存在——彼此既不能充当对方的原因，也不是对方的结果。只有等到 1.28 秒后，事件 D 的辐射进入了光锥的怀抱，月光骤然消逝，你才会意识到事态的变化。

所以说，类空区域实际上是位于"因果"之外的。那么，何不把飞船的速率提升到光速之上呢？如此，岂不就能翻越时间的屏障，从未来到过去，编织出无限的可能……

质量与能量

要回答这个问题，让我们先设计一个思想实验，把宏观低速的牛顿王国与微观高速的爱因斯坦时空联系起来，看看会产生怎样的结果。

如图 3.16 所示，左边是一块固定不动的钢板，与其相距 1000 米处有一把

TIME
AND LIGHT：
The History of Physics

时与光
一场从古典力学
到量子力学的思维盛宴

手枪。扣动扳机,子弹将以固定的速率沿水平方向飞行,直至嵌入或击穿钢板。现假设子弹的速率为 1000 米/秒,那么在相对静止的旁观者眼中,扣动扳机 1 秒之后,子弹将触到钢板表层。根据牛顿定律,钢板受到冲击的强弱取决于子弹的动量 p,动量越大,子弹嵌入越深。当动量达到一定程度,子弹将穿透挡板继续前行。

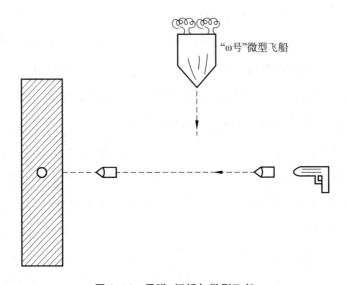

图 3.16　子弹、钢板与微型飞船

　　以上是我们再熟悉不过的宏观场景,现在,轮到听命于爱因斯坦的微型飞船“ω 号”登场了。假设飞船的 γ 因子恒为 100,令其沿着垂直于弹道的方向匀速俯冲。当飞船掠过机枪时,子弹刚好射出。由于运动物体周围的空间只在平行于运动的方向上发生收缩,因此,对垂直于“ω 号”的飞行轨迹的子弹来说,它在脱离枪膛时距离钢板依旧是 1000 米。但同时,γ 因子的另一重魔力——拉长时间——却在悄悄发挥着效用。

　　当钢板、手枪、子弹都以接近光速的速率 v 从 ω 身旁一闪而过时,身为“延缓因子”的 γ 忽然将时间的脚步放慢了。在 ω 看来,子弹不再飞行 1 秒就抵达钢板,而是飞行了 $1 \times \gamma = 1 \times 100 = 100$ 秒! 而子弹的飞行长度依然是 1000 米,所以其水平速率也不再是 1000 米/秒,而减慢到了 10 米/秒。这相当于人类短跑冠军的冲刺速率。你能想象当冠军奔到终点时,在他面前放置一块硬质钢板，他的冲击力足以让自己陷进钢板吗？10 米/秒的速率是远远不够的。

不同于时间与空间，它们在不同的观察者眼中可呈现不同的样貌。而子弹飞向挡板，不论从哪种角度看，结局都只有一个——它确确实实攻陷了铁皮层。问题到底出在哪里呢？

让我们再次回到牛顿定律，钢板所受的冲击力皆是源于子弹的动量：$p = mv$，其大小不仅取决于速率，同时还取决于撞击物本身的质量。既然不论观察者处于何等状态，子弹陷入钢板的深度都相同，也即 p 值不因参照系的更替而改变。那么，当 v 值减小的时候，运动物体就只能依靠把自己的质量 m 增大相同的倍数来保证动量的守恒：

$$M = \gamma m = \frac{m}{\sqrt{1 - \left(\dfrac{v}{c}\right)^2}}$$

运动能使物体质量大增！这在古典王国简直难以想象。因为在低速状态下，v/c 的比值趋近于零，此时物体的"运动质量"M 与 m 之间便画上了等号。但实际上，m 只是物体的"静止质量"，通常人们也尊称其为"牛顿质量"。而当物体处于高速运动状态，比如当 $\gamma = 100$ 时，它所拥有的实际质量将暴涨至 $M = \gamma m = 100m$。

还有更神奇的：当 v 增大到与光速 c 相等时，γ 因子将增至无穷大。也就是说，运动物体的实际质量 M 将变得无限大！现在，你总算该明白为何不论技术多么发达也无法建造"超光速"飞船了吧。c 是一道无形的关卡，静止质量 m 不为零的物体，其运动速率只能无限地接近 c，却永远无法触及它，更别提超越它了。而越是逼近光速 c，飞船所承载的运动质量 M 越是呈几何级数膨胀，其毁灭系数也就越高。

那光凭什么可以以"光速"行走在天地间呢？你猜对了，通过现代测量手段，人类最终证实：光的传播速率之所以能够等于 c，正是因为它根本就没有静止质量。所以，确切地说，c 的意义绝不仅限于光在真空中的移动速率，3×10^8 米/秒同时也是宇宙中所有无质量粒子所能达到的最高速率——它是大自然为

TIME
AND LIGHT:
The History of Physics

时与光
一场从古典力学
到量子力学的思维盛宴

一切物质所打造的"终极壁垒"①。

如此说来，采用"超光速"回到过去的计划是彻底泡汤喽？宇宙那么大，而生命却那么短暂，虽然凭借时间延缓效应，来个"银河系三日游"有朝一日也许能够实现，但仅是拜访一下近邻，再回到母星，母星上却早已轮回千年、物是人非。这样一场说走就走的旅行，代价还真高。然而，就算"终极壁垒"也阻挡不了人类那蓬勃的想象力，强攻不成，我们还可以曲线救国嘛：把时空折叠起来，穿越"虫洞"到达彼方。被狭义相对论掐灭的希望火苗在广义相对论中重又熊熊燃起。可惜的是，1909 年，创造力即将步入巅峰的闵可夫斯基却因急性阑尾炎而抱憾离世。此后数年间，与爱因斯坦相互启发、相互竞争着向经典物理的珠穆朗玛——广义相对论——发起冲击的，正是他生前的挚友希尔伯特。而那又将是一段新的传奇。

光速无法超越就等于时间不可逆转，有了这一结论，让我们再次回到阿基里斯与乌龟的比赛现场。该悖论中，芝诺实际上是将"追距离"的目标偷换成了"追时间"。乌龟位于阿基里斯前方 100 米处，发令枪响，这已是既成事实。此刻起，阿基里斯要跨越 100 米的距离自然轻松容易，但他就算跑得如同光那样快，终究也跑不回过去，因而也就无法改变他在起跑时便落后于乌龟这一事实。

正所谓"往者不可谏，来者犹可追"，千百年来，有关时间的谜题也为我们的生活带来了不少启示……

$E = mc^2$

时与空的谜团还有许多未曾解开，但此刻，请暂时把目光移回到力学最核心的概念"质量"上来，它的本质究竟是什么？运动中凭空增加的那一部分质量到底来自哪里？

要理解质量的本质，首先得仔细研究一下牛顿在力之海洋中为我们找到的那个珍贵的不变量 p。当系统在高速运动中发生乾坤大挪移时，其本身的动量

---

① 所谓的"光速壁垒"指的是物质在携带信息的情况下所能达到的最大速率。后面你将看到由大爆炸所造成的空间本身的退行速率以及量子纠缠等现象，人类在宇宙中已发现多种"超光速"行为。但目前为止，这些行为与狭义相对论的初衷并不相违。

p 却纹丝不动。那么如何才能改变物体的动量呢？唯有施加外力，破坏体系的匀速状态。顺着物体的运动方向给它一个推力，动量 p 必将增大。根据 $p = mv$，这将带来两种效果：其一，质量增加；其二，运动速率加快。不论发生怎样的变化，从宏观上来说，都体现着力对时间的积累效应。

而力既然能对时间产生影响，空间自然也逃不出它的手掌心。相应地，施加在时间之上的同一个力，对空间所产生的积累效应即是动能 E。高速运动的物体所蕴含的能量可以写作：

$$E = \gamma m c^2$$

由附录三中的推导过程，最终可得：

$$E \approx mc^2 + \frac{1}{2}mv^2$$

$\frac{1}{2}mv^2$，艾萨克·牛顿若见到方程中浮现出这一项，大概会高兴得从睡梦中笑醒吧——他心爱的"动能"在狭义相对论中又复活了！当物体运动起来，它便时刻怀揣着 $\left(mc^2 + \frac{1}{2}mv^2\right)$ 的能量，这是力对空间的积累效应赐予它的神秘礼物，同时也印证着牛顿在 239 年前所做的预言，虽然式中多了个奇怪的"前缀"。

那么，当物体相对静止的时候呢？

$$E_0 = m_0 c^2$$

什么？静止的物体也有"动能"？确切地说，E 的学名应该叫做"能量"。物体在静止状态下同样储藏着能量，因为质量本身就是能量的源泉——质量与能量，二者可以相互转化。也正因此，对运动物体来说，它所获得的质量并不是凭空冒出来的，而是外力在加速过程中传递给它的能量被它以质量的形式承载了下来。

原来，我们身边所有的物件：一片枯叶、一滴雨露……由于静止质量 m_0 身旁站立着 c^2 这样骇人的卫士，再微小的东西也能包纳无比巨大的能量。燧木取火，人类传承千年的能量采撷方式对物质来说不过隔靴搔痒而已。破坏分子价键，仅只能释放最外层的化学能，而真正的魔鬼 E_0 却潜藏于原子核的内心深处。应该庆幸，我们亲爱的宇宙设计师想得是如此周到，从一开始就把恶魔禁锢在

TIME
AND LIGHT:
The History of Physics

时与光
一场从古典力学
到量子力学的思维盛宴

封印之内。否则,随手抛起一粒小石子就足以引爆一座能量库,这样的世界与炼狱何异?

同时,这个本星球知名度最高的方程也造就了有关爱因斯坦的第二条不实传闻:父辈们提及爱因斯坦时,常会挪用奥本海默的名号,将他唤作"原子弹之父"。事实上,相对论发表之初,爱因斯坦本人并不相信人类短时期内就能从原子当中汲取能量,而如果没有战争的催生,也许 $E=mc^2$ 真的还将在理论之母的腹中沉睡很多年。

关于爱因斯坦的另一传闻是:他因相对论而收获了一枚诺贝尔奖。事实却是,1922 年,爱因斯坦在低调领走头一年就该颁发的奖章时,相对论的意义尚未被透彻地领悟。可以说,该理论不仅超越了时代,也超越了世间所有的荣耀。而爱因斯坦之所以拿到诺奖,凭借的是他在思维冲浪中拾获的另一粒珍宝——光电效应。

而今回望历史,人们才惊讶地发现,公元 1905 年,它不但是爱因斯坦的"奇迹年",更是地球文明的"奇迹年"。这一年,他一口气写就了 6 篇论文[①],内容除了狭义相对论、分子热运动之外,还涉及身份莫测的光。物质王国上下,一场最深层次的变革正在悄悄酝酿,就连爱因斯坦也不曾料想,自己将是那伏脉千里的导火索的引燃者……

---

① 当年共发表了 5 篇,第 6 篇发表在 1906 年年初。

第四章

时光恋曲：
广义相对论的故事

在万有引力的作用下，地球围绕太阳沿着椭圆形的轨道周而复始地运转。此时，如果借用"上帝之手"把太阳从星空中抹去，地球该何去何从？

按照牛顿模型，太阳被摘除的瞬间，它与地球之间的吸引力也就不存在了。失去了向心力的地球不再受任何羁绊，它将顺从原初的运动趋势，像一匹脱缰的野马笔直地冲出太阳系，唯恐稍缓一步便会堕回到椭圆的桎梏当中。如此说来，引力从施力物传递到受力物身上似乎不必花费时间，不论相隔多远，只要携带质量的物体成对出现，它们顷刻就能相互吸引。我们暂且把这种超越空间跨度，依靠"神秘感应"而发生效用的行为，命名为"超距"作用。

力真的能够超越距离而存在吗？

这个问题也曾令牛顿困惑不已，但受限于当时的天文观测水平，即使聪慧如牛顿也无法通过纯粹的逻辑推演来找出答案。于是，他转而投向了宗教的怀抱。不久，牛顿果然获得一道"神谕"：解决这个问题的办法就是——忽略它。毕竟上帝创造太阳是为了让其永恒不灭地照耀万物，所以，引力突然消失、地球被迫出局的诡异景象无论如何也不会变成现实，大家又何必杞人忧天呢？

飞屋历险记

上一单元曾提到，17世纪初，法国哲学家笛卡儿为诠释星体之间的交互作用，把古老的以太重又拿来利用，并借助这群于虚空中不停旋转的涡流为太阳系建立了一套新颖的数学模型。尔后，莱布尼茨等许多大学者都纷纷将其视作对抗引力"超距说"的尚方宝剑。可惜，时光流转，待到爱因斯坦这个"启蒙较晚"[①]的孩子刚开始接触康德、马赫的著作时，以太却已被迈克尔逊-莫雷实验无情地打入了冷宫。除此之外，还有什么理论能够替代超距作用呢？

要考察超距现象，首先得想个办法把幕后主谋——万有引力——给捉将起来。而若想全方位地解析万有引力，就必须人工构造一些力源。那么，如何才能获得各式各样的引力之源呢？经典理论中，引力唯一的源泉便是质量。但与电磁力相比，它实在太过微弱，地球那么巨大的物体与你近距离接触，相互间的作用力也不过区区 500 牛顿[②]。看来，窃取"超级质量"希望十分渺茫，而修改引力常数 G 这样的"超级任务"大概也只有设计之神才能完成。因此，想要依靠在地球上建造高强度的引力源以对其进行观测，简直难于上青天。

说到青天，当时已知的最强力源就在青天之上，那便是太阳。可是，尚未冲出大气层的人类，该如何对那团远在天边的等离子体进行探测呢？幸好，我们有爱因斯坦；幸好，爱因斯坦在此领域还未曾使出他的独门绝技——思想实验。

300 年前，伽利略就认识到：力学定律无法分辨匀速直线运动与相对静止，因为两者皆不受外力作用，在某种意义上它们是等效的。所以，想要知道匀速体系内各物体的动力学表现，只需构造一个与其一模一样的系统，令新系统处于静止状态，对它进行观测即可。那么，有没有某种不变性，可以像静止状态替换匀速运动那样，神不知鬼不觉地把处于引力魔掌中的物体偷换到同等效应的其他系统中呢？经过长达两年的追寻，灵感的浪涛终于将漫步在思维海岸的爱因斯坦卷进了一片前所未知的奇境……

等价性原理

欢迎来到魔力小屋。睁开眼，你发现自己正睡在一张柔软的大床上，承受

[①] 爱因斯坦的所谓"启蒙较晚"，是与他同时代的玻恩、普朗克、薛定谔等众多物理学家相比。这群智慧的小火苗在十来岁时普遍已掌握数门语言，通晓音律，并疯狂爱恋着自然科学。可通俗读物中常常把爱因斯坦描述成一个木讷的笨小孩——参照系搞错了吧。

[②] 假设你的质量约为 50 千克。

着地心引力带来的重力感,一切都踏实无比。可随后,你不经意地朝窗外望了一眼。这一望,差点儿没吓得魂飞魄散。四周哪有什么草地、花园,你的房间早已脱离群星的环抱,在浩瀚无际的深度空间向上飞驰!而你之所以能够确定此刻的疯狂处境,凭借的却是远方那些相对静止的参照物:星系、星云、星团,它们此刻正一样一样地被你甩到脚下,越缩越小。但假如你没将脑袋探出窗外,则根本不会对这离奇的变换有丝毫觉察。

WHY?!?!

这就得回到万能的引力公式,从常数 G 中来寻找答案了。原来,G 并不单纯只是一个表征引力 F 的常量。同时,它还与由 F 引发的加速度 a 有着千丝万缕的联系。具体到被地心引力所掌控的物件,G 又可变身为"重力加速度"g(推导过程详见附录四)。

现在,请闭上眼睛,带上重力加速度,回到刚才的梦境中来。此时,如果脚下的地球忽然消失(也即撤除引力源),只要你的魔力小屋能够以 g 为恒定加速度沿着直线一路飞升,那么你待在屋内的感觉和待在地球表面是一模一样的。也许你会问:虽然我的身体感受不到差别,但当我把泰迪熊扔向空中,总还能发现异常吧——由于失去了重力,泰迪将在屋里自由飘荡。说得没错,离开你怀抱的瞬间,泰迪的确将随心飞舞。可是,你的小熊虽然享有自由,你的房间却身不由己,在翅膀的扑腾下,房屋的地板正马不停蹄地朝着泰迪悬空的方向狂奔呢。因此,过不了一秒,地板将主动撞上泰迪。而从你的角度看,情况与泰迪坠落到地板并没有任何不同。

由此,自伽利略以来,爱因斯坦成为了第二个洞见宇宙的终极秘密"相对性原理"的人。不仅惯性系与惯性系之间的物理法则是等价的,惯性力场与引力场中的动力学效应同样难以分辨。之所以说"难以"分辨,是因为不同于匀速运动与静止状态的绝对等效,惯性力场与引力场之间还是存在着细微差别的。

为体验这一差别,你需要再次回到梦境。别害怕,这次我保证是个美梦。你将入住一套奇宽无比的超级豪宅,房屋的占地面积足有十平方千米。如图 4.1 所示,在那么大的跨度内,从一端跋涉到另一端将比任何一堂地理课都更有助于你理解这句名言:地球是圆的。此时,如果位于屋顶两端的水晶灯同时朝着地面掉落，你将发现它们的轨迹并不平行（因为两盏灯的运动方向都必须指向地心）。

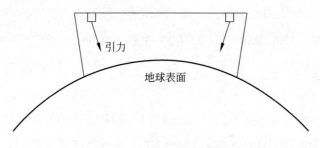

图 4.1　地球上的超级豪宅

然后，同上例一样，把地球撤走，换成一对超级翅膀带着豪宅以加速度 g 腾空飞翔。这对于端坐在沙发之上的你来说，当然感受不到任何变化。可是，对于高悬在屋顶的水晶灯来说，它们的"下落"轨迹却与刚才有所不同。

如图 4.2 所示，此时，两端的地板都将笔直地撞向水晶灯，所以两盏灯的"掉落"轨迹互相平行。一个细小的区别，让你不必借助参照系，就可分辨出脚下到底是地球还是虚空。因此，这一"偷天换地"只有在引力场的大小与方向都分布均匀的情况下才能施行。具体到地球表面，因为所有物体受到的引力方向都直指地心，则必须强调：在足够小的区域之内，处在引力场中的系统与另一个在无引力条件下做匀加速直线运动的系统相比，二者的动力学效应不可区分——这就是爱因斯坦"等价性原理"。上一单元曾介绍过，狭义相对论的问世将民主赋予了各惯性系，而等价性原理的诞生从某种意义上说，则让非惯性系也享受到了与惯性系同样的平等与自由，进而把宇宙间的民主推向了极致。

图 4.2　挥着翅膀的超级豪宅

还记得《力的故事》里那道谜题吗？近地环行的空间站明明处在地心引力的管辖范围内，宇航员却为何纷纷"失重"？把上述思想实验反推一下，答案即

TIME
AND LIGHT:
The History of Physics

时与光
一场从古典力学
到量子力学的思维盛宴

会自动浮出水面：当空间站在引力的牵拉下朝着地球"自由下落"时，便在重力的反方向给自己设定了一个加速度，这就相当于为系统添加了一个与引力场相反的"场"，正好把引力场的作用效果给抵消掉，所以自由下落的物体才感受不到重力的存在。如此说来，你若想知道太空舱里啥滋味？就去玩蹦极吧。①

时间弯曲

有了爱因斯坦终极版的相对性原理之后，科学家再不必斥巨资去建造引力场或望眼欲穿地等待着星际旅行把他们送至黑洞附近了。他们只需通过调节系统的加速度，观察各匀加速状态下物体的动力学表现，就可以一窥引力的奥妙了。

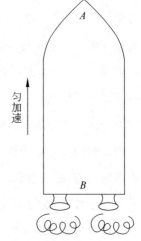

匀加速

图 4.3　匀加速状态的火箭

如图 4.3，在航天火箭的舱头 A 与舱尾 B 各放置一只钟表，起飞前先把它们的指针校调一致，然后令火箭以恒定的加速度 a 前行。试问：随着飞行速率越来越快，两只钟表谁将跑得比较快？什么，钟表不是校准过吗，它俩应该步调一致呀？为搞清楚这个问题，需要在位置 A 处再配置一台发光设备，令 A 钟每走过一秒就闪光一次；而位置 B 处则负责接收信号，并与自己的指针相比较。

假如 A 第一次闪光时，火箭正处在位置 a 处，如图 4.4 下方所示。那么，当 B 接收到光信号时，火箭已前行至位置 b。别忘了，火箭还在继续加速，等到 A 第二次闪光时，它将飞到上图中的位置 c 处，而 B 则要到位置 d 处才能收到光信号。由图可知，光第一次行走的路程为 L_1，第二次为 L_2。由于图 4.4 中上图火箭的行驶速率要大于下图火箭，所以接收器 B 第二次捕捉到信号时，光所走过的距离 L_2 要短于 L_1。

又因为 A 处两次发光的间隔已设定为一秒钟，且后一次光走过的路程 L_2

①　不过二者还是有点儿区别。蹦极的时候，周围的空气会和你做相对运动。

比前一次 L_1 短，而光速恒定，所以 B 接收到两次光信号的时间间隔（以 B 钟来测量）要比一秒稍微少那么一点点。以此类推，B 处检测到的所有"前一轮闪光"与"后一轮闪光"之间的时差都将比 A 处略短些。也就是说，当你坐在舱尾，你将发现：B 钟比 A 钟跑得慢！

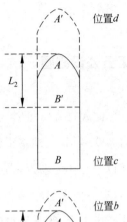

根据等价性原理，我们把发动机关闭，将火箭移至某重力场。比如令其矗立在地球表面。同样，在舱头与舱尾各放一只钟表，耐心等待足够长的时间后[①]，你会发现：两只钟表的指针渐渐拉开了距离，接近地心的那只将越走越慢。处在引力场中的不同位置，时间的快慢将发生变化——这便是"时间弯曲"效应。

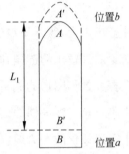

不知该景象是否满足你的期待。它或许并不像某些幻想大片中吹嘘得那么神乎其神，但却于精微处展现着设计的韵律之美。有了等价性原理，科学家再不必冒着"无穷大"的危险，满世界去搜寻黑洞并徘徊在

图 4.4　匀加速状态详图

其周围以测算时间差，而只需把两只时钟一前一后塞进高速火箭，待其环游归来，比较指针的位置即可。但其实，还有更简便的方法。20 世纪 20 年代中期，理论家们便已彻底通晓了相对运动的两个体系遥相对望时，分别会看到什么情形。因此，通过观测者与被观测者的身份对调游戏，研究人员甚至不必将时钟送上火箭，就可精确预测时间在不同强度的引力场中的弯曲程度了。

具体来说，引力场越强，物体距离引力源越近，时间流动得就越缓慢。因此，居住在极地的冰屋里，时间要比待在赤道附近的摩天大楼中来得慢，难道这就是爱斯基摩人的长寿秘诀？通过计算你将发现：由地心引力所造成的时间延缓效应非常之弱，20 千米的差距下，每百年还不到一秒——想要靠此延寿，收效甚微呐。所以，与其立马移民极地，莫如老实地待在原地，只是每日上下班时用爬楼梯来代替乘电梯吧。

---

① 因为地球所能提供的力场还不够强，它带来的细微变化需要积累放大之后才能被"看"到。

TIME
AND LIGHT：
The History of Physics

时与光
一场从古典力学
到量子力学的思维盛宴

第五公设谜题

比起摆弄一维时间的小戏法，关于三维空间的故事可就说来话长了。公元前300多年，托勒密王朝位于尼罗河畔的港埠亚历山大城正沉浸在如火如荼的建设中。作为新近崛起的文化之都，它深深吸引着各地的求学论道者。这其中，有一位来自雅典古城的"柏拉图学园"的数学爱好者：欧几里得（Euclid）。在亚历山大，欧几里得的才华得到了尽情的施展，不仅有机会与众学者一块儿讨论新近冒出的谜题，同时还收集到了自毕达哥拉斯以来两个半世纪里，人们在探究数与图形的关系时留下的大量手稿。随着眼界的拓宽，欧几里得的视野中不再是一棵一棵的树木，而出现了整座森林！他猛然意识到，手中这堆表面上零碎又松散的命题，如能利用逻辑关系加以梳理，完全可以合成一个极富生命力的整体。

若干年后，欧几里得终于将自己毕生的心血凝聚成数学史上第一本集大成之作：《几何原本》。书中，欧几里得从底层基石——五大公设——出发，逐条推导出了当时世上已知的全部几何定理，首次将人类赖以生存的空间抽象成一座点、线、面的游乐园。如果学界也来评选"七大奇观"的话，欧式几何定能位列其中。2300年来，它傲然挺立，有如一座灯塔，为漫游在思维秘境的各路探险家标定着方向；同时，坚实的地基令它得以广纳八方砖石，不断生长、直插云天。

然而，这本旷世之作却命途多舛。随着希腊文明的星光从欧洲大陆一点点消逝，《几何原本》也渐渐被它的发祥地所遗忘。幸好，智慧本身蕴藏着一种不可思议的生命力，翻过新千年，在十字军铁鞭之下觅不见知音的《几何原本》竟奇迹般地漂流到了阿拉伯地区。顷刻间，异域城邦里那些最最聪明的头脑纷纷为之迷醉。他们争先恐后地加入这场思维盛宴，为修订、扩充几何定理而日夜欢聚。直到公元12世纪，英国旅行家阿德拉德（Adelhard）乔装打扮成一个穆斯林学生，混进了摩尔人群居的西班牙，才在那里意外获得一本用古兰经语体写就的《几何原本》。虽然不能完全看懂，阿德拉德却已被其严密的推演之术所折服。于是，他偷偷将这本"真经"译成拉丁文，并冒着生命危险翻越比利牛斯山脉，把它带进基督教的领地。至此，《几何原本》绕遍小半个地球终于又回到了故乡。新版的《几何原本》于 1482 年在威尼斯首度刊印，隐匿在暗夜中的求知者们如饥似渴地争相传阅，数学的星光点亮了颗颗好奇之心，在复兴的道路上燃起一片灯海……

在为大厦添砖加瓦的同时，少数深入到建筑底层的探险家心中却总被一丝挥之不去的困惑所缠绕。原来，欧式几何的五大公设中，有一条与其他几条似乎不太一样："如果一条与两条直线都相交的直线使同一侧的内角和小于 180°，则无限延长这两条直线，它们将相交于内角和小于 180°的一侧。"还真是拗口，它一点都不像"两点确定一条直线""直线可无限延长""已知圆心与半径可以确定一个圆"以及"所有直角彼此相等"那样显而易见。而且从陈述上看，它是如此的烦琐，根本不像一条基本法则。

从 13 世纪旭烈兀汗①的天文学家纳西尔·埃丁（Nasir Eddin）到 500 年后意大利耶稣会的牧师吉罗拉摩·萨凯里（Girolamo Saccheri），率先触及谜团的勇士们各自使尽了浑身解数，都渴望着把该漏洞给补上。其中，最直接的方法就是：从另外四条公设推导出第五条。这样，"第五公设"虽则暗地里被降一级，沦为了一条定理，却丝毫不会动摇整座大厦的稳固性。但他们几经挣扎，到头来都不得不承认，无论怎样绕山绕水趟过九曲十八弯，第五公设也无法像其他的定理那样，由四大公设迂回地构造出来。

这一事实不仅令人沮丧，更透着一股不祥的预兆。五大公设可是几何大厦的基石呐，倘若其中一块果真有所松动，将带来怎样一场噩梦？或许眨眼之间，整座大厦便会轰然崩摧。

时间之轮滚滚前进，17 世纪初，随着解析几何的诞生，看似孤立的代数与几何被巧妙地联系到了一块儿，原来函数与图形竟可以相互转化！此后，数学家对几何的检视也愈加严格，因为这不仅关乎一座孤岛，更牵连着整块数学大陆

---

① 成吉思汗之孙，忽必烈的兄弟，于 1264 年在中亚地区建立伊尔汗国。

的命运。第五公设是完备的吗？我们必须找到答案。

舍卒保車？这还不够！

如果抛开完备性不谈，恼人第五公设也可衍生出许多有趣的结论。比如"任意三角形的内角之和必定等于180°""过直线外给定一点，有且仅有一条直线与原直线相互平行"等。这些都是初识几何时，你必须了解的法则。它们与你的日常经验完全吻合，在稿纸上，你画出过内角和不为180°的三角形吗？你能过线外一点画两条以上与原直线相平行的直线吗？但仔细再一想，你便会发觉，此类推论里其实都预先埋藏了一个小陷阱：它假定空间只存在唯一一种样貌——均匀而平坦。正如铺展在桌上的纸页，毫无波澜地向着四方延伸。

空间确实是平直的，这不显然吗？来自匈牙利的诗人兼数学家法尔卡斯·鲍耶(Farkas Bolyai)投入了大量精力试图从以上两条相互等效的推论入手，证明第五公设的完备性。1804年，法尔卡斯认为自己终于有所突破，便把手稿寄给了当年在哥廷根大学结识的朋友，"数学王子"卡尔·弗里德里希·高斯(Carl Friedrich Gauss)。然而，高斯很快便发现了证明过程中的破绽，即复信予以驳回。受挫的法尔卡斯转而便将自己喷薄的热情投入到诗集、剧本、乐曲的创作当中。作为一个爱好广泛的人，他并没有被难缠的第五公设给束住手脚，依然纵情地享受着生活的乐趣。但内心深处，法尔卡斯一生都未曾抛却对数学女神的眷恋，他甚至专门写了一套《将好学青年引入纯粹数学原理的尝试》，从书名你就能猜到，法尔卡斯是想借此把更多聪颖的头脑诱惑到迷宫中来，去揭开他所未能揭开的谜团。

然而，比法尔卡斯所构思的一切戏剧都更加戏剧性的是，他对第五公设的痴迷潜移默化地影响到了自己最不愿影响的人，他心爱的儿子亚诺什·鲍耶(János Bolyai)。1817年，15岁的亚诺什·鲍耶考入维也纳皇家工程学院，当他告诉父亲，他愿把才智全都投入到解除"第五封印"的伟大工程中去时，法尔卡斯·鲍耶立即回信，不顾一切地劝阻儿子放弃对这一幻影的追逐："它将剥夺你所有的闲暇、健康、思维的平衡以及一生的快乐，那无尽的漆黑将会吞噬掉一千个灯塔般的牛顿。"

　　但此时的鲍耶已彻底被第五公设给迷住了。想想看，一个从记事起就跟随父亲一同钻入几何密林，并目睹父亲被荆棘刺得遍体鳞伤的孩子，征服这片森林对他来说是多么有吸引力啊。所以，他并未听从父亲的劝告，自顾自地潜入了丛林深处。前人的失败给鲍耶带来了许多启示：既然从基本公设出发，一层层往上推演的路数行不通，何不逆其道而行之，采用"反证法"呢？

亚诺什·鲍耶

　　反证法又称"归谬法"，自阿基米德以来，为无数逻辑大师所钟爱。反证的形式虽多种多样，但究其原理却有着深刻的一致性：为了证明你的观点是正确的，首先要大胆假设它是错误的；然后，再从该错误论点推举出一系列荒谬结论，以此来论证原初的观点实则是正确的。楚河汉界短兵相接，舍卒保车是常用的招数；为顾全大局，棋手们不时还得忍痛弃马炮而保仕卒。但数学家为了最终的胜利，必要时甚至不惜牺牲整盘棋局！

　　具体到第五公设，鲍耶的做法是：从公设的一条推论"过直线外一点有且只有一条直线与之相平行"出发，假设该推论是错误的，那就意味着："过直线外一点或者可以画若干条平行线，或者干脆连一条都找不到"。只要沿着这一枝蔓找到任何与其他四大公设相矛盾的结论，即可反证第五公设成立。但大自然的设计再次超乎意料，随着鲍耶在"反五公设"的迷域中越陷越深，他逐渐意识到："反五公设"竟同它的死对头第五公设一样，对其他四大公设根本构不成哪怕一丝矛盾。过直线外一点的确可以作无数条与之相平行的直线。与此同时，三角形的内角和竟能够小于180°。只要空间不再平直，一切皆有可能！1823年，年仅21岁的鲍耶怀着无比激悦的心情写信告诉父亲："无中生有，我已经创造出一个奇异的新宇宙。"

　　可惜，当老鲍耶将儿子的重大发现寄给高斯，后者只淡淡地表示，他早已推得了类似的结论。可怜的小鲍耶心灰意冷，直到1832年，才在父亲的帮助下将其开创性的工作整理为一篇文章《绝对空间的科学》，作为附录收编在老鲍耶即将出版的数学书中。

TIME
AND LIGHT:
The History of Physics

时与光
一场从古典力学
到量子力学的思维盛宴

尼古拉斯·罗巴切夫斯基

几乎就在同一时期,远在俄国的另一位天才尼古拉斯·罗巴切夫斯基(Nikolas Lobachevsky)也循着同样的思路独立地导出了同样的结论。1826 年 2 月 23 日,喀山大学 34 岁的物理数学系教授罗巴切夫斯基在一次学术会议上,宣读了自己有关此课题的第一篇论文《几何学原理及平行线定理的严格证明摘要》。"非欧几何"终于在世人面前揭下了神秘面纱。然而这个非凡的时刻却并不是罗巴切夫斯基幸运的开始,"第五封印"的解禁激怒了沙俄境内所有的正统派权威,他们一面斥责这位胆敢颠覆欧几里得的狂人,一面大声地嘲笑着那些内角和不为 180°的"发了疯的三角形"。

但实际上,并不是所有人都无法理解非欧几何。一位默立于巴别塔之巅的智者早已顿悟了这一切,他就是鲍耶父子的"朋友"高斯。1842 年,罗巴切夫斯基的论文传到普鲁士时,65 岁高龄的高斯竟暗自学起了俄语,为的是能够细细研读罗氏的专著。他在写给同僚的信件中私下称赞罗巴切夫斯基是俄国最优秀的数学家,并推举其加入哥廷根皇家科学院。但在公开场合,他却对罗氏最重要的工作只字不提。这位手执魔杖的数学王子对王国上下几乎所有的通途、曲径全都了若指掌,法力不可谓不高强,可为何他在"第五封印"即将开启的历史性时刻却始终保持着缄默?从高斯身后留下的文稿我们发现,原来他自己也曾耗费数十年光阴来探究这道谜题,因而他比谁都清楚:罗氏的理论一旦成立,对人类数千年形成的空间概念将是怎样一种挑衅。所以,在事关几何存亡的问题上,背负盛名的高斯选择了逃避。

沉浸在各自的奇异花园里,罗巴切夫斯基与鲍耶一前一后孤独地走向了生命的尽头,他们至死也没能看到自己新建的体系获得承认。而世人呢,正极尽嘲讽之能,将这套不容于欧几里得的几何学毫不吝啬地划分给外星人——"星际几何"——不知谁想出了这么个颇具预见性的好名字。

属于星星的几何学

下面，就让我们跟随两位勇敢的先行者，借助两个神奇的三角形，进入违反常理的非欧世界一探究竟吧。

相信每个孩子在第一堂几何课上，都会从欧几里得那本比《启示录》还要古老的典籍中读到一条真理："三角形的内角之和等于180°。"在平铺的白纸上，无论是直角、锐角还是钝角三角形，其内角之和必定不多不少恰好180°。甚至还可以把纸卷起来，弯成粗筒、细筒、三角锥等一切你能够想到的奇形怪状，画在纸面的三角形并不会"掉"下来，也就是说，各内角之和依然保持180°。

但世上的纸可不一定都是平展的。把一只皮球剪开剖成两半，取其中一块，不论你怎样拉扯，半球的外表面都不可能紧紧与桌面相贴合，中间总是要凸起一部分。再找来一个游泳圈，这回需要动三刀，两刀截下其中一段，再沿外圈剪开，你将得到一张马鞍形的皮膜，把它放到桌面上，不论怎样按压，两端总要高高翘起。在这些特殊的面上画三角形，结果会怎样呢？

图4.5中第一幅图为球体表面的三角形，与其待在平面内的哥们儿相比，它长胖了。此时，若测量胖三角的内角之和，你将得到一个大于180°的数值。再看第三幅图，马鞍表面的三角形则显得有些瘦弱，经测算可知，瘦三角的内角之和小于180°。那么，是什么因素在操纵着三角形的三个角呢？当你把平展的白纸换做拱形的球面或扭曲的马鞍时，究竟改变了什么？

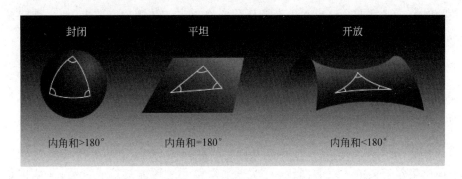

图4.5 欧式几何与非欧几何中的三角形

就在罗巴切夫斯基向世人敞开非欧花园的同年，普鲁士汉诺威城附近一个偏僻的小村庄里,清苦的路德会牧师家庭迎来了他们的第二个孩子伯恩哈德·黎曼(Bernhard Riemann)。这个性格腼腆的男孩早在 6 岁时就已显露出超群的数学天分,他能够解答大人们给出的任何算数题,甚至还自个儿创造出一些比专业教师所掌握的更好的算法。19 岁时,黎曼跨入学术圣殿哥廷根。为了承袭父业,他原本打算攻读神学,但却不知不觉地被学校开设的数学课程给吸引住了。小心翼翼地征得父亲的同意后,黎曼转入柏林大学,不想却被卷入一场政治动乱,被召去充当"学生军",一连 16 小时守护在皇宫外保卫国王……

1849 年,声名如日中天的高斯已渐入晚年。看样子,他是铁了心要把自己神游非欧城堡的小秘密带入坟墓了。可历史就像一个爱捉弄人的小鬼,偏偏不愿放过逃避他使命的人。当 22 岁的黎曼几经周折重新回到数学乐园时,他毫不犹豫地选择了高斯作为自己攻读博士学位的导师。此后的 5 年间,黎曼深入险境,在数学分析、函数论、偏微分等方面均做出了许多开创性工作。其中,最为闪耀的便是 ζ 函数了。从 1851 年问世之日起,到 1900 年希尔伯特在那届万众瞩目的数学年会上把它收编为亟待解决的"23 大难题"之一,再到今日人类又跨入了一个全新的世纪,这一命题仍是数学皇后——数论——的皇冠上举世无双的珍宝,引发起一轮又一轮探求质数分布规律的狂潮。

然而,那个时代可供学者谋生的职位少之又少,即便哥廷根这样的顶尖学府,老教授的位置不空缺,年轻一辈成绩再出色也安插不进来。因此,直到 1854 年,黎曼才好不容易争取到一个没有固定薪水但可由学生们付钱聘请他授课的教师岗位。他立即全情投入地准备任职资格报告。按照校方要求,他必须向系里提交三篇尚未发表的论文,每篇所涉及的领域还得各不相同。黎曼将第一、第二论题都选在了自己驾轻就熟的领地,但第三道命题——几何——对他来说却是一片陌生的新天地。最终的入职演讲只需从三论题中任选其一。一般来说,学院的诸位大师也都明白术业有专攻的道理,不会刻意去为难这些未来的接班人,因而更倾向于考察他们排在前面的论题。但这一次,高斯也许是觉得眼前这位年轻人的才气非同一般,璞玉须得精心雕琢才终能成大器;又或许是因为自己在一片漆黑中曾被第五公设磨折了几十年,憋闷在心,他鬼使神差地指定黎曼必须以第三论题接受评审委员会的考查。

　　沉默而内向的黎曼恰恰是个典型的完美主义者，手上任何一件工作在没达到尽善尽美之前，他是绝不会拿出去向人展示的。如今，有机会饱览几何殿堂的华美，黎曼当然不会错过它深埋在地底的根基，而聪敏如他也就注定要遭遇"第五封印"的叩问。站在欧式几何与非欧几何的岔道口，忽然，一个声音自迷宫尽头传来，点醒了彷徨中的黎曼：也许，空间并不"空"。正如一维的数轴，肉眼之下它是一条无限伸长的直线，可如果用放大镜细细检视，你会发现它其实是由无穷多个"数"所组成。不论放大多少倍，永远有若干实实在在的"数"对应着你所看到的那片小黑点。而我们熟悉的三维空间，它是否也同一维数轴一样，是某种延绵不断的存在呢？顺着这线微光，黎曼一路披荆斩棘闯入了一片新世界。他随即发现，导师高斯早已在这片秘境流连多时，他甚至为描述空间的平坦程度创造了一个新词："曲率"。大家熟知的欧式几何正是建筑在曲率为零的平直空间内，而非欧几何则依据曲率的增减被一剖为二分成了两部分：曲率大于零时为球面，曲率小于零时则对应着马鞍形的凹面。

　　黎曼隐约悟到，所有这些疯狂舞动的点、线、面，甚至空间本身，似乎都在暗示着前方将出现一张人类所未曾企及的设计蓝图，一种贯穿全局的博大理论！伴随着新发现所带来的战栗，他把目光投向夜空，如果在星星生活的遥远国度，空间既不是平直的，也不是纯粹的球形或者马鞍，而是随意地铺展、卷曲、缠结……那么有没有一首完整的交响曲可以容得下上述每一段乐章呢？带着征服一切的雄心，黎曼的脚步踏过欧与非欧交界的每一寸土地，他引入拓扑概念，并结合自己挚爱的 ζ 函数，将信息碎片一步步整合拼接。最终，他发展出了一套不必考量局部细节，借助"度量张量"可直接对大范围空间进行描绘的数学工具。

　　短短几个月内，黎曼就凭借新作《关于构成几何基础的假设》站上了数学系的讲台，该论文的发表同时宣告着现代微分几何学的诞生。这份堪称史上含金量最高的讲师任职资格报告为初出茅庐的黎曼赢得了所有同行的尊敬，就连自负与才华同样出名的高斯，也破天荒地夸赞了自己的爱徒——

伯恩哈德·黎曼

这是他一生当中唯一一次在公开场合高度评价别人的研究成果。一年后,高斯就离开了人世,在生命的最后时光,他不仅亲眼见证了数学王国新一任王者的崛起,更以这样一种奇妙的方式将灵魂自"第五封印"缓缓释放,从而获得了真正的安息。

那年,黎曼才 28 岁。导师的一顿逼令,让他在数学这棵盘根错节的巨树上催生出许多新枝。但超负荷的脑力活却不是他原本就比较羸弱的体质所能够承受的,漫步在空间边缘的同时,黎曼的健康状况却正濒临着崩溃的边缘。此后,尽管学术生涯一片坦途,他的身体却无可挽回地走向了衰竭。1866 年 7 月,伯恩哈德·黎曼依依不舍地离开了他曾用生命来爱恋的数学乐园,独自去往天堂。

命运之神总是吝啬赐予人间太多,至今科学史家还时常感叹:如果黎曼能再多活些时日,数学的好几个分支将发展得更快。除博士论文外,黎曼生前一共只发表了 10 篇文章。他去世后,学生将他的就职报告等一一整理成文,又增添了 8 篇。正是这 18 篇文章,从实域过渡到复域,从几何引申到拓扑,开疆拓土,带领人类跨越时间与空间,将思绪蔓延至宇宙的各个角落……

为纪念这群无畏的先行者,在从二维平面拓展到三维空间的征程中,我们把以下三种特殊情形:曲率 $k=0$,即由平面叠加而成的三维空间称为"欧式空间";曲率 $k=1$,即由二维球面(又称闭合型曲面)延拓起来的三维空间称为"黎曼空间";曲率 $k=-1$,即由二维马鞍形(又称开放型曲面)延拓起来的三维空间称为"罗巴切夫斯基空间"。

欧几里得终于找到了他失散多年的两兄弟。反复探究出现裂缝的第五块基石,不但没有令几何大厦轰然倒塌,反而在其周围建立起无数奇形怪状的城堡,地皮增值了。知识的领地没有禁忌区——有疑惑,为什么不跨进去看看呢?

空间扭曲

有了数学背景,让我们回到物理中来。既然时间在引力的作用下会伸长、缩短,那引力的魔掌会不会也伸向了空间呢?揭开这层谜底最大的困难在于,人类恰恰生活在空间内部。即使它真的有所扭曲,千百年来我们早已习惯,说不定处在引力场中的人类自身也正扭曲着呢。如何才能辨明真相?

为了弄清这一难题，我们需要暂时离开错综复杂的三维世界，去看看二维生物是怎么做的。以科学之名，请你化作一只小虫并趴伏在一个硕大的球体上（和人类的境况颇为相似嘛）。且慢，游戏还有附加规则：不许东张西望！也就是说，除了脚下的二维平面，你并不知道周围还存在着三维空间。作为二维世界里一流的思想家，你该怎样率领族群去认识世界呢？

你首先得意识到，二维世界除了你脚下的球面之外还有许多种：平铺型、马鞍型、扭曲型等。那么，怎么区分各类平面呢？解谜的关键在于：它们的几何表征有所不同。

通过与欧式几何相对比，让我们来看看"虫氏几何"有何特别之处。《几何原本》中，直线的定义为：两点之间的最短连线。同样，小虫也在球面上两点间找到了一条最短路径——大圆的一段弧，如图 4.6 中第二幅图中的 CD 所示。从三维世界看过去，那分明是一条曲线嘛，但别忘了，小虫是不能离开它所生活的平面的。因而你并不知道还可以从球中间对穿，以寻找更短路径。对你来说，圆弧即直线。

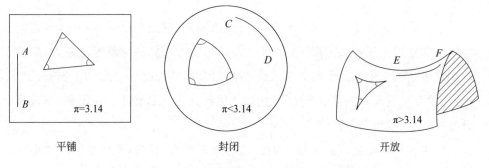

平铺　　　　　　封闭　　　　　　开放

图 4.6　欧式几何与非欧几何的几个表征量

再者，如前所述，位于球面的三角形内角之和恒大于 180°。不信？脚下就有一生动的例证：站在北极点上，沿任意经线往南爬至赤道，再沿赤道向西绕过四分之一个大圆，再折返回北极。从南往西，再由西向北，每个转角都是方方正正的 90°，最后封口时，两经线间的夹角依然是 90°。因此，你所勾勒的这个"超级胖三角"内角和足有 270°！

再来看看"虫氏几何"中的方与圆。在平面内：从 A 点出发，沿直线爬过距

离 a 后右转 $90°$,再直行距离 a 后右转 $90°$……依次重复四轮之后,小虫将回到起点 A 处,而四条线段围成的图形即为正方形。可是,在球面若遵循同样的规定,重复四个 a 之后,如图 4.7 所示,小虫却再也回不到起点。那么圆呢?圆的定义为:到某点距离相等的所有点。照此定义,小虫终于完满地画出了一个圆。然而,它将如何求算圆的周长呢?在平面王国,周长 C 等于圆的半径 r 乘以系数 2π。但球面上,圆的半径却是弧形的,它比同一个圆在平面内的半径要长。因此,假若虫族数学家也想套用 $C=2\pi r$ 来测算周长的话,公式中的 π 将小于 3.14。

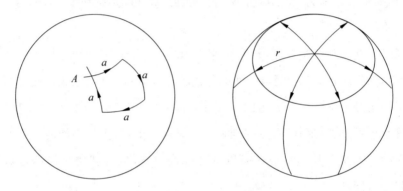

图 4.7 球面几何的方与圆

以上只比较了平面几何与球面几何间的差别,你还可以尝试一下,看把同样的作图法则运用到鞍形面上,会得出怎样的图形。凭借卓越的想象力,生活在圆球表面的小虫们终于将各类二维空间的几何特征都一一归纳了出来。然而,还需要经过反复的勘察与比照,它们才可确定自己到底生活在哪种(甚或哪几种)类型的世界当中。

做虫族科学家还真是不容易呐!先别忙着感慨,其实,生活在三维之中的人类同样也没办法脱离"囚禁"我们的空间,站到更高维度来"俯视"我们的世界。因此,人类科学家也需要沿用小虫的思路来探究时空的性状。

舞动的时空

1911 年,爱因斯坦终于获得了学界的首肯,受布拉格大学之邀到物理系担任教授。正当他准备为新职位而申请加入奥匈帝国时,好友格罗斯曼专程从瑞士赶来，询问爱因斯坦是否愿意回归母校同他一块儿共事。尽管当时欧洲许多大学都向爱因斯坦伸出了橄榄枝，但他还是毫不迟疑地选择了苏黎世联邦理工学院。第二年初春，便收拾行囊，返回瑞士。

此时的爱因斯坦已在引力迷宫里整整徘徊了 6 年，虽然他"一生中最快乐的思想"——等价性原理——始终在前方晃动着一线希望之光，但究竟该如何靠近目标，他却摸不着门道。"格罗斯曼，你必须帮助我，不然我就要疯了！"他再次向格罗斯曼发出了求救信号。而格罗斯曼绝对是爱因斯坦生命中的福星。考试前夜，每每为他送来听课笔记；陷入失业困境，又忙着帮他介绍工作。难怪早在 1905 年，爱因斯坦向母校提交他的博士论文时，上面就郑重地写着：献给马塞尔·格罗斯曼。这一次，又是格罗斯曼扎实的数学功底最终帮了爱因斯坦的大忙。听完爱因斯坦对(3＋1)维时空的描述，"或许黎曼几何里有你想要的东西"，格罗斯曼不紧不慢地说。

黎曼几何，这对爱因斯坦来说可真是雪中送炭。虽说爱因斯坦当年学的正是数学专业，但他却始终未能沉迷于那些符号与线条，对各个分支涉入皆不深。如今，一旦有人从旁指点，告诉他哪个分支才是通往梦想的必经之路，他便立刻打起精神，短时间内就掌握了所需的运算技巧。非欧桥梁一旦架起，天堑一夜之间就成了通途。在舞动的时空中，爱因斯坦重又思考起了引力的本质。

床垫与力场

由牛顿公式可知，引力的大小同物体的质量息息相关，可以说，质量即是引力之源。那么，质量究竟是以何等形式来释放引力的呢？爱因斯坦进一步猜想：质量的存在扭曲了周围的时空！理查德·费曼在给学生上课时，曾讲过一个有趣的例子。二维的虫族文明在起步阶段，并不知道自己正生活在球面上。一天，科考队派出两辆"爬爬车"，试图到天涯海角一探究竟。两辆车从同一地点出发，分别沿着两个大圆往前开去，可想而知，每辆车的驾驶员都认为自己正沿着直线行进。但数月后，定位仪却显示两辆车先是越距越远，后又越靠越近。这是怎么回事？看上去，它们好像受到了某种作用力的推拉。但事实上那股神

TIME
AND **LIGHT**:
The History of Physics

时与光
一场从古典力学
到量子力学的思维盛宴

秘的力并不存在,二者之间表面上的"排斥"与"吸引"完全是球面弯曲的自然结果。

以此类推,请想象这样一幅场景:三维世界中,把一个重量级铜球放在弹簧床垫的中心,床垫势必得发生形变。此时若随意地在铜球周围撒上一把小弹珠,它们将自发地靠向铜球,最终一粒粒滚落到铜球边缘的凹陷当中。如果把画面里的床垫给 PS 掉,看起来像不像弹珠们纷纷被铜球"吸引"了过去?

当然,这仍是一个粗糙的比喻。(3+1)维的时空扭曲起来比床垫可惊悚多了,但背后的原理却是一致的:大质量物体使其周围的物理空间发生了弯曲,而邻近的小质量体由于感受到曲率的变化,便一一向它聚拢过来。这就是质量发生效用的原理。正如电与磁能够编织起一座座无形的电磁场,引力也不甘落寞,借由质量,它独自于时空之中洒下了张张巨网,那便是"引力场"。

必须强调的是,人类作为三维空间的孩子,就像再厉害的小虫也跳脱不出二维空间一样,我们目前也还无法获取真切的四维图像。因此,现在所谈论的一切,确切地讲应该是四维时空在三维空间的"投影"。从这个角度出发,小质量体向大质量靠拢,与其认为它是被万有引力所吸引,倒不如说由于时空发生了形变,小质量体失去了原先的容身之地,在扭曲的新环境下,它迫不得已只得去寻找最节省时间和空间的新路径。最优路径——这不正是费马原理吗?"最小作用量"[①]沿着光的轨迹穿越亘古,再一次愉快地现出了身形。不论二维平面、三维空间、四维时空,甚或超乎我们想象的高维度存在——流水的"时空",铁打的"作用量"——永恒的律令才是宇宙真正的主宰。

铁钉与绳索

现在,请把思绪拉回到地球上来。如何才能判断爱因斯坦的猜想正确与否呢?最简单的办法是画三角。寻找一个质量足够大的物体,比如喜马拉雅山脉。在山脚取三个点,用一根长绳绕着三点将整座山团团围住。把绳绷紧,即

---

① 所谓"最小"更确切地说应该是"极值":在弯曲的时空中,物体选固有时最长的路径,而不是最短,这都是因为时空方差中时间与空间之间有个负号在作祟。

构成一巨型大三角。如果引力场假说成立，那么在喜马拉雅山提供的引力之下，其周围的空间应会发生明显形变，因此位于山脚的三角形也将跟随空间的扭动或者长胖，或者变瘦。

据说高斯当年独自逡巡于非欧秘境时，为了验证到底是几何学发了疯，还是空间里确实暗藏着此等"异常"模块，曾私下对很大一片陆地进行过测算。可得到的结果却是：在误差允许的范围内，三角形的内角和恒等于180°。一个令人气馁的答案，难道爱因斯坦错了？也许吧。但还有一种可能，仅限于地球表面的话，无论圈定多大的范围，其质量都尚不足以令空间的形变达到肉眼可见的程度。"哎！"爱因斯坦仰天长叹，"大质量星体距离地球是如此之遥远，人类什么时候才能去往它们身边，比如绕着太阳画个三角什么的，来验证我的理论呢？"但失落仅只持续了不到一秒，他随即灵光乍现：虽然我们暂时还冲不出地球，但画三角的铁钉与绳索，那可有的是呀！

在进入实地考察之前，首先还请回到开篇那间挥着翅膀的房屋(图 4.8)，让爱因斯坦带领你再来做个思想实验，展望一下引力与光——宇宙间最难以捉摸的两个存在，它们相互碰撞将会擦出怎样的火花。

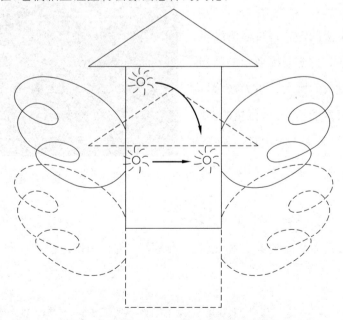

图 4.8　加速度使光线弯曲

　　让房屋加足马力,以大大高于 g 的恒定加速度飞冲而上[①]。此时,请你打开手中的电筒,将光线投射到对面的墙壁上。随着运动速率越来越快,快到接近光速时,奇妙的景象出现了:电筒发出的光将向下弯曲。作为观察者,我们深知光线依然是沿着直线前行,只不过地板奔向了它。但别忘了等价性原理,把翅膀替换为房屋下方大质量的引力源,对光线的影响也全然一致。更有甚者,如果引力源是质量无限大的"黑洞",光线将直接被"吸"到地板下面。因而可以得出:引力使光线弯曲,而弯曲的程度则要视引力场的强弱而定。

　　该现象同时也从另一角度印证了质能方程: $E=mc^2$。虽然相对静止时,光子的质量为零,但当光以光速运动时,它就被赋予了动能,而动能也是质量的一种形式,因此光能被其他质量体所吸引。

　　看来,人类对世界的认识总是伴随着对光的了解而步步深入。从牛顿、麦克斯韦到爱因斯坦,几乎每一代物理巨擘都善于与光共舞,而每一轮物理大发现中也必然闪现着光的身影……

　　有了以上铺垫,请把目光再次转向苍穹。如图 4.9,A 是太阳系外一颗明亮的恒星,它源源不断送来的光线即是测量空间性状最可靠的绳索,结实且免费。按照爱因斯坦的猜想,当光线经过太阳巨大的引力场时,运行轨迹必将弯曲。于是,恒星的实际位置 A,与没有太阳时由直线逆推的虚拟位置 B 之间,就会出现一个夹角。

图 4.9　引力使光线弯曲

　　但若要实践上述探测,还得先解决一个小问题:在太阳万丈光芒的映照下,其他星辰自远方传来的微光统统将变得暗淡无色。如何才能捕捉到 A 的靓影

　　[①]　事实上,没等实验开始,你已被压成了肉泥,这也太残忍了点儿。好吧,不妨让我们把镜头从"Cult 大片"切换成"伪科幻",权且赐你一副金刚不坏之身。

呢？没错，我们可以利用日食。阳光一旦被遮蔽，背后的星光自然就成了黑暗中的主角。想到这，爱因斯坦激动不已，提笔一阵猛算，即得出结论：由太阳质量引起的空间曲率变化，将为从旁经过的光线带来 $1.75''$ 的偏折[①]。

普林西比之行

广义相对论问世没多久，上天就给了它一个验证的机会。天文学家预计：1919 年 5 月 29 日将有一次日全食，从南美洲的巴西到非洲西部零星的热带岛屿等，大西洋沿岸各地，都有可能观测到此次日食。

可惜此时"一战"打得正酣，战火之中谁能担此重任，穿越敌军、友军的层层封锁，组织一次纯粹的科学探险呢？与欧洲大陆隔海相望的不列颠岛上刚好有一位合适的人选，他便是剑桥大学年轻的天文台台长亚瑟·爱丁顿（Arthur Eddington）。痴迷于夜空的人心中必定怀着某种"宏大情结"。据说爱丁顿从小就对"大数"异常痴迷。成名后，在牛津大学的一次演讲中，他特别将太阳的质量以"吨"为单位展示在听众眼前——2 000 000 000 000 000 000 000 000——而不是一般人司空见惯的 2×10^{27}。这种对宏大发自内心的崇拜令他将目光高高越过国界与种族，率先开始研读"敌国"科学家的论著[②]，并深深为相对论所描绘的宇宙奇景所折服。当机会来临，爱丁顿立即停下手边所有的工作，积极参与到科考项目的策划当中。同时，作为一名和平主义者，这次远征还能以科学的名义帮助他逃避国家的征召，拒绝为战争服务，真是一举两得。筹备期间，又传来一个好消息：战争结束了。

亚瑟·爱丁顿

为了保证观测结果的严谨性，科考航队同时选定了两处目的地。一方面，双方的记录可以相互比较，以减小误差；另一方面，万一有一处不幸碰上阴雨

[①] 这里简化了历史。爱因斯坦在 1911 年最初与格罗斯曼合作时导出的偏转角是 $0.83''$。到 1915 年广义相对论完成，经他自己进一步修正后才发现答案应该更接近 $1.75''$。

[②] 此时的爱因斯坦为了投奔他心目中"唯一景仰的大师"——普鲁士科学院常任主席之一：马克斯·普朗克——而辗转去了柏林。

天,那么至少还有另一份数据。1919 年 3 月 8 日,航船兵分两路,一路由格林尼治天文台的克罗姆林(Crommelin)带队,前往巴西东北部亚马逊平原赛阿拉州人烟稀少的丛林深处;另一队则由爱丁顿亲自带队,率领剑桥天文台的研究小组驶向非洲几内亚湾东南部一座火山小岛——普林西比岛。

作为一支英国科考队,虽说此行的首要目标是为了验证爱因斯坦关于引力的猜想,但船上诸位当然不会忘记查阅自己最伟大的前辈艾萨克·牛顿的著作,看他对此是否留下什么论述。果不其然,这位所向披靡的征服者怎么会放过引力与光这块交叉地带呢。在牛顿的眼里,光是一种粒子。在《光学》一书中,他曾咄咄发问:"难道不是物体远距离地作用于光线,才使光线发生弯曲吗?"250 年前,牛顿在他超凡的头脑中同样预见到了光线弯折的画面。但究其原理,却与爱因斯坦大不相同。依据微粒说,光既然由粒子组成,它必然具有固定的质量,所以当面对另一质量源时,万有引力必将发挥其"超距"效用,将小质量的光颗粒吸引到大质量物体身旁。不仅如此,后世微粒说的追随者依据牛顿提供的数学模型竟算出了光线弯折的精确值:$0.875''$。

这么说来,此次远航可能出现三种观测结果:①光线偏折 $0.8''$ 左右,这意味着英国人骄傲牛顿爵士赢了。②光线偏折在 $0.8''$ 的两倍以上,这意味着爱因斯坦获得了胜利。③光线没有丝毫偏折,这意味着牛顿与爱因斯坦都错了,我们需要一套全新的物理学。

4 月 23 日凌晨,爱丁顿分队所搭乘的货轮"葡萄牙号"驶抵普林西比岛圣安东尼奥港。经过短暂的休整,队员们三三两两结伴踏上了这片充满异域风情的乐土,才发现这座表面上流光四溢的天堂背后却隐藏着一个阴暗的秘密:它是地球上最后一块奴隶交易集散地。贩卖黑奴的罪恶行径在岛上被默许存在了数百年,直到 1919 年才予以取缔。黑奴们在殖民者的皮鞭下过着惨无人道的生活,终日默默劳作,直至死于饥饿或病痛。而今,成千上万的苦难生灵早已被时间的车辙碾入尘土,只剩下脆烈的阳光舔舐着普林西比岛记忆最深处的伤痕,有谁还能听到亡灵们无声的呼号?

在葡萄牙殖民官员的帮助下,科考队很快便打通了一切关卡。经过环岛勘探,小组决定将观测地点定在罗卡顺迪一块陡峭的临海礁石上。在蚊虫与湿气的双重折磨下,大家足足折腾了大半个月,才将望远镜、照相机等仪器一一调试就位。5 月 19 日,天气阴晴不定,从岛上望出去,一轮橘黄色的太阳半隐半现地挂在天边。一时云蒸雾罩,一时又顽皮地露出脸庞,向着巨浪洒下斑斑点点的粼光。

决定命运的一刻即将来临,在场的每一位观测者的心都怦怦直跳,而最为紧张的要数领队亚瑟·爱丁顿了。作为爱因斯坦忠实的拥护者,爱丁顿当然期盼自己心仪的理论能够胜出,但其他队员却不一定这么想。可是,不管结果如何,背后的"超级大赢家"都将是此次科考的投资者——他亲爱的祖国。想到这,爱丁顿似乎又轻松了一些。

时针一分一秒地跳动着,格林尼治时间下午 1 时 55 分,乌黑的天幕如约而至。它先是微微遮住太阳的一角,再慢慢爬过半张圆盘,接着就毫不客气地张开大口撕咬着剩下的阳光。黄日在数分钟内便化作一弯月牙,但又透着一股子与月光截然不同的气息,耀目而微醺。下午 2 时 13 分 05 秒,巨幕终于将太阳整个吞噬,只在最外缘留下一层薄薄的光晕。顿时,墨色向着四面八方晕染开来,仿佛连温度也要统统被它带走。爱丁顿忍不住打了个寒战,随即与助手们紧张地忙碌起来,透过云层,抓拍远方星辰那被日光掩映已久的金色发带。

2 时 18 分 07 秒,阳光厌倦了与暗夜的拥吻,极力想从巨幕的怀抱中挣脱。不过,它们之间的纠缠已不再是礁石上这群访客关注的焦点了。对于科考队员来说,真正撩动心弦的画面此刻正藏在胶卷之中。他们迫不及待地将底片冲洗出来,与从剑桥大学带来的天文资料——太阳不在本区域时星光的轨迹——细细比对。在那宝贵的五分零二秒之内,总共获得了六张有效照片,记录下了十三颗恒星的倩影。较为明亮的有金牛座 κ 与金牛座 υ,另外还有十一颗暗星,足够用于求取平均值了。测算结果令人大为振奋:平均偏转角度 $1.6''\pm0.3''$,爱因斯坦是对的!

英国方面立刻收到喜讯:"穿透云层,充满希望——爱丁顿。"与此同时,另一支探险队则采用了更加谨慎方案,直接把底片寄回国内。数星期后,克罗姆林小组的测算结果也出来了:$1.98''\pm0.12''$。广义相对论两局全胜。一时间,爱丁顿这个名字与爱因斯坦的名号一起,占据了世界各国大报小报的头版头条,"相对论""引力场""时空扭曲"……这些稀奇古怪的字眼,顷刻便成了地球

TIME
AND LIGHT:
The History of Physics

时与光
一场从古典力学
到量子力学的思维盛宴

上最为时髦的词汇。

尽管在现今的史学家看来，此次观测的可靠性还有待商榷。仅凭几张模糊不清的底片就得出结论未免草率，并且就算证实了"引力使光线弯曲"，距离证明爱因斯坦的整套理论依然还十分遥远。但爱丁顿率队出征的勇气是建立在对理论充分理解之上的，他不仅笃定自己会赢，更看到了这场"科学秀"的巨大价值——让英国人在硝烟未息之际便再次占领主动权，把最前沿的科学发现迅速"据为己有"。从此，"广义相对论"与"英国科考队"就这样微妙地联结到了一起。

归国之后的新闻发布会上，一名记者走到爱丁顿面前大发感慨："爱丁顿教授，据说地球上只有两个半人能懂相对论，您的大名定然是位列其中了！"见教授低头沉吟，记者催促道："先生，请不要谦虚，大方地承认了吧。""不，不，恰恰相反，"爱丁顿微笑着答道，"我只是在想剩下那半个究竟是谁。"

爱因斯坦最大的错误

对引力的本质看法不一，只是爱因斯坦与牛顿之间众多的学术分歧之一。爱因斯坦并未就此止步，他的思绪沿着力场漾起的涟漪继续扩散，宇宙的整体面貌到底是什么样子呢？忽然，大师将目光从亿万光年之外收回，转身越过百年光阴，回望身后的老对手：牛顿先生，关于这个问题，您有什么奇思妙想？

坍缩佯谬

在《力的故事》当中，牛顿为推导"大质量物体全身每一部位所发散的吸引力 $F_1, F_2, F_3, \cdots, F_n$ 的合力 $\sum F$ 等效于将所有质量集中于质心所产生的作用力"，大手笔地创造了微积分这门运算工具。其实，利用这一工具，牛顿还做了许多意义深远的工作。

依然以地球作为参考模型，我们已经知晓，位于地表的物体时刻会被地心吸引。那么，如果钻到地球内部呢？此时，地球的质量将有一部分被分散到外层各处,它将如何向你施加作用力呢?首先,借助微分思想,牛顿像剥洋葱一般把地球划分成一层一层的"球壳",每一层都是一个封闭的球面,并且越靠近地心半径越小。取任意一层球壳,把它沿任意一条纬线一切为二,如图 4.10 所示。试问,站在两片薄壳之间,你的受力情况如何?

此时,脚下面积较大的壳层 A 与头顶的冠盖 B 对你所施加的吸引力 F_A、F_B 正好同在一条直线,且方向相反。因此,哪一边力量大,你将被拉向哪一边。拔河比赛开始:壳层 A 由于覆盖面广,在质量上占有绝对优势。而引力与质量成正比,这么说 A 赢定了?且慢,再观察一下壳层 B。它虽然个头偏小,但平均而言离你却近得多,而距离 r 可是以乘方的关系在左右着引力的强弱。经过计算,牛顿发现:在质量与距离的拉锯战中,双方竟打了平手——F_A 与 F_B 的合力 $\sum F$ 恰好为零。不论你站在球壳内部哪一位置,整个球壳对你来说就如同不存在一般,根本没有"净吸引力"。

将该结论进一步推广,把所有球壳像俄罗斯套娃一样从小到大一层一层组装起来,就合成了地核、地幔与地壳(图 4.11)。而随着你向地心不断靠拢,位置从 C 点移动到 D 点,地球的质量将被一层一层地剥去,你永远只感受得到来自内部的吸引力。最终,当你站在地心 O 处,地球的质量对你来说将化为乌有,你又"失重"了,而这一次,才是真正意义上的失去了重力(图 4.11)。

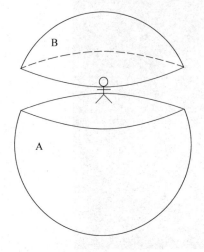

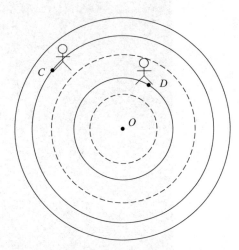

图 4.10 钻到球壳内部   **图 4.11 钻到地球内部**

TIME
AND LIGHT:
The History of Physics

时与光
一场从古典力学
到量子力学的思维盛宴

这就是牛顿导出的结论：当我们位于质量均匀的球体内部时，存在于"外圈"的质量所提供的吸引力合力为零。对于与地球类似的亿万颗巨型星体来

图 4.12　S 与星海

说，这确实是个值得玩味的模型，可它与浩瀚无垠的宇宙有什么关系呢？

如图 4.12 所示，S 是茫茫宇宙中一颗小小的恒星。依据引力法则，它将受到周围所有质量体的拉扯。看样子，在莫大的空间东游西荡是它逃不掉的宿命了。

可是，当我们把镜头拉远，再拉远……直到画面装下整个宇宙。如图 4.13 所示，情况将发生戏剧性大扭转。虽然 S 依然只是夜空中无数亮点之一，与数不清的左邻右舍交相往来，但包裹着它的整个宇宙却可被看作一个体型更大的"超级质量源"，而只要是质量源就一定有质心。假设该质心位于 O 点，如此一来，宇宙就变成了一个"超级球体"。根据刚才的球壳模型，位于以 O 为圆心，以 S 至 O 的距离为半径的圆球之外的部分，对 S 来说统统属于套叠壳层。这意味着，不管其中

图 4.13　S 与宇宙

装着什么，它们对 S 所施加的引力的合力恒等于零。相反，位于圆球内部的每颗星体都将成为引力之源。因为引力的合力汇聚于质心，随着时间的推移，S 必将一步步被吸入作为"宇宙之心"的 O 点，万劫不复……

以此类推，在一个有限的宇宙当中，所有质量体都将陷入与 S 相同的梦魇。"宇宙之心"就像自虚无中升腾而起的涡旋，随着它一圈又一圈地滚动，最终将泯灭一切光亮。这就是"坍缩佯谬"的最初版本。很明显，该模型一定存在着漏洞。否则，人类还怎能安享星空之下的宁静？

如何修补这个转瞬即逝的宇宙，使之成为圣经当中永恒的伊甸园呢？牛顿伫立良久，在脑海中搜寻着答案。对，我可以把"宇宙之心"摘除呀！如果宇宙失去了质心，所有星球就不会再被同一股力量牵拉。而要抹去质心，只需放弃"有限"二字即可。如此一来，质量在每一点周围都均匀分布，来自各个方向的引力相互博弈，最终将带来一种稳态的平衡。不愧是牛顿，大笔一挥，就将我们的生存空间拓展到了无限。

无垠的时空中，每颗星体都被无数星体环抱——没有中心，却又无处不是中心——这是人类依据数学工具与逻辑推理，描绘的第一幅宇宙图景。

奥伯斯佯谬

然而百年之后，有人在牛顿定义的无限宇宙之中，发现了一个大问题。1780 年，22 岁的海因里希·奥伯斯（Heinrich Olbers）顺利地从哥廷根医学院毕业，来到熙熙攘攘的港口城市不来梅，一边继续研习药学，一边徐徐开启他的行医生涯。在替人看病之余，奥伯斯还有一个小小的爱好，每天晚上，他都要兴致勃勃地架起自己简陋的光学望远镜，与群星聊聊天。这一习惯一坚持就是四十年，一万四千六百多个夜晚风雨无阻地仰望夜空令他有了不小的收获，陆续在太阳系内找到了两颗尚不为人知的小行星与一颗周期彗星。

1826 年，与星夜对望了大半辈子之后，68 岁的奥伯斯忽然想到一个问题：夜晚为什么比白天更黑呢？这还不简单，每个孩童都知道，地球围绕太阳奔跑的同时也在自转，每当脚下的大地绕到阳光无法触及的一面，黑夜就降临了。然而，由于常年与星星为伴，奥伯斯深知太阳并不是宇宙中唯一的光源。在白

TIME
AND LIGHT：
The History of Physics

时与光
一场从古典力学
到量子力学的思维盛宴

天，因为太阳离我们最近，它强烈的光芒阻隔了远处暗弱的星光，因此它是白昼唯一的主宰。那么夜晚呢？众星辰虽然离地球较远，但它们数量庞大，亿万屡星光同时从各个方向朝着地球奔涌而来，为何没能把夜空照得如同白昼一般明亮？奥伯斯虽然只是天文学的业余爱好者，可却是一位专业的治学者，他不但提出疑问，更提笔做了相应的计算。

如图 4.14 所示，在广袤的宇宙中随意截取一块空间，并借助球壳模型把空间分为若干层，假设地球恰在空间正中（如 O 点所示）。按照天文观测经验，光源的亮度与光源同地球之间距离的平方 r^2 成反比。也就是说，同一光源，距离我们愈远，看上去就显得愈加暗淡。这么说来，球壳 A 层的星光将把远处的一切掩映，完全占据人类的视野？但牛顿的宇宙模型还有一个重要条件：质量体在整个宇宙均匀分布。别忘了，A 与 B 可都是立体的球面。$S = 4\pi r^2$ 告诉我们，球体的表面积恰好与距离的平方 r^2 成正比，而在各向均一的情况下，表面积越大，其上镶嵌的质量体自然也就越多。由于壳层 B 与地球之间的距离是壳层 A 的 2 倍，所以，壳层 B 所拥有的发光星体应该是壳层 A 的 4 倍。

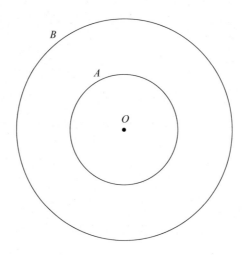

图 4.14　地球附近的各层"球壳"

虽然单个星体的亮度与 r^2 成反比，但星体的总量却与 r^2 成正比，远方的星空以数量的优势来弥补距离的弱势，最终其总的亮度并不亚于离地球较近的壳层。因此，在人类的视野当中，虽然太阳是唯一与我们近距离相伴的发光体，但远处无限多的壳层内，随着距离 r 的递增，每一层都镶嵌着 $2^2, 3^2, 4^2, 5^2, \cdots, n^2$ 个太阳级的恒星，位于"洋葱"中心的地球，将时时刻刻接受着光芒的洗礼。

由此就引发了所谓的"奥伯斯佯谬"：在永恒而无限的宇宙中，星光自各方汇聚而来，将宇宙间所有的角落逐一点亮，怎又容得下黑夜的存在呢？但实际上，每个地球人都日复一日年复一年地体验着白天与暗夜的缠斗，这场力与美的角逐从未停歇过。

怎样才能破解这一佯谬呢？在当时，人们想到的方法有二：其一，星体之间的虚空部分其实并不"空"，那里充斥着望远镜捕捉不到的"流动液滴"或"细小尘埃"。这些微小的精灵在星体周围舞动，以星体溢出的光线为食。奥伯斯本人就倾向于此类观点。可惜没过多久，人们就发现该思路行不通。根据热力学第一定律，能量不可能凭空产生，也不会凭空消失，虚空之中若果真游荡着吸光小精灵，它们肆意地饕餮将把星光所蕴含的能量转入自己的肚皮，随着能量不断积累，精灵的身体将变得越来越热、越来越热……终有一天，它们将惊讶地发现，自己的身体竟也亮了起来！

另一个方案是什么呢？只听有人问道：如果恒星并不像我们想象中那么"永恒"呢？如果星体就像芸芸众生一般，存在生死轮回，情况又会如何？可惜，后牛顿时代，学者们才刚刚从上帝创世的幻境中挣脱出来，沐浴在永恒流淌的时间之河。他们大多对稳态的宇宙抱有一种执念，而将"星体创生说"视为奇谈，这个不起眼的问号很快便被淹没在了历史的洪流中。

宇宙常数

如同牛顿当年一样，爱因斯坦在参悟了引力的奥秘之后，立刻把目光转投向宇宙深处。他迅速掌握了黎曼几何，又细致地考察了前辈留下的大量工作，从莱布尼茨到泊松，再到同时代的希尔伯特和埃米·诺特（Emmy Noether）……1915年，当携带着"相对论2.0版"重出江湖之时，傲立于世人面前的爱因斯坦也已全新升级。正所谓十年磨一剑，一旦出招，锋芒毕现。11月底至翌年3月，普鲁士科学院接连收到了4篇重量级的论文。论文中，爱因斯坦不但详尽地阐述了他新创造的引力理论，更做出了一系列明确的预言，包括：强引力场令时间发生膨胀，由

TIME
AND LIGHT:
The History of Physics

时与光
一场从古典力学
到量子力学的思维盛宴

此带来的可观测效应是光谱红移；太阳因质量过大造成时空扭曲，令与其距离较近的行星的轨道测地线不再保持闭合椭圆，由此解决了"水星近日点进动的实际值每隔一个世纪比牛顿的计算值增加43.11角秒"的天文难题；以及4年后，被爱丁顿率领的科考队轰轰烈烈地证明的"光线弯曲"等。但包罗万象的推论其核心却莫过于"引力场方程"。让我们首先来见识一下该方程最初的模样：

$$R_{ab} - \frac{1}{2}Rg_{ab} = \kappa T_{ab}$$

掌握引力场方程需要比较高深的数学知识，不过，仅大致描摹一二，也能令你体味其中的妙处：等号的左边描述的是时间与空间的曲率变化，而右边则表征着质量与能量的分布情况。优美壮阔的时空结构与变幻莫测的能量—动量张量于等号两边遥相呼应，好似一曲永不完结的二重奏，把宇宙间每一个细小音符都纳入到自己宏大的乐章之中……

让我们把时光定格到1915年11月25日。此时，广义相对论正进入最后的冲刺阶段。一夕之间，爱因斯坦仿佛窥见了设计之神长久以来暗藏的终极密码。顺着他颤抖的笔尖，时与空的律动，质量与能量的欢歌，一切水到渠成、勃然倾泻。可当他再次凝视自己的杰作时，爱因斯坦忽然意识到，场方程若要成立，必须包含这样一个前提：物质的平均密度比宇宙半径 R 的平方倒数（即$1/R^2$）更快地衰减至零。该条件将令天体辐射的能量中，有一部分得以脱离永恒的牛顿时空，从引力的魔掌下向着无穷远处逃逸，最终消失在宇宙的尽头。那些"叛逃"的能量虽有可能化作无影无形的光，但同时，也找不到任何理由阻止它们摇身一变，成为大质量实体——恒星。"只要星系将全部的能量集中于单个星球之上，而该能量又大到足以将星球送至通往无穷远的旅程，星球将一去不返。在统计力学中，不排除这种情况发生的可能。"

引力无处不在。

而哪里有压迫，哪里就有反抗。

爱因斯坦讶异地发现，自己亲手创造的方程中，竟蕴含着一个惊人的推论：我们所生活的宇宙正一刻不停地膨胀着！所有的一切，星球、尘埃甚至辐射光波，统统都在朝着无穷远的地方飞奔而去。若非如此，不论浩瀚的宇宙有多少物质,都将被物质自身的引力所吞噬——质量在其周围编织着引力场,而引力场本身又具有能量,能量又带来附加的引力场……层层堆叠、了无穷尽。这样一来,当时空在力场的拉动下扭曲达至极限,将撕裂原有的一切织构。最终璀璨的星海将坍缩为无限深邃的黑暗原点。

不在沉默中爆发,就在沉默中灭亡。

万物唯有同心协力,与引力相对抗,才能避免这出大悲剧。

爱因斯坦眉头紧蹙,要么在静态中消逝,要么在运动中相互离散,难道就没有第三种选择了吗?一方面,场方程是那么完美,简直就是象征着智慧的几何结构与象征着力量的质能角逐之间最精巧的平衡。它是纯粹逻辑的结晶,即使在该领域的实验成果还一片空白之际,爱因斯坦就已对自己的理论信心满满,他甚至口出狂言:如果世人最终得到的数据与其预言不符,他将为“老头子”感到万分惋惜[①]。但另一方面,场方程所展示的景象却又如此可怕,宇宙是不稳定的,随着时间的流逝与空间的扩张,万物将在“无穷”之乡化为乌有。绚烂之后,一切终将灰飞烟灭——甚至包括时空本身!

不,“老头子”既然构造了宇宙,他手头一定还有妙招,绝不会容许自己的造物像流星般消逝。怎样才能使宇宙既保持静态,又不为引力所蛊惑而走向坍缩呢?“在为取得满意的结论所做的种种努力都被证明是徒劳之前,我绝不会放弃!爱因斯坦苦苦地思索着,日复一日,把自己研制的“补丁”小心翼翼地粘贴到方程上,随即又狠狠地撕下来。方程不论是左边还是右边,皆至臻完美,完美到连它的缔造者都找不到一丝缺憾。直到1916年底,情况才终于有了进展:“既然原有体系无法改动,不如直接添加一个新项。我猜,‘老头子’在山穷水尽之时也是这么做的,为自己开辟柳暗花明嘛。”

于是,全新的引力场方程诞生了:

$$R_{ab} - \frac{1}{2}Rg_{ab} + \Lambda g_{ab} = \kappa T_{ab}$$

这就是又经历了420天闭关苦练的爱因斯坦于1917年2月向科学院递交的正式文稿中的场方程。经观察你将发现,虽然等号右边的能量—动量张量没

---

① “老头子”是爱因斯坦对设计之神的昵称。

有变化,但等号左边表征时空几何结构的张量之中却多出了一幅陌生面孔:
"Λg_{ab}"。Λ 是一个量纲极其微小的常数,与其度量张量 g_{ab} 相乘之后,奇迹出现
了:夹在各项中间的"Λg_{ab}"于局部的小范围内("小"范围包括:整座银河系、大
小麦哲伦星云等)可以自由隐遁,只有当方程涵盖的范围非常之大("大"到吞纳
整个宇宙时),Λ 才在它的同伴 g_{ab} 那超大的张量系数之下被召唤出来,而
"Λg_{ab}"项一旦显露身形,幽灵般的"无穷"瞬间即被消解殆尽。

浑然天成的"Λ"也只有在爱因斯坦这般天才的大脑中才能够诞生,它一经问
世,便被直接冠名为"宇宙常数"。自从有了宇宙常数,我们亲爱的宇宙再不必为
"无穷"而烦忧,终于可以安心地坐拥一片固定疆域了。而群星也再不必为摆脱引
力的束缚而奋力逃向天边,终于可以舒坦地于时空中尽情曼舞,直到永久⋯⋯

那篇登载着宇宙常数 Λ 的论文名为《根据广义相对论对宇宙学的思考》,它
的刊发同时也标志着现代宇宙学的诞生。人类自工业革命之后,再次抬起头颅
仰望星空,这一回,我们要把整座乾坤收纳于一个方程!

宇宙岛

正当爱因斯坦挥斥方遒、抡起笔来纵意地勾画着宇宙样貌的时候,意想不
到的情况出现了。故事得从 1913 年说起,24 岁的爱德温·哈勃(Edwin
Hubble)从牛津大学法律系学成归国,在与芝加哥隔州相望的港口型城市路易
斯维尔谋到了一个律师职位,筹划着在法律界大展拳脚。

爱德温的父亲约翰·哈勃是一名保险经纪人,从小的耳濡目染令他觉得自
己日后必将承袭父业,研读金融与法律。然而,随着视野的开拓,爱德温渐渐意
识到,他的天分并不仅限于律法的条框之中。因此,在不费吹灰之力考入离家
不远的芝加哥大学后,爱德温打算挑战一下自己。他一面兼修数学与物理,试
图攻克这对所有科目中最为"烧脑"的组合;一面在拳台勇力搏杀,投身到体育
世界里这项最为"男人"的竞技当中。并且他打拳已不是一般性质的玩儿票,大
三时,竟有经纪人邀约爱德温·哈勃与传奇人物杰克·约翰逊(Jack Johnson)①

---

① 历史上第一位夺得重量级世界拳王金腰带的黑人。

一决高下。判断一个人的能力要看他的对手，可见他当年在拳坛的实力与口碑。但爱德温还是拒绝了这条成名捷径，或许是身上的"好斗因子"最终败给了"好奇因子"，他踌躇满志地拿上罗兹奖学金远渡重洋，来到牛津学习国际法。不过，就算身在异乡，他也没有放弃自己诸多的小小爱好，课业之余不但与法国拳皇乔治·卡彭提尔（Georges Carpentier）切磋武艺，并在田径比赛中屡获名次，更率领校棒球队南征北战，取得了辉煌的战绩。

拥抱极限、超越对手，这就是爱德温·哈勃青春岁月的主旋律。可是，正式踏入法律界后，哈勃却没能获得期待中的那份激悦。他发现，世上唯有一件事情真正令他魂牵梦萦，那就是仰望星空。在梦想的召唤下，1915 年，哈勃丢下律师执照重返校园，在芝加哥大学的叶凯士天文台攻读博士学位。"我为天文而抛弃了律法。我知道，尽管在这个行业里我可能只称得了二流或三流人物，但在我心目中，它却毫无疑问排到了第一位。"三年后，待他再次拿下学位时，正值"一战"进入白热化阶段。欧洲战场那滚滚的浓烟"呼"地引燃了万里之外这个热血青年的灵魂，他立刻抛却了天文台提供的研究职位，奔赴战地，成为了一名士兵。毫无疑问，矫健的身板与灵活的头脑正是部队所需要的，他很快就脱颖而出，一路被提拔至陆军少校。紧接着，战争结束，欧洲迎来了短暂的和平，而天文界也失而复得迎回了一颗冉冉升起的新星。

1919 年，哈勃回到美国，加入了位于加利福尼亚州的威尔逊山天文台。那里有刚刚启用的"胡克 100 英寸（2.54 米）望远镜"，这是当时世界上独一无二的工程奇迹，望远镜界当之无愧的"巨无霸"。

爱德温·哈勃　　　　　　　　　　胡克 100 英寸望远镜

数千年来,在人类的认知范围里,银河系就是宇宙的全部。而那穿梭于群星之间若隐若现的星云,则不过是漂浮在宇宙中的稀薄的"气雾状颗粒团"。直到 20 世纪初,对时空有了更加开放的认识后,才有个别学者提出:星空背景下那些浮散的云团也许并不在银河系的怀抱内,也许每一团模糊的暗影都是位于远方的独立星系,其地位与我们熟悉的银河平起平坐——众星系就像浮荡在时空汪洋的座座岛屿,这就是"宇宙岛"假说。

该设想遭到了大多数专家的反对,哈勃所在的威尔逊山天文台恰好处于这场争论的中心。而他作为一名新人并没有发表看法,只是默默埋头于观测仪前,让数据来说话。1924 年,与老伙计"胡克望远镜"一同奋战数年之后,哈勃在一次学术会议上郑重地公布了观测结果:首先,通过为仙女座星云所拍摄的一组照片,他向大家展示了位于旋涡边缘的大质量新星,初步证实星云并不仅仅是散漫的云雾。进一步分析则发现,那颗"新星"竟是天文学中不可多得的宝贝:造父变星。它周期性的闪烁规律可帮助观测者准确地标定其所在位置。经计算,哈勃断定该造父变星距离地球 90 万光年之遥,远远超越了银河系的直径(8 万～10 万光年)——这是仙女座独立于银河系而存在的最有力证据[①]。

事实面前,少数派赢得了胜利。原来宇宙的尺度远远超乎人类的预想。那么,仙女座究竟由什么组成?它到底有多大?除了仙女座之外,还有多少未曾被探知的河外星系……一时间,谜团如雪球般滚滚而来,世界各地的天文学家不约而同地将各自最先进的望远镜转向最遥远的星空,试图窥探宇宙的真实模样。而作为领跑者,哈勃并没有停下脚步,他又花了两年时光来凝望河外空间,并最终确定:在银河灿烂的光华之下,埋藏着数以万计的独立星系、星云与星团。同时,他还将河外星系按照形态及规模分为椭圆、旋涡及棒旋三类,后经不断完善,遂形成"哈勃分类"(图 4.15)。

红移的谱线

与此同时,一个惊天大秘密正在前方等待着哈勃。让我们把时间轴先调回

---

① 最新数据显示,仙女座星系实际距离地球 220 万光年,其覆盖面积至少是银河系的一倍,约含 4000 亿颗恒星。

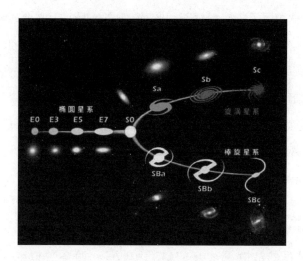

图 4.15　哈勃分类

到 1919 年 10 月的某个暴风雨夜。凌晨一点,观测助理米尔顿·赫马森(Milton Humason)准时跨入拍照机房,不想却迎面撞见一身戎装的哈勃少校:"昨晚早些时候你到哪里去了?"糟糕,赫马森心想,昨夜他抽了个空当和同事打扑克,这事儿要被眼前这位严厉的新上司知道,自己很可能就得卷铺盖走人。但他顿了顿,还是如实招了供。"啊哈,我能加入你们吗? 我可是桥牌老手哟,不会让你们失望的。"赫马森简直不敢相信自己的耳朵。接下来,牌局由于少校的加入,果然变得更加紧张有趣。

米尔顿·赫马森

　　这次有惊无险的初会,悄悄改变着两个人的命运。从简历上看,赫马森与哈勃是完全不同的两类人,他甚至没能获得一张中学毕业证。赫马森比哈勃小两岁,1891 年出生于明尼苏达州,14 岁时这个胖墩墩的小男孩有幸参加了威尔逊山举办的天文夏令营。与星空对望归来,赫马森对身边的一切都失去了兴致。他说服父母让他休学一年,并立马奔赴威尔逊山,在兴建中的天文旅社靠打零工养活自己:洗盘子,盖小屋,照料驮运仪器的牲畜……1908 年,17 岁的赫马森开始了他建设天文台的第一份工作——往返于谢拉马德雷与威尔逊间的山路上,护送驴队将建筑材料运上山顶。9 年之后,赫马森通过辛勤劳

TIME
AND LIGHT：
The History of Physics
时与光
一场从古典力学
到量子力学的思维盛宴

作已在帕萨迪纳购置了一座柑橘园。此时，他忽然听闻天文台的看门人职位有了空缺，"巨无霸"胡克望远镜将投入运行，需要一名轮岗的夜间助理。虽然工资仅有区区 80 美元，可通往苍穹的诱惑对赫马森来说简直无法抗拒，他义无反顾地放弃了喧闹的大果园，来到了清冷的山顶。1917 年，赫马森当上了天文台的看门人，但他揽下的活计远不止看守仪器而已。一次夜间当班，恰逢轮值的天文学家请假外出。机会来了！赫马森独自操控着望远镜，并把复杂的观测数据分析得头头是道，令在场所有人都对他刮目相看。1922 年，这位仅有八年级教育程度的观星人终于赢得了台里众专家的认可，正式成为一名助理天文学家。

就这样，从旅馆杂役转为种植园主再转职天文台看门人的赫马森，与从体坛转战法律界再转战欧洲战场的哈勃少校——两条貌似毫不相干的生命线——终于在星夜的撮合下悄然相汇。此后，两人天衣无缝的协作一步步将人类文明引向了新的高度……

就在宇宙常数 Λ 诞生的同年，美国亚利桑那州旗杆市的"祖父级"观测站洛韦尔天文台台长维斯托·斯里弗（Vesto Slipher）在观测远处的旋涡状星云时，曾注意到：云团中的发光物体除了跟随涡流在平面内旋转之外，其辐射的谱线似乎还集体朝着红端移动。但由于缺乏有关该星云具体位置的准确数据，斯里弗并没深究这一现象背后的意义。

直到 1929 年，证明了宇宙之中存在着若干与银河系完全独立的星系之后，哈勃与赫马森两人将望远镜瞄向更远的星空，他们共同分析了二十多组星系谱图，一一计算出各星系与地球间的大致距离以及星系中恒星的光谱变化，由此才重新发现了谱线的红移。因为手上的数据比斯里弗要充裕得多，哈勃大胆推断：光谱红移并不是专属于某座星系的独舞，而是整个星空的一场盛大狂欢！

群星所辐射的能量在可见光波段集体朝着红端移动，这意味着什么呢？如同前人一样，面对捉摸不透的光，我们只好一再求助于它的亲朋好友。此番，既然这位二象性精灵决心展示其柔滑如"波"的一面，我们首先想到的自然是声波。

当你在火车站与亲人依依惜别时，不知可曾留意过，此时若有另一列火车从远方朝你疾驰而来，传到耳朵里的鸣笛声会渐至高亢；而当火车从你身旁越过将要离你远去时，呼啸却声声低落。车来车往，明明行驶速率恒定，笛声强度一致,为什么静立的旁观者会收到两种截然不同的音效呢?这是由于在发射频率不变的情况下,当火车朝你奔来,每个波峰从被释放到触及你的耳膜所穿越的距离都比它先一轮出发的前辈要短一些。从波形图看,就意味着整列波经挤压后,周期缩短,频率增高。因此,最终传到你耳里的是急促而嘹亮的尖啸。反之,当火车离你远去,每个波峰想要到达你的耳膜都必须跋涉比前一轮更长的距离,所以整列波就被拉伸了开来,而你耳畔的呼号也将越来越低沉,直至消失。

这种由波源的相对运动所造成的频率变化被称作"多普勒效应"[①]。进一步研究证实,多普勒原理不但对声波有效,同样也掌控着电磁王国。因而当发光体朝着观测者靠近,光谱将向高频一端移动,由于蓝光在可见光波段频率最高[②],所以信号将发生"蓝移"。反之,若光源与观测者渐行渐远,则会产生大家耳熟能详的"红移"效应(图 4.16)。

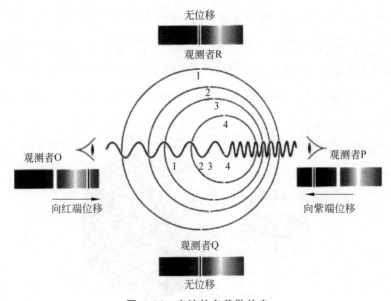

图 4.16 光波的多普勒效应

如果某段时间内,地球周围绝大多数星体所发射的电磁波统统都移向红

[①] 别忘了,经典物理中每一对概念都是互为"镜像"的。若把上述场景转换成"静止的火车"和"狂奔的你",效果也一样;前提是你必须跑得有刚刚那辆火车快,才能钻入波峰与波峰之间的间隙去改变波相。

[②] 其实紫光才应享此殊荣,但由于人类的视神经偏爱蓝色胜于紫色——所以天气晴好时,我们看到碧蓝的天空而不是湛紫的天光——因此习惯上把"紫移"改唤作"蓝移"。

TIME
AND LIGHT:
The History of Physics

时与光
一场从古典力学
到量子力学的思维盛宴

端,这意味着什么呢?没错,星体正相互逃离!正如广义相对论最初所暗示的那样,为了对抗引力,它们别无选择。

哈勃与赫马森两人收集的数据不仅昭示着群星的远去,由于哈勃确切地知晓仙女座等河外星系与地球之间的距离,因此,他精确地算出了星系的退行速率 v 与它们同地球之间的距离 r 的关系:二者恰成正比。也就是说,离我们越远的星系,其逃离速率越快,这就是大名鼎鼎的"哈勃定律"。而新问题亦随之产生:为什么分布于地球四面八方的星体都统一朝着远离地球的方向前行,难道我们亲爱的地球真如上古经文所描述,是宇宙的中心?

哈勃用一个形象的比喻化解了这道难题。如图 4.17 所示,小球是此时此刻群星的位置,它们均匀地镶嵌在球壳表面,顽皮地朝彼此眨巴着眼睛。一段时间之后,气球胀大①,细心观察后你将发现:两颗星体的间隔越大,那么随着时间的推移,间距增长得就越显著。例如:1 号与 2 号原本相距 1 厘米,1 号与 3 号相距 2 厘米;当气球胀大后,1 号与 2 号之间的距离增至 2 厘米,而 1 号与 3 号的间距却猛增至 4 厘米。这就是速率倍增的玄机,以任意一点为观测中心,其周围的星体都将遵循同样的扩散规律。整张球膜都在膨大,没有哪一点可以独享特权、静止不动。

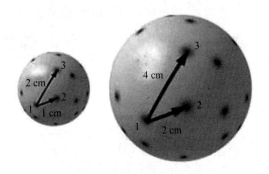

图 4.17 宇宙膨胀示意图

将球膜多维化就是宇宙的真实景象,正如场方程起初所预言的,它正在膨胀。爱因斯坦听闻这一消息,立时后悔不迭。他向来对自己的理论信心十足,

---

① 不过,宇宙空间与气球模型有一个本质区别:星体间距离膨胀的同时,星体本身并不膨胀。

唯独在面对浩瀚苍穹之时，对"稳固"的渴望超越了一切，令他不得已修改了心爱的方程去迎合人类千万年来的幻象。以致多年后爱因斯坦依然耿耿于怀，曾经引以为傲的 Λ 却成了他一生中"最大的错误"。

但关于红移的解读仍未完成。虽然哈勃当年依靠多普勒效应顺藤摸瓜地发现了宇宙膨胀的奥妙，可事实上，大部分的谱线红移却与多普勒一点儿关系也没有。随着甄别技术的提高，人们发现，天体红移的原因有两类：在银河系内部，星体之间相对运动所产生的红移与蓝移的确是由多普勒效应所造成。可是，当情况涉及河外星系时，那些距离地球非常遥远的星云与星团则一致仅有红移。此类红移并不是由星体的相对运动所引起的，而是星体生存的空间本身在膨胀——这才是群星互相远离的真正原因，又称"宇宙学红移"。多普勒效应是各向异性的，如前例所示，观察者如果不在运动方向上，则感受不到频率的变化；但宇宙学红移却是各向同性的，不论你从任何一方望过去，退散是永恒的律动。

宇宙学红移反映的是空间本身的退行速率，那么该速率是否受光速壁垒的限制呢？回到宇宙膨胀示意图，假定一秒钟后，原先间隔 1 厘米的两点之间间隔变成了 2 厘米，原先间隔 2 厘米的变成了 4 厘米……那么以此类推，原先的间距若有 30 万千米，则下一秒，两点间应相距 60 万千米。而宇宙是如此的深广，我们很容易就能找到两颗间距超越 30 万千米的星体。因此，下一秒它俩之间的相对速率就将超越光速！没错，星系间彼此的退行速率确实可以超越光速，但这与狭义相对论的核心推论——光速极限——却并不矛盾。由于物体是镶嵌在空间之中而"被运动"的，这与常规的自由移动有着本质的区别，该过程无法携带有效信息，所以也就无法带领我们穿越到过去。

这一轮，牛顿与爱因斯坦算是打了个平手。一个固着于永恒，一个执念于稳态，两人都错失了预见宇宙真实形貌的良机。

大爆炸

是什么在背后支持着群星与引力相抗衡，莫非物质之间还有一种隐形的作用力尚不为人类所知？答案就藏在经典力学之中。还记得"第一宇宙速度"吗，

TIME
AND LIGHT:
The History of Physics
时与光
一场从古典力学
到量子力学的思维盛宴

它其实还有两位兄弟,其一是"第二宇宙速度",只要给停在地球表面的飞船一个推动力,令其以超过 11.2 千米/秒的速率笔直飞行,飞船终将摆脱地心引力的束缚,自由翱翔于太阳系的广阔空间;而如果速率超过 16.7 千米/秒,飞船则会直接冲出太阳系,这就是"第三宇宙速度"。同理,只要最初的推动力足够强大,群星就有机会沿着引力的反方向勇往直前、抗争到底,并不需要神秘的"第二力"。

那么,最初的原动力来自哪里呢?早在哈勃定律问世之前,1927 年,比利时数学家与天文学家乔治·勒梅特(Georges Lemaitre)将爱因斯坦的场方程与斯里弗记录的红移数据相结合,曾提出一个十分有趣的模型:宇宙的膨胀始于一场爆炸。

的确,只有耸人听闻的爆炸推力才能与无处不在的万有引力相匹敌。场方程显示,时空的扭曲程度随物体质量密度的增加而增大。当整个宇宙的身躯都被挤压到极小的范围之内时,时空将被引力场这只无形的巨掌尽其所能地弯折、搓揉、扭曲。而当可怜的宇宙被浓缩于一点时,时空就将遭到最极端的毁灭——空间消失了,时间亦随之终结。这枚汇聚了整个宇宙所有能量的原点就是臭名昭著的"时空奇点"。在奇点处,质量密度无穷大。物理学中一旦出现"无穷"二字,就意味着所有已知的方程皆无法将其驯服。因此,面对奇点,"时间"与"空间"都不再有意义。就像一部倒过来放映的纪录片,沿着时间之轴回溯,勒梅特找到了宇宙的开端。他把该点唤作"没有昨天的一天",略带诗意,却又无可奈何。

大爆炸模型不但为时空的膨胀提供了原动力,更巧妙地化解了奥伯斯佯谬:如果宇宙有一个开端,或许远处的星系还没来得及在有限的时间内把自己的光芒送到地球身旁,因此才给黑夜留下了喘息空间。

然而,勒梅特的天才创见却没能引起学界的重视,大概是由于他除了科研工作者之外,还有一个十分尴尬的头衔——神父。乍见这上帝创世般的宇宙模型,理论家们不禁哈哈大笑:又是时间的起始,又是空间的诞生,那威力无穷的奇点难道不正像一尊披着数学外衣的神?就连一贯尊崇理性的爱因斯坦对着该假说亦是直摇头。在布鲁塞尔举行的一次学术讨论会上,当勒梅特把自己的演算过程展示给这位场方程的缔造者,爱因斯坦思索良久,然后不太客气地答道："你的计算是对的，可你的物理真令人讨厌。"

α、β 和 γ

在主流的蔑视之下，大爆炸说沉寂多年，直到另一位物理天才冒着生命危险横贯欧洲大陆闯入理论界，才终于接过了勒梅特手中泛着微光的火炬，于迷雾中摸索前行。这名勇士就是乔治·伽莫夫（George Gamow）。1904 年，伽莫夫出生于乌克兰敖德萨，18 岁时来到圣彼得堡求学，在那里他遇见了一位宇宙学奇才亚历山大·弗里德曼。这位疯狂的冒险家甚至早在哈勃的观测数据公布之前，就全凭爱因斯坦的场方程而导出了膨胀模型。可惜不久之后，却因乘坐热气球时被冷空气侵袭，感染肺炎不治身亡。失去导师的伽莫夫无奈只得跟随别的教授一会儿研究单摆，一会儿摆弄齿轮。幸好，

乔治·伽莫夫

24 岁时他获得一个机会远赴丹麦师从"哥本哈根教皇"尼尔斯·玻尔研习理论物理。后经玻尔推荐，又投奔到时任剑桥大学卡文迪许实验室主任的欧内斯特·卢瑟福手下修炼实验技能。

当他终于学成归国，却发现曾经热恋的故土早已陷入有脑不能思考、有口不可言谈的恐怖之中。为了追寻心中的自由，伽莫夫与妻子两人想尽一切办法来逃离这座魔窟。第一次，他们伪装成丹麦人，从克里米亚半岛的走私犯手中搞到一艘橡胶小艇，试图穿越黑海去往土耳其。但不幸的是，出发不久小艇便被暴风卷离了航向。两人迷迷糊糊地在海上飘荡了两天两夜，即将精疲力竭之际，忽然惊喜地发现海岸就在不远处。可惜划到岸边仔细一看，那些忙碌的渔夫并不是土耳其人。原来小艇又回到了出发点。第二次，夫妻俩竟试图滑雪穿越北冰洋，去往挪威……几番出逃皆以失败告终，直到 1933 年，才又出现一丝希望。在玻尔的安排下，召开于比利时的物理学年会盛情地向伽莫夫发出了邀请，声称只有像伽莫夫这样巨星级的学者才有资格参加该国际性会议。伽莫夫会意，立即向政府申明，定要携夫人一同前往。斯大林虽然有所疑虑，但又想在国际舞台炫耀其"革命的花朵"，权衡再三，勉强开关放行。夫妻俩抓住这最后

的机会，一去不复返。

在法国巴黎稍事停留之后，伽莫夫便移居到了美国。1934 年，他在担任乔治·华盛顿大学教授时，机缘巧合地接触到了勒梅特的学说。那宏大而诡谲的时空结构登时唤起了伽莫夫胸中涌动的激情，从此他便全心全意地投入到这场寻找宇宙开端的游戏中来。

运用核物理知识，伽莫夫为时空设计了一把全新的度量尺——温度。他猜想：既然从大爆炸开始，物质彼此之间就从未间断地互相挣脱，那么在空间逐步拓宽的同时，每块地盘的平均能量应逐渐减少。这意味着宇宙的平均温度只降不增，于高热之中创生，此后便缓缓退烧——昨天的宇宙比前天凉，而今朝更比昨日寒——虽然每天的温度变化仅在 10^{-13} 数量级，但时间的力量不可小觑，日积月累之后，温度将显现出惊人的落差。

沿着时间之河逆流而上

起先

你将目睹群星在热的蒸腾中化作气雾

构成物质的分子在碰撞中四分五裂，大大小小的原子应运而生

温度继续上升

白热的光亮狠狠将原子撕碎，抖落出电子与核子

待到时间尽头，即是襁褓之中的宇宙

难以想象的炙热将原子核一粒粒硬生生地剥裂开来，终得一见天日的质子一边满世界狂奔，一边恶作剧地将手中的电子与反中微子泼洒到同伴身上，毫无防备的小伙伴立刻被打扮成了中子，回头又赶着质子追打

这就是宇宙原初的模样：一锅热热闹闹的"质子汤"。

怎样才能验证这一模型呢？经过多年的计算与分析，1948 年，伽莫夫与他的研究生拉尔夫·阿尔菲(Ralph Alpher)共同提出了一个可供观测的判据：既然早期的宇宙充满辐射，而在那基础之上又开疆拓土，才成就了人类如今赖以生存的广袤空间，因此我们周围应该还残留着辐射波的淡淡印迹。由于研究生的名字念起来就像 α，而自己的名字又类似 γ，搞怪的伽莫夫干脆拉上系里另一

位教授汉斯·贝特（Hans Bethe）——也即 β 先生——联名出台了个"αβγ 理论"，并送报科学杂志。

可惜，伽莫夫这种把科研当娱乐的新玩法——求证过程需严谨，但表达方式要有趣——在当时尚难以被众同行所接受，他精心演绎的"宇宙歌剧"依旧没有受到丝毫重视。出于同样的缘由，伽莫夫一生虽然创见颇丰，研究领域从原子核的液滴模型到 DNA 序列，再到时空全景，不可谓不宽广，但却终究与诺贝尔奖无缘。不过，也正是因为有了乔治·伽莫夫、约翰·惠勒、理查德·费曼等一群顽童在前头探路，后千禧时代的物理圈已然越来越活泼，大师们纷纷以同时拿下诺贝尔奖与"搞笑诺贝尔奖"为最高理想，每年双奖齐发好不欢乐。

聆听宇宙的第一重歌声

1965 年，一群来自普林斯顿研究院的物理学家从核物理的角度出发，对宇宙在各个时间段的状态进行演算，从而得出了每一阶段微波光子的平均能量。虽然他们并未听说过"αβγ 理论"，却也同样意识到：宇宙的曾经应该比现在更炙热。于是，由罗伯特·迪克（Robert Dicke）所领导的实验小组决心筹建一套大型的光波探测设备来验证这一猜测。

与此同时，就在距离普林斯顿研究院不到 80 千米的贝尔实验室里，年轻的工程师罗伯特·威尔逊（Robert Wilson）与阿尔诺·彭齐亚斯（Arno Penzias）正在为开发超灵敏的信号接收仪而忙碌着。他们把直径 6 米的喇叭形天线对准星光熠熠的银河（图 4.18），计划利用与其相连的激光扫描仪来测量包裹银河系的气晕的射电强度。但在实验过程中，仪器却意外地读出了一段来源不明的"噪声"。为排除潜在的干扰源，两人不厌其烦地把天线转至各个方向，又不辞辛劳地在清晨、晌午、夜半等各时间段分别进行测量。然而，噪声依旧。他们甚至想到会不会是附着在天线上的鸽子粪从中作梗，于是便小心翼翼地爬进大喇叭进行清理。当然，报告上得写文雅些："疑似干扰源，乳白色电介质。"但勤谨并没有立马为他们带来回报，所有的抗噪招数皆不灵验。只要打开仪器，恼人的杂音就嗞嗞袭来，四平八稳、绵延不断……没办法，威尔逊与彭齐亚斯只得带上数据驱车前往普林斯顿，向教授们求助。看到两人的实验报告，迪克小组如

TIME
AND **LIGHT**:
The History of Physics

时与光
一场从古典力学
到量子力学的思维盛宴

醍醐灌顶——梦寐以求的"宇宙背景辐射"原来就飘荡在我们近旁,触手可及。

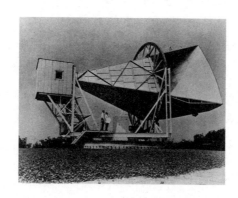

图 4.18　威尔逊、彭齐亚斯与他们的喇叭天线

获知自己企图消除的噪声竟包含如此重大的意义,两位工程师同样甚是惊讶。他们一边补习相关的宇宙学知识,一边着手搜集更精确的数据。经计算,两人确定:如果噪声真是热辐射的话,它应具有相当于绝对温标 3.5 开的能量,后又进一步修订为 3 开——这与伽莫夫等人预测的 5～10 开已经非常接近。那是曾经徒手捏碎原子核的狂暴烈焰在穿越茫茫时空之后,留下的微弱叹息。

不久,迪克率领的研究团队也搜集到了辐射数据,并将数值进一步修正至 2.725 开。但荣耀历来都只青睐幸运的 No.1,威尔逊与彭齐亚斯凭借该发现共同分享了 1978 年的诺贝尔物理学奖,而宇宙诞生之际留下的浅浅胎痕至今仍被习惯性地唤作"3K 背景辐射"。

恒星之殇

至此,大爆炸理论在狭缝中游离了数十载之后,终得一展身段,于星空下舞袖长歌。20 世纪中后期,观测技术进步神速,主序星、红巨星、白矮星、中子星等之前若干世纪中只零星出现在观星簿的天体,一夜之间海量地向我们涌来。天文学家这才意识到,远方那群形态各异的发光体其实并不像起初推测的那样各属一族,它们原来是同一类天体——恒星——在不同年龄段所显现出的不同面孔。

主要由氢元素(^{1}H,氕与^{2}H,氘)组成的星际物质云团在引力的召唤下,旋动的星际尘埃纷纷向着中心跌落。相互间的摩擦与撞击引爆了巨大的能量，刺目的白光吞噬着周遭的一切……历经数亿年光阴，聚集体表面终于平静下来，但其中心温度仍保持在 10^7 开以上。此时，氢渐渐聚变成氦，而聚变产生的超强能量刚好能够阻止引力带来的坍缩，令聚集体处于一种动态的平衡当中。它终于可以稳定地发光放热了，一颗恒星正式诞生，这就是正当壮年的主序星[①]。然而，有生长就有衰弱，待核心的氢消耗殆尽之后，质量 4 倍于氢的氦原子（^{4}He）再没有力量对抗引力的蛊惑。于是，噩梦般的坍缩再次紧紧将星体缠绕。如同创生之时，恒星的内核将越来越热，但原子之间新一轮的碰撞却是毁灭性的。这一次，母星的规模将决定其最终命运。

　　演化末期，大质量的超级巨星（至少 5 倍于太阳）将突然聚集起极高的热量，令氦核得以深度聚变，进一步合成各种重量级的原子核。而聚变所爆发的能量恰能帮助其自身抵抗引力的牵拉。因此恒星将停止坍缩，像烟花一样于时空深处绽放开来，这就是传说中的"超新星"。古人仰头望见超新星那耀眼的光华，便以为它正孕育着新生，殊不知绚烂过后真正的毁灭才刚刚开始。由于炸裂消耗了大部分的能量，归于平静之后，引力将再次露出其狰狞面目。而这一回，超新星再也没有反抗的筹码，只能任由其宰割。此时，如果恒星内核的质量仍保持在太阳质量的 3.2 倍以上，巨大的能量汇聚于一点，将凝成质量密度无限大的一团，时间、空间、光亮等一切都无法从中逃逸——没错，星体将化作黑洞。而如果残留的内核质量只在 1.4～3.2 个太阳之间，所释放的引力则无法把所有物质统统都召集到一点。但压缩的力量依然不可抗拒，物质云中，原本自由穿梭的电子被强行捆绑到质子身上，二者合抱即形成中子。最终，整个发光体占据的空间才不过地球上一座普通城市的大小，但却拥有着超越太阳的总质量，这就是质量密度几近无限的"中子星"。

　　相比之下，中等质量的恒星（0.5～1.4 倍于太阳）进入老年期后，心态则要平和得多。坍缩提供的热量令氦核纷纷聚变成碳核，该过程所释放的能量正好足以抗拒引力的挤压。就这样，电磁力与引力这对冤家将一路较着劲陪伴恒星

　　[①]　我们可爱的太阳如今就处在这段嘉年华中。

TIME
AND LIGHT:
The History of Physics

时与光
一场从古典力学
到量子力学的思维盛宴

走完最后的岁月。接下来的 10 亿年间，随着能量渐至消散，来自核心的吸引力再无法将分布于外缘的所有粒子一一束缚，整个星球将膨胀开来，化作空虚之中张牙舞爪的大火球。火球根据不同亮度又可分为"黄矮星""白矮星"等。但最终，内核粒子燃烧殆尽之后，它们将统统变作"黑矮星"，静静隐匿于天边，追忆着往昔的光辉岁月。

质量更小的恒星（不到太阳的 0.5 倍）则表现得更加平淡无奇。氢核耗尽之后，恒星内部的引力根本就无法把膨大一号的氦核集结起来，所以此处既没有惊心动魄的坍缩，也没有浴火重生的核聚变，有的只是"红矮星"。它低调得像一盏忽明忽灭的油灯，于舞台一角悠然自在地随风摇曳，长达千亿年的寿命足够它看尽寰宇之内众生之相。也正因如此，面对不可逆转的衰亡，红矮星们才能宠辱不惊，坦然地走向生命尽头……

原来，就连恒星也都和我们一样，必须得经历生、老、病、死。甚至，就连宇宙本身也难以规避存在与消亡的抉择——To be, or not to be? That is a BIG question。

自此，奥伯斯佯谬终于得到了全面化解。因为宇宙的年龄有限，而光在空间穿行需要时间，所以并不是所有星光都有充足的时间抵达地球；又因为宇宙无时无刻不在膨胀，仍以地球为例，散布在遥远星空的光芒想要到达地球所经历的旅程将越来越漫长；最后一个因素则源自星体本身，由于恒星有生有灭，当新一轮光芒照耀地球之时，远古的星光已然寂灭。能量在此消彼长间不停流转，总的来说，恰能为宇宙保留下暗淡本色。

一连三处生花妙笔，只为不搅扰黑暗的静谧，大自然真可谓用心良苦。每当仰望夜空，你是否感受到一种敬畏——伸出双手，你触摸到的是时间的开始；而张开双臂，你将拥抱宇宙最本真的样貌。

宇宙是顿免费的午餐？

不过，新鲜出炉的大爆炸理论依然存在不少缺陷。该如何解释宇宙从一个小小奇点膨胀到足以吞纳亿万巨星的结构变异？空间在扩张过程中怎样才能保证物质始终分布均匀？并没有什么理由能够阻止质量仅集中于少数几点，从而把时空扭曲到极致，缠结成一团乱麻。

暴胀理论

1979 年，麻省理工学院的物理教授阿兰·古斯（Alan Guth）针对大爆炸理论当中两个悬而未决的谜题——宇宙的平直与视界——给出了一块独具匠心的"超级补丁"。为理解该理论的精妙之处，首先须得剖析一下"视界"的概念。对于地球人来说，所谓视界就是我们站在地球表面所能看到的最远的点，也就是光信号所能到达的最远距离。2011 年初，美国宇航局的哈勃望远镜发现了迄今为止最为遥远的星系 UDFj-

阿兰·古斯

39546284，它位于天炉座，距地球约 132 亿光年。假如宇航局把哈勃调转个面，令其对准与天炉座正好相反的天龙座，在那里也定能找到另一个与地球相距 130 多亿光年的星系，而它与 UDFj-39546284 间的距离将超过 260 亿光年。如果宇宙的年龄只有 140 亿岁，则可以断定，上述两个星系在彼此的视界之外。根据狭义相对论，没有什么能够跑得比光还快，所以那两个星系当中的智慧生物此时此刻尚找不到任何办法来互通有无。

这对整个宇宙来说又有什么影响呢？问题就出在证明大爆炸的 3K 背景辐射上。前文专门强调过，威尔逊与彭齐亚斯为排除"噪声"曾把天线转朝空间各个方向。而正是由于仪器在所有方向读出的辐射频率都完全一致（差异在十万分之一以内），才最终确定那是时空初创之际所留下的痕迹。可是，如果太空中的各个部分在扩张过程中根本来不及交换信息，彼此并不知道对方的境况，背景辐射又怎么可能在所有方向都如此均一？以上就是"视界难题"，它连同平直难题[①]一起共同困扰着企图为大爆炸逐帧绘制详图的理论家们。

古斯为此给出的补丁名唤"暴胀理论"。它说的是：在大爆炸最初的 10^{-35} ～

---

① 从大尺度上看，空间为何鲜有极度的扭曲？

TIME
AND LIGHT：
The History of Physics

时与光
一场从古典力学
到量子力学的思维盛宴

10^{-32} 秒的高温炼狱里，宇宙曾以指数级速率发疯似的膨胀。而正是由于该过程的掩耳不及迅雷之势，各领地内的物质还没来得及分出你我，"质子汤"就被均匀地洒向了四面八方，因此才造就了辐射"余烬"的各向同性。从一无所有的奇点出发，在不到 1 秒的时间内，就创造了整个世界。不要再问天地间到底有没有免费的午餐，古斯教授告诉我们："宇宙本身就是一顿免费的豪华大餐。"如果该理论正确的话，那大自然的时间概念还真是令人叹为观止。它用短到生命无法感知的亿万分之一秒来打造自己的骨架，却用长到生命无法承受的亿万年再慢慢修饰其中的细节。

可是，大爆炸毕竟早已时过境迁，指望通过凝视星空来搜集有关暴胀理论的判断凭据谈何容易。科学家于是想到了第二种方法：把目光从宏观转向微观，寄望于有朝一日能架设起足以模拟创生环境的"超级对撞机"，自己动手来烹制美味的"粒子汤"。现今，求证过程仍在进行之中。此外，暴胀理论还引出了许多匪夷所思的推论。古斯认为：我们所生活的宇宙只不过是更大的"超级宇宙"中的一部分。也就是说，在我们熟悉的时空之外，可能还飘荡着无数其他样貌的"婴儿宇宙"。尽管尚缺乏可行的验证手段，但这一猜想猛然唤醒了大家沉睡多时的创造欲。近二十年来，已衍生成为当代宇宙学的一个热门议题。

搜寻宇宙的第二重歌声

质量是引力之源，引力是时空形貌的塑造者，那么这位艺术大师究竟是如何施展魔法，将时空扭曲于无形的呢？当代物理学家、加州大学圣巴巴拉分校的徐一鸿教授在《爱因斯坦的宇宙：老人的玩具》一书中，为我们做了一个生动的比喻：如果将无边无际的时空想象成巨型的透明果冻，怎样才能让位于其中心的胶质发生形变呢？由于果冻的半径实在太大，即使你把整条胳膊都伸进去，也只能在其外缘徘徊。且又不能动刀切割，这样虽然可以把中心给剖出来，但却破坏了果冻的原始结构。因此，剩下的唯一办法就是：发射"冲击波"。试想，你站在果冻大球外面，只需对准它的表皮用力一拳，晃动的涟漪就会在果冻内部逐层扩散，而其所经之地，胶质无不立刻弯起皱褶。假若出拳的力度足够大，冲击波不但能使中心区域颤动起来，甚至能穿透果冻，传到球的另一面。

爱因斯坦猜测，引力正是通过这样一种方式在两个相互无接触的物体之间发生作用的。数百年来我们耳熟能详的万有引力实则是"引力波"。好熟悉的字眼，从光到物质，最终波及引力（这可是名副其实的"波及"），看来力学舞台也免不了要上演一场"波粒之争"大戏喽。而无孔不入的引力波，它的传播媒介竟与电磁波有着惊人的相似，都是因由某种变化激荡而生的"场"。所以二者在真空中的传播速率也相同，皆是 3×10^8 米/秒。

接下来的问题就是如何验证这一猜想了。由于果冻百分百透明，因而就算此刻时空中某区域正剧烈地狂舞，人类也无法感知一二。但如能往果冻里嵌入一些有色颗粒，比如白白嫩嫩的椰果君，那么若有任何风吹草动，椰果都会跟随周围的胶质一同摇滚。在真实世界，时空中恰有一群时刻与其一同摇摆的镶嵌物，它们就是大大小小的星球与星尘。

风平浪静的日子里，你惬意地躺在一颗碧蓝色的小行星表面，细梳着丝缕的阳光，享受着大自然的恩赐，丝毫未觉察到引力波正以每秒 3×10^8 米/秒的速率自虚空深处包抄而来[①]。待到波纹终于触及囊裹地球的时空，你才随同地球一块儿身不由己地在巨浪中上下翻腾。如此，凡经"引力风暴"席卷之处，时空无不振荡、曲翘。冲击结束后，一切转瞬便又归复平整，就像海啸过后不见一丝波澜的水面。然而，嵌在时空内部的大小颗粒却几经颠簸、挤压、拉伸，早已被撕成无数碎片，不知所踪……

好一个波之梦魇。DON'T PANIC！因为现实中的宇宙涟漪是非常轻柔的，就好像大洋深处吞噬游轮的龙卷风所编织的巨浪传到海岸时，也只会剩下若隐若现的波痕。噩梦成真的可能性微乎其微，但同时也给探测工作带来了不小的难题。利用质能方程，科学家首先推断，物质发射引力波必然以损耗能量为代价。据此，他们把目光投向星空，通过观察极易互相扰动的双星系统（若存在能量损失，双星的螺旋轨道将彼此趋近，运转周期也将随之改变），发现其能

---

① 由于引力波与光速同步，因此不论技术多么发达，在其触手伸向地球之前，人类都无法预先探知。

量的确有所衰减,继而从侧面证明了引力波的存在。但要切实俘获引力波,实验人员还有很长的路要走。

如果说时与光的交叠赠予我们的是一段优美的和声乐章,经过从麦克斯韦到赫兹,再到彭齐亚斯与威尔逊等几代探险家的努力,人类终于聆听到了电磁波的美妙歌喉。那么,为了全方位体验立体声的震撼,广义相对论问世后的许多年里,科学家从未停止探寻来自远古的另一声部。而今,"仰望星空"的天文学家与"埋头炖汤"的粒子物理学家又站上了同一条起跑线,究竟谁将抢先一步,证实引力具有"波"的属性呢?赫兹当年借助两个铜球一束电火花,干净利落地将电磁波捉拿归案,把人类文明带入了通信时代;此番如果我们真能捕捉到引力波,地球的面貌又将发生怎样的巨变呢?

回到本章开头的那场灾难大片,假如上帝之手打个响指,"啪"的一下太阳不见了,地球将何去何从?根据广义相对论,引力波以光速蔓延,光子从太阳表面出发最短也要 8 分钟才能到达地球。因此,地球将在太阳消失的大约第 9 分钟,才会意识到向心力没有了。也就是说,太阳消失后,地球还得在椭圆轨道上继续运动 8 分钟,然后才有望恢复自由之身,或被另一颗星俘获,或沿着笔直的轨迹旅行到宇宙尽头……正是这短短的 8 分钟,攻破了引力"超距"传送的神话——不好意思,牛顿先生,你又输了。

还有几个"大"问题

宇宙的形状

我们已经知晓,从局部看,由于存在大大小小的质量体,引力之手早已把时空揉捏得坑洼不平,使得每粒光子落入其中时,绝不会期待自己将驱车奔驰在平坦的大道上,因为实际情形很可能像坐过山车一样惊险刺激。

但如果把镜头拉远,一直拉到时光尽头呢?画面中的时空会是什么样子?宇宙有没有边界?它是开放的还是完全闭合的?既然几何结构不止一种,大自然到底更偏爱黎曼还是罗巴切夫斯基，抑或独独钟情于欧几里得？有个笨办法可以帮助我们粗略地探查一下，那就是"数树"。同样，让我们先从低维世界——地球表面——入手。

如图 4.19(a)所示，在一块平坦的土地上均匀地种植树苗。以任意一棵为中心，数一数在其周围 1 平方米，2 平方米，3 平方米，4 平方米……范围之内树木的棵数。可以预期，总量也将以所围方块边长的二次幂，即 1，4，9，16……为倍数增长。可是，如果苗圃的覆盖面积非常之广呢？广到把整片亚马逊丛林都纳入怀中呢？此时，仍以任意树苗为中心，你将发现其周边树木的增长频率将有所减缓。这是因为当面积增大到一定程度之后，地球的固有形状必将暴露无遗，我们脚下的大地不再平直，而是向着四方渐渐曲伏，如图 4.19(b)所示，此种状况下，与原先相同的范围内，只能见到较少量的树木。

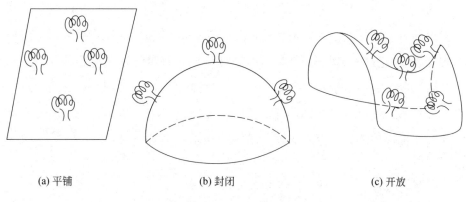

(a) 平铺　　　　　　　　(b) 封闭　　　　　　　　(c) 开放

图 4.19　在二维表面种树

二维空间除了平面与球面，还有第三种可能：马鞍形曲面。如图 4.19(c)所示，如果把树均匀地种在马鞍两边，那么从凹陷处向外数，就会发现它们增长得比平面要快，因为两头的曲翘把更多的树苗卷向了中心。

把这个办法挪用到高更维度，通过"数星星"，蜷缩于时空一隅的小小生灵或许也能探知整个宇宙的形貌。最早投身这项研究的正是斗志昂扬的拳击手爱德温·哈勃，他发现星系的数目比距离的平方增长得略慢，因此推断时空的总曲率极有可能为正。这意味着宇宙是只可爱的大苹果。但由于条件所限，哈勃的得力干将"胡克望远镜"只能帮助他探测数百万光年内的星

TIME
AND LIGHT:
The History of Physics

时与光
一场从古典力学
到量子力学的思维盛宴

空,加上后来赫马森打造的 200 英寸(5.08 米)"海尔望远镜"所搜集的数据,统共也不过百来个星系。应该说,他们看得还不够远,结论仍不足以推及整个时空。

近年来,人类有了更高端的观测设备,可收集到的结果却五花八门。宇宙究竟是像薄薄的薯片,还是奇异的莫比乌斯环,甚或毫无章法地胡乱扭成结?学界依旧众说纷纭。

宇宙的年龄与大小

目前,科学家普遍认同的宇宙年龄是 140 亿岁,该数字基于现今观测到的膨胀速率往前逆推至大爆炸奇点,且以放射性元素的丰度、上古恒星的"遗体"等作为辅证,共同得出。

而宇宙的大小则更加难以回答,因为我们生活的空间一直在变化,具体到任意时间点大小都不一致。最要命的是,依据哈勃定律,距我们越远的空间退行得就越快,超过一定范围后,其退行速率甚至将跨越光速壁垒!尽管由于哈勃参数[①]正随着时间的推移而减小,理论上,我们还是可以捕捉到些许"超光速"范围的行星。但再往远处,望远镜依旧会撞到 c 所设下的极限[②]。因此,人类很有可能永远都望不到宇宙的边界,也就无法知晓其确切容量。

宇宙的未来

如果一切起始于奇点,那将终结在哪里呢?这取决于时空的质量密度 Ω。天文学家预言:如果宇宙的平均密度小于某一数值,它将永远膨胀下去,直至温度降至绝对零度附近;如果平均密度大于该临界值,那么宇宙膨胀到一定时候就要反向收缩。我想大多数人都会偏爱后者,它像一个跳动的心脏,生生不息——尽管每一轮膨胀收缩,时空中的星体都将经历一次涅槃。

---

① 在哈勃定理 $V = HD$ 中,V 是星系的退行速率,D 是星系与地球间的距离。H 则是"哈勃常数"。近年来的天文观测表明,H 并不是一个定值。因此,严格地说,它应该叫做"哈勃参数"。
② 目前推定的可观测半径是 460 亿光年。

宇宙之"外"是什么？

这更像一个哲学命题。大爆炸之前的世界是什么样子？时空之外是什么？其实，这个问题中暗藏着一个前提，那就是时空有"边界"。

那么，宇宙到底有无所谓"边界"呢？爱因斯坦对此有一个形象的比喻，生活在地球表面的探险家出航找寻天之涯、海之角，但环球一周之后，却发现自己又回到了原点。若不借助飞行器，他永远也无法脱离地球的二维表面。而这很可能也是(3+1)维时空的真实样貌——宇宙有限却无界，不论我们走到多远，若不能闯入更高维度，将永远被困在本宇宙内。"外"对三维生物来说，没有意义。

关于宇宙，还有许多的"大"秘密等待着我们去探查。而作为人类尝试创作的首幅宇宙蓝图，广义相对论在建立之后，又几经变迁。没想到，那个被场方程的缔造者起先视为救命稻草，后又全盘否定的宇宙常数 Λ，于 20 世纪末再次成为学界的热点——爱因斯坦一生最大的错误，它真的错了吗？

第五章

骰子出没：

量子的故事

TIME
AND LIGHT:
The History of Physics
时与光
一场从古典力学
到量子力学的思维盛宴

正如每个具有质疑精神的灵魂对百家争鸣的春秋战国都激赏不已，每个探险家提到大航海时代皆心驰神往，每个画家、诗人、音乐家无不渴望着穿越到文艺复兴或启蒙运动那暴乱中的光辉岁月去一探究竟。回望历史，20 世纪初那残喘于两轮世界大战之间的 20 年代，可以说是所有痴迷于破译自然规律的头脑最为向往的"黄金时代"之一。如今书本上白纸黑字刻印的每条定理、每个公式背后那些傲视群雄的大人物，在当年可都还是一群血气方刚的小伙：德布罗意、泡利、海森堡、费米、狄拉克、维格纳、冯·诺依曼、伽莫夫、汤川秀树、朗道……就连最年长的普朗克在公布自己撼动世界的大发现时，也才 40 岁刚出头。时光流转，让我们跟随这群意气风发的探路者一同去重温那段激情燃烧的岁月吧。

黑体辐射

19 世纪末，"利用燃气或电力来发光放热，究竟哪一种更实惠"之类的问题成了发明家的关注热点，由此引申出一个新课题：理想光源。但凡涉及"理想"二字，终免不了要踏入理论物理的地盘。只见众人纷纷挥舞着手中的假想光束，设计出一个又一个"不可能模型"。其中，某个可以充分吸光的空腔出其不意地吊起了大家的胃口。

假如有一球状腔体能将任何波段的热辐射都彻底吸收（既然能容纳全波

段,可见光自然也无法逃逸),那么从外部看,它就是一个通身乌黑的大球,简称"黑体"。在实验室里当然无法炮制如此理想的神器,但聪明的科学家总能想办法利用现成的材料造出"类黑体"。比如在一个内壁为吸光层的空心球上凿个微小孔洞,光线一旦误入腔体,则极难摸索到出口。如图 5.1 所示,海量光线只进不出,最终成了空心球的"免费"热源。

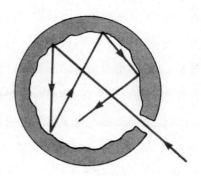

图 5.1　类黑体空腔

因此,黑体现象最早激起了热力学派的兴趣,实验人员通过调节孔洞的大小、个数与位置,将储藏在腔体内部的光缓缓释放出来,并测定其辐射值。由于类黑体流失能量极小且易于调控,短时期内便积累了丰厚的实验数据。那么,行事低调的它是如何突然在学界投下重磅炸弹的呢?

　　为了把握能量的吸收与转化之间的平衡关系,科学家急于建立一个全波段通用的黑体辐射公式。行走在探索之路最前方的是英国物理学家瑞利男爵三世(Third Baron Rayleigh)。作为卡文迪许实验室的第二位主任,也即麦克斯韦的直系接班人,瑞利理所当然以麦氏方程组为基础,再综合自己对电磁波的认知,于 1900 年导出了能量密度与辐射频率间的关系式。后经数学家詹姆士·金斯(James Jeans)进一步修正,得到了"瑞利—金斯公式"。该公式在可见光以及频率更低的红外波段都与实验结果吻合良好。但不久,人们便发现其中存在一个重大缺陷:随着黑体内部的温度逐渐升高,它所释放的电磁波将向着高频(即短波)一端移动;可瑞利-金斯公式竟预言,当波长缩减归零时,小孔将辐射无限大的能量。"无限"既出,都无须观测数据反驳,新理论的荒谬已暴露无遗。更有学者专门为该漏洞起了个名字:"紫外灾变",来慨叹波动学说面对高频电波时的无奈。

　　如果连麦克斯韦的传人都驾驭不了黑体,还有什么招数能驯服它呢?早在瑞利—金斯公式问世的 10 年之前,听从内心召唤到柏林大学研习数学与光学,完成学业后又匆匆赶回家乡继承父业的年轻农场主威廉·维恩(Wilhelm Wien),由于求学期间的出色表现意外收到导师的一封信函,问他是否愿意加盟新成立的"夏洛特堡帝国物理工程研究所"，担任实验助理。维恩的导师正是热力学的开山鼻祖之一，赫尔曼·冯·亥姆霍兹（Hermann von Helmholtz）。手握邀请函，维恩激动得涕泪交加，他立即变卖所有土地，再次循着与光共舞的梦想大步进发。可不久，维恩即被挡在道路前方的黑体给拦了下来。但与瑞利男爵不同，受德语圈内众学派的影响，他决定从统计热力学的角度来诠释该谜题。1896 年，世界上首个描述黑体的能量分布与辐射频率之间消长平衡的关系式"维恩公式"展现在了大家面前。实验人员很快便在短波波段证实了公式的有效性，可惜两年后人们却发现，随着辐射波波长的增加，理论值与实际值间的裂痕也越来越明显。

这是怎么回事？深不见底的黑体忽然被一股无形之力劈裂成两半：从路德维希·玻尔兹曼（Ludwig Boltzmann）奇异的粒子统计学出发，得到的能量分布关系式仅适用于短波范围；而从麦克斯韦经典的电磁波角度考虑，推算的关系式则只适用于长波。说时迟那时快，只见黑体内部忽地钻出一巨大问号：能量是什么？

一旦提问触及本质，暗藏于幕后的"波粒之争"立刻便蠢蠢欲动：

连续，还是跳跃？

波，还是粒子？

这场没完没了的争斗，终于将战火蔓延到了宇宙间疆域最为辽阔的能量帝国……

普朗克常数

旧的能量观念即将土崩瓦解，而为此压上最后一根稻草的却是经典理论的一名忠实追随者。1858 年，马克斯·普朗克（Max Planck）出生于丹麦、奥地利与普鲁士你争我夺的军事重镇基尔的一个传统学术世家。父亲威廉·普朗克（Wilhelm Planck）是基尔大学的法学教授，更有一位叔父戈特利布·普朗克（Gottlieb Planck）是哥廷根大学的法学家，同时也是德

马克斯·普朗克

意志帝国民法法典的创始人之一。这座几经战事蹂躏的港口城市，却始终为思想自由留存下一方天地，不断孕育着多样化的人才。

在良好的家庭氛围中，普朗克自童年起就得以顺着天性成长。他热爱音乐，能熟练弹奏钢琴、管风琴与大提琴。举家迁往慕尼黑后，还为当地"学人歌唱协会"创作过多支单曲和一部轻歌剧。但跨入大学时，普朗克却出乎意料地选择了数学作为研究方向，后又转攻前景更为黯淡的物理学。19世纪80年代初，正值电磁理论初露锋芒之际，它与牛顿创立的古典力学、新近崛起的热力学并肩而立，三大支柱共同撑起一座囊括万象的物理殿堂。此时的经典理论几乎已纳下人类感官所能触及的方方面面，老前辈们甚至自豪地宣称：万丈高楼业已竣工，我们留给年轻人的只剩些修修补补的零碎活儿啦。受此影响，就连普朗克的物理老师菲利普·冯·约利（Philipp von Jolly），也曾苦口婆心地劝阻他不要把才华浪费在这些"不重要的边角留白处"。但普朗克却回答说："我并不期望能发现什么新大陆，只是想把人们已经研究过的基础问题理解得更加透彻而已。"没想到，正是这朴素得不能再朴素的愿望，指引着普朗克瞥见了隐匿在天渊的星光。而20年后，又是这线微茫的光亮，率领着年轻的探险家们开辟出一片令全人类都目瞪口呆的新大陆。

转眼间，普朗克已在热力学海洋畅游了近20年。当他看到同门师弟维恩关于黑体辐射的"半吊子公式"时，心头一亮：原来导师基尔霍夫（Gustov Kirchhoff）提出的黑体谜题可以利用辐射波波长作为切入口。面对已经画出一半的迷宫地图，虽然当时瑞利—金斯公式尚未成形，但普朗克通过实验数据已了解到，后一半（长波范围内）能量密度将随着波长的增加而收敛。那么，何不动用数学技巧先"拼凑"一个公式，再去找寻它背后的物理意义呢？终于，灵感的火光照亮了他圆圆的镜片后那深邃的双眼，一个全波段皆适用的辐射公式跃然纸上。1900年10月19日，普朗克迫不及待地把公式送到德国物理学会与最新的检测数据相比较，完美契合！悬着的心终于可以放下了。

然而，兴奋过后普朗克随即便清醒地意识到，依靠"猜"这种多少有点儿取巧的手段获得的公式，就算再精准也不过一纸唯象定律而已。其背后蕴藏着能量王国怎样的机密，自己仍然一无所知。手中这张已然通关的迷宫全图，究竟显示的是经典大厦设计之初就预先埋下的内部密道，还是通往另一个不为人知的地方？滚滚而来的疑问令普朗克一时有些不知所措。难道放在他面前的竟是一张藏宝图，唯有亲自探索一遍，才有希望找到那未经琢磨的钻石？这位年过四旬的老派学者丝毫没有犹豫，他背起行囊便独自探入迷宫深处。多年后，回忆起那段惊心动魄的旅程，普朗克满怀深情地叙述道："经过一生中最紧张的几个礼拜的工作，我终于看见了黎明的曙光。光辉之下，那是一派我完全意想不到的神奇景象。"

普朗克发现，唯有暂时放弃优雅绝伦的波动理论，承认"能量在发射与吸收的过程中，并非平滑而连续①，而是以某个最小量的整数倍在传递"，所有谜团才能一一得到解释。

怀揣着这一设想，他再次跨入黑体迷域，直奔紫外灾变区，看看"普朗克黑体公式"到底是如何将"无穷"化解于无形的。原来，只要把辐射波蕴藏的能量看作"能量子"，那么对于高频波段来说，由于"能量子"很大，依据玻尔兹曼的概率统计，只有极少数振子有机会获得如此之高的能量，因而也就仅有为数不多的几粒"能量子"稀稀拉拉地从小孔挣脱出来；而对于低频的一端，从小孔流出的"能量子"虽多，但单个"能量子"实在太小，全部集中起来也成不了大气候。所以，整张能量分布图里，只有频率在中间波段所辐射的"能量子"个头饱满、数量适中，从而堆积成一座高耸的山峰。

与实际情况一一对应，黑体难题迎刃而解。同时，普朗克还为最小单位能量下了明确定义：

$$E = h\nu$$

其中，ν 为辐射波的频率，h 是普朗克常数，二者相乘即可确定不同波段能量的最小单元。

公元 1900 年 12 月 14 日，历经几代人的辛勤探索，神秘的普朗克常数 h 终于被普朗克从辐射公式中释放了出来。许久之后，人类才领会到其中的深意。作为科学史上最为著名的基本常数之一——虽然迄今为止我们已经拥有 30～

---

① 连续是指其中"每一份"都可以分割到无限小。

50 个常数,但最初的几条线索,却花费了数千年光阴才一一为之找到恰当的解读方式。引力常数 G、光速 c、阿伏伽德罗常数 N_A、法拉第常数 F 等,每一个发现都牵动着全人类的心跳,每一个常数背后都包藏着宇宙中一个伟大的秘密,h 也不例外——伴随着 h 一起诞生的,还有"量子"这只精灵。此刻,它尚安睡在摇篮,微小而娇弱。谁也未曾料想,待到它苏醒过来将会长成怎样一头巨兽……

再探光电效应

1905 年,端坐在伯尔尼专利局的三级技师,思绪却悄然漫向了世界边缘。恰如他两百多年前盘坐在苹果树下的牛顿前辈一样,爱因斯坦发散性的神经网络在接通力学大厦的同时,偶尔也会游离到太虚幻境,追逐着光线戏耍一番。一个有趣的现象引起了爱因斯坦的注意,海因里希·赫兹生前的实验助手菲利普·莱纳德(Philipp Lenard)在导师的杰作"电光铜球"的基础上,全方位地分析了高真空环境下光电效应所显现的各项特征,进而证明:当频率超过某一数值的光波照射在某特定金属上时,会使电子从金属表面逸出,并在真空四处飘荡,具体规律如《光的故事》里所述。

受普朗克"能量子"的启发,爱因斯坦思忖道,光是否也能按照同样的方法拆分至最小单元"光量子"呢?

$$E = h\nu$$

置身于光与电子的搏击俱乐部,灵感在爱因斯坦的脑海接连迸发。若光果真由颗粒组成,那么每种颗粒的特定频率 $\nu_红$、$\nu_绿$、$\nu_蓝$ 与普朗克常数相乘,刚好得到各单色光的"光量子"所拥有的能量 $E_红$、$E_绿$、$E_蓝$,只有当"光量子"携带的能量足够大,才有实力一拳把游离在金属之中的电子击出老巢。如此一来,莱纳德搜集的所有数据都得到了完美的诠释。

完成了对光电行为的解读,爱因斯坦心满意足地转过身,埋头于另一篇论文《论运动物体的电动力学》的创作当中,这个毫不张扬的议题日后被赋予了一个天下间无人不知无人不晓的名字:"狭义相对论"。而我们也得暂且将思绪从"光量子"收回,去看看与 h 有关的另一个故事。

TIME
AND LIGHT :
The History of Physics

时与光
一场从古典力学
到量子力学的思维盛宴

"原子"进化史

早在公元前 5 世纪,古希腊"令人发笑的哲学家"德谟克利特就曾发问道:"用一把锋利无比的刀将任意物体切割再切割,到最后你会得到什么?"好一道难倒庄生的怪题目,一尺之棰,日取其半,不是应该万世不竭吗? 哪来的最后? 庄子若能开启任意门的话,大概恨不得一步跨到这位老兄跟前,与其切磋一番:"若得庖丁再世,定能将物体无限切割。""庄兄此言差矣,就算再精湛的解牛技艺,也终有下不了手的时候,因为他总会碰到分割极限——微观世界最底层的砖块。"德谟克利特侃侃而道。而正是这些微小单元不断地组合变幻,才有了我们伸手能够触摸、睁眼能够看到的大块物质:石头、山峰、地球……德谟克利特相信,所有这些东西都是由同一种细小颗粒搭建而成的,他甚至为这群肉眼无法企及的小家伙备好了名字:"原子"。

然而,同先哲们留下的其他学说一样,2500 年前,谁也没办法验证这些奇思妙想的对与错。就这样,难觅踪影的原子在历史的尘埃中悄然隐遁,在炼金术士的坩埚中翻腾跳跃,幻化出万千姿态,却无人窥见其本来面目。直到 18 世纪末,现代化学的奠基人安托万·拉瓦锡(Antoine Lavoisier)才在玻璃瓶罐中捕获了部分原子族群。但与德谟克利特最初设想的有所不同,拉瓦锡发现,构成物质的最小单元并不止一种。他把当时解析的三十多种物质分门别类,并为所有族群定制了一个统一的名号:"元素"①。遗憾的是,命运之神却再没给他机会深入探究元素背后的秘密。"共和国不需要学者!"正当拉瓦锡踏着雅各宾派革命群众的欢呼声走上断头台的时候,生活在海峡对岸的英国博物学家约翰·道尔顿(John Dalton)从气体间的相互反应入手,同样整理出了一份原子谱系。并且他还利用英文词源的特性,设计了一套简明的符号来描述各类单质及化合

---

① 18 世纪原子初现真身时,人们对它的认识还比较粗陋,在拉瓦锡的《化学基础论》中,除了一些气体、金属单质,还把光、热等抽象概念,甚至假想中"以太"都归进了元素列表。

物。之后的一百年间，越来越多的元素从试管、烧杯、蒸馏瓶中接连蹦出。而新一代"炼金大师"更是法力无边，能用不同种类的原子构造出前人闻所未闻的新分子、新物质。看来，虽然与原初的定义略有偏差，但德谟克利特那"不可再分的粒子"确实存在，它们在轮回当中聚散离合却永不裂变，是宇宙真正的永久居民。

布丁模型

可这份祥和却没能持续多久。转眼，就在风云变幻的世纪之交又将来临之际，一道消息划破天幕：科学家找到了更加锋利的切割刀！1897 年，J. J. 汤姆逊在研究阴极射线的过程中，发现了比原子更小的电子，首次打破了原子不可分割的神话。那么，原子的内部结构究竟是怎样的呢？凭借手中掌握的唯一线索——带负电的粒子束——再依靠自己丰富的想象力，汤姆逊试图补足缺失的画面（图 5.2）：既然整个原子

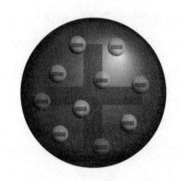

图 5.2 汤姆逊的"布丁"原子模型

呈电中性（否则，我们步入任何一片空间，都会与触碰之物"来电"），那么除了拥有负电荷的小颗粒，其余部分必定携带着正电荷。正思考时，汤姆逊太太端着精心烹制的茶点走进书房，乌紫色的葡萄干匀净地点撒在美味的布丁蛋糕上。有了！这不正是我梦寐以求的原子模型吗？带负电的细小颗粒均匀地镶嵌在一团带正电的尚不知名的物质当中，正负双方互相依存，共同组成一枚枚实心又稳固的"葡萄干布丁"原子[①]。

行星模型

这一构想深深地印进了曾于汤姆逊门下求学的另一位实验派大师欧内斯

---

① 作为一位一丝不苟的实验型学者，实际上，汤姆逊是根据自己测算的荷质比等数据，用了几年时间，直至 1903 年才从无数猜想中遴选出这个比较靠谱的"布丁模型"的。

TIME
AND LIGHT：
The History of Physics
时与光
一场从古典力学
到量子力学的思维盛宴

特·卢瑟福(Ernest Rutherford)的脑海。此后的若干年里，他一直苦苦寻觅着验证"葡萄干"在"布丁"当中分布情况的具体方案。

卢瑟福于1871年出生在新西兰尼尔逊的一个农场，24岁时凭借剑桥提供的奖学金加盟卡文迪许实验室，并追随J. J. 汤姆逊一同跨入了射线王国。1898年，在导师的推荐下，年仅27岁的他远赴加拿大蒙特利尔，于麦吉尔大学物理系独当一面。

欧内斯特·卢瑟福

在麦克唐纳实验室，卢瑟福领着一帮弟子继续如痴如醉地舞弄射线。他找来一个铅块，钻上小孔，再在孔内放入微量的镭(Ra)元素，最后，把镭所释放的辐射通过小孔引入磁场当中。学生们注意到，射线进入磁场后总是一分为三，一股朝向南极偏转，一股朝向北极，第三股不偏不倚地笔直前进。于是，卢瑟福将三股射线分别命名为α、β和γ。进一步研究证实，β射线其实是高速喷射的负电粒子，也就是前不久才拟定封号的电子。而α射线则与其相反，是携带正电荷的粒子流，由于此类粒子个头偏大，运动速率远远不及电子。也正因此，比起β射线，α的穿透力也相对较弱。剩下的γ射线是一种电磁波，呈电中性。好个卢瑟福，借助一个铅块一点儿镭，竟将人类在19世纪最后十年的三大发现统统汇集于同一画面：右手握着新搜集的"α粒子"，左手握着导师最钟爱的"阴极射线"，而横冲直撞的γ射线则是伦琴花费了数十年才寻见的"X光"在高频波段的兄长。那么，镭为什么会自动地发光放热呢？原来，这是该元素在衰变过程中的内禀属性。透过这款精巧的小实验，居里夫妇百思不得其解的放射现象初步得到了解析。由此，卢瑟福一脚踏入了一片新领地——元素的衰变。

新世纪初，物理、化学、生物……科学之树的各条枝丫在实验之光的照耀下竞相生长。虽说科目本自各有所长，并无高下之分，但流连于各片天地的学者们或许并不这么想。年纪轻轻已然影响力十足的卢瑟福就曾自负地把物理视作巨树的唯一主干，他大大咧咧地放出话说："科研只有两条道，要么做物理，要么去集邮。"有意思的是，1908年，瑞典皇家科学院为表彰卢瑟福在"放射性衰变及确定半衰期"方面的杰出贡献，把"集邮界"的最高荣誉——诺贝尔化学奖——的桂冠带到了他的头上。

又过了两年，随着研究的深入，卢瑟福忽然意识到，揭开原子内部构造的密钥或许正握在自己手中。α射线，这种穿透能力不太强的粒子束携带着正电荷，恰能与布丁模型中均匀散布的负电子产生互动，那么何不用α射线来轰击"原子球"，看看会发生什么呢？说干就干，他立刻率领自己在曼彻斯特大学的研究助理汉斯·盖革（Hans Geiger）和欧内斯特·马士登（Ernest Marsden）共同设计出一款经典实验。该实验不仅一举揭开了原子的真实面目，更被后世誉为"史上最美科学实验"之一。

如图5.3，用α粒子轰击一张敲打得极薄的金箔。由于金箔的厚度与理论推测的"原子球"的直径相差无几，可以看作是由单层金原子均匀地铺展而来的。因此，如果电子确实分布在球体各处，那么粒子束打在金箔各个角落的反应应当完全一致。但实验结果却令他大吃一惊：多数α粒子毫无阻碍地穿过了金箔，少数粒子却经由散射，转道向四周奔逃。其中，更有极少数转角竟超过了90°。也就是说，α粒子碰到金箔后折返了回来！卢瑟福找了个形象的比喻来描述该场景："这就像你用50

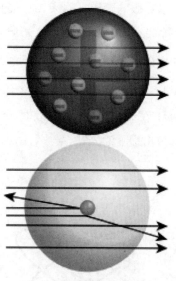

图5.3　卢瑟福散射实验

英寸的炮弹轰击一张白纸，结果炮弹却被反弹回来，击中了你自己。"

这究竟是怎么回事呢？唯一的解释是汤姆逊的布丁模型有问题。首先，电子并未均匀镶嵌在"原子球"各处。α粒子是什么？是氦原子带正电的裸核[①]，它之所以会被反弹回来，说明它触到的那一小块金箔同样携带正电荷。而金箔的其余部分要么刚好带负电，通过正负中和把α粒子给吞了；要么空空荡荡，对粒子束无障碍放行。怎样的结构才能同时满足以上条件呢？仰望星空，良久，卢瑟福终于为原子勾勒出一幅绝美的肖像。

---

① 　当时"原子核"的概念尚未建立，卢瑟福仅能确定该粒子束所带电荷为正。

TIME
AND LIGHT：
The History of Physics

时与光
一场从古典力学
到量子力学的思维盛宴

1911 年,全新的"行星模型"进入了公众的视野。如图 5.4 所示,中心抱团的小球是带正电的原子核,它坐拥着整个原子绝大部分的质量,这就解释了为什么只有极少量的 α 粒子遭遇散射;而四周的环行轨道上则奔驰着体积更小的颗粒,即带负电的电子,由于电子分布稀疏并不停运动,因而大部分 α 粒子根本没机会与其相遇,就直接穿透到了金箔背面。这么说,原子团就像一个微缩版的太阳系?

然而,该模型虽然很好地解释了实验中所有 α 粒子的去向,但却出现一个难以克服的障碍。原来,原子内部与星体之间有一个显著的区别,那就是电荷。带负电的粒子绕着带正电的原子核旋转,它们之间除了微弱的引力之外,强大的电磁吸力同样无法规避。电子在这股力量的蛊惑下,将身不由己地跌落到核中心。从绕核旋转到撞进核中央,在不到一秒的时间之内,卢瑟福设计的原子团首先将整体向着中心坍缩(图 5.5),随后聚拢到一块儿的正负电荷相互中和,释放出耀眼的光芒,最终,一切在灿烂中寂然泯灭……

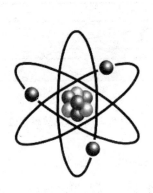

图 5.4　卢瑟福的"行星"原子模型

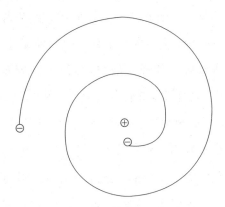

图 5.5　原子坍缩

如果原子坍缩得如此之快,它怎能构筑起大千世界?行星模型一经问世,便背负着大堆的问号。一定有什么地方不对劲。不过,虽然依旧与现实不符,但卢瑟福的构想与汤姆逊比起来,却有了一大进步。他让原子"动"了起来,从而提供了一种全新的思路:构成物质的最小单元或许并不像我们所熟悉的大块物质一样,边界分明、均一密实。

轨道能级

多数理论家听闻行星模型后，皆把注意力集中在那些难以弥补的漏洞上。于是，都不愿多走一步去探个究竟，便囫囵吞枣地在地图上标注下"此路不通"，又匆匆转向另一条道。只有一个人敏锐地意识到该模型的价值，他就是卢瑟福的学生，来自童话王国丹麦的率真小伙尼尔斯·玻尔（Niels Bohr）。

1885 年，尼尔斯·玻尔出生于丹麦首都哥本哈根。两年后，弟弟哈那德·玻尔（Harald Bohr）也唱响了人生的第一声啼哭。孩子们的父亲是哥本哈根大学著名的生理学教授克里斯蒂安·玻尔（Christian Bohr）。克里斯蒂安虽然主攻实验科学，却始终对哲学保有浓厚兴趣，他与语言学家汤姆逊、哲学家霍夫丁以及从羊倌转行的物理学家克里斯坦森四人共同创建了一个研讨小组，每周轮流到各自家中举行聚会。就这样，尼尔斯与弟弟哈那德的整个童年都沐浴在缤纷的思辨之光下。他们一面依照各自的特质吸收自己感兴趣的知识，一面还不忘北欧民族的传统，通过彪悍的体育竞技来增强体魄。

长大后，玻尔兄弟顺理成章地进入了父亲执教的学校。哥哥修习物理，弟弟则主攻数学。与此同时，两人在业余爱好踢足球中所显露的才华也同样出众，曾先后作为种子选手被职业俱乐部（丹麦豪门 AB 队）收至麾下。尼尔斯作为全队的星级门将，虽然偶尔会因为推导公式而立在门柱边走走神，却依旧赢得了队友们的喜爱。1911 年，当他走上博士学位的答辩台时，所有队员都自发地跑进教室来聆听"天书"，为有这样一个特别的哥们儿而备感自豪。弟弟哈那德技艺更加了得，1908 年，他曾代表国家队征战奥运赛场，并为祖国赢回一枚银牌。多年后，当玻尔终于获得了诺贝尔奖，狂热的丹麦媒体按捺不住喜悦之情，把故事稍加渲染，就变成"国足名将勇夺诺贝尔"，由此成就了一段传奇。

1911 年初秋，26 岁的尼尔斯·玻尔踌躇满志地踏上了英伦岛国。他原本打算追随 J. J. 汤姆逊研习射线，但一个偶然的机缘令他结识了性格豪爽，讲起物理

尼尔斯·玻尔

来永远激情澎湃的卢瑟福。后者毫无保留地把自己最新的研究成果与面前这位说话慢吞吞,但所述内容却异常精准的年轻人一同分享。二人一见如故,遂促膝畅谈起原子学说的未来,α、β、γ、能量子、光量子、放射性……聊至当今前沿,两人皆隐隐觉察到,一场变革正悄声无息地从物质底层席卷而来。翌年 4 月,玻尔果断离开了剑桥,投至卢瑟福位于曼彻斯特的实验室。在那里,洪水般的数据令人应接不暇,与之相对应的理论几乎每天一个样貌,各类奇思异想轮番轰炸着众研究者的大脑。

这次命中注定的邂逅对玻尔来说影响尤其深远。卢瑟福不仅是一位泰斗级的学者,后面你将看到,他的名字贯穿着整部亚原子粒子的发现史。"如果你的结果需要一个统计员来帮助整理,那还不如重新设计一个实验。"好的数据应当明晰简洁,通过几个经典范例:α 射线+金箔、弦线+封蜡……他每次都令人吃惊地以最为普通的材料展示出万物最深层次的构造,简直把实验做成了一门艺术。同时,卢瑟福还是一位不可多得的好导师,他以包容的心态对待每一位学子,更以自己超乎寻常的创造力激发着身边所有人的潜能。他领导的课题组被世人戏称为"诺贝尔奖得主的孵化室":提出同位素假说的索迪(Frederick Soddy),发明质谱仪的全能运动健将阿斯顿(Francis Aston)[1],发现中子的查德威克(James Chadwick),"威尔逊云室"的缔造者威尔逊(Charles Wilson),改良"盖革计数器"的盖革(Hans Geiger)[2],苏联的学术脊梁彼得·卡皮查(Peter Kapitza)……怀有各样才智年轻人聚集到卢瑟福身边,总能释放出专属于自己的光亮,灵感的电波在这群探路者心间来回激荡。

1919 年,卢瑟福接替导师 J. J. 汤姆逊成为卡文迪许的第四任船长。在他的率领下,卡文迪许实验室稳步朝着多线合作式研究中心迈进,并迅速超越德、法,成为全世界实验爱好者心中的新麦加。虽然身在象牙塔,但卢瑟福却始终保有一股来自田间地头的爽利,对每一个人他都毫无遮拦地道出夸赞或批评。

---

[1]　索迪与阿斯顿两人分获 1921 年、1922 年的诺贝尔化学奖。卢瑟福的弟子们继续把导师的跨界风格发扬光大,搂走了无数化学奖项。

[2]　汉斯·盖革同时也是 α 粒子散射实验的主要参与者,他晚年因支持纳粹而背弃了正义,与诺贝尔奖失之交臂,但在学术领域其贡献不可小觑。

入驻剑桥后，卢瑟福定期将理论派与实验派会聚一堂，讨论最新的研究发现。每当实验人员连续数小时交换数据、评议结果的大会战平息之后，他总不忘将脑袋转向理论派的先锋人物保罗·狄拉克："小伙子，说说你怎么想？"狄拉克："……"沉默，长长的沉默。一轮又一轮地过招，他从未能撬动狄拉克的金口。终于，卢瑟福再也受不了了，逢人便抱怨："这群理论家可真难相处，尽是些怪咖。""那你为何这么喜欢玻尔？"朋友问。"嗯哼，玻尔和他们不一样，他可是足球门将！"

而玻尔自是不负恩师所望，凭借非凡的直觉与领悟力，他勇敢地闯进了卢瑟福布下的"行星迷阵"。如果该模型大方向对路，那么电子究竟是如何对抗来自核心的电磁力的呢？紧锁眉头数月之后，玻尔终于迎来了他生命中第一个"尤里卡"，一张看似毫无关联的氢原子谱线图辗转飘到了他面前。

不知你可还记得中学课堂上跳动的原子火焰？当化学老师把不同种类的金属单质放在酒精灯下烧灼，原本幽蓝的火光会随着元素的更替而幻化为赤、橙、黄、绿等各种颜色。其实，不仅是金属，任何元素的原子在吸收了一定的能量之后，都会释放出固定频率的电磁波。而不同元素的电磁波，其"律动"则各不相同。读取这些参差的频谱，就像收集人的指纹一样，透过指纹可以追踪其独一无二的主人，同理，通过比对发光谱线，我们很快就能确定是哪种原子受到激发。

如今，摆在玻尔面前的除了一纸氢原子的"身份证"外，还有一条关键性的线索。1885 年，来自瑞士的中学教师巴尔末（Johann Balmer）发现，那表面上毫无章法的长短线条中竟隐藏着某种规律：

$$\nu = R\left(\frac{1}{2^2} - \frac{1}{n^2}\right), \quad n = 3, 4, 5, \cdots$$

其中，ν 为原子的辐射频率，R 是一个经验常数。式中最最重要的是不起眼的"n"，它的出现暗示着——辐射波频率与某个基本单元成整数倍相关。

你想到了什么？没错，黑体辐射！那神秘的小孔所释放的能量永远是某一最小量 E 的整数倍。那么，原子为何会辐射电磁波呢？玻尔顺着行星模型层层推演：假设原子吸纳外界能量后，原本飞驰在靠近核心的内层轨道的电子被激发到了耗能更高的外层轨道上。但处于"激发态"的外层电子并不稳定，它终将跃迁回能量较低的"基态"。如此说来,谱线反映的恰是电子从高层轨道跌落到低层时整个"原子团"所释放的能量,所以其值必定等于两轨道之间的能量差:

$$E_1 - E_0 = \Delta E = h\nu$$

量子精灵在原子内部现身了! 原来,巴尔末常数 R 实则是普朗克常数 h 的七十二化身之一。既然能量存在最小单元,那么电子辐射也必定是跳跃的。不仅如此,玻尔还推断:每圈轨道上的电子所蕴含的能量大小应该是固定的。除非受到外界的暴力压榨,否则电子不会轻易舍弃已拥有的能量,从高能态落入低能态;同理,除非弄到"非分之财",即外界所提供的能量超过某一值域,否则电子也不可能自发地从低能态跃迁到高能轨道。

由此,玻尔把每层轨道的固有能量称作"能级"。正是能级与能级之间不可逾越的鸿沟,保证了电子运行的稳定性。如同你每天的必修课登台阶,你可以 1,2,3……逐级而上;赶时间的话,也可以 2,4,6……地冲锋;甚至某日心情大好的话,还可以 3,6,9……或者 1,4,8,9……随性而跨。但是,不管你费多大劲儿,也别想踏上那诡秘的 9 又 3/4 级台阶。最小单元"1"横亘在面前,你必须积蓄足够的能量一步越过,否则就只能久久徘徊在低一级的阶梯上。

在能量量子化的启示下,玻尔成功破解了"电子坠落"谜题,把卢瑟福的行星模型从不可能变作可能,从而为"原子团"勾画出一幅更加精准的肖像(图5.6)。

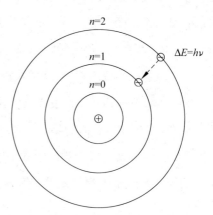

图 5.6 玻尔的原子模型

可新理论再往前一步,却又遇到了无法解决的难题。原来,虽然引进了量子化的 h,但玻尔轨道结构式的根基仍深植于经典的电磁体系,其预测结果只在针对氢元素(单个电子环核绕行)时,才勉强与实际相符。再增加一枚核子、一粒电子,仅元素周期表上的老二,氦元素的谱线就复杂到超乎预期,运算结果更是一团糟。

但不论如何,玻尔模型业已朝着称霸一时的经典体系挥出了第一记重拳。它不仅将平滑、连续的能量概念击得粉碎,同时还破灭了从德谟克利特到 J. J.

汤姆逊所坚持的"组成物质的最小单元为实心球体"的幻象。隐藏在幕后的两大 BOSS——波与粒子——此番谁都未能胜出。看来，擂台还得继续。小小一粒原子之中究竟装着多少不为人知的大秘密？

大与小

我们都知道，阿伏伽德罗常数 $N_A = 6.02 \times 10^{23} \, \text{mol}^{-1}$，它表示 1 摩尔任何物质所包含的微粒数量。伽莫夫在《从一到无穷大》的开篇，就对人类在进化过程中能够掌握如此高超的数"大数"的本领赞叹不已。那么，像 10^{23} 这样匪夷所思的天文数字对我们来说意味着什么呢？

首先，把"摩尔"转化为大家更为熟悉的单位。1 摩尔碳原子（^{12}C，碳）刚好12 克。如果它们联结紧密的话，足以创生一枚星光熠熠的 60 克拉①大钻石。而目前比较公认的宇宙年龄为 140 亿年，即 1.40×10^{10} 年，换算成秒的话大概是 4.42×10^{17} 秒。10^{17} 与 10^{23} 比起来，依然相差甚远。假想宇宙中有一个游走于时间之外的"永生精灵"，百无聊赖之际恰好得到了这枚"地球之心"。于是，它从大爆炸的瞬间开始，以每秒一粒的速度将碳原子从钻石中一粒粒移出。那么直至此时此刻，它一共取走了多少原子呢？4.42×10^{17} 除以 6.02×10^{23}，还不到百万分之一！现在，你对原子的体积之小有概念了吧。

1609 年，伽利略将亲手打制的天文望远镜探向天空，世代俯首于地球表层那薄薄的沙土间的渺小生命从此扬起了头颅，在好奇心的引领下将目光伸向无限远处；300 年后，胆大妄为的人类又挥舞着手中的射线之剑，劈裂原子，试图钻入那深埋于物质世界底层的秘境去一探究竟。宇宙之大，原子之小，而朝着两端全力奔跑的我们，竟能通过一串串"超级大数"，找到二者的连接点。

1913 年，尼尔斯·玻尔以三篇论文揭开了新征程的序幕。虽然他推定的模型尚较粗陋，但从 1900 年，h 被马克斯·普朗克迫不得已从潘多拉魔盒释放出来，到 13 年后新生的原子理论已欣然地用所有热情来拥抱量子，这短时期内的巨大跨越简直堪称物理史上又一奇迹。

---

① 1 克拉＝0.2 克。

TIME
AND LIGHT：
The History of Physics
时与光
一场从古典力学
到量子力学的思维盛宴

但紧接奇迹而来的却是残酷的战争，长达 4 年的黑夜一层层改变着欧洲大陆的面目。自从 1914 年秋第一次世界大战全面爆发以来，学界原本畅快淋漓的沟通与交流渐渐被国家与国家、民族与民族之间的仇恨所阻隔；大批原本计划用于科研的经费悄悄流向了武器制造商的腰包；高校里，原本沉浸在开创新天地的喜悦当中的年轻人纷纷拿起枪走上战场，许许多多才华洋溢的生命就这样一去不复返……即使在战争结束后，德国、奥地利等几位思想界曾经的巨人依然被英、法等"主流"学术圈排斥在外。丧失了国际性的物理学就像被折断了翅膀的天使，瑟缩在恶魔布下的巨网中静静喘息。可上善若水，柔软在与坚硬的一次次较量中，总能于绝望处孕育希望，战争带走了实验室的中坚力量，但同时也激励着新一代迅速成长：泡利、海森堡、费米、狄拉克、鲍林、奥本海默……这群诞生于 1900 之后的孩子，这群比普朗克常数 h 更加年轻的生命，他们从未被经典学说所牵绊，因而终将飞得更高更远，带上全人类的眼睛一同去寻觅更美好的风景……

电子自旋

1916 年，玻尔回到他热恋的故土。此时，作为中立国的丹麦已是战火肆虐的地球上所剩无几的绿洲之一。经过 4 年的努力，他在这片绿洲上建起了"哥本哈根理论物理研究所"。一时间，世界各地的年轻人从四面八方纷至沓来，只为拜谒那心中的净地。而玻尔更是从其导师兼挚友卢瑟福那里传承了海纳百川的为师之道，凭借他顶尖的治学本领与独特的人格魅力，将一个个棱角分明的天才级人物吸引到了丹麦。在喷薄跳跃的灵感之中，不同肤色，不同信仰，不同文化背景的人一同领略着大自然的设计奇观。

关于原子结构的研究终于又回到了正轨，观测结果一个接一个地从实验室中冒了出来。其中，最为奇异的要数 1922 年奥托·斯特恩(Otto Stern)与沃尔特·盖拉赫(Walter Gerlach)合作设计的一个实验。

如图 5.7 所示，令一束银原子射线穿过一个不均匀磁场后，斯特恩与盖拉赫两人惊讶地发现，射线竟均匀地裂成了两束。他们推测这是银原子的外层电子与磁场发生相互作用的结果。果然，把原子束替换成纯粹的电子流之后，也观测到了同样的现象。明明是同一型号的负电粒子，进入磁场后为何要兵分两路？又为何它们总能不偏不倚地分裂为两支旗鼓相当的队伍？

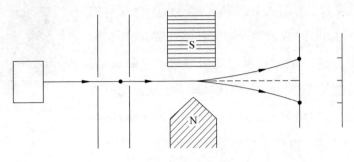

图 5.7　斯特恩一盖拉赫实验

3 年后，从哥伦比亚大学学成归来的德国小伙拉尔夫·克罗尼克（Ralph Kronig）对此提出了一个新颖的设想：电子不仅吸收与释放的能量不连续，所在轨道的能级不连续，就连它在空间中的运动方向也同样不连续！要么上旋，要么下旋，不存在其他任何一种过度态，这就是"电子自旋"的由来。该理论巧妙地化用了经典力学中"角动量"的概念来描述电子的"自转"。现在我们知道，所谓的电子自旋与球体绕轴自转完全不具有相似性，而形容词"上""下"也早已被"＋1/2"与"－1/2"所取代，但最初的称谓却仍被保留了下来，它为全面地揭示原子的构造点亮了最后一盏明灯。

不幸的是，克罗尼克的论文手稿却偏偏传到了"上帝的皮鞭"泡利手中。他仔细一算，电子要是会"转圈"的话，其旋转速率还不得超越光速？因此，他不但不认同这一猜想，还把那初来乍到的毛头小伙（其实泡利只不过比他大 4 岁而已）批了个狗血淋头。可怜的克罗尼克犹豫再三，没敢将稿件寄往学术杂志。

泡利不相容

这根拥有雷霆之势的"上帝之鞭"全名叫做沃尔夫冈·恩斯特·泡利（Wolfgang Ernst Pauli），他于 1900 年出生在奥地利维也纳一个显赫的书香世家。其名字当中的"恩斯特"受赐于教父恩斯特·马赫（Ernst Mach），没错，正是那位被爱因斯坦誉为"相对论先驱"的哲学大师，尽管马赫本人对相对论嗤之

沃尔夫冈·泡利

以鼻。作为普朗克常数 h 的同龄人，世纪之初那暗潮涌动的变革风波时刻撩动着泡利的心弦。到 18 岁中学毕业时，他已发表了自己人生中第一篇学术论文，探讨的主题竟是号称世上"仅有两个半人能够理解"的广义相对论，而那篇文章甚至获得了爱因斯坦本人的认可。同年，泡利进入慕尼黑大学，师从物理界一位品德高贵的"无冕之王"阿诺德·索末菲（Arnold Sommerfeld）研究氢分子模型，恰与那犹抱琵琶半遮面的量子学说相遇，从此便一发不可收拾地爱上了她。3 年后，21 岁的泡利跳过本科直接拿下了博士学位，遂又前往哥廷根追随理论界另一位领军人马克斯·玻恩（Max Born）打磨日后披荆斩棘的宝剑——数学技能。

1922 年，玻尔访问哥廷根是德国科学在战后复兴的一件盛事，同时也是物理学全面打通奇经八脉，恢复国际间交流的重要标志。这次被戏称为"玻尔节"的学术大会众星云集，满目的星光之中，如太阳般闪耀的泡利立刻就引起了玻尔的注意。惜才如命的玻尔当然不会放过这位稀世奇才，当下便邀他前往哥本哈根一游。从此，泡利的身影轮番活跃在两座"哥字辈"的学术圣地，凡所过之处，无不被其火爆脾气一一震个底朝天。

泡利涉猎广泛，不仅对物理，他几乎对所有学科都怀抱同样的热情。30 岁时，泡利曾因婚姻问题而罹患神经衰弱，为他进行心理调适的是大名鼎鼎的潜意识解析宗师卡尔·荣格（Carl Jung）。没想到几轮交谈下来，泡利对心理学本身产生了浓厚兴趣。随后的 20 年里，借助自己缜密的数理逻辑，他竟在荣格的认知体系中玩起了找茬游戏，并策励荣格重新确立了"共时性"这一概念。泡利才思奔涌，他充分享受探索的乐趣，却并不介意那些非凡创见是否以论文的形式标注下所有权。他太多的奇思妙想，都是后人在整理其信件时才慢慢知晓。泡利的言谈极具说服力，就连恃才傲物的海森堡都对这位仅仅长他一岁的师兄言听计从。与此同时，在一群头脑高度发达的家伙当中，泡利居然能长期霸占着"学神"封号。他时刻以最为凌厉的目光审视着自己和同行提出的每个观点，一旦发现错误，立即毫不留情地加以批驳，用这样一种方式砥砺着每位研究者拿出十二万分认真来对待手中的数据与纸上的论断。他不仅是上帝手中鞭笞人类灵魂的圣器，更是物理学最宝贵的良知所在。

时光来到 1925 年，此时，哥本哈根总舵主玻尔已利用门捷列夫归纳的元素周期表，将自己创建的原子理论又往前推进了一步。他断言：同族元素之所以表现出周而往复的相似性，而相邻元素之间的化学性质总是依次增强或减弱，都是由于奔腾在原子当中的电子遵循着某种固定的排布模式。例如，靠近核心的最内层能量最低，称为"基态能级"，轨道上最多只能容纳 2 个电子；随着圈层向外扩散，所需能量越来越高的同时，可容纳电子数也越来越多：第二层 8 个，第三层 18 个，第四层 32 个……周期表的每一行实际上对应着原子核外不同的轨道层数，越往后层数越多，而电子只有在填充满低能级轨道之后，才能向高能级进军。如此一来，元素质量的逐渐递增以及性质的周期性变化都得到了合理的解释。但新的问题亦随之而来：为什么每层轨道总有容纳极限？2，8，18……这些怪异的数字是从哪里冒出来的？

窜动的电子令人头晕目眩，连一向风风火火的泡利也变得沉默寡言。他埋头案桌苦苦思索：如果每层轨道的几何构型各不相同，最内层 s 轨道是个圆鼓鼓的球，能收容 1 对电子；第二层除 s 轨道外还有 3 个由 p 轨道组成的大哑铃，因此，共能收容 4 对电子……以此类推，越往外情况越复杂，而轨道所能提供的空间也越来越庞大[①]，这就部分地解释了 2，8，18 的由来。可是，电子为什么要成对分布呢？

泡利忽然想到不久前才被自己驳得体无完肤的电子自旋假说。如果电子真的能够"上下旋"，难题不就迎刃而解了吗？原子之中没有两粒相同的电子！原子核周边的轨道上，每一把座椅都是独一无二的，它只能接受唯一一粒电子。以最内层为例，首粒电子入住之后，电中性的氢原子便诞生了。待到原子的核心进一步膨大，增加了一粒核子，正电荷超标，它对负电荷的需求也随之增加。于是又一粒电子接受招募，欢快地钻入了球形轨道。咦？不是不能有两粒状态

---

① 　关于轨道构型，这只是一个极简的描述，电子的实际排布还得考虑能级交错、洪特规则等，具体玩法十分复杂。

相同的电子吗？秘密就藏在自旋当中。由于每一粒电子都同时拥有"＋1/2"与"－1/2"这两种属性可供选择，因此，当两粒电子想要一同供职于基层轨道，它们会很有默契地分占一边，谨遵泡利君王颁布的铁令，互不干扰。

而此时，若又有新核子加入，再需招兵买马，基层轨道上可就没有多余的空缺了。于是，来晚一步的3号电子只好老实待在第二层轨道，与畅游在基态的1号、2号共同构建金属锂。就这样，层数决定着轨道的形态，从而决定了每层轨道所能容纳的最大电子数，而威严的"泡利不相容"律令则在幕后操控着每一粒电子的实际运行状况。

泡利对排布法案的一锤定音，为玻尔模型中每层轨道那令人费解的"最大电子数"提供了有力诠释。事实上，不相容原理的适用范围并不仅限于此，所有自旋量子数为半整数的粒子（即"费米子"，如 μ 子、τ 子以及由夸克混合而成的质子、中子等，总之，一切拥有静止质量的粒子）统统都必须听从泡利的指挥。该原理历经多番检验，终于在1945年，为它的创始人赢得了一项诺贝尔物理学奖。

普朗克常数 h 问世13年之后，玻尔在他全新的原子模型中，将量子这颗璀璨的宝石小心翼翼地嵌入了能级皇冠的正中央；而又过了将近12年，久经困顿的玻尔理论才在泡利不相容原理的支持下重整旗鼓，于同经典体系的抗争中扳回了至关重要的一局。眼看决胜之战开局在即，活跃于欧洲各地的小天才们又纷纷从量子王国的土壤中掘到了更多的宝藏——这一次，不是一份，而是两份大大的惊喜……

矩阵，还是波动

话说当年玻尔在"玻尔节"上发现的宝贝可不止泡利一个，还有站在泡利身旁，同样光芒四射的他的同门师弟海森堡。回到哥本哈根，玻尔一面急切地向两人寄送邀请函，一面暗自偷着乐：哥廷根果然不虚一行，你们就调侃去吧，对我来说，这回可真是过了个丰收节呀。

竟是何许人胆敢与"上帝之鞭"比肩？1901年，德意志帝国成立三十周年之际，沃尔纳·海森堡（Werner Heisenberg）出生于巴伐利亚州的维尔茨堡，他的外祖父是名校校长，父亲则是内功深厚的语言学家兼拜占庭史学家——又一标准的神童成长配置。家中还有一个长他一岁的哥哥埃尔文·海森堡（Erwin Heisenberg），后来成为一名化学教授。

沃尔纳·海森堡

在巴伐利亚那片百年来一直动乱不堪，却始终对文化艺术各界精英保持着独特吸引力的神奇土地上，年幼的海森堡欢畅地奔跑在知识的海岸，享受着祖国在帝国光环的笼罩之下最后的宁静。随着年岁的增长，海森堡发现，文史、音乐、甚至宗教……浩瀚的知识海洋中，每一粒珍珠都令他爱不释手，但最具魅力的还是埋藏在沙石底层的数理王国。1920年，当他跨入慕尼黑大学时，原本打算研习数学，可投到数论专家林德曼（Ferdinand Lindemann）门下的申请函却惨遭拒绝。

然而，天才的大脑中总是蕴藏着无限的可能，被数学抛弃的海森堡还没来得及沮丧，便收到了"新欢"物理的召唤。于是，他全心全意地跟随阿诺德·索末菲学起了流体力学。在索末菲领导的课题组，海森堡遇见了照亮他未来之路的第一个人，沃尔夫冈·泡利。由于对实验操作头痛至极，海森堡计划着转向纯理论领域，去研习相对论。但早已在这片天地闯荡多时的泡利俨然一副过来人的模样向他劝道："相对论虽有趣，可眼看已被爱因斯坦独自一人打造得趋近完美；而玻尔创建的轨道理论虽问题重重却大有拓展空间，不如我俩一块儿来啃啃这块硬骨头。"一语点醒梦中人，海森堡当下即重新调整研究方向，跟随师兄朝着新大陆奔去……

1924年初秋，海森堡循着泡利的游学路线，征得导师马克斯·玻恩的同意后乘上了开往童话半岛的航船。来到哥本哈根，从小在一片赞美声中长大，自认才艺无双的海森堡惊讶地发现，在这座思想者的乐园里，几乎每个人都藏着十八般武艺。自己弹得一手好钢琴，可来自荷兰的亨德里克·克拉默斯（Hendrik Kramers）不但精通多种器乐，更能在五门语言之间流转自如；而来自美国的鲍林（Linus Pauling）则是顶级的实验高手，这下可戳中了海森堡的死穴……一夜之间，深受刺激的海森堡那蹩脚的丹麦语忽然突飞猛进起来。竞争是回荡在这里每一天的主旋律，但目的绝不是为了争个你死我活，而是互相激发——把对手带到新的高度，同时也成就着自己。

除了年纪相仿的男孩们，此行对海森堡影响最深的莫过于教皇玻尔了。两人在短短一年的时间里建立了持续终身的厚重情谊，像师生，像老友，更像父子。玻尔以其阔达的襟怀维护着哥本哈根畅所欲言的学术环境。多年后，当记者问起："尊敬的玻尔先生，您究竟是用了什么秘诀，才把这么一大群天才都召集到身边的？"玻尔回答："没有任何秘诀。只不过，我从不怕在年轻人面前暴露自己的愚蠢。"在物理研究所，物理成了名副其实的"格物之理"。一切稀奇古怪的问题，一切哲思与异想，只要言之有理，都可以找到生存的土壤。

海森堡矩阵力学

那段时间，频繁的学术交流把一股思潮从内陆引向了日德兰半岛，这便是：科学理论只应同实际能够观察与测量的事物相联系。否则，单从纯粹的推想建立学说，与玄学何异？这一考问古已有之，但却在实证论的坚实拥护者恩斯特·马赫的推动下，才以迅猛之势在科学界刮起一阵旋风。

对照此观念，玻尔模型其实藏有不少隐患。有谁亲眼见过原子绕核架设的轨道？又有谁亲手捉到过一粒电子？海森堡思索道，尽管仪器永远也确定不了第一层、第二层轨道的绝对能级 E_1、E_2，但却能精确地检测出能级差：$\Delta E_0 = E_2 - E_1$。玻尔与泡利等人正是透过轨道间固定不变的能级差这一线索，才找到外层电子的排布规律的。也就是说，即使"微粒""轨道"等一切都是虚幻的，轨道与轨道之间的鸿沟却是实实在在的。想到这里，海森堡心中一凛，既然单独的 E_n、E_m 难以捉摸，那么何不用能级差 ΔE_{n-m} 来阐释电子的跃迁行为呢？可如此一来，原先的函数 $f(x)$ 就变成了 $f(x_{n,m})$，变量整整翻了一倍。什么样的数学形式才足以容纳这么复杂的体系呢？直到离开哥本哈根，这个问题始终盘桓在他的脑海……

1925 年 5 月，回国不久的海森堡突然患上了严重的花粉热。他决定趁着盛夏给自己放个小假，到凉风习习的赫尔戈兰岛休息疗养。怎奈飘忽不定的核外电子却一刻也不肯放过他。一天夜里，身在病房心在研究所的海森堡又一次从睡梦中惊醒，他拿起实验数据，埋头一阵苦算后，灵感的微光悄然爬上了他的案头：

$$pq \neq qp$$

海森堡猛然意识到，只要借用一套不遵守"交换律"的奇怪规则，就能把量子化的轨道能级与辐射频率从自己独创的新算法中推演出来。因为仪器所能测量的无非是电子能量的改变量 ΔE 与动量的改变量 ΔP，如果经典力学中成对出现的物理量（如动量与位置、能量与时间）在量子国度满足非对易关系，那么我们在读出能量或动量值的时候，自然也就失去了把握时间与位置的机会。所谓熊掌与鱼不可兼得，难怪实验室中迟迟俘获不到单个电子。

顺着这个思路，海森堡一口气将氢分子的能量条件解了出来。与身边的实验数据相对照，完全一致！此时已是凌晨三点，他放下手中的笔，闭上眼睛，深深地将略带咸湿的海风吸入胸腔，满是甜蜜的味道。多年以后，每当回忆起小岛上那个彻底改写现代物理史的夜晚，海森堡依然抑制不住地颤抖："我被自己的发现震撼得说不出一句话，根本无法入睡。于是我走出屋子，踏上海边的一块礁石，静静地等候太阳的升起。"

那同时也是整个量子王国的日出！

回到哥廷根，海森堡心急火燎地把演算稿交给了导师玻恩。马克斯·玻恩出生于 1882 年，作为胚胎学教授兼犹太人的后裔，自幼便开始接受严格的科学训练，先后系统学习了法律、伦理、数学、物理和天文。1905 年，玻恩进入哥廷根，师从这座圣殿的精神领袖大卫·希尔伯特钻研数学，并在两年内拿下了博士学位。又过了两年，他便被指定为英年早逝的闵可夫斯基的学术继任人，可见其实力着实了得。看到海森堡的文稿，玻恩大吃一惊，原来弟子口中那古怪的新算法并不是什么生僻的野路子，恰恰相反，它在数学界可谓师出名门，还有个响亮的名头："矩阵"。如今，凭借着沃卓斯基姐弟充满哲思的演绎，"Matrix"一词在地球早已家喻户晓。但在 90 年前，矩阵可还是除了数学系极少数的全才外，鲜有人知晓的绝世功夫。而海森堡竟然在手头没有秘籍的情况下，独自

TIME
AND LIGHT:
The History of Physics

时与光
一场从古典力学
到量子力学的思维盛宴

便把它练就了出来。孺子可教也。细细研读弟子的文稿，玻恩意识到，如果一切成立无误，那它将是物理史上最为深刻的变革之一。

玻恩一面极力促成论文的发表，一面忙去召唤自己另一个爱徒泡利，期望他能与海森堡通力合作，把新体系好好梳理一遍。没想到，泡利翻了翻师弟的论文，见那繁杂的数字梯队与诡异的演算规则颇不对他胃口，便立马以其泡利式的尖刻讽刺玻恩道："我就知道你喜欢这些冗长又复杂的形式主义，但你那一文不值的数学只会损害海森堡的物理直觉。"

玻恩深知泡利的脾性，并不以为意，但大好的合作机会只得另觅人选了。经过半年的努力，11月26日，玻恩、海森堡与帕斯库尔·约当（Pascual Jordan）三人合著的《论量子力学Ⅱ》正式出版。新生的体系不仅在逻辑上颇具说服力，很快，那散发着后现代气息的数学模型所做的预测就得到了实验的大力支持，"矩阵力学"遂崭露头角。数月后，"愤怒的泡利"也一改前态："海森堡的力学让我又一次充满热情与希望。"他欢天喜地地接纳了师弟的新理论，并试着用矩阵去征讨经典力学的残余势力。

24岁的海森堡从此名震欧洲。一时之间，各地的院校、研究中心纷纷向他伸来橄榄枝，力邀他亲临讲坛，为大家展示那疯狂又迷人的行列式。正当海森堡满面春风地前往另一座祖师级学术殿堂剑桥大学传播他的矩阵力学之时，曙光乍现的量子大地上，又一粒萌芽破土而出……

薛定谔波动力学

与活跃于哥本哈根和哥廷根两地的那群毛头小伙不同，这一次，嬉戏于潮头浪尖的竟是一位风度翩翩的大叔：埃尔文·薛定谔（Erwin Schrödinger）。这位出生于"前 h 时代"的多情才子，在音乐之乡维也纳度过了他的青葱岁月。薛定谔不仅数理成绩出众，精通六门语言，还深度研习过斯宾诺莎、叔本华、马赫、阿芬那留斯等人的哲学著作，更对园艺、绘画及东方宗教皆有浓厚兴趣。1914年，"一战"的枪声扰乱了薛定谔原本丰润而宁静的生活，他被派往一个偏僻的炮兵要塞服役4年。也许是出于对战争的厌恶，战后，薛定谔接受了坐落于中

立国的苏黎世大学的聘请，在爱因斯坦曾孤身游荡的校园里[①]，继续于声、光、电、热等多重世界间穿梭游乐。

1924 年，德布罗意在电子的内心深处发现了"波"的属性。物质波猜想得到爱因斯坦的首肯后，霎时传遍了整个欧洲。这令原本就铁了心追随爱因斯坦，立志要重振经典理论雄风的薛定谔大为振奋。他当下便将玻尔那套跳跃不定的轨道模型彻底抛开，试着从平滑、连续的经典体系出发，去建立一套专属于波的方程。

埃尔文·薛定谔

推导过程断断续续持续了近一年，却并不顺利。从德布罗意的角度来看，分布于原子核周围的各层轨道的长度必须满足电子波波长的整数倍，而那些不符合条件的轨道将迅速坍缩，根本无法容纳任何电子——这也正是玻尔理论中出现量子化的能级差的原因。薛定谔沿着这一构想继续前行，希望能借助某种形式的波动方程直接解出电子波的具体波长。可计算结果却天雷滚滚，不用说预测新实验，就连与已知的最简单的氢原子谱图的精细结构都相差甚远。

转眼寒冬又至。每年的圣诞佳节，薛定谔都要乘车前往瑞士东部的滑雪胜地阿罗萨小憩，那是阿尔卑斯山间一座景色秀丽的小村庄。然而 1925 年年底，陷入"离婚大战"的他没有像往常一样携妻同游，却在向一位不知名的女郎发出邀请后，便自顾自地动身了。不知究竟是孤枕难眠的寂寞还是姗姗而来的神秘女郎激发了薛定谔的灵感，住进赫维格别墅后，重新审视之前的工作，他突然意识到，自己在德布罗意波中探索失败，或许并不是因为走错了方向，而是忽略了一个小小的细节：电子自旋。此概念在当时刚被提出，形式尚且十分粗糙。不过，一向以狂放著称的薛定谔可不管这些，他索性把与自旋相关的相对论效应统统撇开，利用纯粹的波的特性来构造方程，结果令他喜出望外——成功了！

$$\hat{H}\Psi = i\hbar\frac{\partial \Psi}{\partial t}$$

这便是日后名满天下的"薛定谔波动方程"，它描述的是微观粒子的运动状

[①] 爱因斯坦曾求学于苏黎世联邦理工学院，两所学校基本上"共用"同一校园。

TIME
AND **LIGHT：**
The History of Physics
时与光
一场从古典力学
到量子力学的思维盛宴

态随时间的变化规律。式中那个头上戴帽的"$\hat{H}$"叫做哈密顿算符，它是连接波与粒子双重属性的重要桥梁，往后你将在狄拉克的工作中领略其非凡意义。而此时，自诩为经典物理继任者的薛定谔，却仅只把自己心爱的方程看作是连续而优美的波动理论的全面胜利。在他身后，从普朗克到爱因斯坦，那群一不小心开启了潘多拉魔盒的经典派元老们无不欢欣鼓舞：眼看一个实实在在的、由因导果的科学体系就要回归了。

与怪异的矩阵力学相比，初生的"波动力学"也更易被同时代那些深爱着麦克斯韦的学者们所接受。大家纷纷把目光从海森堡转投向薛定谔，数月之内，就奠定了波动方程在量子力学中相当于牛顿运动方程在经典力学中的盟主之位。而波动力学的创始人——薛定谔大叔——于 39 岁"高龄"面对量子这样一个新兴领域依然勇气十足，同那帮未经世事的"零零后"一般敢拼敢闯，并取得如此骄人的战绩，足见其赤子情怀。顺便说一句，当年他与妻子的离婚戏码并没有演到落幕，两人在经历了尘世的万千纠葛之后，最终还是选择了一同携手坐看夕阳。

狄拉克量子代数

正当波动界一片欢腾之际，矩阵主帅海森堡在剑桥之行中也收获了一份惊喜，他结识了一个与自己年纪相仿的大男孩：保罗·狄拉克（Paul Dirac）。狄拉克 1902 年出生在英格兰西南部的港口城市布里斯托尔，父亲查尔斯·狄拉克是技术学校的法语教师。又一个孕育神童的天然"雀巢"，有学识又循循善诱的老父？不，恰恰相反，查尔斯是个专制而古板的人，导致家中的气氛异常紧张。他为了让孩子们学习法语，强迫所有人只能用这门语言交谈。可怜的小保罗发现他无法用法语表达清楚自己

保罗·狄拉克

的想法，于是就选择了沉默。保罗还有一个哥哥名叫菲利克斯，1925 年，他以自杀的形式结束了自己的生命。"父母非常痛心，我不知道他们这么在乎……我从来不知道父母应该照顾自己的孩子，但自从这件事后，我才开始了解。"狄拉

克后来回忆说，他小时竟从不知道父母应该疼爱孩子，可见孩子们是在多么粗暴而又冷漠的环境中艰难地成长起来的。

1923 年，这个极度内向的孩子几经周折，两度以最出色的成绩先后从布里斯托尔大学拿下了工程和数学两个学士学位，才为自己赢得了足够的奖学金，从而跨入了剑桥的大门。在剑桥，狄拉克继续以沉默寡言而闻名，他身边的同学曾开玩笑地定义：以"每小时吐出一个单词"为一个"狄拉克单位"。由于鲜与人交流，他把更多的时间留给了思考。1925 年 7 月，当海森堡把矩阵力学带到剑桥与大家分享时，在上至教授下至研究员所有人都还一头雾水之际，狄拉克却已然领悟了其中的奥妙。

原来，海森堡早就从庞杂的矩阵体系中提炼出了它的精髓，只不过他自己尚未意识到而已。"$pq \neq qp$"，这组非对易关系不就等效于哈密顿力学当中的泊松括号吗？据此，何不建立一套轻捷的代数算法，来代替笨重的矩阵砖块呢？于是，在海森堡的基础上，狄拉克运用自己创造的"量子代数"，很快就计算出了新力学的能量条件。文稿寄到哥廷根，海森堡大为振奋，他告诉狄拉克一个好坏参半的消息：玻恩与约当已先他一步得到了同样的结果——可却费了九牛二虎之力。就这样，这个比海森堡还要小一岁的深眼窝男孩，一步就跨进了量子布下的怪圈当中。面对滚滚而来的数据与假说，他不疾不徐、从容应对，但每一轮出击都比其他所有人更简洁到位。

此时，恰逢波动方程手握经典力学的缰绳驭风而来，以其汹涌之势冲击着海森堡矩阵。就在两军对垒，即将全面火并的危急时刻，狄拉克立马横刀往中间一站："且慢，诸位请听在下一言。这一仗根本就分不出胜负！因为你们二位的体系实际上是等效的——它们统统包含在鄙人的量子代数之中。"趁大家尚未缓过神，狄拉克继续千金一字、娓娓道来："薛定谔方程如果把相对论效应考虑进去的话，实则暗含着海森堡推出的非对易关系；同样，海森堡矩阵也难逃哈密顿算符的手掌心。因此，两大体系不过是新力学的两个侧面。进一步演算你们将发现，牛顿力学中所有的法则，也都可以从新力学中推导而出，正如爱因斯坦的体系中包含着牛顿方程一样。所以说，请不必急于混战，在座的诸位其实都是赢家。公元 1926 年，我们共同见证了量子大军的吞并计划初战告捷。"

量子力学的红日在 h 诞生整整 26 年后,终于在一帮初生牛犊的猛力拉动下,腾跃而起,照耀大地。这一回,不仅普朗克、爱因斯坦,就连它更新一代的缔造者薛定谔,都有些措手不及。笔下的算符一个个变得如此陌生,这些方程,这些行列式,到底在暗示着什么? 意义,我们需要知道算符背后的意义!

不确定,你确定?

这一年深秋,玻尔听闻薛定谔紧随狄拉克之后,也已独立导出"波动方程与矩阵是新体系下两种完全等效的数学形式",便极力邀请薛定谔到丹麦一游,共同寻找二者在物理概念上最本真的一致性。双方都没有料到,这次相逢无意间竟悄然掀开了经典力学与量子力学那在劫难逃的"终极 PK"的序幕⋯⋯

浓重的火药味从物理研究所一直弥漫到火车站,一向玩心甚重的薛定谔甚至还来不及放下行李歇口气,在这座玉立于浪花之尖的城市游赏一番,就从月台上那位仅比自己年长两岁却俨然一副领袖派头的玻尔所长热切的目光中,读出了两个字——看招。于是,一场关于电子"本质"的论战就此展开。

"物质的底层无疑是跳跃而离散的",玻尔将自己奋战在一线的众高徒,泡利、海森堡、克拉默斯等人近期的工作成果加以拟合,迅速亮出哥本哈根派的观点以抢占先机:"从 30 年前发现的光电效应到如今越来越细致的原子谱图,所有现象都毫无例外地指向'电子在能级之间跃迁'这一事实。阁下的波动方程虽是集结了从拉普拉斯到哈密顿诸位力学大师的理论精华,在数学上与矩阵力学的准确性同样卓著,但在概念上,如果把'粒子'偷换成'波',继而以连续性替代离散性,恐怕难以得到任何实验的支持。"

"恰恰相反,尼尔斯老兄。"薛定谔早有准备似地接过话头,他本就不拘小节,激动起来更是无所顾忌,面对威严的玻尔教皇竟亲切地直呼其名。"'电子波'不仅包含在我的方程当中,更深深地躲藏在实验数据之中,关键看您如何来解读。如果暂时抛却电子运动状态随时间的变化,波动方程可改写为

$$\hat{H}\psi = E\psi$$

其中，E 为能量的'本征值'。而重点是立在它身旁的'波函数'ψ。ψ 展示的是时间静止于某一点时，原子内部的'驻波'。您念念不忘的'电子'，实际上不过是随着时间的流动，在驻波上以某种固定频率振动的'振子'。而'电子'所谓的'跃迁'，不过是它们在癫狂的迪斯科节奏下跳累了，想换个舞步跳跳舒展的华尔兹而已。不论是颗粒状的电子实体，还是从椭圆进化成哑铃的跃迁轨道，您所执念的一切统统都是幻象。什么'量子'、什么'离散'，在经典哈密顿算符的统领之下，终将化为乌有。而整个原子中，唯一永恒的便是那层层荡漾、延绵无尽的'波'。"

没等导师答言，立在一旁的海森堡忍不住揶揄道："难怪江湖盛传，薛定谔的方程比薛定谔本人还要聪明呐。恕我直言，您对哈密顿算符的理解本身就有所偏颇。"大概因为在泡利身边待得太久，耳濡目染中海森堡已然将师兄那状似调笑却往往一刀切中要害的嘴皮子功夫学来了三分。"威廉·哈密顿早在 19 世纪 30 年代就在数学框架之下实现了光学与力学的统一，只是当时的人远未意识到而已。他首先构建了自己的光学理论，进而才发现手中这套独一无二的'齿轮'在经典力学中同样运行良好。可以说，哈密顿算符的诞生本就暗示着波动性与粒子性二者处于平等地位，唯有相互合作才能帮助我们还原世界的本来面目。"

什么，哈密顿算符之中不但有我心爱的波，还有我痛恨的粒子?! 趁薛定谔一时错愕，海森堡步步紧逼："这么说，薛定谔先生，我恐怕您对自个儿孕育的孩子——波函数 ψ——的了解估计也不像您所认为的那么透彻吧。正如您刚才对'电子'与'轨道'的驳斥，所谓的'波'也不过是您头脑中的幻象而已，是您把自己在'波'和'粒子'之间的口味偏好投影到了无辜的 ψ 函数身上。在我看来，无论粒子还是波，一切皆缥缈不可捉摸，唯有量子化的跃迁才是仪器通过读数而展现在大家面前的。我们应该停止这些形而上的争论，把注意力集中在矩阵那奇异的'反交换律'关系上，它似乎还透露着更深层的信息。"

玻尔本想依靠几位爱徒助阵，一举将薛定谔收归翼下，没想到论战中海森堡忽然独成一派，自立起了门户。学术擂台向来不论辈分，也没有谁比谁更权威，用公式说话，各凭实验结果决胜负，方显英雄本色。眼下这般阵仗，更激起

TIME
AND LIGHT:
The History of Physics

时与光
一场从古典力学
到量子力学的思维盛宴

了所有人的热情,众小将纷纷抖落出自己的看家本领,加入到讨论之中。当然,最为亢奋的还是从率队征战转眼变为单枪匹马的主师玻尔,他不分白天黑夜地与薛定谔争辩着电子的本质,直到可怜的薛定谔直接被累倒在床。即使这样,玻尔依然不肯轻易放过这位狂野不羁的奥地利人,他不依不饶地立在病床前,对着奄奄一息的薛定谔继续描绘那不可思议的离散世界。"该死的量子跃迁,早知道我的工作会引来此等怪物,我宁愿从没接触过物理学!"终于,薛定谔忍无可忍,大声咆哮道。"可惜,您已经跨进这道槛,看样子是骑虎难下喽。"玻尔揶揄道:"并且,量子王国有了阁下的加盟,对我们大家来说都是一件幸事儿啊。"

即便使出浑身解数,两人依旧谁也没能打动对方,直到离开哥本哈根,薛定谔仍然沉浸在他如云似雾的波函数中……

海森堡不确定性原理

这场盛大的辩论随着薛定谔的暂时撤离而归于平静。看起来好像无果而终,但其间的每道唇枪舌剑都深深地印刻在了亲历沙场的虎将沃尔纳·海森堡的脑海之中。硝烟散尽后,他暗自思忖:大家之所以各执一词,是因为各理论之间缺少某种联系,缺少一把放之四海而皆准的量尺。寻找不变性,这才是物理学的终极任务。但在通往量子大陆的征程中,无论哪一学派,至今为止都未能把握住某种不变性,莫非我们都遗漏了什么重要线索?

细细翻阅着玻恩与约当于去年合作发表的《论量子力学》,折磨人的非对易关系再次向他袭来,$pq \neq qp$。海森堡注意到,当时玻恩甚至算出了两者之间的差值:

$$pq - qp = \frac{h}{2\pi i} I$$

其中,h 是大家再熟悉不过的普朗克常数,i 是虚数单位,I 则是矩阵单位。p 与 q 相乘的结果同 q 与 p 相乘不相等,这到底意味着什么呢?

pq 与 qp,经典力学中那些总是出双入对的物理量轮番闪现在海森堡眼前:动量与位置、能量与时间,它们在宏观世界都是很容易标定的变化量。可现在,面前的关系式却告诉海森堡，先读取动量的变化值再测量物体的位置，与先知道物体的具体位置再研究其动量，二者的综合结果会发生变化①。这怎么可能，难道原子所在的微观国度与宏观世界之间横亘着一道看不见的墙，从而造就了两片运行法则截然不同的天地？

巨大的问号没日没夜地盘踞在神经中枢顶端，海森堡又恢复到当年孤岛上的亢奋状态，他忙不迭将自己调至战斗模式，全力应对谜题的挑衅。不知又经历了多少个不眠的冬夜，终于，灵感像一道轰然爆裂的霹雳滚过他冻得僵直的脊梁，海森堡激动得浑身一颤：一切的关键就在于测量本身！如果我们在探查物体位置的瞬间，不可避免地扰动了该物体的运行状态，那么之后再测动量当然会得到一个与原初不同的值；同理，如果我们先测动量，运动状态倒是确定了，但却无意间改变了物体的位相。因此，不论如何，我们都无法既测知动量又测知位置。而前述两种方案，必然将得到两组迥然相异的值——测量，才是造成 $pq \neq qp$ 的幕后元凶②。

那么，pq 与 qp 两组值之间又有着怎样的关系呢？玻恩的计算早已为海森堡照亮了前方的道路。翌年 3 月 23 日，"海森堡不确定性原理"才露锋芒，就让众人领略了它不可一世的狂傲。该原理最初的形式是：

$$\Delta x \Delta p \approx h$$

希腊字母"Δ"在物理公式中十分常见，它的出现往往意味着某个物理量在一组前后对应的状态中发生了变化。具体到本式，Δ 则代表物体位置/动量的实际值与测量值之间的"误差"。说到误差，想必大家一般都会自然而然地将其归咎于人为因素：计时不够精准，度量单位不够小，放大倍数不够高等。总之，无非因为仪器不够先进，终有一天，当技术升级至出神入化的境界，再细微的误差都将无处隐遁。但海森堡却透过一个极其简洁的判别式告诫世人：大自然在世界底层设置了一道无形的墙，不论人类多么努力，都不可能百分百地消除测量误差，同时知晓任意物体的位置与运动状况。

---

① 同理，先获得能量再读取时间与先知道具体时间再来探究能量结果也不相同，我们先集中探讨前一对关系，再推而广之。

② 所以一些教科书中，又将"不确定性原理"译作"测不准原理"。

但上述关系式仍不够完备。直到 1929 年,海森堡不确定性原理的现代形式才真正建立起来:

$$\Delta x\Delta p \geqslant \frac{h}{4\pi}, \quad \Delta t\Delta E \geqslant \frac{h}{4\pi}$$

它表明,我们不可能在某一时刻同时确定物体的位置与动量,Δx 与 Δp 的乘积总会触碰到最小极值——普朗克常数 h 与 4π 之商。换言之,如果竭尽全力去缩小位置的测量误差 Δx,那么根据不等式,动量的测量误差 Δp 将会无限倍地膨胀。同样的道理,如果要精确测定物体运动时间的微小变化量 Δt,那么在 Δt 之内,该物体的能量变化量 ΔE 将增至无限大。

既然如此,那为什么自伽利略时代起,以严谨著称的实验家们居然能在宏观世界毫无顾虑地畅行多年?大至穿梭于时空的星体,小至树梢落下的苹果,测量人员总能利用手中的数据来审核力学定律给出的预言,却从未触及到 $h/4\pi$ 这面铁壁。

其实,秘密依旧藏在量子砖块——普朗克常数 h——之中。介绍了这么多,笔者却一直忘了提醒大家 h 的身价:约 6.626×10^{-34} 焦耳·秒。与大到令人咋舌的 c、k_b 等常数刚好相反,这是一个匪夷所思的"小数"。而也正是如此之小的数量级,令 h 千百年来都不曾显露真身,同时还坚定地维护着大质量物体的"确定性"。拿一颗普通的子弹来说,其平均运行速率可达 $0.6\times10^2\sim1.0\times10^3$ 米/秒,相应地,其动量值则保持在 $10^2\sim10^3$ 千克·米/秒这一范围内。也就是说,运动力学对子弹的研究只需保证以上级别的精确度即可。相较之下,普朗克常数 6.626×10^{-34} 米^2·千克/秒显得何其微不足道。只有在我们把测量仪逐级探向原子内部时——还记得阿伏伽德罗常数么? h 与 N_A,10^{-34} vs. 10^{23},这两个家伙的碰撞真可谓冰火两重天——当"小数"与"大数"不期而遇,一切微粒与生俱来的误差极值 $h/4\pi$ 才不得已被推上风口浪尖,成为实验者不可不考量的致命因素。

原来,宏观与微观两个世界的运行法则并无本质不同。但通过摆弄数量级,设计之神把现实分割成了多重层次。一些原理被深埋于 10^{-34} 底层,因而在人类能够感知的尺度内,其变化可以忽略不计。该创作理念又一次展现了大自然的良苦用心，它时刻保护着由微观沙土烧制而成的宏观砖块能够抵御来自核心的微弱震颤，从而日复一日、年复一年地稳定存在。由此，宇宙间才有可能创生"大数"级别的千姿百态的物质。否则，纷乱如麻的"不确定"中，生命如何得以孕育？

宇宙用它特有的方式保守着有关其运行的诸多秘密，渺小的生命体须得历经演化、顽强搜寻，方可探知一二。但同时，这也是设计之神最深沉的善意——让怀中的婴孩在蕴藏着无数种可能性的世界里一步步成长，至于孩子最终能进化到哪一层次？看到几多旖旎风光？则完全取决于他们自己。

拉普拉斯妖的挑衅

故事讲到这儿，曾经狂妄得叫板上帝的拉普拉斯妖颇不服气。它扶了扶眼镜，嘴角夸张地翘起："不确定？哈哈，在物理学家的字典里翻到'不确定'三个字可真是天大的笑话。自从运动三定律建立之日，人类就拥有了仅凭一纸算稿即可预知一切的能力。过去、现在与未来莫不填写在万分确定的记录簿里，只要我们能够探知任意物体此时此刻的活动状态，那么不论上溯千古还是往后绵延万年，它在漫长的时间之轴上所有的经历，都将毫无保留地曝露于诸位面前。所谓'不确定'，只不过是因为你搜集信息的能力还不够强大吧？"

"看来我得再重申一次，'不确定'与测量技巧无关，仅只关乎'测量'本身。若不相信的话，尊敬的妖精，您可以尽情发挥想象力，让人类插上技术的翅膀朝着微观尽头飞去。但请记住，不论您的测量本领多么高妙，终有一刻仍将撞上'不确定'这面铁壁。"海森堡自信满满地接招。

"那就开始吧！"一提到超现实的思维较量，妖精兴奋地摩拳擦掌："以你们目前最为关注的电子为例，想要同时探测其动量与位置，何不先设计一个容器把它给捉住呢？"

"您说的是体积小到仅能容纳一粒电子的微型小笼？且不说电子这玩意儿是否真以颗粒的形貌存在，退一万步，就算电子化身作颗粒，若想装载如此细小的一枚粒子，还不许它乱动，那么容器本身也得由电子搭建。因而小笼自身也必须面对观测带来的扰动，从而在空间涨落漂移。更奇妙的还在后头，20世纪

TIME
AND LIGHT
The History of Physics

时与光
一场从古典力学
到量子力学的思维盛宴

50 年代末,人们发现的'隧道效应'彻底地将电子从高墙之内释放了出来。不论微型小笼的外壁编织得多么细密,行踪莫测的电子总能以一定的概率从笼中'渗透'出来。关不住,又测不准,还有什么'确定性'可言?"

"嗯哼,算你狠",拉普拉斯妖愤愤不平地哼哼,"看来我非动用绝招不可啦,来尝尝降温大法的厉害吧。微观热力学告诉我们,所谓'温度'其实是构成物质的分子、原子无规则运动的激烈程度的宏观表现。如此说来,只需将物体的温度无限地降低,总有一刻,构成该物体的所有微粒都将彻底失去'活力',安静地待在原地不动。此时,由于任意粒子的动量皆为零,我们只需集中精力把它的位置给探测出来,'不确定性原理'不就不攻自破了吗?"

没想到妖怪的发难正中其下怀,海森堡不禁得意地挑了挑自己颇具立体感的浓眉,乃从容开口:"令温度无限下降,听起来似乎是个好办法。只可惜你的主人——那位鼻孔朝天的拉普拉斯爵爷——太过执迷于力学算法中的细枝末节,从没认真领会与他同时代崛起的气体热力学。早在那时就有化学家断言,温度不可能无限降低,大自然为其设置了一道底线!到 19 世纪中期,人们已经确切地探知禁区的门槛位于零下 273.15 摄氏度,也就是零开处,因而此处又名'绝对零度'。根据玻尔兹曼统计,由于总有部分粒子通过'概率戏法'巧妙地将大多数同伴都乖乖遵循的运行规则玩弄于股掌,我们甚至都没办法仅用有限的步骤就将温度降至绝对零度,连靠近这一门槛都得小心翼翼,更别说冲破禁区了。该论断即是赫赫有名的热力学第三定律。而现在,我的'不确定性原理'正好与第三定律相互呼应:为了阻止观察者同时知晓粒子的动量与位置,即使通过某种途径将温度降至绝对零度边缘,粒子仍需保持微弱的振动,而振动即意味着能量。当海量的低温粒子同时踩着那不易觉察的舞步滑动,不可思议的'零点能'将在涨落之中孕育而生。宇宙不但为'不确定'留下了足够的空隙,说不定还为你我准备了'免费的午餐'呐,妖精先生。"

就这样,不确定性原理在与修炼百年的拉普拉斯妖的较量中,以其行云流水、以不变应万变的绝世剑法一战成名,它与"创立量子力学的矩阵形式""发现氢的同素异形体"三大贡献一起,为海森堡赢得了 1932 年的诺贝尔物理学奖。第二年,"三巨头"的另外两人:薛定谔与狄拉克,也分别凭借"薛定谔方程"以及该方程的相对论化版本"狄拉克方程"，共同分享了这项荣誉。

据说狄拉克收到领奖通知后颇为苦恼，他认为获得公众的关注对自己的科研生涯并无益处，于是便向心直口快的卢瑟福寻求帮助："名声这玩意儿让人厌烦，我要不还是拒绝这一荣耀吧？""千万别这么做，孩子。"卢瑟福劝阻道："如果拒绝了诺贝尔奖，那你的名头将会更响。"

但实际上，狄拉克对量子力学的贡献远不止诺奖提到的那些，他的名字还将一再出现在物理史上。而"一战"结束到"二战"打响的短短 20 年对思想界来说，绝对是可遇而不可求的黄金时代。海量的实验数据、理论模型、计算公式如洪潮般向着地球上每一片大陆涌进，一群群怀抱赤子之心的勇士携手闯入惊涛骇浪，他们御风而行、踏浪高歌，那欢腾的景象真是羡煞后人……

1927 年，狄拉克访学哥廷根，在那里结识了来自纽约的罗伯特·奥本海默（Robert Oppenheimer）；后来，又在和海森堡一同环游世界、传播新学的途中，与神交已久的意大利"文武全才"恩里科·费米（Enrica Fermi）喜相逢。说起那趟旅行，两个性格迥异的大孩子碰到一块儿，自然趣事不断。在从美国开往日本的邮轮上，"魅力单身汉"海森堡热情高涨地轮流邀请女孩与他共舞，而另一位"钻石王老五"狄拉克则坐在一旁静默不语。过了很久很久，他终于无法忍受好奇心的折磨。

狄拉克："你为何要同每一位女孩都跳支舞呢？"

海森堡："这群女孩都很不错呀，何乐而不为？"

良久，狄拉克突然又问："可是，你在跳舞之前怎么就能确定她们'都不错'呢？"

海森堡："不……确……定……"

完成日本的讲学任务后，两人便分道而行，海森堡北上俄国，狄拉克则选择来拜访一下古

狄拉克与海森堡

老的文明国度——中国与印度——他是最早与国人交流前沿理论的学者之一。

骰子出没注意

　　正当哥本哈根喧闹非凡之际,坐镇于德国学术大本营哥廷根的主帅玻恩同样不甘落寞。1926 年初春,忽闻苏黎世一位与自己年龄相仿的"老将"薛定谔竟找到了另一把打开量子之门的钥匙,他震惊不已:难道同一现象可以用多套规则加以解读? 矩阵兵团不是已经否定了微观世界的连续性了吗,那哈密顿算符的孩子"ψ"怎么可以波澜不惊地出现在方程式中?"除波以外,别无他物",难道"ψ"真就如其缔造者薛定谔所描述的那样单纯?

　　玻恩不但精通数理,更对文明的演化进程抱有浓厚兴趣,他细细思量:从两千多年前的阿基米德到两百多年前的牛顿,物理大师无一不是通过总结变化万千的实际现象,顿悟其中奥妙之后,再慢慢将"理"转化为数学关系的。物体在液体中所承受的浮力＝物体排出的液体重量($F=G$),动力×动力臂＝阻力×阻力臂($F_1 L_1 = F_2 L_2$),运动物体加速度的大小与外力成正

马克斯·玻恩

比、与质量成反比($F=am$)等。式中所有的物理量,无一不在诞生之前早已拥有确定的"意义"。后来,到了经典物理的巅峰,麦克斯韦—爱因斯坦时代,两位高人却好似心有灵犀一般,都选择了先行构造数学模型,待推导出具体方程后,再去探究方程所要揭示的秘密。但即便如此,在整理出关系式之前,每个变化量的物理意义仍早已装在两位心中。可如今,新生的量子力学却实在难以理喻,即使大家各显神通运用数学技巧把关系式给生造了出来,我们仍不明白其中的含义。围绕着同一算符,每个人都能依据自己的喜好为之描画一幅图景,且各景象间判若云泥。难道规律本身,也被"不确定性"给缠上了?

　　或许玻恩的顾虑并非多余。从前,科学史家常说:没有艾萨克·牛顿,也将有另一个顽皮小孩,爬上伽利略、开普勒的肩头,发现与之一模一样的运动定律;没有麦克斯韦和爱因斯坦,也终会有人从别的路径导出完全一致的电磁方

程或狭义相对论。但是，如果没有钟情于点阵的海森堡和执念于波的薛定谔，量子力学的成长轨迹还会同现今我们所熟悉的相重叠吗？答案却未必那么肯定。待到第九单元你将发现，打开量子宝库的钥匙并不只有两把！素有"顽童"之称的画师、鼓手兼滑稽演员理查德·费曼，抛开先人留下的经验，另辟蹊径地找到了第三把密钥：路径积分。新方法不仅更具想象力、更好玩，同时更为我们描绘出了一幅超越所有人期待的宇宙全景。

人们不禁要问：还有第四、第五把钥匙吗？设计之神为什么要费老大的劲儿为一把锁配置这许多稀奇古怪的钥匙？抑或它根本只是胡乱造了把锁，而偷懒把开锁的方法留给聪明的孩子自个儿去琢磨？

不论如何，新生的量子力学显然比人类已知的所有规律都个性得多，体系中的每个分支都被它的发现者赋予了某种独特人格。但同时，各门各派之间却享有充分的平等——它们分怀绝技，却没有谁能统领江湖；它们看似相互独立，却又有着千丝万缕的内在联系。

而马克斯·玻恩正是那穿越万千迷障，试图探寻各分支间本质联系的人。在薛定谔眼里，波函数 ψ 描绘的是电子在空间的分布状态。他曾极富诗意地描述道：每当电子高速振动时，它将幻化为波形阵列舒卷扩散。由于电子总在运动，我们当然捕捉不到它颗粒状的身影，因而展现在仪器面前的永远是无数相互纠缠、相互叠加的波，就像一团绵密的"云雾"在核子周围翻腾涌动。云雾，这比喻真是漂亮！玻恩暗自赞叹，可惜薛定谔先生一边倒地强调波动属性，却冷落了对电子来说同样重要的微粒特征，所以他很难从整体上参透方程背后的玄机。电子跳的确实是云之舞，但踩踏的却不是波纹之间相互挑逗的探戈舞步，而是出自未来的新生代 POPPING——"概率云"。

按照玻恩的构想，核子周围松散的云雾实则是电子无规则运动随着时间的推移而积累的图景。说它无规则，是因为单个的电子下一刻将冲向哪里，我们永远也不可能知道；但与此同时，薛定谔方程中的 ψ[①] 则预示着电子落在每一点的概率。掌握了 ψ 之后，若放任电子天马行空地游荡一阵，我们就会知道它在

---

① 确切地说是 $|\psi|^2$。

哪块空间出现的概率较高,哪块较低,而哪些地方它几乎无法到达。并且电子自由运动的时间越长,由方程解出的概率与电子的实际行为吻合得就越好。

以上是针对单独一粒电子而言,如果研究对象是一群电子呢?玻尔兹曼的统计法则将再次现身,ψ 能够帮助我们了解电子群运动的整体趋势。

道高一尺的海森堡刚刚通过不确定性向人类宣布:有些事,我们注定完不成。

他魔高一丈的师尊立刻微笑着安慰世人:这没什么,因为有些事,连上帝也做不到!

这就好像上帝手中握有一枚骰子,在投掷前他可以决定六面体各个方向的数字,可以是 1~6,也可以 3、3、3、6、6、6……刻出骰子上数字的同时,也就定下了骰子落地后每个数出现的可能性。比如在 1 至 6 各占一面的骰子中,每个数出现的概率都是 1/6,但绝不可能掷出 0 点或 8 点。但当骰子从上帝手中抛出,他就再也无权影响其运行轨迹了。因此,若问最终朝上的一面究竟是 1 点还是 6 点?骰子落定之前,上帝知道的并不比我们多。只有当抛掷的次数足够多之后,上帝才可以放心大胆地做出预言:不论是 1 点还是 6 点,所有数字出现的次数都将趋同一致,约等于总投掷数的 1/6。

什么,宇宙的命运之弦竟被小小一粒骰子恣意地拨弹于股掌之间?!

一石激起千层浪,玻恩针对电子行为提出的概率诠释顷刻震动了理论界。自万有引力横空出世的那一天起,物理就以一种先知的姿态出现在世人面前,宇宙万物莫不臣服于一条条永恒的游戏规则。因此,寻找这些规则便成了全人类的共同梦想。可如今,玻恩却宣称:即使我们最终掌握了那至高无上的游戏规则,也依然无法认知全盘的每一个细节,概率之墙固不可破地屹立于过去、现在与未来之间。假若有朝一日,人类获取了足够的信息量,那么理论上说,我们确实可以精准地推算出一粒电子在过去任意时刻的位置与动量。但电子在下一时刻的状态,却需由明确的"规则"与随机的"骰子"两相博弈才能判定。也就是说,我们有望知晓自己从哪里来,但却永远无法预测自己将去往哪里。浩渺的苍穹之下,海森堡不确定性原理牢牢地牵制着此时此刻,而玻恩的概率云则鲜明地将过去与未来划分开来。

1926 年的 10 月真乃学界的"多事之秋"，当玻恩将骰子从潘多拉魔盒中释放出来，物理从此便无法挽回地失去了经典体系赋予时间的特权——可逆性。这片厚重的概率云持久地笼罩着量子王国的每一寸土地，不论是海森堡矩阵还是薛定谔方程，或是 20 年后才闪亮登场的费曼图，它们谁都未能摆脱云雾的缠结。唯有飘忽不定的概率法则，才是所有看似分立的理论支系间最为深刻的内在关联。

可想而知，骰子一出，威震江湖的同时也深深触怒了经典理论的捍卫者们。玻恩的概率诠释在往后很多年里始终不为"元老院"诸长老所接受，以致其弟子海森堡、费米、泡利等人皆先后带上了诺贝尔桂冠，可他的提名却屡遭否决。直到 1954 年，72 岁高龄的玻恩才因为"对量子力学的研究，特别是对波函数的统计解释；以及利用符合法对宇宙辐射进行分析，并由此导致许多新发现"而接过了那枚早该归属于他的荣耀奖章。此时，一向与世无争的玻恩才写信对相识近 40 年的论敌兼诤友爱因斯坦坦言：当年遭受诺贝尔奖的冷遇，曾令他多么伤心。

遥想世纪之初，爱因斯坦在"能量子"的启发下大胆提出了"光量子"假说，却迟迟未能被"h 之父"普朗克所接纳，而他创立的相对论也因诸位前辈投下的反对票而被诺奖一再无视[1]，最终才万般无奈地于 1922 年将上一年原本决定"空缺"的奖项低调地补发给了他。像是特意要展示自己的顽固与保守，评审委员会还专门强调：该奖项只针对光电效应，与同样得到初步证实的狭义与广义相对论皆毫不相干。新知的萌芽想要破土而出是多么不易，想必没有谁比爱因斯坦本人体会更深。然而，相隔不到 20 年，当量子力学——这个他亲手拍响第一声啼哭的宝宝——蹒跚学步之时，却遭到了已然修炼成元老的爱因斯坦最为激烈的反对，历史总是充满荒诞的戏剧性。

1927 年，量子力学在插上了"概率云"与"不确定性"这双翅膀之后，终于从大地腾跃而起，冲进一片混沌的雾霭，朝着远方迷蒙的霞光飞去……

---

① 其中另掺杂有政治因素，在此不作详究。

TIME
AND LIGHT：
The History of Physics

时与光
一场从古典力学
到量子力学的思维盛宴

电子组曲

惊险刺激的量子冲浪即将启程。不过,在此之前,让我们最后一次跃马扬鞭,奔驰在经典物理那一望无际的大草原,沐浴在"确定性"暖暖的阳光下,做两节思维操,放松一下紧绷的神经吧。

实验一　子弹实验

如图 5.8(a)所示,最左边是一挺机枪,枪口可以在 90°范围内随意转动,假设每次扣动扳机只能发射一枚子弹,且子弹非常结实,甚至在碰到障碍物后依然不会炸裂。机枪对面是一道铁壁,同样坚不可摧,只在墙面留有两个孔洞供子弹通过。墙壁右侧是子弹最后的归宿,一块装有探测器的屏障。

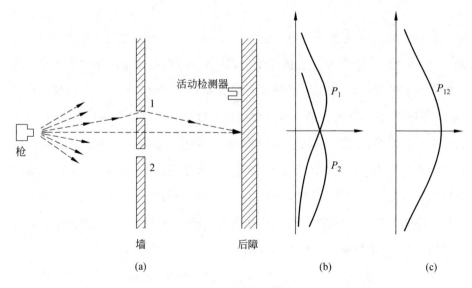

图 5.8　子弹钻过狭缝

实验开始。首先,封住铁壁上的 2 号小孔,让机枪转动方向随机扫射一段时间。可以预期,将有小部分子弹幸运地钻过 1 号孔,到达探测屏。由于枪口的角度不停变换,子弹将打到探测屏的不同位置。如图 5.8(b),曲线 P_1 即是探测屏接收到的弹壳分布图。同理,如果把 1 号孔封住,打开 2 号孔,所得结果将是与之对称的曲线 P_2。

那么,如果两孔同时开放,会得到怎样的概率分布呢?结果如图 5.8(c)所示,双孔都打开之后,子弹落在每点的概率就是上述两种情形的简单相加,即

$$P_{12} = P_1 + P_2$$

这是宏观世界里大家再熟悉不过的运行法则了。

实验二　水波实验

重复以上小孔实验,只不过,这一次我们要把步枪与子弹替换成水与波(图 5.9)。如图,将铁壁、探测屏一一浸没在水中,于原机枪所在位置架设一波源,令其以固定频率振动。第一步,分别堵住 1、2 号孔洞,抵达屏壁的水波曲线如 I_1、I_2 所示,与子弹实验并无不同。

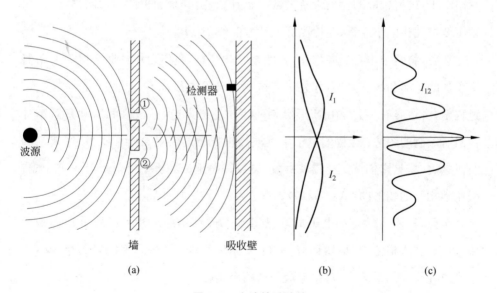

(a)　　　　　　　　　　　　(b)　　　　(c)

图 5.9　水波钻过狭缝

但当你将两个小孔同时打开,抵达后方的波纹将不再是 I_1、I_2 单纯相加减,而是一条全新的蛇状曲线 I_{12}。由于水波到达孔 1、孔 2 后兵分两列,所以两列波在铁壁的另一侧相遇时,必会发生干涉。还记得《光的故事》中惊艳亮相的干涉条纹吗?波峰与波峰、波谷与波谷相互叠加,强度激增,则干涉相长;若波峰

与波谷不幸相撞，干涉相消波的强度则会被削弱。

通过测算可知，I_1、I_2两列波所合成的I_{12}，其强度满足如下公式：

$$I_{12} = I_1 + I_2 + 2\sqrt{I_1 I_2}\cos\delta$$

其中，δ是两列波的相位差。不过你大可不必去理会个中细节，只需记住那狂舞的曲线即可。

实验三 电子实验

下面，探险之旅正式开启，我们将跟随电子一同进入那奇妙的微观世界。嘘，留心你所体验的一切——"量子力学所有的秘密都统统包藏在这一个实验中"，费曼先生如是说。

这一次，须得把子弹实验中的机枪替换成"电子枪"，它将在90°范围内逐粒打出电子，再把相应的检测设备换做盖革计数器，其余配置照旧。同样，分别保留1、2号孔让电子穿行，在检测屏上读取曲线P_1、P_2。

然后，将两个小孔一齐打开，既然是"颗粒"嘛，我们自然预期会得到一条概率相加的钟形曲线。且慢，你忘记德布罗意王子的预言了吗？每个粒子在运动过程中，身边必有一列"相波"形影相随。扣动电子枪，一段时间后观察盖革计数器所绘制的图像：迷糊的电子果然被德布罗意的灵魂给附了身，穿过狭窄的孔洞之后，只见它们彼此交错着身段，袅袅婷婷地来到屏壁前，显现出一条水波般相消相长的蛇形曲线（图5.10）。

至此，物质波学说在电子群落已得到了最精彩的演绎。但故事还远未结束，电子的"人格分裂"虽然怪癖，但仍包含在个别天才理论家的预料之中。而不来点儿真正的奇观，怎对得起量子这两个字呢？

按捺不住好奇的科学家继续追问：干涉过程中，电子究竟经历了什么？从粒子幻化为波的过程中，单独一粒电子的轨迹究竟是怎样的？在触到铁壁时，难道它像孙大圣般分身有术，先将自己劈裂成两半分别钻过1、2号孔洞，再在铁壁之后互相扰动着合二为一？借助更加精密的检测仪，研究人员设计出各种改良版的电子实验，誓将真相一一揭露。

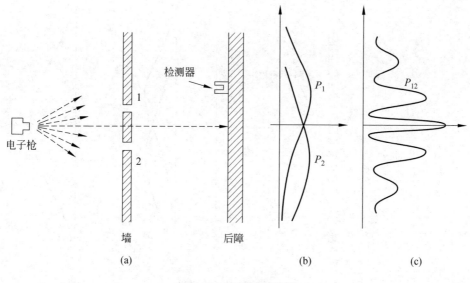

图 5.10　电子钻过狭缝

实验四　"偷窥"电子

如图 5.11 所示,实验依旧沿用原先的思路,而关键性的改进在于:紧贴铁壁的右侧增加了一部"电子路径探测仪"。这样,每当电子钻过孔洞,其行迹都逃不过路径探测仪的法眼。万事俱备,大家纷纷期待着目睹电子的分身绝活。

双孔齐开,耐心等待了一段时间之后,探测屏所显示的图像却令研究人员集体大跌眼镜。电子的分布概率如曲线 P'_{12} 所示,一条阔大的钟形弧:

$$P'_1 + P'_2 = P'_{12}$$

在监控器的注视下,电子一个个又乖乖变回了粒子! 此时,它们的行为竟如同实验一中机枪发射的子弹,从 1、2 号孔洞任选其一,老老实实地沿着单一路径奔向探测屏。是什么阻挠了实验者去探视电子那神秘的分身术? 与实验三相比,实验四的所有条件,包括双孔直径、探测屏与铁壁间的距离以及电子的发射频率、累计发射时间等,统统一模一样,而唯一的区别就是增添了一台路径探测仪。

一台只有监控功能的设备竟改变了秀场主角——电子——的行为模式? 让我们仔细来探究一下,这位金牌抢戏王是如何做到的。首先,你得知道"看"的工作原理:从某物发出(或反射)的光子被视神经所捕获,于是你才得以知晓

TIME
AND LIGHT:
The History of Physics

时与光
一场从古典力学
到量子力学的思维盛宴

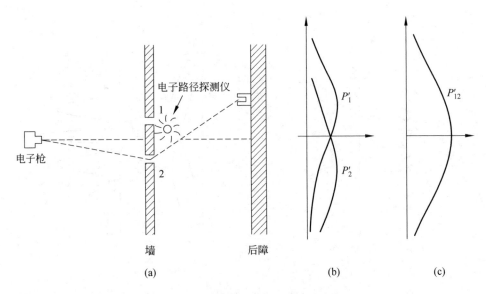

图 5.11　增设监控器后电子钻过狭缝

它的存在。所以说，"看"也许并不像你原先以为的那样，无须任何代价。你每次慵懒地睁开睡眼，微观世界就有无数的粒子要为之奔忙。那么，探测仪又是如何让微小的电子被"看"到的呢？由于电子本身并不发光，我们必须制造些光子打到电子身上，再经由它反射回来，这样才可探知其行踪。这当中就产生了一个问题，把一粒光子打到体格 10^n 倍于它的宏观物体上，物体当然不会受什么影响，甚至都不会有丝毫觉察；但是，若把一粒光子打到与其身量相当的电子上，电子则难免会受到冲击，甚至在晕头转向中，忽而忘却了自己原初的运动状态——在微观世界，"看"的力量不可小觑。

　　原因既已找到，研究人员便着手改进实验条件。如果说以上明目张胆地"看"太过鲁莽，以致对羞涩的电子造成了干扰，那么何不尝试使用更精密的仪器，从更隐秘的角度来"偷窥"呢？比如撤掉强光源，换个亮度微弱的探测仪。可是，根据爱因斯坦对光电效应的解释，降低亮度改变的只是单位时间内所发射的光子数，撞击电子的光子变少了，但每粒光子所携带的能量并无任何变化。因此，当它与电子相遇，带来的麻烦丝毫没有减小。可以预期，在低亮度状态下，电子将兵分两路：遭遇光子撞击的，其路径被监控器全程追踪，坍缩至中规中矩的单线程粒子；而那些幸运地逃过一劫的，仍保持着波动性，在不远处的屏壁上留下道道条纹，但相应地，我们却探测不到其运行轨迹。

　　看来，要捕捉电子波的行踪，并不像原先想象的那么容易。还有什么方案没试过呢？光电效应还告诉我们，光子携带的动量反比于其波长：

$$p = \frac{h}{\lambda}$$

　　由于光子本身没有静止质量，它撞击电子的能量全都来自动量 p，既然降低光强度无效，要不直接增加波长以削弱其动量？让我们选用红光发射器，再配以相应波段的接收设备，来重新装配一台监控仪吧。准备就绪，开动电子枪，不久你将发现，红光对电子的干扰仍十分显著。实验人员只得求助于更低频的无线电波。而此时，随着光子对电子的扰动越来越弱，新的问题却又产生了。别忘了，光子自身也是具有波动性的。所以，两粒分离的光子如果靠得太近，近到超过某一极限，接收器将不再能够分辨。也就是说，随着波长的增加，光子虽能蹑手蹑脚地走到电子波身边，记录下它的位置，但监控仪输出的路径却只是模模糊糊的一大团——我们依旧"看"不到电子那端究竟发生了什么。

　　从枪口到屏幕这短短的两段距离，始终笼罩着一层浓重的迷雾。实验家们掌控着开始，也料到了结局，可却无论如何也看不透中间的过程。雾气之中，海森堡的面庞狞笑着慢慢浮现："在'不确定'面前，所有的努力都将是徒劳！"你永远不能同时把握粒子的动量与位置，因此，既不破坏电子的干涉图样，又找出其运行轨迹的方法根本就不存在。不确定性通过电子实验，给众位学者上了最生动的一课。

　　乍见此状，火药桶泡利每天一边拿着他的大脑袋往墙上撞，一边咆哮："太难了，太难了，实在是太难了！我宁愿从没听说过'物理'这玩意儿，像卓别林那样，逍遥自在地去做个喜剧演员。"

　　诸位，如果你翻开物理课本，感觉就像在读天书。所有脑细胞火力全开，想要加速运转却发现大脑频频死机，这实在太正常了！就连被誉为爱因斯坦首席接班人的泡利，都有招架不住的时候。不过，难，也正是物理的魅力所在。看到这儿，你或许不禁要把物理学家想象成一群受虐狂，整日聚在一块儿以秒杀脑细胞为乐。可是，没有艰辛的探索，又何来发现的喜悦？拨开重重迷雾，最后的景象往往是惊人的简单。而这才是数百年来物理学总能把世上最聪明的头脑悉数网罗到旗下的根本原因。所以,每天撞完墙之后,泡利又精神百倍地回归玻尔团,战斗在真枪实剑的思辨一线。

互补原理

除却概率与不确定性,刁钻古怪的电子实验似乎还在向人类暗示着什么,有没有一条律令可以在宇宙间"大数""小数"各个层次皆畅行无阻?两年来,一直沉浸在浓郁的哲思中按兵不动的尼尔斯·玻尔,终于在各门派弟子的再三激战下灵感爆发,一招"双龙戏珠"渐渐酝酿于胸。不确定性原理中,不论是位置与动量,还是时间与能量,物理概念总是成对出现,而上述实验也同样显现出了鱼与熊掌不可兼得的两难困境。正如海森堡所言,铺设这一陷阱的元凶其实是测量,那么也就是观察者自身喽?经典理论中,观察者作为一个超然于世的存在,可以肆意窥探"客观"世界的任意一角。而眼前的现象却在传达着一条完全相反的信息:我们与世界是一个整体,任何观测行为都发生在系统内部,因此也就不可避免地会对系统造成扰动。

那么可不可以直接认为,是观察令电子波坍缩。当我们睁开眼,电子只得规规矩矩地作微粒状穿过某一孔洞;而当我们闭上眼,电子才可肆意地幻化成波。所以,实验人员监测到电子的径迹时就搜集不到干涉条纹,而搜集到条纹时却又捕获不到单个电子的运行轨迹——波粒二象性确确实实流淌在每一颗微观粒子的血液当中,但我们却永远无法将二者同时俘获。

还记得"能量子"的庆生公式吗?$E=h\nu$,它说明要改变粒子的能量 E 就必须先调整其频率 ν 这一波动属性。20 年后,德布罗意在推演物质波时,又动用了 $p=h/\lambda$ 这一关系,因而动量 p 的概念中同样蕴藏着波动性。如此说来,每当我们试图探测电子的能量与动量时(这是电子与波相亲近的一面),时间与位置(电子较粒子化的一面)就会不失时机地躲藏起来,反之亦然。毫无

天使与魔鬼——埃舍尔的版画所透露的"互补"韵味

疑问，波与粒子这双重人格同时掌控着微观世界的一切，但它们却绝不会在同一次测量中碰面。这便是日后与"玻恩概率"和"海森堡不确定性原理"共成鼎立之势的"玻尔互补原理"。这三根擎天巨柱共同为哥本哈根学派在量子大陆支撑起一座华美的圣殿，而每个跨入这片迷域的人，不论对"哥本哈根诠释"认同与否，总免不了放开思维的缰绳，任凭自己在那算符与奇想交相辉映的殿堂之中游走一番。

如果说不确定性是波粒二象性最严整的数学表达，那么互补原理则更像是这一性质的哲学化身，它表明：波动性与粒子性在观察者眼中虽是互斥的，但另一方面，二者在更高层次上又合成了一个整体，一旦将它们拆分，物质将不成其为物质。

数学、哲学与物理，"哥本哈根诠释"自诞生之日起，便以海、陆、空三军立体作战的姿态强势登陆量子王国。这个如今已入耄耋之年的学说因其不同寻常的构建模式，曾备受推崇亦饱受质疑与攻击，正可谓历尽了沧桑与荣辱。时至当下，围绕着它的争论仍远未结束。同时，不断涌现的新猜想每天都在向其发出挑战。但凭借着深入到物质底层的稳固性，三大支柱迄今仍傲然屹立在时空之中，接受着一代又一代学人的叩问……

风云对决

不知诸位对"索尔维"这个名字是否还有印象？它简直可以说是大发现时代的起航标。1911 年，19 岁的路易·德布罗意正是因为无意中阅读了兄长从第一届索尔维会议带回的讨论记录，才从此踏上了这条令人血脉贲张却又愁肠百结的探索之路。那一年，24 位顶尖物理学家聚集于欧洲之心布鲁塞尔，就"能量子"、"光子"、"半衰期"等诞生于新世纪的新奇概念一一展开交流。

会后，相片之中毕恭毕敬地立在长桌右侧的卷发青年爱因斯坦，写信向正襟危坐于前排的老友洛伦兹感叹道："h 重症看起来已然病入膏肓呐……"可就连这位正嬉戏于时代浪尖的年轻人大概也未曾料到，短短 16 年间，小小的 h 竟

TIME
AND LIGHT:
The History of Physics

时与光
一场从古典力学
到量子力学的思维盛宴

1911 年,第一届索尔维会议存照

挥舞着金箍棒将理论界搅了个地覆天翻。"h 重症"不但无药可医,而且由其引发的变异在一群后起之士的拓展下,竟成长为一座足以与经典城邦相抗衡的量子帝国。而帝国的众位小将更在诡谲的迷思中越挫越勇,一次次主动吹响战斗号角。

第一回合　上帝掷骰子吗?

光阴荏苒。1927 年,欧洲大陆迎来了第五届索尔维会议。依旧是诗画般温润的布鲁塞尔,依旧是黄叶漫漫的深秋,但会议桌前却增添了许多充满活力的新面孔。

一决雄雌的时刻即将到来。诸位请少安毋躁,让我们跟随慢镜头回放,将近代物理的发展历程重新梳理一遍,以便在接下来的终极 PK 中选择自己的立场——玻尔 vs. 爱因斯坦,哥本哈根 vs. 奥林匹亚,你支持哪一方呢?

从阿基米德到伽利略,物理学存在意义就是为了挖掘深藏于万物之中的"确定性"。近三百年,科技的日新月异更让人类对自己读懂大自然的能力信心倍增:终有一天,当我们手中的公式足够精密,世间的一切将尽在掌握。可万万没想到,拉普拉斯妖口出狂言不久,人类探测微观世界的进程竟被"不确定"这头怪兽给生生阻断。海森堡的原理就如同一道暗墙,大声地在前方叫嚣:"人类全知全能的那一天,是永远也不会到来的!"曾沐浴在经典物理金色的光辉下肆

1927 年，第五届索尔维会议存照

意挥洒才情的一代学人终于忍无可忍、拍案而起，不仅物理学家，还有哲学家、数学家等众路英豪皆纷纷出动、各显神通，不破除"电子迷障"誓不罢休。

这支逆流而上的探险队的领队就是阿尔伯特·爱因斯坦。1905 年，正是他对光电效应的精彩诠释将普朗克常数 h 点燃的星火引向了电磁原野；1916 年，又是这位思维发散的智者在广义相对论竣工之后，立刻把目光从宇宙尽头收拢到原子内心，在其构建的辐射理论中，比任何人都早地利用 A 系数（自发跃迁）与 B 系数（受激跃迁）对粒子行为做出了惊世骇俗的"几率诠释"。眼看量子大陆即将一马平川地于脚下铺展开来，爱因斯坦却突然勒紧缰绳，不肯往前再迈一步。年少时代的心灵导师斯宾诺莎（Baruch de Spinoza）的话语反复回荡在耳边："宇宙之中绝无偶然，一切事物都按照圣神的大自然的要求，以某种特定的方式存在和运行。"几率？我几乎要被那可怖的海妖诱入歧途。不不，"老头子"怎么忍心把自己的造物推向"随机"的悬崖，任其生灭？

筹划良久，他决意亲自挂帅，反其道而行之，誓将"概率云"、"不确定"一个个收服归案。而领队的左膀右臂实力同样不容小觑：一个是发现电子波的德布罗意王子，一个是推演出波动方程的埃尔文·薛定谔，二者均凭借惊人的洞察力于众流派中脱颖而出，透过波所呈现的平滑之美，印证着世界的连续性——

TIME
AND LIGHT：
The History of Physics
时与光
一场从古典力学
到量子力学的思维盛宴

而连续，正是确定的前提条件。

另一支队伍则不必多做介绍了吧。玻恩、玻尔、泡利、海森堡……面对难以降服的"不确定"魔障，他们没有依仗蛮力去硬闯黑森林，而是绕开密林另寻别路。沿着新的方向，勇士们果然惊喜不断：密林周边的小径不仅零星闪烁着几块宝石，更引领人类走近一座超乎想象的宝库——量子力学。而此时，量子力学小荷才露尖尖角，却得迎战早已莲叶接天、碧波无限的经典力学。

会议开始，照例由实验派首先发言，展示各领域的最新发现。各路高手你方唱罢我登场，气氛逐渐升温，还未切入正题，已然硝烟四起。终于，所有人的目光都齐刷刷地会聚到了此番辩论的重头戏——虚实电子——上来。为缓和气氛，理论派这边决定请风度儒雅的经典物理"左护法"德布罗意第一个发言。左护法这趟也是有备而来，为驳斥玻尔的互补原理，他构思出一种全新的"导波"理论。在德布罗意所描绘的图景中，电子仍旧是实实在在的微粒，但它的行为却时刻受到身旁的物质波的影响。二者的关系就像盲人与导盲犬，忠实的物质波不辞辛劳地幻化出无数分身，为主人探明周边的路况，并牵引着主人前行，这就是"导波"一词的由来。不仅如此，德布罗意还进一步指出：在导波的世界里，玻恩的概率云根本就没有立足之地，量子效应表面上的随机涨落实则是由一些我们尚不知晓的变量上下浮动所造成的。换言之，不确定性不过是现今量子力学"不完备性"的生动映射。这番论述不可谓不精妙绝伦，不但一石三鸟，瞬间击中了哥本哈根的三大硬核，更为捍卫经典理论的实在性开辟出一条崭新思路。

没想到，德布罗意话音刚落，便遭到了火药桶泡利的猛烈轰击。他一面搬出"从未有任何物质在实验室同时展示波与粒子的双重属性"这一事实来支持互补原理；一面大声嘲弄着所谓"看不见的变量"。如果德布罗意无法举证，那"看不见"与"不存在"又有什么区别呢？

在泡利咄咄逼人的进攻下，德布罗意步步退让。一方面，自己新近构建的理论在数学上确实还不够完善，把它带到会上来分享，原本是希望众人帮着出谋划策，为其添砖加瓦；另一方面，德布罗意注意到，阵营内部，似乎连主帅爱因斯坦都不太认同他的设想，势单力薄的他此刻要独挑哥本哈根群雄，尚无十分把握。最终，内外交困的德布罗意不得不当场缴械，放弃了自己的观点。但他提出的"导波"构想并未就此销声匿迹。所谓重剑无锋，德布罗意用巧思淬炼的这把宝剑虽无寒光利刃，却经得起时间之轮的碾压，由其拓演的"隐变量"理论在后来的岁月中几生几灭，至今仍在哥本哈根的五指山外凌然而立，为量子力学撑起一小片没有乌云的晴天。

镜头拉回会议现场，眼看经典理论马失前蹄，"右护法"薛定谔恨不能即刻杀入重围，协助战友挽狂澜于一"波"。可惜，他才出招，哥本哈根那边便传来阵阵狂笑：还是那套一成不变的 ψ 函数态叠加，您就不能来点儿新花样？笑声过后，玻恩、海森堡师徒在泡利那威震四座的重火力掩护下，轮番向对手投放着概率霰弹与不确定冲击波。绚丽的火光顿时点燃了在场所有人的热血，不论保守派还是新锐派，其或起先还在一旁默默观战的实验派，无一不被卷进那铺天盖地的量子洪潮，参与到搏击当中……一连几天的攻防拉锯逐渐把会议气氛带入了白热化。终于，在众人期切的目光中，双方主帅爱因斯坦与玻尔，打破沉默、披挂上阵。

其实，两位宗师尚未正面交锋之前，他们的理论就早已在普朗克常数的牵引下，碰撞出了迷人的火花。那时谁也没有想到，原本殊途同归的两人十年之后竟分道扬镳。一个回归经典，另一个则率领后辈闯入新天地，各自上下求索，为终将到来的决战积蓄着力量。此刻，当战鼓一声紧似一声，曾经的职业门将全神贯注地守护在量子之门前方，一遍遍检查着众人倾力编织的那张"概率之网"是否还藏有漏洞；而业余提琴手则秉持着一贯的从容不迫，但见跃动的音符自弦间倾泻而出，从四面八方涌向量子之门，企图突破玻尔的防守，一举攻下哥本哈根大营……

这一战，所有的纷争都围绕着"概率"一词。爱因斯坦对经典学说的眷恋其实不难理解，那块肥沃的土地滋育着他最珍爱的花果——狭义与广义相对论。在他内心深处，严苛的因果关系才是万事万物的最高律令，他绝不能容忍"随机性"这样的荒唐法则凌驾于因果之上。但身为卢瑟福的爱徒，玻尔可不在乎这些，"用数据说话"才是他多年来唯一信奉的准则。如果事实告诉人类，我们对自然的了解将止步于"概率"，那也未尝不可接受。更何况，虽不能详查单一个体，但运用手中的公式，我们仍然能够把握事件发展的大趋势，从而在群体层面做出预言。物理学并不会仅因微观领域略显薄弱的因果环节就毁于一旦。

"是吗?"爱因斯坦不以为然地反问道:"难道您没听说过——千里之堤,溃于蚁穴。"玻尔心想,不好,陷入了对手最为擅长的逻辑圈套。他思索了半日,才缓缓开口:"顺着这一逻辑我或许说服不了您,爱因斯坦先生,因为逻辑本身也严格遵循着因果关系不是吗?但物理学是由万千数据一砖一瓦搭建的殿堂,而不是纯思维构筑的海市蜃楼。所以,我们还是回归到目前已知的现象中来吧。请告诉我,有哪个实验同时甄别到了电子的双重属性?抑或搜集到的 Δx 与 Δp 乘积小于 $h/4\pi$?"趁爱因斯坦一时语塞,玻尔狡黠地一笑,补充道:"顺说一句,古老的东方哲学中还有一句话——道法自然。不接地气,再高深的理论之树,也终将化作朽木呐。"

再度词穷后,几缕罕见的焦躁悄悄爬上了爱因斯坦那宽厚的额头,他竟不顾一切地搬出"老头子"前来助阵:

——"玻尔先生,上帝从不掷骰子!"

——"爱因斯坦阁下,请别指挥上帝他该怎么做!"

玻尔的回敬四两拨千斤。

随着双方的话题从物理转向哲学,第一回合戛然终止。两人谁也未能说服对方,都有些意犹未尽……

第二回合 爱因斯坦光箱

1930 年,第六届索尔维会议如期而至。尽管过去三年间,哥本哈根的阵营不断壮大,伽莫夫、朗道,还有来自中国的周培源、张宗燧等,世界各地的新鲜血液在从哥本哈根汲取养料的同时,也进一步拓宽了它的包容度。但面对老对手爱因斯坦,玻尔丝毫不敢懈怠。他知道,这位逻辑大师尚未使出其撒手锏——思想实验。

果不其然,简单的寒暄过后,爱因斯坦直奔主题:"亲爱的玻尔,我们来玩个思维游戏如何?"

如图 5.12 所示,弹簧上挂着一只构造精巧的箱子,箱内可储存任意数量的光子。箱子右侧留有一个小孔,每次仅能容纳一粒光子通过,并由一扇开闭自如的微型门掌控着光子的进出。而箱子左侧则装有一座时钟。实验开始之前，先在箱内投放一定数目的光子，并称量其总质量。准备就绪后，启动装置。飞快地打开微型门，放出一粒光子，再把孔洞牢牢封死，实验结束。

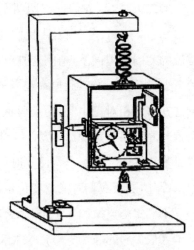

什么，这就完成啦？对，正因为时间非常短，所以定能保证 Δt 足够的小。通过时钟的指针，就可得知光子离开光箱的确切时间了。另外，别忘了箱子是挂在一根纤细的理想弹簧上，通过测量弹簧的形变，即可确定

图 5.12　爱因斯坦光箱

密封箱质量的减小值 Δm。同时，Δm 也是放飞的那粒光子的"运动质量"。说到这儿，爱因斯坦故意顿了顿，然后方才转过身，在黑板上缓缓写下：

$$\Delta E = \Delta m c^2$$

啧啧，台下一片赞叹之声。各位观众这才恍然大悟，爱因斯坦不惜调用自己最中意的闯将——质能方程——原来是为了把系统内能的改变量给斩钉截铁地确定下来。海森堡原理的推论之一不正是"$\Delta t \Delta E \geqslant h/4\pi$"吗？它曾宣称"不可以同时确定能量与时间的改变量"，可是在爱因斯坦的神奇光箱里，只要内置时钟与弹簧秤都足够灵敏，理论上 Δt 与 ΔE 皆可分别独立测定。

经过三年的闭关修炼，爱因斯坦的内力显然又呈指数级上升。这一回，他巧妙地避开了围绕"骰子"无休无止的争论，而把剑锋一转，直指哥本哈根另一基石：不确定性原理。出招完毕，爱因斯坦悠然地深吸了一口烟斗，看着面色惨白的老对手，一丝不易觉察的微笑偷偷挂上了嘴角。而此刻，尽管深秋的布鲁塞尔凉爽宜人，久经沙场的王牌门将额头却渗出了豆大的汗珠，"不确定"真的可以被"确定"吗？如果小提琴手设计的实验得到验证，那尚在襁褓之中的量子力学岂不要走向夭亡？

徘徊在老对手香甜的梦境边缘，玻尔一夜不曾合眼。他一会儿眉头紧皱，一会儿又拿起纸笔写写画画……

TIME
AND LIGHT：
The History of Physics

时与光
一场从古典力学
到量子力学的思维盛宴

第二天一早，人们三三两两刚踏进会议室，就看到玻尔已容光焕发地站上了讲坛：女生们，先生们，让我们再仔细来探究一下黑板上这个万能的光箱吧。尊敬的爱因斯坦阁下，请问您打算用什么办法来测算 Δm 的呢？如果仅凭弹簧的形变，则可以预期，溜掉一粒光子之后，弹簧必然会缩短 Δx。但与此同时，依据您在广义相对论中"引力使时间延长"的论断，处于地球引力场中的光箱，其位置升降的不确定度 Δx 势必将引起相应的时间膨胀的不确定度 Δt（推导过程详见附录五）。如此一来，测算时间 Δt 与质量 Δm 将不再是两个相互独立的事件。因此，随着我们对能量变化量 ΔE 的测定越加精确，Δt 将趋近无限大！

不确定幽灵又回来了，整个会场一片欢腾。想不到量子主帅玻尔用爱因斯坦本人最尖利的长矛——广义相对论——刺穿了他不惜血本套上自己最厚实的盾牌——狭义相对论——所打造的光子之箱。物理年会真是个绝妙的大舞台，其间上演的精彩剧目简直可以媲美百老汇任何一出悲喜剧。求胜心切的爱因斯坦竟忽略了致命的引力红移效应。现在，轮到他呆若木鸡了。

一晃又是三年，待众小将刚从那百年难遇的巅峰论剑中回过神来，第七届索尔维会议的大幕已徐徐展开。这一次，大家的讨论重心转向了极具爆炸性的新领域——核物理：质子、中子、同位素、正电子……新发现一个接一个，令人眼花缭乱、目不暇接。不用说，实验派成了本期当仁不让的主打明星。然而，身为核领域的理论奠基人，爱因斯坦却没有出席此次会议。除却对"老头子掷骰子"一事解不开的心结之外，险恶的政治环境更令这位和平卫士对欧洲的未来甚为忧虑。经典派三军无主，"左右护法"薛定谔与德布罗意都不约而同地选择了沉默，1933 年的布鲁塞尔俨然成了在量子游乐场尽情飞旋的新一代学人的聚会所。时光之轮毫不留情地朝着前方滚滚而去，将经典物理往日的骄傲与自负碾得粉碎，确定的、实在的、严格遵循因果律令的古老城邦已四面楚歌、危在旦夕……

第三回合　EPR[①] 佯谬

1935 年，孤军奋战数年之后，爱因斯坦在大洋彼岸又结识了两位新盟友，鲍

---

①　EPR：爱因斯坦-波多尔斯基-罗森。

里斯·波多尔斯基(Boris Podolsky)与纳森·罗森(Nathan Rosen)，三人携论文《量子力学对物理实在的描述是否完备？》卷土重来，企图凭借他们以各自姓氏的首字母联合命名的"EPR悖论"为垂垂老矣的经典理论重振声威。

此番再现江湖，爱因斯坦如有神助。兴许是同一时期，哥德尔向数学根基发起的"不完备性"冲击波的余震恰好蔓延到物理王国的边界，爱因斯坦敏锐地嗅到了个中的燎原之势[①]。他顺势将剑锋又一转，不再纠缠于"概率云"或"不确定性原理"某个细节的对或错，却用毕生之功力将手中的宝剑高高举过头顶，以雷霆之势直接劈向量子大厦的穹顶，向体系的"完备性"发起了攻击。

假设空间中有一自旋为零的"母粒子"，由于自身的不稳定性，一段时间后，该粒子将自发衰变为A、B两颗"子微粒"。依据泡利不相容原理，子粒A与子粒B绝不可能处于完全相同的状态。因此，分裂发生后，如果A选择上旋，那么它的同胞兄弟B毫无疑问将处于下旋状态，反之亦然。

现在，先任凭衰变后的子粒A、B在时空中随意飘散而不做任何干涉，尤其注意，绝对不可以用任何方法"窥视"它们。依据玻恩等人对薛定谔方程的解读，每个子粒应该同时处在既上旋又下旋的不确定状态，任何时刻，上旋与下旋的可能性各占50%。确切地说，在无人监控的条件下，子粒A、B更像是广袤空间中两列无限发散的波。它们随意地变幻着身形，在两种可能性间自由荡漾。

待子粒A、B游离足够长的时间之后，实验人员突然拿起一台观测仪对准其中一个，假设中招的是A吧。根据哥本哈根解释，一旦你的目光锁定某微粒，其行迹将不可避免地受到扰动。由此，子粒A的波形必将坍缩，在你探测到它的瞬间，A要么上旋，要么下旋，总之会变回一颗普普通通的粒子。而与此同时，处在视线范围之外的B呢？若泡利原理成立，那么尽管未受关注，为配合其胞兄A，B波也将在顷刻间坍缩，成为一颗与A自旋方向相反的微粒，以确保A、B的总自旋值始终为零。

以上每个步骤，都老实遵守了"量子公约"对吧？可是，若从经典力学的角

①　数年之后，爱因斯坦与"不完备性"的缔造者库尔特·哥德尔(Kurt Gödel)一见如故，行走在普林斯顿校园，他曾笑言："我自己的工作没啥意思，来上班就是为了能有同哥德尔一块散步回家的荣幸。"

度考虑,问题就来了:因为子粒 A、B 在宇宙中飘散了许久,人类在捕获其中任何一粒时,另一粒早已远在亿万光年之外。那么,它们是如何在同一时刻做出响应、双双坍缩的呢?根据狭义相对论,光在真空中的传播速率 c 是所有物体在我们所生活的这个宇宙所能达到的最大速率,没有任何逃犯能够携带信息跳出 c 的手掌心。然而,子粒兄弟俩竟能在探测器的眼皮底下瞬时感应,难道它们练就了某种"超距"异术?利用光速极限,爱因斯坦一招便把对手逼上了悬崖,玻尔等人若无法否认 c 壁垒的有效性,则不得不面对这一严峻考问:量子大厦的根基部位是否先天就潜藏着致命的裂痕?原来渊虹的利刃依旧打磨自相对论。在哪里跌倒,就从哪里爬起,爱因斯坦不愧是经典物理的一面旗帜。

镇守量子大营的主帅玻尔惊闻敌方再次出招,马上放下手头所有的工作,全力备战。但仅仅又过了一个不眠之夜,玻尔心中已渐渐有底:所谓 EPR 悖论实则不过佯谬而已,分歧的症结在于两人对"整体,还是个体"的认定。在爱因斯坦的潜意识里,母粒一旦完成衰变,A、B 子粒就是两个相互独立的客体。所以不论人类是否进行观测,A、B 都各有各的生活节奏,既不受彼此牵制,也不再关心对方的现状,从此天各一方、兀自流浪。

而在哥本哈根的世界里,A、B 无论身在尚待分裂的母体当中,还是已然弥散成波、四海为家,只要人类不横加干涉,它将永远保持一个整体。在我们探测到该系统之前,A 与 B 之间根本就不存在什么上下旋之分,不论相距多么遥远,它们仍属于母粒的一部分。此时你若问我:A、B 两个子粒"分别"在干嘛?我只能回答:这个问题没有意义。如此说来,在人类用目光锁定系统的刹那,不论你看到的是哪一部分,A 与 B 既为共同体,一块儿做出回应是极其合理的,并不需有违相对论的"超距"传输来帮忙。

此语一出,四座皆惊。为了维护"定域性"——物质运动的最大速率无论如何也不能越过终极壁垒 c——这条铁律,玻尔竟大胆抛弃了世界的"实在性"!难道观察者的威力如此巨大,在测量之前根本就无所谓"客观实体"可言?如若不去观测,子粒 A 与子粒 B 无论相隔多远,依然是藕断丝连的一团整体。只在观测的刹那,A、B 子粒被迫做出选择后,才真正分裂为两个相互独立的实体。此时,谈论他们的上下旋等物理性状也才具有意义。

定域，还是实在？

鱼与熊掌的难题又一次摆在了世人面前。好在但凡出自爱因斯坦的思想实验，与那些云里雾里的空谈玄想不同，待技术成熟之后，无一不能通过实地验证来判明胜负。大自然究竟是像爱因斯坦那样两者兼想顾到，还是更加青睐玻尔为保留定域而割舍实在的权宜之计，抑或手中还握有什么别的妙招？该谜题俨然成了 20 世纪 30 年代两人在理论界埋下的最大悬念，而这一战到底孰是孰非，则要等到 50 年后才略见分晓。

透过 EPR 佯谬我们不难发现，爱因斯坦与玻尔，二者的分歧根本是源自内心深处信仰的对立。因此，在有生之年，他俩终究谁也没能说服谁。随着哥本哈根学派声势日壮，爱因斯坦渐渐走向了孤立，惋惜与嘲弄陪伴着这位倔强的老头度过了生命的最后一段旅程。而在玻尔一方，没能让这位实力超群老对手输得心服口服，也成了他人生最大的遗憾。可话又说回来，能遇上这样一位劲敌，谁说不是玻尔此生最大的幸运？除了众所周知的那三轮公开打擂，两人终身书信不断，只要一碰面，便非得就量子力学的完备性论战个八十回合不可。爱因斯坦的每一次围攻，都让哥本哈根城池的防御更加完善。即使在爱因斯坦过世之后，每当玻尔头脑中冒出一个新想法，在发表之前，他总要一遍又一遍地逼问自己，如果爱因斯坦泉下有知，又会给出怎样一番 360° 无死角的驳斥？借此不断完善自己的理论。1962 年 11 月 17 日，就在玻尔去世的前一天，面对前来访问的记者，只见他一笔一画地在黑板上描绘着爱因斯坦当年构思的奇妙光箱，一边慢条斯理地为大家讲解着量子王国的不确定性。

薛定谔之猫

回到 1935 年，爱因斯坦与新盟友联手打造的 EPR 悖论虽一如既往地未能服众，但在所剩无几的经典派传人眼中，他这招"万剑归宗"显然已把哥本哈根推崇备至的观测行为逼上了绝境。在 EPR 的启迪下，右护法薛定谔灵感勃发，竟请来喵星人助阵，构想出一个堪称奇葩的思想实验，力图将该悖论移植到宏观世界,与爱因斯坦的 A、B 粒子珠联璧合。

卢瑟福于 1900 年前后的研究工作表明:一种放射性元素,即使掌握其衰变周期,具体到某粒原子将会在哪一时刻发生衰变,依然取决于概率与随机的博弈。也就是说,按照哥本哈根诠释,若不人为加以干预,在衰变期限内任意时间点,原子都处于"衰"与"不衰"的两难境地,并没有确定的状态。我们把这粒处于"叠加态"的原子封入黑箱,再用一系列精巧装置把该原子与一个装存剧毒气体的玻璃瓶相连,一旦原子发生衰变即触发装置打开瓶塞、释放毒气。

现在,故事的主角,一只可怜的小猫正式登场
(图 5.13)。实验开始前,先把小猫放入恐怖黑箱,锁好箱门。此时,密闭的黑箱完全脱离了人类的视线,处在衰变周期之内原子可以肆无忌惮地在"衰"与"不衰"之间尽情纠结。但是,蜷缩在黑箱另一端的小猫可就惨了,原子的每一个举动,都决定着它的命运。关键性的问题来了:假若原子一直彷徨于

图 5.13 既死又活的小猫

"既衰变又保持原样"的模糊地带,小猫岂不"既死又活"痛苦不堪?待到箱门打开的瞬间,我们得以注视里面所发生的一切,原子才终于从叠加态坍缩至单一状态,而小猫的死活也才随之被确定下来。

黑箱里那只无辜的小猫便是史上四大名猫之一:薛定谔的猫。此猫一出,不仅玻尔的量子军团一片混乱,整个世界也顿时随之陷入恐慌——不确定性这头怪兽已不单单被囿于与我们日常生活相隔万水千山的微观层面,它竟攀附着一只小猫,神不知鬼不觉地混入了宏观领域。前一秒还远在天边,这一刻却近在咫尺……

然而,潜伏于微观世界的不确定性真的有可能被释放到宏观中来吗?依笔者看来,若仔细考量暗箱内部的每个细节,正如玻尔当年一招破解爱因斯坦光箱那样,想要在薛定谔设计的这款思想实验中找到缺口其实并不困难。

为理解这一点,让我们重新把目光锁定到前述电子干涉实验上来。该实验最诡异的环节莫过于,在双缝一旁架设监控仪之后,电子波瞬间被打回原形,坍缩成一颗颗粒子。此时,所谓的态叠加也就化为了乌有。同样的道理,薛定谔

黑箱中，所有的玄机无不埋藏在检测环节，因此我们有必要详细地分析一下其可行度。如何才能把握触发装置的起始环节——放射性原子——的实时状况呢？首先，需要一台仪器（如盖革计数器）在原子发生衰变、释放中子的刹那及时响应并加以记录，如此，信号才有可能传输到装置末端从而开启毒气瓶。那么是不是可以说，盖革计数器就相当于电子实验中的监控仪，肩负着"看"的重任。所以，就算黑箱保持密闭，只要计数器发现有中子路过，即可启动后续的连锁反应。这也意味着微观原子的态叠加将在计数器这一环节宣告终结，而留给瑟缩在黑箱一角的宏观小猫的依旧只有两种选择：要么生，要么死。虽然惊心动魄，但它根本用不着担心自己会陷入那生死之间虚幻的二重态。

微观与宏观之间的沟壑真是险峻异常，在第七单元《对称的故事》，你将看到它曾为人类探清"时间之箭"的由来制造了多少困难；再往后，你还将体会到这条巨大的裂痕在科学家为弥合引力与其他三种力而开辟的"大统一"之路上设置了多少无形的障碍。但此刻，我们却要庆幸，正是由于该差别的存在，把宇宙的一部分法则永远地封存在最细微的层次，让不确定性尽可能陪伴粒子们戏耍，却始终无法搅扰宏观世界的安宁。

但以上仅只是笔者个人的观点。事实上，黑箱中那只悲摧的小猫自从降生以来，围绕它的争论就从未有过片刻停歇。究其原因，最重要的一点在于：这款由薛定谔大叔倾情打造的"幽灵猫实验"与物理学严格意义上的思想实验有着本质的不同——它并不具有可操作性，因而也就无从验证真伪。当然，我们并不全是从"猫道主义"的角度来考虑的（虽然"猫道主义"也十分重要），隐藏在小猫背后的哲思玄想才是阻止此类观测付诸实践的深刻缘由。马上你将看到，无论选择何等精微的装置，总有某些个理论派系能从中挑出不完备的地方。因此，对任何一种实验结果的讨论都将不可避免地陷入死循环。

就像他的波动方程一样，薛定谔放出的这只小猫虽然没能帮助老帅爱因斯坦为即将崩塌的经典世界观挽回败局，但却出乎意料地激发起了学界、非学界所有的地球人探索量子奥秘的巨大热情。那些时至今日依然鲜活的关于宇宙结构的缤纷创想，许多都是这位游离在生死之间的喵星人的孩子。虽说其中的部分论断笔者并不认同，但仍愿意详实地将各方观点一一陈列，以便诸位经过

TIME
AND LIGHT：
The History of Physics

时与光
一场从古典力学
到量子力学的思维盛宴

独立思考之后，依个人口味随意取用。

哥本哈根：当我望向你

率先做出回应的当然是哥本哈根那帮悍将。面对"疯狂的小猫"要死要活的嘲弄，不知为什么，玻尔并没有像当年驳斥爱因斯坦的光箱实验那般从细微之处入手，干净利落地一招命中对方死穴，却心甘情愿地尾随小猫一同跳入那深不见底的哲学旋涡。如何才能既维护互补原理的威仪，又不挫伤观测行为在量子世界的重要性？权衡再三，最终玻尔不得不牺牲那只不幸被关入黑箱的小猫。他宣布：在研究人员打开箱门之前，小猫除了"又死又活"之外，别无选择。

根据哥本哈根学派的解释，只有当我们把目光聚焦于箱内时，小猫才得以从叠加的波函数中解脱出来，坍缩为某个单一状态，或者生或者死。而在此之前，由于没有任何一只眼睛注视着黑箱，所以箱内的一切，既衰变又没有衰变的原子、既打开又关闭的毒气瓶、半死半活的小猫等，都统统处于模糊不定的双重状态。

当我望向你，你才有意义。

而当我转我身，你只不过是一团摇曳的波函数，在虚空中四处弥散。

玻尔的理论为观测行为确立了神一般至高无上的地位，但同时也引发了新一轮的争论：大脑究竟要进化到哪一级别，才有资格对宇宙进行所谓的"观测"？

维格纳的朋友：意识是什么

难道说非得通过人类的眼睛才可以观察世界吗？哥本哈根解释一出，立即有人为小猫鸣起了不平，理由是：待在黑箱中的小猫自个儿也是有意识的，它注视着原子，难道就不会令原子坍缩吗？也许你要说：猫怎么能够意识到自己身处窘境呢——咳咳，汝非猫，安知猫不识生与死？可遗憾的是，小猫无法掌握话语权，就算它最终幸运地冲出地狱黑箱，人类也永远没机会听到它为自己辩驳："我的肉身在里面始终如一，幻化成波纯属无稽之谈。"

什么，由观测谜题竟会延伸到意识的本质？一向以客观公正自诩的自然科学可曾料到，自己千辛万苦从神学的铁链下挣脱的自由之躯，于云霄中尽情翻了九九八十一个筋斗后竟尴尬地发现，"主观意识"这只如来神掌竟赫然屹立在前方。

第一个闯入意识禁区的勇士名叫尤金·维格纳（Eugene Wigner），一位来自《黑色星期天》的故都布达佩斯的全能型学者。幼年时代，在动荡中成长的维格纳于犹太社区结识了许多同自己一样喜欢思考"冷门"问题的男孩，其中包括小他一岁却早已显露出超群才智的约翰·冯·诺依曼（John von Neumann）。在彼此的激励下，孩子们满心欢喜地踏上了探索世界奥妙的征程。那时，他们无论如何也想象不到，最为深重的灾难正在前方等待着自己美得令人心颤的家乡。数年之后，纳粹的黑色风暴席卷而过，所到之处遍地狼藉，多瑙河畔两相遥望的布达与佩斯在血腥的屠杀之中，唯有低声吟唱那哀恸的歌谣……

中学毕业后，维格纳北上柏林求学，恰逢量子帝国崛起的大好时机。他发挥自己于学科之间融会贯通的本领，将群论引入到量子力学的计算当中，与狄拉克、海森堡、约当等人一同建立了量子场论。也许是其谦逊温和的性格使然，在一帮张扬狂傲的天才少年中，维格纳与沉默寡言的狄拉克最为投缘。两人在物理界皆已数学功底深厚而著称，可谓棋逢对手、弦遇知音。更有趣的是，若干年后，维格纳的妹妹嫁给了狄拉克为妻，这位"害怕所有女性的天才"身边忽然多了一位娴静美丽的女子，朋友们都很惊讶："请问这是……""喔，请允许我介绍维格纳的妹妹。"狄拉克淡定地回答。良久，像是为了保证叙事的完整性，他才冷不丁地补充道："她同时也是我的妻子。"

时间之轴转至 1967 年，终于轮到"维格纳的朋友"正式登场了——抱歉，狄拉克君，这回可不是你。鉴于我们无法判别薛定谔的猫是否具有足以令波函数坍缩的所谓"意识"，维格纳决定把他某位假想中的朋友连同小猫一块儿关进黑箱。但请不用太过揪心，善良的维格纳早已为他的朋友准备了防毒面具。

尤金·维格纳

如此一来，当箱门关闭之后将出现什么状况呢？待在箱内的朋友以清醒的意识关注着周边的一切，因而他的存在将迫令箱内的原子在衰变与不变之间选择一种状态。相应地，毒气瓶就会进入开或合，猫就将面对死或生的单一状态。但与此同时，站在黑箱之外的维格纳脑海中却是另一番景象：由于无法查探箱内的情形，所以他更倾向于认定那里正上演着（猫活/朋友乐）＋（猫死/朋友哭）的二重悲喜剧。

同一现象映射在两名观察者眼中竟得到不同的结论，到底哪一方出了差错呢？维格纳进而总结道：当意识被包含在系统当中的时候，态叠加原理就不适用了。因此，他的朋友所捕捉到的坍缩态才是真实景象。这么说来，小猫的命运与箱子是黑、是白，还是透明关系其实并不大，关键是看系统内部有没有意识存在。如此，不就又回到那个关于进化到哪一层次才能够奢谈所谓"意识"的老问题上了吗？一只猫到底有没有意识？一只乌鸦呢？一只章鱼呢？如果你相信聪明的它们在某种程度上肯定拥有意识。那么，一只甲壳虫呢？能无限分裂的变形虫呢？也许你要争辩说："知觉"即"意识"，凡有生命的个体无不能"观察"其周遭的世界。那么，把一片仙人掌关进黑箱是否能使原子坍缩？一团细胞结构松散的蓝藻呢？甚或连细胞都懒得组装，却具备超强进化能力的流感病毒呢？

虽然维格纳的改良版实验成功排除了由于自己无法观察而让朋友陷入"不确定魔域"的可能性，但黑箱之中令函数坍缩的究竟是"维格纳的朋友"还是"薛定谔的猫"，我们依旧不得而知。

而关于意识的探讨远不只是物理范畴的难题，更是浮荡在各学科多彩的天空上悬而未决的巨大谜团。在哲学领域，物质与意识到底谁才是世界的本原？一元论还是二元论？这样的争论从人类挺起腰板、叩问苍穹的那一刻起就再没消停过，大概也将陪伴着我们一直走到旅程的尽头。在生物学领域，对意识的研究不仅针对单独个体，像昆虫、细菌、病毒这类生物，如果从群体中剥离出任意一员，其思维层次与生存能力皆处于极低水平，但如果将群落作为一个整体进行考察，其对环境却有着异乎寻常的适应能力。研究者不禁要问：若从团队的角度出发，是否可以说，昆虫、细菌、病毒同样具有"思考"能力？以此类推，是否任何生物群落都早已演化出某种超越于个体之上的共同"意识"？那么，作为目前地球上分布最为广泛的大型群居物种——人类——我们的思维空间中是否正时刻奔涌着个体层次难以掌控的意识洪流？换句话说，人类与人类自己所创造的"文明"之间到底是怎样一种关系，文明是否早已拥有自己汪洋恣肆的生命节律，它只不过是借助我们的大脑来呼吸与成长？在心理学领域，对意识的界定更是划分各流派的核心依据。而在计算机领域，其缔造者阿兰·图灵于机器的灵魂——程序——创生之初，便提出了一种如何判别它是否具有思维能力的方法。从此，在有机生命体之外打造"意识"就成了历代逻辑大师孜孜以求的终极目标之一，并由此衍生出又一个生机勃勃的科学分支：人工智能。

综上所述，要在"意识"层面对薛定谔的猫进行剖析目前尚无定论，那我们何不暂时抛开这一问题，关注一下"态叠加"概念本身？

冯·诺依曼：无限递归

"维格纳的朋友"铩羽而归。不过别着急，好人缘的维格纳朋友众多。这一轮，即将登场的是他的另一位好友，绝世天才约翰·冯·诺依曼。与维格纳的出生背景类似，冯·诺依曼的父母也是生活在匈牙利的犹太移民。不同的是，他很小的时候就已展露出惊人天赋，那多核驱动的 CPU 不但对语言音韵十分敏感，令他得以在德、法、英、意等各门语言间穿梭自如，处理起各种算法也是毫不含糊。据说他 6 岁即能心算八位数乘除，8 岁即能理解微积分的奥义。按说 CPU 要跑那么快，内存总得尽量清空吧。可冯·诺依曼却兼具着"照相机式"的超凡记忆力，大部头的文学著作他读过一遍就可通篇背诵，即使相隔多年，仍不费吹灰之力便能将其从数据库中一字不落地完整调出。惹得同时代的人常常慨叹，这家伙怎能拥有如此完美的大脑？然而，正应了那句"每个生命都是上帝咬过一口的苹果"，拥有超级大脑的冯·诺依曼四肢却不怎么发达，他体育成绩差得出奇，似乎也缺少音乐细胞。年少时，他的钢琴教师就发现，冯·诺依曼的乐谱旁边总放着一本《世界史》。弹奏练习曲时，他手指虽搭在琴键上，心却暗自流连在历史的长河中。成年后，这样的阅读习惯被冯·诺依曼带进了驾驶室，方向盘边各类书籍轮流更迭，所以他开车的违章记录多到令人咋舌，几乎每年都要毁掉一辆车。

1913 年，10 岁的冯·诺依曼进入路德教会中学，那是布达佩斯声誉最为卓著的三所中学之一。这里严格施行精英教育，为百分之十智力出众孩子提供极

TIME
AND LIGHT:
The History of Physics

时与光
一场从古典力学
到量子力学的思维盛宴

其优质的教育资源，剩下的百分之九十则放任自流。
而那些极具天赋的孩子却也不负所望，从中涌现出大
量科学家、艺术家、律师、医生、电影制片人……仅仅物
理方面，就有日后促成曼哈顿计划的利奥·西拉德，空
气动力学先驱、航天界泰斗西奥多·冯·卡门，"奇爱
博士"的化身、氢弹之父爱德华·泰勒等，诺贝尔获奖
者更是不计其数。不过，当有人问维格纳说："你们校
友圈怎么一下子冒出这么多天才？"维格纳思索了半日

约翰·冯·诺依曼

方答道："很多天才吗？他们在哪？我只认识冯·诺依曼一个。"

回到薛定谔黑箱，冯·诺依曼出手果然与众不同，他从一开始就巧妙地规
避了关于意识的辨析，只在数学层面针对坍缩本身建立模型。冯·诺依曼敏锐
地指出：黑箱只不过是一个更为宏大的系统当中的小小一环而已。以薛定谔原
初的设定为例，实验中的活体仅只包括箱内的猫与箱外的人（权且称他为 A 君
吧）二位。当站在箱外的观察者 A 决定结束对猫的摧残，开箱读取结果时，正在
隔壁房间打造威尔逊云室的教授 B 并不知道 A 君此刻的新动作。因此，不论开
箱后 A 君看到一只死猫还是活猫，对 B 君来说，他们均处于（猫死 /A 君哭）＋
（猫活 /A 君乐）的叠加状态。"维格纳的不确定朋友"又回来了。不仅如此，对
于此时恰巧路过实验大楼的路人 C 来说，他并不知道楼中正发生着耸人听闻的
"虐猫事件"。所以，对 C 君来说，整栋实验大楼都处于双重的叠加状态。该推
论可以一直继续下去，邻近商业区的居民并不知道 C 君所在的大学城里正发生
着什么，因此整座小城都将处于叠加状态；而如果以更远处的 Z 国民众作为参
照系，那只又死又活的小猫将把邻国整个都拽入叠加状态……如此无限递归，
只要宇宙之外还有一双智慧之眼此刻正望向别处，就足以把我们所生活的这个
宇宙中每一粒原子都纳入态叠加的怀抱。

同样一副多米诺骨牌还可以朝着反方向推进：由于测量原子衰变的仪器本
身也由粒子搭建，所以其内心深处也不可避免地窜动着波函数。当我们用仪器去
观测放射性原子的行为时，将使仪器连同原子一块儿被卷入不确定性的深渊。
冯·诺依曼的数学模型显示，当仪器（权且称它为一号机吧）探向原子，的确会令

它坍缩至单一状态,但同时,原本纠缠着原子的波函数却被传递到了一号机身上。也就是说,此仪器已不幸感染了电子的态叠加。那么,不如再连接一台仪器(二号机)去测量一号机如何? 可这样一来,一号机虽然得到了解脱,态叠加却又被可怜的二号机原封不动地传承了下来……总之,不论加入多少台仪器,整条测量链的终端——第 $n+1$ 号机——将永远也无法摆脱波函数的诅咒而在二重态间挣扎晃动。

对认同冯·诺依曼模型的人来说,唯有来自意识层次的观察才是破解无限递归的唯一密钥。这也正是"利用盖革计数器对薛定谔黑箱进行检测"之类的实验方案在部分理论派系中失效的原因。就算实践过程中,经法医鉴定,猫在开箱之前早已死亡,这意味着计数器足以使原子坍缩。总有人可以争辩说,是人类不小心泄入黑箱的"意识流"导致了原子的坍缩,与计数器无关。而就算把黑箱搬到珠穆朗玛之巅,那里纯净的空气中同样飘荡着累积了千万年的"集体无意识"。看来,只有等到有朝一日把黑箱置入远离群星的暗黑空间,此类假说才有机会接受考验。但别忘了,人类对意识的界定从未达成统一,如果小猫在箱门打开之前就已献身科学,你也可以依从另一种观点而直接认定:是小猫自身的观测效应导致了波函数的坍缩。如此说来,喵星人的认知实力同样不可小觑。

休·艾弗雷特三世：大千世界

薛定谔的猫诞生 22 年之后,围绕它的传奇又续上了新篇章。休·艾弗雷特三世(Hugh Everett Ⅲ)于 1930 年出生在美国马里兰州,大学毕业后考入普林斯顿。在那里,他迷上了量子力学,并非常幸运地结识了约翰·惠勒(John Wheeler)——一个以疯狂著称的理论大师。在打牢基础的同时,惠勒鼓励学生多方尝试,提出与前人不同观点。20 世纪 50 年代,正是哥本哈根学派称霸江湖之时,但那种"只需望上一眼,一个拥有无限可能的世界就会滑入单一轨道"的强悍论断,让这位浑身散发着艺术气质的年轻人始终难以释怀。有没有什么办法能让云雾般自由流淌的波函数避开致命的坍缩呢?

1957 年,艾弗雷特在自己的博士论文中提出了一种非同凡响的解决方案。他认为,被观测之物,不论是一颗星球还是一颗粒子,它们都从未经历过真正意义上的坍缩。这是因为，我们生活的宇宙其实是处在波函数绘制的叠加套图中，卷轴内每一幅画面都是一个独立的小宇宙，彼此具有同等的真实性。小宇宙与小宇宙之间的相互作用永不停歇地在量子水平产生可觉察的干涉效应，可当人类妄图去探测该效应的细节时，却只会把自己及身边的世界统统都嵌入到某幅单一的画面当中。也就是说，所谓的观测行为只不过切断了各重时空之间的纽带，令我们再也感知不到除自己所在的世界之外别的存在，但并不等于别种可能性都被观测者扼杀于摇篮。

这就是如今不论在科学界，还是科幻界，抑或普罗大众当中皆备受追捧的"平行宇宙"猜想的母体："多世界理论"。但别看孩儿平行宇宙这般生龙活虎、叱咤风云，它的母亲在问世的时候却备受冷遇，以至艾弗雷特本人在物理界都难寻一容身之处，最终转行投奔了金融界。关于平行宇宙的传奇，将在《大设计》单元再详做探讨。现在，让我们暂且把目光集中到多世界理论上，看看在艾弗雷特的思维王国，薛定谔的猫将有何等命运。

依据艾弗雷特的设定，黑箱中的小猫依旧无法摆脱概率的撕扯，无人观测时它仍处在50％活、50％死的叠加态中。但箱门开启的瞬间，小猫将随着微观粒子分别落入两个世界：一个原子衰变导致猫死，另一个原子完好猫还活着。但更为骇人的还在后头，作为观察者的我们也将在波函数的召唤下分别跨入每一个世界。一个世界中的你发现小猫已死，而另一个世界的你则将看到小猫还活着。不论你面对的是哪一幅景象，宇宙中的另一个你此刻正面对着剩下的那一种可能性。什么？两个世界都有我，那哪一个才是最最真实的"我"呢？艾弗雷特是这样回答的：两个世界完全平等，它们相互叠加，共同组成一个更高层次上的宏大世界。因此，缺了其中任何一个，"你"都是不完整的；但同时，你却无法感知其他"你"的存在，因为各小世界相互独立。

为了维护概率所营造的双重可能性，小小一粒放射性原子的衰变行为竟创生出两个子世界。而这两个世界里，不论日月星辰，还是历史进程都一模一样。唯一不同的，只是一个世界里躺卧着一只死去的猫，旁边站立着悲伤的你；另一个世界则回荡着"喵喵"声，一旁的你发现自己虚惊了一场。在你的注视下，粒子虽不至坍缩，却把母世界硬生生"撕裂"为二①，而这样的观测在你的生活中每天不知要重复多少轮。想想看，仅你一个人，就将裂变出多少个子宇宙。艾弗雷特本人对此有个生动的比喻，世界就像变形虫一样，于每一轮观测过后一分为二，二分为四，四分为八……以几何级数疯狂裂变。随着时间的推演，子宇宙的数量将膨胀至无限大！

这个猜想最核心的关节是：裂变后的子世界保持绝对孤立——你虽没有机会遇见另一个"你"，但并不表示"你"不存在。对这样的命题，我们该如何来证明或证伪？也许收纳所有这些画卷的更高层次的生灵能够体察这一切。但谁又能保证，在"超智慧"凝望某张卷轴之时，所处的"超宇宙"不随之分裂？

超宇宙？超智慧？越说越玄乎了，但在由薛定谔那只前无古人后无来者的小猫所引发的创想当中，这并不是最离奇的。不过，此刻还请诸位将思绪暂且收收拢，回到引发这场思维大爆炸的起点——电子实验——上来，看看除了EPR悖论与薛定谔黑箱之外，它还能带给我们些什么启示。

延迟选择

从"中世纪最后一个炼金术士"牛顿，到"老头子"不离口的爱因斯坦，几乎所有理论宗师都无一例外地受到过宗教或哲学的熏陶。面对宇宙阴晴不定的万般面孔，这群勇往直前的先行者在漫无边际的迷宫之中，一面努力寻求神的指引②，一面却又极力摆脱那暗藏于信仰边缘的条条框框的束缚，在两相博弈中，寻找着微妙的平衡点。而来自美国本土的狂想家约翰·惠勒正是个中高手，他像一个炉火纯青的杂技大师，将科学—哲学这块晃板踩得出神入化。

约翰·惠勒于1911年出生在佛罗里达州东北部港口城市杰克逊维尔。他的父亲是一名图书管理员。或许正是记忆中那书香四溢、一眼望不到尽头的长

---

① "撕裂"一词其实不够恰当，因为每个子世界皆与其母体规模相当。
② 这里的"神"并不一定是宗教意义上的"耶和华"或"安拉"或"释迦牟尼"，现代物理学家大多是泛神论者，对他们来说自然规律本身即是"神"。

廊,激起了他遨游知识海洋的热望。21岁时,惠勒从约翰·霍普金斯大学拿下了博士学位,随后便只身远渡重洋,师从尼尔斯·玻尔学习量子力学。1939年,获知纳粹德国已经破解重核裂变的机密,惠勒即刻随同玻尔一起冒着生命危险赶回美国,并在短短几个月的时间里,将伽莫夫的"核液滴"猜想化作标准模型,对核物理的发展产生了深远影响。

1952年,从曼哈顿计划及后续的氢弹研发项目中功成身退之后,惠勒选择了加盟普林斯顿。此时的普林斯顿高等研究院可谓巨星云集:爱因斯坦、哥德尔、冯·诺依曼、赫尔曼·外尔……欧洲学术界众泰斗纷纷移居于此,更有院长奥本海默为其保驾护航,令这里顷刻便成了世界各地科研工作者心目中的新圣城。在研究院,他与爱因斯坦展开合作,试着从广义相对论出发将引力场与电磁场全面几何化,以推进"大统一"的进程。但与爱因斯坦只沉醉于科研不同,惠勒对教学工作同样十分热忱,他揭下了普林斯顿大学发布的皇榜,成为第一个开班为本科生讲授相对论的教授。

"大学里为什么要招收学生?那是因为老师不明白的东西实在太多,需要学生来帮忙解答。"拥有如此开阔的胸襟,惠勒一生自然是桃李满天下。仅他亲自带过的研究生中,就闪烁着诸如特立独行的理查德·费曼、多世界猜想的缔造者休·艾弗雷特三世,以及当今广义相对论天体物理学的领军人基普·索恩(Kip Thorne)和以"黑洞熵"叫板霍金等人提出的"黑洞无毛"理论的雅各布·贝肯斯坦(Jacob Bekenstein)等许多颇具传奇色彩的名字。多年以后,惠勒的弟子遍布世界各地。尽管他们做起学问来风格各异,却都忠实传承着惠勒的为师

之道,将好奇的种子播撒到下一代人心间。

约翰·惠勒

惠勒不但创造力旺盛,更善于用诗一般的语言将抽象的物理概念描绘得令人拍案叫绝。"黑洞告诉我们,空间可以像薄纸一样被揉捏成一个点,而时间则会像吹爆的气球那样突然消失。所有被我们奉若神明的物理定律好像是永恒不变的,其实不然。"他在自传体著作《真子、黑洞和量子泡沫:物理生涯》中如是说。将大质量星体无限坍缩的产物命名

为"黑洞"，即出自惠勒的手笔，此洞一经问世，原先的"冻星"、"坍缩星"等名称很快便被世人抛到了脑后。"布匹看起来丝滑柔顺，但到了边缘，终免不了露出不连续的纤维断面。正如我们所生活的时空，通常情形下，它看起来平滑而连续，但若深入至普朗克尺度，眼前的虚空将化作无数'量子泡沫'，永不停歇地创生湮灭、翻腾滚动……""量子泡沫"，多么美轮美奂的图景，惹得每个读过他文章的人都巴不得立马化作直径 10^{-34} 米的精灵，钻入微观底层去玩赏一番。惠勒就像一位吟游诗人，驾着想象力的飞马漫步在群星之间，且行且歌，留下一串串空灵的音符供世人咀嚼回味……

提问和回答

惠勒的知识体系既传承于哥本哈根，但同时他也另辟蹊径地提出了许多新观点。其中，最为他本人津津乐道的是一个关于"二十问"游戏的小故事。游戏的规则很简单：出题者预先想好一个名词，竞猜者围绕该词可以提二十个问题，出题者只得以"是"或"不是"来回答，竞猜者若在二十题问完之前就猜出答案，即算获胜。

这一回，轮到惠勒竞猜了。他被赶出屋外，留在屋里的十六个出题者紧锣密鼓地交头商议，选个怎样的单词才能把他难倒。等待的时间出奇地长，当朋友们终于招呼惠勒进屋的时候，每个人脸上都挂着难以捉摸的微笑。一定有鬼，惠勒立马觉察到，但他还是若无其事地开始提问："是动物吗？""不是。""是矿物吗？""不是。""是绿色的吗？""不是""是白色的吗？""是的。"一开始，回答几乎是不假思索的，但愈往后，出题者做出回应的耗时却愈来愈长。真是太奇怪了，他们只需参照拟定好的物件回答是或不是，这有什么可犹豫的？眼看二十个配额就要用完了，惠勒心底也渐渐有了谱，于是他抓住最后一个机会，直截了当地问："是云吗？"大家异口同声地回答："是的。"所有人都开怀大笑，朋友们告诉惠勒，事先根本就没有准备答案！他们约定，当惠勒开口提问时，每个人皆可随意回答是或否，但有一点，他的答案不能与前面的任何一个描述相矛盾。否则，如果被惠勒抓住机会诘问，他就输了。因此，这个二十问游戏的惊奇版对出题者的考验丝毫不亚于竞猜者。

TIME
AND LIGHT:
The History of Physics

时与光
一场从古典力学
到量子力学的思维盛宴

这个故事隐喻着什么呢？我们曾经坚信，世界是客观存在的。原子中的电子在任何时刻都拥有确定的位置与动量，正如惠勒在跨进小屋时，也确信里面藏有唯一的标准答案。但实际上，那个名词完全是根据惠勒的提问一步步由虚无中创生出来的。提问之于答案，恰如观察之于电子。如果惠勒当时不问该物是否为白色，而问"是三角形的吗？"或者，他把提问的顺序随机改换一下，很可能就将绘制出一幅完全不同的终极图景；同理，对电子采取不同的观测手段或选择不同的观测时机，也将获得截然不同的结果。

回到经典的电子干涉组曲，在实验四中有一个细节，不知你可曾留意：监控器的位置设定在紧贴铁壁的右后方。这意味着，电子在离开枪口的时候并不知道它的行动将被窥视。那么，它是何时决定隐藏自己的"波性"，而以"颗粒"的面貌示人的呢？在穿过双缝之后？可是此时电子前半段的路径早已板上钉钉，若它在到达铁壁之前，一直保持着波的绵延与发散，又怎么可能在遭遇监控的瞬间，回过头重新再做一遍粒子？正如人怎么可以过了不惑之年，再转过身重新描画童年的样貌？

该实验还可进一步拓展至宇宙中：如果观测对象是数十亿光年之外的大型类星体所发射的光子呢？类星体与太阳系之间无数巨型星系所蕴含的引力将产生强大的"透镜效应"，把光束撕裂为两股，再朝向地球重新汇聚。此时，若用检测仪收集起足量的光子，同样能够绘制出美妙的干涉条纹。但假若人类专门设计一个监控器投放至外太空，试图去探测该光束的原始路径，干涉条纹就会消失不见。按理说，光子是呈微粒状直线行走还是保持波动相互干涉，这在数十亿年前它们从母星脱离启程远航的刹那就已注定。然而，此刻对其进行的观测却改写了它最初的命运！

以上便是"延迟选择"实验，它诞生于1979年学界为纪念爱因斯坦100周年诞辰而召开的研讨会上。这个由老顽童惠勒所创造的思想实验，绝对是爱因斯坦的在天之灵于生辰之日收到的最大"惊喜"。

围绕光子的悬案真是说不完道不尽。还记得由费马最短时间原理所引发的关于因果论与目的论的PK吗？如果说上一次的争执中，目的论根基尚浅（你可以在光子穿行的途中临时增加一面镜子，如此一来，光束的传播方向将立马发生相应变化），不足以撼动早已在人类思维土壤的最深层盘根错节的因果论；那么这一次，横刀挑战因果论的对手实力则与其不相上下，它就是亘古以来在世人心目中只能单向流淌的时间。仅仅向光束望上一眼，就改变了它亿万年前的历史。而那时，不仅你我，甚至地球，甚至太阳系都还尚未形成！我们在此时此刻做出的反应，竟对被我们称之为"过去"的东西施加了一个不可挽回的影响，人类原本习以为常的时间顺序顷刻间便发生了不可思议的倒错。

由此，惠勒犀利地指出："过去并不存在，除非它被记录于现在。"人类没有权利去探讨"光子正在做什么"，除非它被观察记录。正如不论出题者还是竞猜者都无法回答"屋子里藏着哪一个名词"，直到二十问游戏终止。

指尖与月亮

相传唐代女尼无尽藏研习佛法多年，常常诵读《大涅槃经》。一天，她在读经过程中又遇到不解之处，正低头思忖，旁边一行者模样的年轻人不紧不慢地走上前来，一一为她详解其中妙义。无尽藏一听即知遇上了高人，连忙将经书捧过，逐字向年轻人请教。哪知年轻人却说："我并不认得字，你可将内容读来，我帮你解释。"无尽藏觉得非常奇怪："你果真连字都不识得，焉能领悟文字背后的含义？"年轻人笑着回答："诸佛妙理，非关文字。佛理就好比天上的明月，而文字正是那指向月亮的手指；指尖可以点明月亮之所在，但指尖并不等同于月亮，看月亮也并不一定需要透过手指，你说是吗？"

这位拥有大智慧的年轻人即是六祖惠能。此时他刚从黄梅得法，出逃至曹溪，尚未在法性寺剃度出家。而他关于月亮与指尖的辨析从此流传四方，沿着这条道路，惠能创立了"不立文字，直指人心，见性成佛"的曹溪禅宗。自此，佛教在传入中原六百年后，终于脱胎为地地道道的"中国禅"。

但若从哥本哈根学派的角度来看，指尖每一次瞄准月亮就是一次明确的观测行为，它都会令月光的波函数坍缩。因此你的手指向何方非但异常重要，简直与月亮的生存方式有着莫大的关联——当你转过身，月亮便不存在——哥本哈根对量子的诠释曾因此饱受诟病。而想象力天马行空的惠勒于此基础上则更进一步，在他的概念里：指尖即月亮，月亮即指尖。宇宙从来就没有旁观者，当你指向月亮的瞬间，你也就成了月亮前世今生整个命运的书写者！

时空从大爆炸开始，经过暴胀与冷却，再经过若干世代的动力学演进，终于孕生出了意识。而意识即产生观察，一旦观察行为启动，它将反过来赋予万物以实在性——不仅对于此时此刻的宇宙，观察的影响可以逆着时间之轴一直延伸至宇宙的起点。

历史原来是一条自激回路。

传说亚伯拉罕与耶和华之间曾有过这样一番对话："如果不是由于我，你根本就不会存在。"耶和华得意地说。"是的，亲爱的上帝"，亚伯拉罕恭敬地回答："可是，如果我不存在，你根本就不会被知晓。"

而今，惠勒将故事中的角色换成了宇宙与人，辩论仍未停歇。"我是一部巨大的机器，为你的存在提供空间与时间。在我存在之前，没有之前；而我消亡之后，也将没有以后。你不过是我茫茫造物中，一颗渺小星球表面一粒再渺小不过的尘埃而已。"宇宙轻蔑地说。假若自激理论成立，面对宇宙的傲慢，人类终于可以昂起头颅，大声回答："是的，没有你，我无法存在。然而，你作为一套宏大的系统，无非是由众多现象构成，而一切现象都依赖于观察。因此，如果

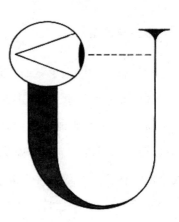

图 5.14　惠勒原画，自激的宇宙

没有我这样的智慧对你进行观察与记录，你还谈何存在？"

"什么？！难道亿万年来，宇宙一直以波的形式弥散四方，只为等待某单细胞生物的出现才最终得以坍缩？抑或还得多等一会儿，直到一个拥有博士学位的观测者将射电望远镜'有意识'地瞄准它？"爱因斯坦的后继者约翰·贝尔(John Bell)禁不住调侃道。倘若爱因斯坦的英灵不小心听到自己的生日晚宴上竟有人提出如此奇谈怪论，大概恨不能赤膊上阵、与其夜战三百回合吧。

不过，与薛定谔关于喵星人的玄想不同，惠勒设计的一系列延迟实验皆牢牢以微观粒子为本，完全具有可操作性。如今，世界各地的实验室已针对光子、电子等设计了各种版本的延迟模型，试图在微粒出发一段时间之后，再来改变

其原初的状态。目前为止，各类实验所得到的结果皆印证着惠勒的推测——延迟效应确实存在。

与此同时，爱因斯坦当年提出的 EPR 悖论也即将进入实地考察阶段，母粒分裂为 A、B 子粒之后，究竟是否还能保持整体的相关性？物质世界那风雨飘摇的"客观实在性"最终能否挺过这场严峻考验？所有谜底都将在《大设计》之中一一揭晓。而现在，还请把目光从茫茫宇宙再次收回到小小的原子团，玻尔等人建立的能级模型仅仅掀开了面纱的一角，大家迫切地想要知道，原子的核心由什么构成？除电子之外，宇宙中还游离着哪些尚不为人知的粒子？到底谁才是构成物质的最小单元……带着这些疑问，让我们潜入微观底层去细细地游览一番吧。

第六章

微观尽头：

粒子的故事

TIME
AND **LIGHT :**
The History of Physics

时与光
一场从古典力学
到量子力学的思维盛宴

玻色子与费米子

时光退回到激动人心的大发现前夜，正当欧洲大陆上空隐隐弥散着德布罗意物质波时，身在柏林的爱因斯坦意外地收到一份英文版稿件，寄信人居然来自遥远而神秘的东方古国——印度。

玻色—爱因斯坦统计

萨特延德拉·玻色（Satyendra Bose）于 1894 年出生在印度西孟加拉邦首府加尔各答，在这座当时尚为英国殖民地的城市完成所有学业后，他当上了加尔各答大学的一名讲师。直到 1921 年，这位黝黑壮实的小伙才第一次离开家乡，来到刚成立不久的达卡大学物理系继续其研究工作。比起欧洲开放而及时的信息交流，玻色所处的环境则闭塞得多，生性静默的他深陷于黑体辐射的深渊之中，唯有独自摸索。经过长久的计算与比对，玻色忽然意识到，传统的麦克斯韦—玻尔兹曼分布在微观世界并不适用。于是，他毅然抛弃了经典模型，把光看作无数微小颗粒的集合，从这些不可区分的全同粒子出发，运用统计学原理直接导出了普朗克的黑体公式。然而，论文投至学术期刊后，不但没有获得一丁点儿重视，反而频频遭遇退稿，理由自然是它的离经叛道。无奈之下，玻色又出奇招，他把自己的心血之作直接寄给了理论界的领航人爱因斯坦，由其来一判高下。

阅过信件后，爱因斯坦心中大惊：这不正是我为"光量子"苦苦追寻的分布
规律吗？他立即停下手中的工作，试着将玻色的统计方
法做进一步推广。在此过程中，爱因斯坦发现，玻色的
理论不仅适用于光学体系，构成气体和液体的原子、分
子也应满足同样的规律。虽然后来的实验证明，该统计
原则对室温下的理想气体并不适用，但当气温接近绝对
零度时，某些特殊物质的原子将全部聚集到能量最低的
量子态，此时构成该物质的所有微粒皆可看作全同粒
子。所以，正如德布罗意将光的波动性蔓延至实物王国

萨特延德拉·玻色

一样，玻色为光子量身定制的分布章程也悄悄将权杖伸向了实物粒子辖区的
一隅。

在极低温度下呈宏观量子态的物质叫做"超流体"。由于全无黏性，超流体
可以永不停歇地流动。如果将其盛放于敞口器皿中，它甚至能够借助朝向上方
"滴落"而逃逸——这在普通流体眼中完全是魔术表演。超流现象最早于 1937
年由卢瑟福的爱徒、苏联物理学家彼得·卡皮查在研究液氦时发现。尔后，直
到 1995 年 6 月 5 日，科罗拉多大学鲍尔德分校的埃里克·康奈尔（Eric
Cornell）和卡尔·威曼（Carl Wieman）才在 1.7×10^{-7} 开的超低温下，利用气态
铷原子首次获得了真正意义上的玻色—爱因斯坦凝聚。4 个月后，麻省理工学
院的沃尔夫冈·克特勒（Wolfgang Ketterle）利用钠原子再次验证了该理论。
三人因此分享了 2001 年的诺贝尔物理学奖。

1924 年 8 月，爱因斯坦将玻色的论文亲笔译成德文，并附上一封郑重的推
荐信，与自己所做的拓展研究一并寄到了极具声望的《德国物理学刊》，"玻色—
爱因斯坦统计"从此名闻天下。把统计法则引入微观世界，这也是爱因斯坦在
抛弃量子力学之前，为这个娇嫩的婴儿盖上的最后一条小棉被。尽管后来的岁
月里，爱因斯坦为追逐心目中至高无上的因果性而与量子力学渐行渐远，但概
率统计这一法宝却始终精心呵护着量子宝宝，伴着它茁壮成长，直到它足以与
经典理论相抗衡……

TIME
AND **LIGHT :**
The History of Physics
时与光
一场从古典力学
到量子力学的思维盛宴

费米—狄拉克统计

随着拨弹埃斯拉古琴的印度青年与卷发翻飞的小提琴手的遥相唱和,量子舞台的帷幕缓缓开启,泡利不相容、海森堡矩阵、薛定谔方程……接下来的短短两年之内,各路奇思妙想争先恐后地亮相于聚光灯下。众高手一面马不停蹄地拆招解招,为新降生的数学模型寻求最合乎逻辑的诠释;一面奋勇前行,力求率先冲入无人之境,以开创自己的学说。这是一段令人紧张得喘不过气来,时而山穷水尽无限沮丧,转眼却又柳暗花明欣喜涕零的癫狂岁月;更是年轻一代冲破学术权威的樊笼,振翅高飞的绝佳时机。

1926 年,薛定谔那尚未相对论化的波动方程才刚刚出炉,英格兰年仅 24 岁的天才小伙保罗·狄拉克便嗅到了其贯通宏观与微观两块大陆的非同寻常的气息。于是,他试着将狭义相对论融入量子方程。在推演过程中,狄拉克发现,含带静止质量的全同粒子(如电子)在忽略彼此间相互作用的条件下,将遵循某种特定的分布规律。与玻色—爱因斯坦统计不同,狄拉克专门为电子打造的分布方程在温度上升到极高值域后,恰与经典体系中的麦克斯韦—玻尔兹曼分布完美统一。然而,正当狄拉克着手将自己的意外收获梳理成文准备发表时,忽然听闻亚平宁半岛上一位 25 岁的同行恩里科·费米(Enrico Fermi)也独立导出了同样的方程,且已将结论刊发。谦逊的狄拉克立即声明,荣耀应完全归功于费米,并第一时间于论文中把该分布规则称作"费米统计"。狄拉克的故事并没有就此完结,波动力学相对论化的旅程才刚迈出关键性的一步。但此刻,让我们暂且将目光移向地中海畔那片形如女王靴的艺术圣地,来了解一下恩里科·费米——这位思维缜密度堪与狄拉克相媲美的"文武全才"的成长之路。

费米出生于意大利王国的首都罗马,这座 2700 年前曾由狼血哺育的"万城之城"如今正率领着统一不到半个世纪的新君主国在混战之中勇力扩张。1915 年冬天,费米的

恩里科·费米

哥哥吉乌利奥(Giulio Fermi)意外身亡，14 岁的他原本色彩斑斓的童年时光顷刻便被捏得粉碎。如同玻尔兄弟一样，费米与哥哥相差亦不过两岁，两个男孩终日形影不离。可眨眼之间，吉乌利奥却因一次咽喉肿痛的小手术而被死神夺去了性命，留下形单影只的费米蜷缩在悲痛的深渊。

正当费米失魂落魄的时候，两卷由古老拉丁文写就的《初等物理数学》偶然映入了他的眼帘。书中层层推进的运算公式，以及公式背后那与万物相关联的永恒真理渐渐填补了费米因生命的转瞬即逝而被蛀蚀的虚空。他努力将全部心神都统统贯注到逻辑世界：代数、几何、微积分……两年后，当费米跳过一级从中学提前毕业时，他已熟练掌握了遨游物理天地所需的基础技能。在启蒙老师阿米达的建议下，费米离开家乡来到伽利略的母校、近 600 岁高龄的比萨大学求学，并取得了比萨高等师范学校所提供的研究生奖学金。19 岁时，费米已是学界一颗冉冉升起的新星，连比萨大学的老师们都常常向他求教。他在广义相对论方面所做的拓展性工作引起了整个欧洲的关注。

1923 年，费米在马克斯·玻恩的邀请下，踏上了去往哥廷根的朝圣之路。不想，在哥廷根大学，高傲而沉静的费米却与那帮唇舌与头脑同样灵活的同龄小伙伴们有些格格不入。除却性格原因之外，最根本的还是由于费米的研究切入点与当时欧洲各大主流门派都不尽相同。一直在大陆南端孤军奋战的他并没有受到过哲思的浸染，针对某一论题提出纯粹、可行的解决方案，才是费米所追寻的目标。海森堡与约当早期构造的模型对他来说过于晦涩，这并不是由于其复杂的数学运算，而是算符背后的物理意义。"它们总有些模糊不清。"费米评价道。恰巧当时"毒舌"泡利也在玻恩身边，他戏谑地把费米称作"量子工程师"，意在暗讽他只专注于榫卯的扣合，却不知抬头领略一下整座殿堂那与天地相交辉的雄浑。

然而，正是这种与众不同治学风格才造就了世间独一无二的恩里科·费米。他尽量避开围绕抽象概念的无休止的争论，可一旦面对具体现象，却能运用其高超的数学技巧将它们一一公式化。多年后，妻子劳拉·费米在一本传记中满怀深情地回忆道："费米的大拇指就是他最好的测量尺。随时随地，他只需闭上右眼，将拇指伸到左眼前面一比，一座山的海拔、一棵树的高度，甚

TIME
AND LIGHT:
The History of Physics
时与光
一场从古典力学
到量子力学的思维盛宴

至一只鸟的飞行速度……全都逃不过他那嗜好严格量化的神经中枢。"手脑并用,这一理论界人士中绝无仅有的看家本领,不久之后更令费米在战时新兴的核领域大展拳脚,带领众实验家前去探掘那埋藏在原子心底的巨大能量。

回到 1926 年,"费米—狄拉克统计"的出台令物理学家终于意识到,原来不同种类的粒子分别遵循着两套风格迥异的运行法则。那么,究竟哪些粒子愿意投至玻色门下,而哪些将奉费米之命行事呢? 当时人类所确知的基本粒子还太少(实际上,就只有电子与光子两种),到了 20 世纪 40 年代,沉浸在高能粒子加速器所引发的"信息大爆炸"中,大家这才发现,决定粒子分布规律的关键因素其实早已为我们所掌握,那就是:自旋量子数。

自旋量子数为半整数的微粒统称"费米子",例如大家所熟悉的电子、质子与中子等,它们的职责是构建宇宙中一切实实在在的物质。所有费米子除了要依从费米—狄拉克统计来确定其分布状态之外,还必须严格遵守泡利不相容原理——系统之内任意两粒费米子皆不得处于相同量子态[①]。也就是说,世上不仅没有两粒相同的电子,也永远不会出现两粒孪生的质子或中子,搭建宏观物质的微观砖块是如此同一,却又如此多样。若非如此,电子要是一意孤行,非得逾越不相容原理而三五成群地聚居于同一量子态,那么有谁不愿缩在最为安逸的近核轨道? 届时,海量电子的涌入将导致原子结构在瞬间塌陷,而由此引发的重重暴乱最终将把整个宇宙都凝成一个死气沉沉的奇点。

与"费米子"相对应的即是自旋量子数为整数的"玻色子"。其中最为引人注目的便是波粒之争的始作俑者光子了,它的自旋量子数为 1。而玻色大军另外还包括:自旋量子数同样为 1 的弱胶子——$W^{\pm}$ 粒子与 Z^0 粒子,不久前刚被实验证实的自旋为 0 的"上帝粒子"——希格斯玻色子,以及尚待发掘的关乎物理学统一大计的引力子等。玻色子是费米子间传递相互作用时不可或缺的重

---

① 介绍两大分布规律时,都曾强调要把粒子看成"全同粒子",而所谓的"全同"与"泡利不相容"并不冲突。"全同"是指粒子的个体之间本身没有区别,而"泡利不相容"强调的则是每个粒子所处的量子态各不相同。正如围棋中每一粒白子都一模一样,但当你把子落入棋局后,它们将处在不同的位置,或攻或防承担不同的责任;不论你如何谋篇布局,同一落点上绝不容许存在两粒棋子。

要媒介，举例来说：当两粒携带负电荷的电子在时空中相遇，它们之间将不由自主地升腾起一股斥力将彼此越推越远；从量子的角度来看，这是因为两粒电子正在互相交换光子，就像绿茵场上的运动员一样，依靠把足球踢来踢去才能感受到对方的力量。

由于自身不承载质量，玻色子并不需遵守泡利不相容原理，它们比费米子拥有更高的自由度，甚至能够逃脱宇宙至高准则——守恒——的制裁。世间的电子不会凭空增加，也不会莫名消逝。质子、中子等大型颗粒则可看作是由夸克等更为基本的粒子复合而成，在特殊条件下它们有可能变身为其他种类的粒子，但同样不会无缘无故地创生或死亡。可是，神出鬼没的光子却并不在乎这些个繁文缛节，普朗克黑体公式即是大量光子于同一能态和平共处的典范，而只需轻轻按下电灯开关，你也可以自黑暗之中随心所欲地炮制光子。

虽然知晓了各自的分布规律，但玻色子与费米子之间的缠结却远比人们此刻所料想的更为复杂，对该命题的探究将陆续在 20 世纪后半叶谱写出段段传奇。其中，有关"大统一"的梦想更是牵动着几代人的心跳，不知有朝一日拨开迷雾的刹那，我们将瞥见清澈的天光还是深不见底的漆黑？但不论怎样，好奇之旅永远不会终结。现在让我们把目光从欧洲大陆移回它枕边那阴雨绵绵的英伦小岛，一同去重温一下构成原子的另外两种微粒——质子与中子——的发现过程吧。

现代炼金术

1919 年，在设计完成"炮轰原子"的经典实验十年之后，誉满天下的欧内斯特·卢瑟福从曼彻斯特回归母校，接替导师 J. J. 汤姆逊掌舵卡文迪许，同时也把他鲜明的艺术风格引入了这座欧洲实验科学的圣殿。

质子的发现

加盟卡文迪许后，卢瑟福首先将自己 1917 年启动的新项目"α 粒子轰击氮原子核"的一系列研究结果整理成文。紧接着,便率领众弟子继续朝着核子的内心深处探寻。

图 6.1 即是卢瑟福为他屡建奇功的爱将——α 粒子——所布置的新战场。这一次,他把轰击目标锁定为气态单质:氮($_7^{14}$N,氮)。如图,在容器 C 中央 D 处装有放射性物质氡气,通过氡的衰变可向四周源源不断地释放 α 粒子流。S 处是一块由涂满硫化锌的金属箔片所打造的微型显示屏。调节装置,令容器 C 内部被抽成真空时,从 D 处出发的 α 粒子的天然射程覆盖不到 S 处。

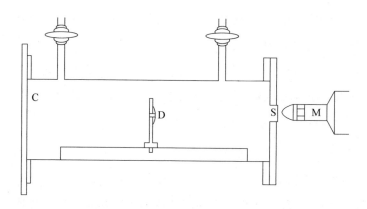

图 6.1 α 粒子轰击氮核的实验装置

把氮气灌入容器 C 后,实验正式开始。此时,通过显微镜 M 卢瑟福观察到屏幕 S 上有亮点在闪烁。由于屏幕远在 α 粒子的射程之外,因此可以断定:光亮源于 α 粒子与新加入的氮原子相互作用产生的某种新物质。尔后,卢瑟福将引起闪烁的微粒导入电磁场,根据微粒在场中的偏转程度来确定它所携带的质量与核电荷数。通过比对,卢瑟福发现该微粒即是氢原子的原子核,他把这种带正电的粒子命名为"质子"。

那么,质子究竟是从何而来的呢? 紧接着,卢瑟福将氮气替换为氧气,屏幕 S 却归复暗淡;再换成分子结构更为复杂的二氧化碳等,依然鲜有亮点出现。由此,他大胆推断:质子其实就是 α 粒子撞击氮原子核所产生的碎片。

$$_7^{14}\text{N} + _2^4\text{He} \longrightarrow _8^{17}\text{O} + _1^1\text{H}$$

式中,$_2^4$He 即是 α 粒子,而 $_1^1$H 则为新创生的微粒:质子,有时也用符号"$_1^1$P"来表

示。论文一经刊出,英国媒体便自豪地用大标题在头版头条宣布:"欧内斯特·
卢瑟福爵士成功分裂了原子。"

事实上,该实验的意义远比"分裂原子"更为深远,它直接剥开了原子核!
卢瑟福用手工敲制的密封铜皮箱、微量放射性物质以及空气中极易获取的氮气
等再简单不过的原材料,完成了地球史上首次"人工嬗变"。把一种元素(氮)彻
底转化成为另一种元素(氧)——这不正是数千年来炼金术士们的终极梦想吗?
不仅如此,他的弟子,那位借助自己发明的质谱仪,耗费 20 年光阴甄别出自然
界 281 种同位素之中的 212 种的弗朗西斯·阿斯顿(Francis Aston),在徜徉于
数据的海洋时,突然意识到,假如嬗变能够随心所欲地进行,比如把氢嬗变为
氦,将有大约 1% 的质量减损。由爱因斯坦著名的质能公式 $E = mc^2$ 推算,该过
程所释放的能量简直骇人听闻。"把一杯水中的氢原子转变成氦,所释放的能
量足够一艘豪华游轮全速穿越大西洋并返航归来!"阿斯顿惊呼。

中子的发现

质子被发现之后,遮盖原子的神秘面纱似乎已完全揭开:携带负电荷的电
子围绕携带等量正电荷的质子,按照玻尔设想的轨道模型不知疲倦地运转。由
于正负电荷恰好完全中和,所以从整体上看原子呈电中性。唯有如此,宏观物
质才不会因为外显的正负电性只略一接触便两相湮灭。但人们随即发现,该理
论依然存在一个重大缺陷:除氢以外,所有元素的质量数与质子数皆不一致。
以氦为例,它的质量是氢的四倍,但氦核所携带的正电荷仅为氢核的两倍。照
理说,它的质子数只应是氢的两倍,那么剩下的质量是从那里冒出来的呢? 一
种简单的解释是:氦核之内其实藏有四粒质子,但核中同时还居住着两粒电子。
如此一来,多余的正电荷刚好被中和,仅留下两倍于氢核的电量来与核外电子
相互作用。1920 年,卢瑟福在此基础上更进一步提出:可以把原子核内一粒质
子与一粒电子的复合体看作一种特殊微粒。由于核电荷数为零,该微粒被命名
为"中子"。

接下来的十年里,卡文迪许的众实干家们各出奇招:令强电流通过充满氢
气的放电管,或变着花样地翻新 α 粒子轰击术,甚至寄望于宇宙射线与原子核

间的相互作用……可是把先前对付其他粒子能够奏效的方案逐一用上,却仍然没能将这个行踪诡秘的小家伙捉拿归案。

直到 1931 年的最后一个月,利用 α 粒子生猛的撞击力来撕裂原子核的构想终于又取得了突破性进展。这一振奋人心的消息来自海峡对岸的"玛丽·居里镭研究所",它是法国政府为铭记居里夫人对放射性领域所做的杰出贡献,与巴斯德基金会共同筹款在巴黎拉丁区兴建的一座专业科研机构。尽管此时居里夫人由于长期暴露于辐射之中身体已遭受严重损伤,但她所开创的伟大事业却丝毫未曾停滞。居里夫妇的女儿,性格沉稳的伊雷娜·约里奥-居里(Irène Joliot-Curie),与她志同道合的丈夫让·弗雷德里克·约里奥-居里(Jean Frédéric Joliot-Curie)理所当然地成为了研究所的继任主管。这一年,年轻的约里奥-居里夫妇获知其德国同行博特(W. Bothe)和贝克(H. Becker)在用 α 粒子轰击原子量较轻的第四号元素铍(Be)时,从铍中激发出一种穿透力极强的射线,经验证,该射线穿越电磁场时不会发生丝毫偏转。由此,博特与贝克在论文中宣称轰击得到的是 γ 射线(一种频率极高的电磁波),因为在当时已知的三类射线中只有它呈电中性。

约里奥-居里夫妇决定利用手中充足的辐射源钋 210(Po)来重复上述实验。经钋原子衰变,源源释放的 α 粒子流果然从单质铍中激发出另一种强辐射。为了深入研究该辐射的具体性质,两人将石蜡等富含氢原子的化合物放在其射程之内,看能否进一步发生反应。奇异的现象出现了,石蜡在该"二级辐射"的照耀下裂解出大量质子,而当他们将质子导入电磁场时,发现其飞行速率竟快得惊人。如果由铍元素释放的"二级辐射"真是德国科学家所断言的 γ 射线的话,那么该电磁波所携带的能量将比入射前的 α 粒子束还要高出十倍! 为了迎合数据的需要,夫妇二人甚至准备放弃宇宙最高准则——能量守恒——而把二次辐射打出的质子用类似于康普顿效应的"光—质相互作用"来解释。可是,质子质量高达电子的 1836 倍,小小一粒光子想要一记无影脚把质子踢出老巢谈何容易?

约里奥-居里夫妇

小居里夫妇的研究报告一经刊出，立即引起了卢瑟福的得力干将詹姆斯·查德威克（James Chadwick）的注意，在苦苦寻觅中子多年之后，幸运女神终于向他投来了惊鸿一瞥。查德威克于 1891 年出生在英格兰柴郡，幼年时父母便离开家乡到曼彻斯特开洗衣店谋生，这个在祖母膝下成长的大眼睛男孩羞怯而内向，但他对课本中的数理谜题却着了魔一般百做不厌。如此全身心的投入，令他在 16 岁时便拿到了曼彻斯特大学的两项奖学金。

詹姆斯·查德威克

入学时，查德威克原本打算修习数学，但在拥挤的院系招考大厅里，他不小心站错了队伍，待到考官开始提问才发现话题统统都与物理相关。胆小的查德威克没敢提出异议，老老实实地加入了物理系。就这样，物理界不费吹灰之力又从数学的口袋里顺走了一块美玉。刚开始，他并不怎么喜欢这个从天而降的专业，浑浑噩噩地过完大一时光之后，适逢卢瑟福到曼彻斯特开班讲授他钟爱的射线理论，查德威克瞬间即被这门每天都在酿生新发现的奇妙学科深深吸引。他一面如饥似渴地学习理论知识，一面找机会磨炼自己的实验技能，不久便从本科生中脱颖而出，被卢瑟福选入了自己的研究小组。之后，经历了战前各国科学家通力合作的奇迹年代，又遭遇过"一战"的疯狂暴乱与恐怖监禁。1923年，查德威克终于辗转回到故乡，回到了他魂牵梦萦的粒子王国。

历史把发现中子的重任交付给这位年过四旬的实干家实在是再合适不过了，不仅因为他早已沿着卢瑟福的猜想在该方向做了许多尝试，且查德威克那与世无争的性格同中子还颇有几分相似呢。身为实验室的副主管，他对"孩儿们"所付出的心血甚至与投入到自己课题中的一样多。他总能在有限的物资当中，帮助每一个初入行的新人获得所需的材料与设备。在大家眼里，体格瘦削、寡言少语的查德威克恰如一粒谦谦中子，喜怒不形于色的冷峻面庞下却藏着一颗温润如玉的心。1932 年 2 月初，当查德威克读到约里奥-居里夫妇的法语论文时，心按捺不住地怦怦直跳，他立刻意识到文中所谓的"γ 射线"极有可能是自己梦寐以求的中子。于是，查德威克停下手里所有的杂活，准备再次重复这一由德国同行首创的轰击实验。

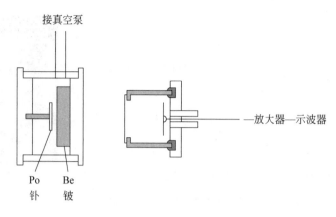

接真空泵

—放大器—示波器

Po Be
钋 铍

图 6.2 α粒子轰击金属铍的实验装置

　　首先,他必须验证前人的数据。如图 6.2 所示,左边装置为辐射源。同小居里夫妇一样,查德威克也选择了由钋元素衰变所释放的 α 粒子束来轰击金属铍,以获取疑似中子束的强辐射。但同时,查德威克在右方增加了一间电离室,它与示波器相连,可以将辐射电离的粒子以脉冲的形式转化为图像,直观地勾勒该辐射的强弱程度——不愧为卢瑟福的亲传大弟子,整个设计没有丝毫冗余且结果一目了然,把导师的简约之风发挥到了极致。在电离室的窗口前放置好片状石蜡后,实验正式开始。示波器上随即显示出剧烈跳动的波形图,这表明从石蜡发出的"二级辐射"已进入电离室。然后,查德威克在石蜡与窗口之间逐次插入厚薄不同的铝片,由吸收曲线计算出该射线在空中的射程。正好与中子的理论值一致,他距离成功又近了一步。

　　最后,查德威克还需丢开前人的经验去开辟属于自己的新战场。他将石蜡替换成其他单质:固态的锂、铍、硼,气态的氢、氦、氧……每种元素在第二轮辐射的轰击下都毫无例外地释放出了一定量的质子,这唯有用微粒之间的激烈碰撞才解释得通。由此,查德威克在抓住"γ射线假说"的致命缺陷(违反能量守恒)的同时,还奉上了来自卡文迪许的更为合乎逻辑的论断:铍所释放的辐射并不是电磁波,而是粒子流,其中流动的微粒即是质量与质子不相上下、核电荷数为零且行事低调的小精灵——中子。

　　海峡对岸那对日夜坚守在研究所的小居里夫妇听闻查德威克的"中子宣

言"后，才意识到自己痛失了一次发现新粒子的良机。由于两人只顾埋头于操作台前，无暇去关注远方的同行在若干年前就已提出的中子假说，当不可思议的新景象展现在面前时，仍固守着老一套思路。因此虽然最先获得重要数据，但他们却也只能眼睁睁地看着真相从指缝间溜走。令夫妇二人尤为懊恼的是，同年 8 月，大洋彼岸的美国又传来了一条"正电子宣言"。两人在故纸堆中一查，发现那神龙见首不见尾的正电子竟早已在自己的检测仪里现出过身形，他们却再次因由忽视前沿理论而与名垂青史的大发现失之交臂。痛定思痛，两人汲取教训，从此不再放过实验中出现的任何异常，时常将研究结果与先锋派们的创想相比对。终于在两年之后第一个实现了"人工放射"，为人类在核物理领域的探险添上了浓墨重彩的一笔。

当然，这些都是后话了。此时此刻，查德威克的论文正漂洋过海奔向哥本哈根。消息传来，恰逢那帮带着 Geek 面具的文艺青年准备把《浮士德》改编为一出滑稽剧，以庆祝玻尔物理所的十周岁生日。终日徜徉在"Ψ、Δ、Ω"之海的博士编剧团的成员们好容易才得一机会于"Æ、æ、Ø、ø、Å、å"之中大显身手，纷纷使出吃奶的力气，为舞台上每个天才都量身打造了一专属角色：玻尔自然是上帝的不二人选，泡利则挑起了饰演魔鬼靡菲斯特的大梁，连缺席的查德威克也没被放过——不知谁为他创作了一幅肖像画，一粒大大的中子赫然在这位不苟言笑的实验家指尖跳跃。

帷幕拉起，查德威克缓缓唱道：

中子已经存在

质量由它负载

电荷它却没有

泡利你可同意

圆头圆脑的靡菲斯特把他那灯泡似的大眼睛瞪得溜圆，真心诚意地向查德威克表示祝贺：

理论温温吞吞

实验捷足先登

这样其实更好

值得全力去搞 ①

泡利的喜剧演员之梦终得一圆。

然而，中子的身份却并不像大家所认定的那样明晰。当时，不论卡文迪许的卢瑟福与查德威克，还是哥本哈根的海森堡等人，都无一例外地把中子看作质子与电子的复合体，而不是一种独立个体。大概潜意识中，人们都希望构成物质的所谓"基本粒子"种类越少越好吧。倘若该假设成立，根据爱因斯坦的质能关系，中子的质量应该比质子与电子的质量之和略小一些。否则该复合系统分解为质子与电子时，不但不需从外界吸收能量，反而还有多余能量可供释放，这样的结构难以稳定存在。

但两年后，查德威克与奥地利科学家戈德哈伯（Maurice Goldhaber）共同合作，在利用 γ 射线轰击氘核的实验中成功获得了一粒中子和一粒电子，由此测出中子的精确质量，该结果推翻了查德威克原先的想法。原来，中子的质量竟比质子与电子的质量之和略大（高出 0.083％左右）。这就说明：在原子核内，中子是一个与质子地位平等的单独种群。

随着中子身份的确立，构成原子的三种微粒——电子、质子、中子——全部被卡文迪许实验室收归囊中。世纪之春，老牌劲旅哥廷根与初生牛犊哥本哈根在理论物理这颗明珠的照耀下朝着微观底层竞相钻探，而鼻祖级的剑桥无形之中却被晾在了一边，气喘吁吁有些跟不上趟。多亏了卡文迪许，在诸位才华卓著且胸怀宽广的老船长的带领下，终以其不凡身手在实验领域大获全胜，可算为这块现代科学的发源地连扳三局，挣回了颜面。

在理论与实验的双重攻势下，原子的内部结构终于在 20 世纪 30 年代中叶彻底曝露于世：如果把由质子与中子组成的原子核比作一个网球，那么即使离核最近的电子也将飞驰在半径约 6.35 千米的环核轨道上。那看起来厚密又结实、摸起来平滑无罅隙、扣起来铿锵有回音的木材与钢板，用射线刀剖开来，里面竟如此的"空旷"！虚实之间，究竟是怎样一股力量在穿针引线，用这无数细小"碎片"造就出精彩纷呈的大千世界？

---

① 以上唱词节选自 *The Making of The Atomic Bomb* 一书。

能量失窃案

疑犯一：中微子

早在 1914 年，查德威克对放射性元素的 β 衰变进行观察时就发现，原子核所释放的 β 粒子的动能并不像 α 粒子或者 γ 射线那样，具有一个恒定的值，却在连续的能量谱线上，从零到该原子核的最大特征值之间波动。这是一个十分奇异的现象，根据守恒原理，能量既不会凭空产生，亦不会凭空消失，电子所携带的能量应该等于发射前后原子核损失的质量差，而该数值正好是谱线读出的最大值。

那么，低于最大值的其他结果该作何解释呢？1930 年，莉泽·迈特纳（Lise Meitner）的实验小组通过测量放射性元素镭（Ra）的 β 衰变所释放的总热量进一步确定，原子核产生的热量并不等于 β 粒子的最大能量，但恰好等于所有粒子的平均能量。在铁铮铮的数据面前，就连教皇玻尔也忍不住怀疑起能量守恒的可靠性来。他猜测道：或许能量守恒只在统计意义上成立，即只对大群粒子的平均值有效。而具体到单个粒子的话，一时半会儿不守规矩也无妨。看来，约里奥-居里夫妇并不是唯一一支误入迷途的小分队，陷入云蒸雾罩的量子迷宫，经验再老道的探险家也难免要碰上几回壁。

首先领悟这桩"能量失窃案"背后玄机的是玻尔的爱徒泡利。就在迈特纳公布研究结果的同一年，泡利别出心裁地提出了一种假说：在 β 衰变的过程中，原子核不仅释放电子，还神不知鬼不觉地释放着另一种粒子。该粒子呈电中性，且几乎不与周围的物质产生任何互动，因此它所携带的能量也就没机会转化成仪器可探知的任何物理量。在查德威克或迈特纳的实验中，"失踪"的能量正是被这种不为人知的新粒子从电子身上分走的。

此语一出，众皆哗然，新粒子?！难道核子和电子还不足以搭建整座物质大厦？大自然为何还要费心打造这群"多余"的颗粒？泡利才不理会那些个形而上的疑虑——排除所有死路，剩下那条道就算再险恶也值得一试，因为只有它才有可能通往真相。他将新粒子命名为"小中子"(little neutral one)，但犀利如泡利者岂会放过炮轰自己的理论，他随即便自嘲道："即使这群质量极轻的小家伙此刻就游荡在我们身边，我们也无法将其捕捉。看来，此一猜想将长久地停留在猜想阶段喽。"拿大家熟悉的粒子做个对比：只需薄薄一层金属膜，就能将可见光波段的光子尽数阻隔；用一块密实的铅板，穿透力稍强的 α 粒子也将被完全吸收；号称穿透力之王的 γ 射线，面对厚度十厘米以上的铅块也将束手无策；而"小中子"却能不费吹灰之力地穿透直径若干光年的铅球！换句话说，只要愿意，它可以毫发无伤地从任意星球体内冲出再钻入另一个星球，是真正的时空行者。

但也正因为困难，检验泡利的猜想正确与否立刻成为实验界最受瞩目的挑战之一。从 20 世纪 30 年代开始，就不断有人做出尝试，最初的证明来自恩里科·费米。1932 年，他把"小中子"假说纳入 β 衰变的理论体系，将整个过程描述为：原子核内的中子自发地转变为一粒质子、一粒电子以及一粒"反小中子"[①]，并根据费米—狄拉克统计计算出了若"反小中子"确实存在，电子的能量分布状况。该结果很快就得到了实验的广泛支持。恰于此时，被"质子"的光芒掩映已久的"中子"终于在查德威克的帮助下正式宣告独立。为标示区别，费米便将这种超轻型"小中子"[②]用意大利语定名为"中微子"(neutrino)。

不过，以上也仅是中微子存在的侧面证据，实地俘获它那鬼魅般的身影又耗费了人类近 20 年的光阴。直到 1955 年，美国科学家小克莱德·科万(Clyde Cowan, Jr.)与俄国犹太后裔弗雷德里克·莱茵斯(Fredrick Reines)才在萨凡纳河反应堆里，利用质子主动出击去拥抱中微子，再通过观察反应尾迹，首次证实了泡利的猜想。原来，虽然中微子与其他微粒发生摩擦的概率极小（仅有百亿分之一），但重核在裂变过程中却能以 β 衰变的形式释放出极大量的反中微子。因此只要将质子密布在反应堆周围，封锁中微子可能闯入的每一条通道，

---

① 有关"反物质"将留待《对称》一章再做探讨。
② 中微子究竟有无质量目前尚在争论之中，但有一点可以肯定，它即使有质量其上限也不会超过电子的十万分之一。

那么随着时间的积累，总有一两粒倒霉蛋会落网：

$$反中微子 + 质子 \longrightarrow 中子 + 反电子$$

所谓"反电子"就是携带正电荷的电子，又名"正电子"。当它与普通电子相遇，二者皆难逃灭顶之灾——它们将随着正反物质湮灭化作两粒 γ 光子。而科万与莱茵斯正是借助仪器记录到的光信号，最终确定了反应的发生。为保险起见，两人又将碰撞产生的中子用掺在水中的镉（Cd）充分吸收，中子在镉层横冲直撞，再次将 γ 光子击出。数秒内，后续释放的光子会再次触动检测仪，产生一组延迟信号。一前一后，双重的闪烁共同验证着上述关系式的准确性，人类终于在实验室里捕捉到了中微子的幻影。然而，又过了整整 40 年，莱茵斯才凭借这项艰辛又漫长的工作得到了诺贝尔评审委员会的青睐。可惜此时他的合作者科万已经溘然长逝。

中微子的横空出世大大鼓舞了实验学家的热情，原来粒子王国还埋藏着这么多不为人知的宝藏！也正是在 1932 年，世界上第一台高能粒子回旋加速器在美国 31 岁的天才设计师欧内斯特·劳伦斯（Ernest Lawrence）的带领下制造完成。当劳伦斯将这台直径 27 厘米，绕满磁线且怪模怪样的机器兴奋地抱在怀中时，朋友问他那是干嘛用的，"哦，它可以粉碎原子核。"劳伦斯自豪地回答道。从此，一门崭新的学科——粒子物理——在加速器尽头创生了，随之而来的，便是令人目瞪口呆的"粒子大爆炸"时代。

疑犯二：π 介子

从原子内打出电子只需十余伏特①的能量，但若想从原子核内剥离一粒质子或中子，却至少要消耗百万伏特的能量。我们知道，核中除了相互排斥的质子，就是保持中立的中子，那么它们到底是依靠怎样的方式才缔结得如此牢固的呢？

量子场论已经证明，带电粒子间的电磁作用力是依靠光子来相互传递的。受此启发，日本大阪大学 28 岁的物理学讲师汤川秀树为解释核子之间的相互

————————————

①　即电子伏特 eV。

TIME
AND LIGHT
The History of Physics

时与光
一场从古典力学
到量子力学的思维盛宴

作用,提供了一套绝妙的对应方案。1935 年,汤川在《日本数学和物理学会》杂志发表了一篇名为《关于基本粒子的相互作用》的论文,文中,他假设存在一种传递核力的新媒介:"π 介子"。举例来说,当原子核内的中子向邻近的质子送出一粒带负电的 π 介子后,自己将蜕变成为质子,而接到 π 介子的质子则摇身一变成了中子。过程前后核子的种类与数目都没有改变,但正是通过此类常人难以觉察的反应,核子们互相之间时刻暗送着介子,依靠这一小小定情信物将彼此紧紧地绑在了一起。

汤川秀树

核子之间依靠 π 介子来传递相互作用力,这画面还真是别致。但该猜想紧接着便遇到了拦路虎:两粒核子互换身份的过程中,能量看起来似乎并不守恒。因为质子与中子的静止质量相差无几,倘若一个向另一个发射 π 介子,那么至少要消耗 $E = m_\pi c^2$ 的能量,这对双方来说无疑都承受不起。然而,聪明的汤川马上就识破了守恒原理布下的这道障眼法。只见他笔锋一转,将量子王国另一铁律——海森堡不确定性原理——搬了出来:

$$\Delta t \Delta E \geqslant \frac{h}{4\pi}$$

只需把核子间相互作用力的力程限制在极小的范围内,令 π 介子以接近光速的速率飞驰,那么在时间 Δt 内出现 ΔE 的能量涨落并不违反量子世界的运行法则——因为 π 介子很快会把从中子身上"偷"来的能量如数归还给质子。

前面我们曾介绍过,若把原子比作一块操场,那原子核的大小也就同草地上的蚂蚁差不多。核子与核子之间的空隙是如此之微小,看来,把 π 介子的奔跑距离限制在极短范围内亦是十分可行。据此,汤川不但仅凭推理就揭开了核作用力的谜团,更直接估算出 π 介子的质量:约为电子质量的二三百倍。由于 π 介子要在质子—质子、质子—中子、中子—中子三组不同搭档间传递作用力,相应地,它们也必须拥有三种电荷状态,分别是:π^+、π^-、π^0。

论文传至欧洲,学者们深为震撼,太平洋岸那座不起眼的"学术孤岛"上竟迸发出如此惊人的创造力！[①] 大规模的搜捕 π 介子行动随之展开。然而，当时的粒子加速器尚在襁褓之中，还远不足以创生能量极高的 π 介子。于是，众课题组只得把目光投向星空，试图在宇宙射线中寻觅它的踪影。这一望，虽没能瞥见 π 介子，却出乎意料地探测到了 μ 子，这个质量约为电子质量的 207 倍的"特大号电子"曾是第三单元《狭义相对论》中光彩夺目的主角，它以亲身经历生动地向大家展示了时间延长与空间收缩的奇观。但除此之外，μ 子还有什么"用"呢？它难不成真是爱因斯坦为验证自己的理论，专程向"老头子"订购的？说笑了，可大自然为何要花费心思在宇宙中撒上一把寿命如此短暂，对构建基础物质并无任何实用价值的粒子呢？时空中究竟还飘荡着多少种千奇百怪的小颗粒？

又过了十多年，人们终于在送入高空的热气球装载的核乳胶底片上找到了 π 介子的踪迹。此时，超大型的粒子对撞机也已建造完成，日夜俯首于线圈和管道的实验学家终于得以迈开大步，追赶仰望星空的宇宙学家啦。1962 年，哥伦比亚大学的幽默大师利昂·莱德曼（Leon Lederman）带领施瓦茨（M. Schartz）及斯坦博格（J. Steinberger）等人在布鲁克海文国家实验室的加速器中，利用质子束轰击铍靶产生了 π 介子流。π 介子在飞行过程中迅速衰变为 μ 子，并释放中微子。这是一种不同于"电子中微子"的全新粒子，后世把它命名为"μ 子中微子"。20 世纪 70 年代，斯坦福的直线加速器中又诞生了 τ 子，其各项性质皆与电子类似，唯一不同的是，它的质量为电子的 3478 倍！毫无疑问，伴随着 τ 子的每一次创生或死亡，都将闪现一粒"τ 子中微子"。

电子、μ 子、τ 子以及与之相对应的中微子统称"轻子"。它们都感受不到汤川秀树所描述的核间作用力，但在 β 衰变过程中，却自有其短程作用方式。根据两种效应的强弱，人们把核子之间专有的相互作用力叫做"强作用力"，而把另一种所有费米子共有的力叫做"弱作用力"。

[①] 作为第一个荣获诺贝尔奖的亚洲人，汤川秀树的成功给日本科学界带来了极大的信心。在他的鼓舞下，日本本土很快涌现出了大批优秀的理论家。

夸克　夸克　夸克①

现在,我们手上已经有了"轻子":电子、μ 子、τ 子及与之相对应的中微子;"重子":质子及中子;和静止质量介于轻子与重子之间的"介子":π 介子、κ 介子、ρ 介子、J/ψ 介子等。与此同时,随着大型加速器以及探测粒子径迹的新装备(如气泡室等)的启用,人们在高能质子的撞击碎片中发现了海量前所未见的"超子"——质量比质子与中子更重的"超级重子"。该族群包括:一种 Λ 粒子、两种 Ξ 粒子及三种 Σ 粒子……很快,希腊字母即将面临被开发殆尽的危险。此类人造微粒寿命极短,皆难以稳定存活于自然界,但它们与普通的质子、中子等又有着某些共性(例如静止质量都达到了一定数量级)。因此,科学家把所有的介子、重子、超子统统归至一个大类:"强子"。

一时之间,粒子种群爆炸式地从宇宙射线,从高能加速器,从人类想象力所及的四面八方奔涌而来,一个古老的问题重又浮出水面:到底什么才是所谓的"基本粒子"? 19 世纪末,科学家普遍认为原子已不可再分。但紧接着,汤姆逊、卢瑟福等人就以一把把射线刀先后切开了原子及原子核,将电子、质子和中子一一呈现在世人面前。按理说,电子、质子与中子应该就是德谟克利特笔下那不可再分的"最小单元"了吧,可为什么眨眼间又冒出了这么些个大大小小的新粒子?

为探究此问题,首先让我们重新来定义一下什么叫做"不可再分"。1897年,J. J. 汤姆逊于阴极管中将射线加热,大量的原子剧烈碰撞后产生出一股电子流,这表明,汤姆逊从原子身上把电子给敲了下来。同理,卢瑟福和查德威克分别从原子核里敲出了质子与中子。可是,当一粒高能质子撞向另一粒质子时,检测仪上读到的不仅有 π 介子的径迹,还可能有 ρ 介子、Δ 粒子等。这是否

---

① "夸克"的命名,灵感源自詹姆斯·乔伊斯(James Joyce)的名著 *Finnegans Wake* 中的一句话:"Three quarks for Muster Mark!"

意味着质子由以上微粒共同组成呢？当然不，这群人造强子极不稳定，它们只稍一露脸便衰变得无影无踪，身后只留下一串串其貌不扬的质子、中子、π介子……那这是否反过来说明，Δ粒子等是由质子、中子组成的呢？也不是，正如放射性元素92号的镭发生β衰变后，生成一粒新原子93号的锕（Ac）、一粒电子和一粒反中微子，但这并不意味着原先的镭原子核里包含着上述元素。因此，严格来说，不论是质子、中子还是各类稀奇古怪的超子、介子，它们都是可以再分的。那么，位于这些强子的最底层，那最最基础的砖块究竟是什么呢？德谟克利特朝思暮想的构成物质的最小单元到底是否存在？

从20世纪50年代起，就有许多理论学家试图在纷繁芜杂的族谱中，帮助粒子恢复原初的简单性。1964年，出生于纽约的犹太后裔默里·盖尔曼（Murray Gell-Mann）与出生于莫斯科的犹太后裔乔治·茨威格（George Zweig）分别独立提出了同一种假说：所有强子都由几种不同类型的基本粒子——"夸克"与"反夸克"——复合而成。后经谢尔顿·格拉肖（Sheldon Glashow）等人进一步发展，确定了夸克及其反粒子分别含有的6种"味"：上、下、粲、奇、顶、底，而每种味又有红、绿、蓝三"色"，这18种夸克和18种反夸克就好像乐高积木一样，经由一定的组合规律，可以构成各式各样的强子。例如：两枚下夸克与一枚上夸克可合成一粒中子，而一枚上夸克或下夸克与一枚反夸克则可合成一粒π介子。

1968年，实验人员利用斯坦福直线粒子加速器证实：高能电子以迅雷不及掩耳之势击中质子后，少部分电子会发生大角度偏转。该现象说明，电子击中了质子内部某种更小型的东西！这不禁令人想起1911年，卢瑟福以α粒子束轰击金箔时的情形。时光流转，半个世纪之后，卡文迪许"巨鳄"当年那稳、准、狠的一枪，竟启迪着后人寻到了夸克的踪迹。看来，组成物质的"最基本单元"终于被物理学家握在手中了。可是，想想原子不久之前的境遇吧，谁知道未来我们还会不会打磨出更锐利的切割刀？

回望20世纪20年代的留影，你将看到欧内斯特·卢瑟福把他引以为傲的人工嬗变箱轻轻地抱在膝上。而沿着他的设计思路，相隔不到20年，当欧内斯特·劳伦斯在伯克利建造的那座能把能量提高至百兆电子伏特的回旋加速器

TIME
AND LIGHT:
The History of Physics

时与光
一场从古典力学
到量子力学的思维盛宴

完工之时，所有工程师却只能站在这位钢铁巨人的脚下与它合影。体积越来越大，能量越来越高，速度越来越快……不知这些通向微观尽头的密闭管道，将把人类的命运引向何方？

劳伦斯伯克利国家实验室的 184 英寸同步回旋加速器

第七章

上帝是个偏心眼？

对称的故事

　　红楼梦中,荣府内有兄弟二人共承家业。次子贾政通达于仕途,深得老太君贾母喜爱,惹得那不成气候、终日家花天酒地斗鸡走狗的长子贾赦满腹牢骚。一日,借中秋佳节,贾赦当着一大家人的面讲了个笑话暗讽老太太:某孝顺儿子的母亲生病了,各处求医而不得,只好请个婆子来做针灸。只见那婆子拿起银针便往他母亲肋条上戳,孝子讶异道:"肋条离心甚远,如何治得了心火?"婆子道:"不妨事,你不知天下父母偏心的可多着呢。"

　　左手右手、左眼右眼、左耳右耳……外观如此对称的人,心脏为什么不长在正中呢? 不单单是人类,现代解剖学告诉我们,几乎所有进化出脏器的动物:鱼、鳄鱼、蛇、青蛙、猫、狗、鸟……心脏也都统统分布在左边。上下左右,四面八方,掌管宇宙设计的上帝是否公正不阿,对各个方向一视同仁? 还是有所偏爱,厚此薄彼呢? 而这与物理学又有什么关系呢?

对称 vs.不对称

　　还记得 1900 年前克劳狄乌斯·托勒密(Claudius Ptolemy)为行星设定的层层套叠的偏心圆轨迹吗? 所谓的"圆",即指到中心距离相等的所有点的集合。从定义就可看出,但凡能称作圆者必定都拥有完美的对称性,而托勒密这套不太精确的模型之所以能占据人类头脑长达千年,部分原因就在于我们对"对称"有一种说不清道不明的痴迷。可除了审美感受之外,"对称"一词有什么可操作的判据呢？为什么说，比起椭圆、矩形、正方等任何一种多边形，圆的对称度都更高呢？

德国数学大师、哥廷根学派的传承者赫尔曼·外尔（Hermann Weyl）可以说是把对称之美引入现代科学的第一人。他曾给出如下定义：如果对某事物施加某种操作，在此操作完成之后，物体的所有性状皆与原先保持一致，则该事物在该操作下是对称的。例如手中的篮球，当你将其顶于指尖飞速旋转，或转动手腕将球抛出，同时眼睛一眨不眨地注视着它，那么你将发现，每时每刻球所占据的空间的形貌始终都保持一致。而如果换成橄榄球，它立起来时，高挑瘦长；但卧倒后，瞬间就变得又扁又胖。所以说，一个物体在空间中能经得起越多样的折腾而继续维持其最初的模样，它的对称度就越高。但在物理学领域，操作对象不再是轮廓鲜明的实物，却是抽象理论，怎样才能考量一个理论的对称性呢？对照外尔的定义，科学家们设计出了平移、转动等一系列游乐项目，将心爱的理论一一送上时空过山车，全方位地探查了个遍。

空间平移

简言之，这就类似于把某物从 A 地原样挪动到 B 地。科学家相信，物理定律具有平移对称性。也就是说，假若我们在 A 地进行一项实验，并严格记录下实验结果；然后在 B 地建立一间与 A 一模一样的实验室，按照原定步骤重复该实验，毫无疑问，你将获得同先前完全一致的数据。

该预言百分百的可靠吗？将你的实验器材挪至隔壁房间也许并无大碍，但如果从寒风凛冽的珠穆朗玛之巅迁到花香四溢的地中海沿岸呢，海拔高度、温度、湿度以及气候的剧烈变化难道不会对实验结果造成丝毫影响？更有甚者，如果从地球表面移到远离大质量星体的深度空间呢，引力场与磁场的消减难道不会扰乱实验参数？科学家解释道："我们所说的平移对称，必须包括一切实验条件，不仅仅是仪器，还有温度、湿度、高度、引力场、电磁场、移动速度、光照强度等。总之，周边的配套环境统统得从 A 处移动/复制到 B 处，而唯一不用跟随队伍辛苦跋涉的，只有空间本身。这位读者，你到地中海度假仍不忘随手做做实验，精神可嘉！不过，若想检验学界所公认的平移对称性，你首先得把喜马拉雅山一起搬到地中海,而到深度空间旅行时——请记得带上地球!"

在如此严苛的前提之下,物理定律终于展现出了它亘古不变的对称性:空间中任意两块子空间,其性质相同。这看似简单的论断,恰是牛顿得以从苹果落地推演出群星的运行原理的基础。设想,如果处在不同位置的物体必须遵循五花八门的游戏规则,那么蜷缩在浩渺宇宙一角的人类,如何有机会参透运动的本质?

时间平移

与空间平移类似,数万年来的经验令世人坚信,时间轴的滑动对物理定律也不会有任何影响。于今天下午三点开动仪器,与明天同一时刻所收集的数据也许一致,但是,如果等到明天凌晨再来重复同样的操作呢?或者亿万年后某个慵懒的夏日,到地球来访的某不知名生物突发奇想,依照古文字所述步骤搭建了一间复古实验室,随后,它用自己滑溜溜的绿色触手将设备启动。试问,它会得到同样的结果吗?

注意,这里所说的平移,同样是指除却时间本身之外,一切实验元素都要移动/复制。正如空间平移一样,如果想在午夜时分收到与下午三点一致的实验结果,你需得把午后暖暖的阳光、空气中充足的含氧量、略显稀缺的水分子等,全都移换至深夜;而如果想让亿万年后的外星人承认你的实验结论,你最好还是把此时此刻整个的太阳系都装进机器猫的小口袋,再乘上时光机亲自跑一趟吧。

又一次,在严格到令人发指的限制之下,物理定律拥有了它的第二重对称性:沿着时间之轴,不论向前还是向后,不论相隔多么遥远,截取任意两段子轴,只要起点与终点的箭头指向不变,二者的所有性状皆相同。

空间转动

物体在空间中除了平移,还可以做什么运动呢?旋转。由此,科学家猜测,从任意角度观察到的物理定律也应步调一致。建造一台仪器,令其面朝东方工作;一段时间后,将其转个向面朝西方,它还能正常运转吗?让我们找个物件来试验一下。例如古老的计时器——沙漏。

绕着竖轴轻轻转动图 7.1 中的玻璃瓶,你会发现,不论旋转多少度,细沙都将不疾不徐地通过纤细的瓶颈滑落到另一个空间。可是,如若把玻璃瓶放倒呢?[①] 此时,细沙将停止运动,安静地躺在玻瓶两端。如果把沙漏移至近地遨游的国际空间站呢? 由前述有关失重的知识可以预期:沙漏不论站立还是躺倒,瓶中的细沙都将像云雾一般漂浮不定。

图 7.1　沙漏

科学家忍不住怒吼:"限定! 请注意我们给出的限定!"要得到转动对称,你必须保证除了角度之外,所有条件皆与原先一致。令沙漏横躺下来,没问题,前提是你必须让重力场也"横"过来,即把地球推到玻瓶的脚下(或头上),以提供源源不断的吸引力。同理,在空间站内,只要造出与地面完全等效的引力场,你就能欣赏到沙粒缓缓坠落的曼妙舞姿了。

洛伦兹变换

情况越来越有趣了,请开动脑筋继续搜寻。时空之中,物体还会经历何等方式的对称操作呢? 没错,正是前几单元反反复复燃烧你脑细胞的伽利略不变性。把地面的仪器放入一节奔驰的车厢,只要火车始终以固定速率沿直线运动,仪器检测到的各项数据将与先时一模一样。与简单的平移、转动相比,这是一类较高阶的转换,它体现了物理学家对运动本质的深刻洞察——在洛伦兹变换下,物理定律的数学方程式保持不变。

这是对称性首次从人类美学的边缘地带闯进理论物理的防守大营,它的不请自来引发起学者们对时空概念的新一轮争论,在此基础上,才诞生了革命性的狭义相对论。

---

① 这只不过换了根旋转轴,原先是沿纵轴旋转,现在改沿垂直于沙漏中心的横轴翻转,并没有违反游戏规程。

TIME
AND **LIGHT**：
The History of Physics
时与光
一场从古典力学
到量子力学的思维盛宴

全同粒子

上述讨论一直把目光投放于时空这样的大构架之下。现在，请你把注意力聚拢到构成物质的细小砖石之上。在这一层次，科学家同样发现了对称性的存在：同一种类的族群中，一粒原子可以用另一粒来替换。把一粒气摘下来换成另一粒气，水分子(H_2O)的性状并不会发生改变；而把从不同地方搜集到的矿石中提取的金元素熔到一块儿，都可以打造出同一款黄灿灿的金元宝。每个特定的元素符号背后，都站立着亿万万从相貌到脾性全然一模一样的微粒。正因如此，门捷列夫才能于变幻莫测的物质世界为元素们英雄排座次，整理出一百单八号猛将[①]。否则，假如宇宙间亿万颗粒子各不相同，令所有人穷尽毕生之时光也数不过来，还何谈开采更深层次的奥秘。

不仅如此，组成原子的质子、中子与电子，组成质子、中子的各类夸克，μ子、τ子、光子、中微子以及它们的反粒子……任意两颗粒子，只要同属一个族群，其性状就完全相同[②]。就好像小时候玩的积木，基本构型只不过寥寥数种，但单调重复的零件在孩子们奇思妙想的浇灌下，最终却成长为千姿百态的城堡。顽皮的大自然在全同性的基础上，利用种类有限但数额庞大的微观砖块，建造出的宏观世界其多样性同样令人叹为观止。

旋转运动

列举了如此多种对称性：空间、时间、宏观、微观……一切似乎都在暗示，对称性这位隐者无处不在，它自创世之日起，便参与定制了游戏规则的方方面面。那么，有没有什么操作方式能逃过它的法眼呢？

答案是：直线运动的老朋友，原地转圈。不知你可是游乐场中"疯狂转轮"的爱好者？机器开动，不论你之前站在哪个位置，在离心力的摆布下，都将身不由己地贴向巨轮边缘。此时，不需借助任何参考系，你都能断定自己正处于运

---

① 这当然是夸张的修辞，门捷列夫时代，信息尚不完整，已知的元素仅有六十多种。
② "粒子全同"与"泡利不相容原理"并不冲突，还记得围棋与棋盘的类比吗？

动之中。同样，若把常规运行的科研器材搬上"疯狂转轮"，可怜的它估计不是被甩出去，就是一头撞向围栏，被砸个稀烂；退一万步，就算事先将其固定好，仪器测出的数据也定与普通惯性系有所不同。因此，物理定律并不支持旋转运动下的对称性。

放大与缩小

另外，还有一种不支持对称性的操作很容易被忽视，那就是尺寸变化。这一规律的发现者依然是实验科学的先驱、相对性原理的奠基人伽利略·伽利莱。400 年前，伽利略就已注意到，将原材料同比放大数倍，由其搭建的模型却无法达到原先的稳固程度。举个例子。博物馆中展出着各式各样由碎片拼接而成的动物骨架，通过它们，再加上少许的想象力，参观者即可在脑海中勾勒出该生物数万年前或穿行于丛林，或驰骋于荒原的矫健身姿。但伽利略的思绪更往后延伸了一步，他将每块骨骼都在草图上放大若干倍，进而发觉，放大后的骨架根本支撑不起同比放大的猛兽躯体。躯体加长、加宽、加厚以后，其重量将以立方倍增长；而骨骼的承重能力却仅与其横截面有关，因而只按平方倍增长。所以，必须使用更致密、更粗壮的"龙骨"来代替原先的骨头。可以想见，放大后的"超级怪兽"形貌将发生显著变化，从某种意义上说，它已不再是原先的物种。

"超级怪兽"的形象深深地触动了伽利略，他把该法则看得与相对性原理同样重要，并将两者一齐写进了《关于两门新科学的对话》。此后漫长的岁月里，有关运动及时空相对性的谜团渐渐被世人逐层剥开；可是，物质结构中对称与不对称的明争暗斗却鲜有人留意。直到 20 世纪，微观世界的大门突然向我们敞开，伽利略当年那奇异的思想实验才再次引起了理论家的关注。制造一台光谱仪，令其激发钠原子，使其辐射光波并读取波长、频率等数据；然后，将该装置的各个部件等比放大十倍，组装成"谱仪二号"，再拿同样一堆钠原子进行试验。试问，"谱仪二号"会激发出十倍波长的光波吗？当然不会，事实上，读数与原先并无二致（如果机器还能正常工作的话）。

看来，量子王国里也有对称性鞭长莫及的地方。这是为什么呢？让我们来具体分析一下。用十粒原子构筑的某物，若想将其放大一亿倍，该从何处入手？

TIME
AND LIGHT:
The History of Physics

时与光
一场从古典力学
到量子力学的思维盛宴

找来十亿粒同种类型的原子？不行，在数量级从 10^1 激增至 10^9 的过程中，海森堡不确定性将越来越模糊。因此，由十亿粒子构建的新物体比起它仅有十颗粒子的胞弟来说，某些性质将发生不可逆转的改变。那么，干脆直接把原子给放大一亿倍？也许可行，不过这活儿唯有设计之神才接得了[①]。缩与放之间，万物的属性悄悄发生着变化，而这也许正是微观与宏观之间存在鸿沟的根源之一。

可逆 vs. 不可逆

除了尺寸缩放的不对称性，另一个能为我们呈现微观与宏观之间巨大鸿沟的恰恰是物理王国中最为神秘的对称性："时间反演"（T 反演）。现在，请你合上书本，给自己一分钟时间，回忆一下昨天所发生的事情。相信不用太费神，顷刻，所有的细节都将历历在目。但是，你能记起明天发生过什么吗？

时间，世上再无谁能拥有同它一样的魔力，不论你是否在意，它无时无刻不与你的灵魂相纠缠。春去秋来花开花落，它带走岁月，留下记忆；它丰富着你的阅历，却蚀刻着你的容颜；它明明流淌得无比均匀，但对你来说，有时几年光阴只在眨眼之间，有时一秒钟却有一个世纪那么长……可每当你准备花点儿时间来思考时间，却千头万绪不知从何开始——不如就从此刻开始吧。你如今的行为能对未来产生影响吗？相信大多数人都会回答"是"，不论你的梦想是什么，只有付诸实践才有机会与其相拥，这也正是我们每天辛勤劳作的原动力。可你的行为能够改变过去吗？这一次，很少有人敢回答"是"吧。世上没有后悔药，尤其在狭义相对论问世之后，一道光速铁幕愣是把人类乘着"超级火箭"追回时光的最后一丝希望也给挡在了（3＋1）维的时空之外。现在，就像一道无形的分水岭，将过去与未来硬生生地隔断开来。

----

① 关于这一命题，亨利·庞加莱曾提出过一个很有趣的悖论，名叫"夜间倍增"：如果一夜之间构成物质的原子连同空间一起，突然都胀大一万倍，物质世界的一切，苹果、地球、星系、星系间的距离、我们自身以及我们对长度的概念，统统都神不知鬼不觉地放大了一万倍。那么这和原先又有什么区别？我们有可能感知这一变化吗？

杯中窥墨

可是，在《力的故事》中我们曾提到，时间箭头的调换对力学公式并无影响。也就是说，物理定律在时间反演下对称。将镜头探向星空，拍摄一段行星围绕太阳转动的画面，然后，把影像倒过来放映，这看起来确实没什么不妥。但如果将镜头聚焦于桌面的一杯清水呢？把一滴乌黑的墨汁滴入水中，墨色一点点晕染开来，从中心向着四周绵绵扩散，每分每秒，杯中的颜色都更加均一，直到整杯水都化作一团淡墨……然而，若将影像倒过来：一杯灰暗的液体四周逐渐澄清，却在中间慢慢凝起一点浓墨。观众马上就会意识到，方才所见绝非真实景象。

同一过程，让我们再从另外一个角度来观察一下。这一回，实验将采用拥有无限放大倍数的高速摄影机，而目标则锁定在少数一群墨汁分子身上。画面中，墨汁在水分子的推搡下，永不停歇地做着无规则的热运动。它们这一秒还出现在水杯正中央，下一秒可能就已窜到了杯底。如果截取任意瞬间，你将发现，镜头下，不论墨汁还是水分子无不乖乖遵循着同样的规则：撞到一块儿，又各自反弹开去，等待着新一轮的碰撞。而若将影像倒放，依然是碰撞、反弹、碰撞……并无任何差别，反应过程全然是可逆的！在微观世界，时间之矢消失了，物理法则的的确确于过去、未来两端呈现出了对称性。

但"杯中窥墨"却作何解释呢？宏观物质究竟是如何利用可逆的微观砖块，奇迹般地搭建起了不可逆的大千世界？别着急，通过几个逐层递进的思想实验，你马上就能领会这一魔术的精髓。

为简单起见，我们用氢分子来代替上例中的墨汁，且暂时将水分子忽略不计。如图 7.2 所示，取一粒氢分子放入一个左右等分的绝热箱。试问，任意时刻，将镜头贴近箱壁，按下快门，在这一瞬间的画面中，氢分子位于箱子右半边的概率是多少呢？答案自然是 $1/2$。

第二回合，往系统内再添一粒氢分子。试问：两粒分子一齐出现在左边的概率是多少呢？$(1/2)^2 = 1/4$。那么，两粒分子一左一右均匀分布的概率又是

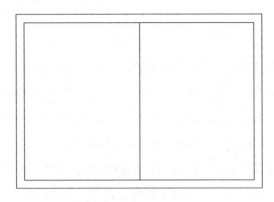

图 7.2　绝热密封箱

多少呢？$C_2^1 \times (1/2)^2 = 1/2$[①]。等等，$1/2 + 1/4 = 3/4$，还有 $1/4$ 到哪里去了？自然是两粒分子都跑到右边的概率。同在左边或同在右边都属于偏居一侧，加起来：$1/4 + 1/4 = 1/2$，正好等于一边一粒的概率。也就是说：此时，两粒分子均匀分布与扎堆抱团的几率相同。

　　第三回合，这次，我们抓上一把分子来试试看。假定共有 100 粒，那么这 100 粒分子同时出现在右边的概率是多少呢？$C_{100}^{100} \times (1/2)^{100} = (1/2)^{100}$，已非常非常微小。而此时，拿起相机抓拍，你将发现，这 100 粒氢分子横冲直撞，满箱子乱飞的概率将高达 $C_{100}^{50} \times (1/2)^{100} + C_{100}^{49} \times (1/2)^{100} + C_{100}^{48} \times (1/2)^{100} + \cdots\cdots$ 随着分子数目的增多，它们大致均匀地分布在密封箱各处的概率将急剧增高。也就是说，随着时间的推移，这 100 粒氢分子扩散至整个箱子的机会将越来越大。在把若干粒子扩充为一群粒子的过程中，各分布状态间的概率差猛然拉大。这意味着，镜头正放与倒放将渐渐显出差别，"时间之矢"由此浮现……

　　而现实中，一滴墨汁所含的分子数远不止 100 粒。于是，该轮到阿伏伽德罗常数上场了：在绝热箱的正中插入一块挡板，往右侧注入 6.02×10^{23} 粒氢分子，然后保持箱子密闭，把挡板轻轻抽出。毫无疑问，左侧的真空部分将不断涌入新的移民。用 6.02×10^{23} 替换上例中的 100，你将发现，此时气体分子实际上是从一个概率极低的分布状态自发扩散到概率极高的分布状态——恰如杯中

---

　　① C 是一个有关概率的算符，你若对计算过程无兴趣，可直接跳过，只看结果即可。

的墨汁。

猴子与莫扎特

如果继续追问,这个所谓的"低概率"到底有多低呢？随着总量的增多,所有分子同时出现在一侧的概率必将越来越小,但是,不论分母"2^n"中这个 n 有多大,分子始终唯一。这意味着,气体以该状态出现在箱内的概率永远不会为零——再小的几率它也是机会啊。

所以,如果能在玻璃箱旁架设一部"超级相机",每月、每日、每分、每秒、每毫秒、每微秒不停抓拍,总有那么一瞬你将捕捉到所有分子统统挤进右边,左侧空空如也的精彩画面。可是,想看到这样一幅图景需要等待多长时间呢？依旧只取 1 摩尔气体,把它充入容积为 44.8 立方分米的真空箱。任意时刻,所有分子全部集中于右半边的概率为 $(1/2)^{6.02 \times 10^{23}}$；也就是说,如果选用每秒拍摄一帧画面的相机,就算它马不停蹄无休无止地工作,也需要 $2^{6.02 \times 10^{23}}$ 秒才能保证会拍到一张上述照片。这样的机会岂止是千载难逢,简直是亿亿亿载难相逢呐。

而以上讨论还仅限于一种分子。回到墨汁入水的场景,若把十来粒"墨分子"[①]与水分子分别投入杯中,虽然它们也将趋向于混合,但只要你有足够的寿命和耐心守在箱边,百万年内总还是有机会目睹墨汁与水相互分离的小概率事件的。但是,当观察对象换做一杯水加一滴墨,所需的时间可就不止 $2^{6.02 \times 10^{23}}$ 秒啦,数量级还得噌噌往上涨。

那么,各分布状态间如此显著的概率差究竟是怎样造成的呢？请仔细观察图中盛装气体的玻璃箱,假若里面有 100 粒氢分子,则 100 粒分子全部挤在右侧的排列方式为 $C_{100}^{100} = 1$,只有一种。此时,从箱中任意截取几块子空间,其性质很可能各不相同：一块充满了氢分子,另一块一无所有,又或一半是真空一半有分子。氢分子疏密不均,使得整个空间错落有致,形成某种特定结构(各向异性),我们称这样的状态叫做"有序"。而 100 粒分子左右各半,共有多少排布方式呢？C_{100}^{50},可能性急剧增大。此时,从总体上看,氢分子均匀地遍布于箱内各

---

① 事实上墨汁是混合物,其中包含着数种分子。

TIME
AND LIGHT：
The History of Physics

时与光
一场从古典力学
到量子力学的思维盛宴

处，整块空间无论截取哪一部分，其性质都大同小异（各向同性），我们把这样的状态叫做"无序"。这么说来，分子从低概率状态涌向高概率状态，实则是从有序走向了无序。德国物理学家、热力学鼻祖之一鲁道夫·克劳修斯（Rudolf Clausius）由此提出了一个影响深远的概念："熵"。它是体系混乱程度的表征——相对熵值越大，体系就越混乱。

在进入熵的世界之前，我们先考虑这样一个问题：从概率上占压倒性优势的无序中创生出可能性微乎其微的有序，此等美妙的事情现实中到底会不会发生？数学家相信，答案是肯定的。为此，他们专门设计了一个有趣的场景：把一只完全不通音律的猴子牵到一架钢琴前，令其随意敲击键盘，而只要时间足够长，旁观者便能从琴键迸出的一连串或惊悚或悲戚的音符中，寻获乐坛神童沃尔夫冈·莫扎特（Wolfgang Mozart）当年谱写的所有乐章。

这是真的吗？好奇心爆棚的科研人员把一只猴子领进琴房，不知使了什么招数威逼利诱，居然还真让它"弹"起了钢琴。随后，大家把"披着猴皮的莫扎特"独自留在房中，透过监控设备暗中进行观察。足足守候了大半日，其间，除了"当……，当当……"这唯一一个音符断断续续、反反复复地挑战着听众们耐性的极限之外，哪有半点旋律的踪影。

数学家忍不住争辩道："同志们，我们谈论的可是无限呐。无限的时间，它是若干小时的无数无数倍啊。"无有长生不老的美猴王、无有狂敲猛砸都捶不烂的超级钢琴，是接不了这号瓷器活儿的。再说了，即使上述两者皆备，谁来负责检测数据，从无穷无尽的破烂音符中检索出某段天籁？面对"无限"，任是再精巧的方案、再精密的仪器、再精神百倍的头脑也枉然。设定于无限背景下的假说，是断不能在资源有限的实验室里被证明或证伪的。

既然所有实验都望尘莫及，该论断是怎么得到的？自然只有依靠纯逻辑了。如果拥有无限长的时间，系统的确有希望从无序中自发地形成有序。但许多证据表明，我们生活的这个宇宙很可能是"有限而无界"的——构成宇宙的物质是有限的，空间是有限的，就连时间也是有始有终的。被困于有限当中，数学家所期待的"从无序中孕生有序"的过程，似乎永远也只是广袤时空中的黄粱一梦而已……

熵

综上,从有序走向混乱才是大千世界所有微粒的共同宿命。也就是说,在任意孤立体系①内,混乱度只会加剧而不会降低——这就是著名的"熵增原理"。

不能想办法消除这种混乱吗?既然孤立状态下熵值只增不减,何不敞开大门,把"多余"的熵统统给扔出去?通过一系列步骤,我们确实能够把熵转移到外界去。可是,由于从有序到无序是一个自发过程,每一次人为进行修补,让无序退回到有序之中,就必然会在别的地方产生更多的漏洞。把熵丢弃到系统之外,看似可行,但当系统的边界进一步扩大,扔出去的"垃圾"又将重新被包裹进来。在更高层次的整体内部,熵值依然在增加。也就是说,熵只能在人为界定的"系统"与"外界"间被交换,却无法被消除,它一旦出现,就永远留在了宇宙的记账簿上。不同于永世恒定的能量或动量,熵就像山巅滚落的雪球,没有什么能够阻止它越滚越大、越滚越大……这真是一笔连宇宙都头疼不已的"黑账"。

而往更深处想,如果把整个宇宙看作一个孤立体系②,那么其熵值同样只能不停增加。也就是说,宇宙中的一切只能从高阶的有序状态渐次退化至低阶的无序状态。最终时空各处再也没有质量差别,没有温度高低,没有能量流动,有的只是一片混沌。惠能大师于冥冥之中点头赞叹:这才是真正的"无"啊。大自然难道是在参悟了禅宗之后,才为我们亲爱的宇宙定制出相应的运行法则与终极归宿的?

但放眼四周,一颗颗闪耀的星球、一个个鲜活的生命,却正是从大爆炸那混沌的粒子汤锅中凝聚而来。星系的创生,生命的演化,这一系列过程皆是"从无序到有序"的典范,是彻头彻尾的"逆熵"!

那么,这群"叛逆分子"的生存动力源自何方呢?比利时布鲁塞尔学派的掌门人伊利亚·普里戈金(I. llya Prigogine)曾提出一种假说:万物必然的演进历程实则源自偶然的能量涨落。他认为,在大范围内,世界的确成混沌状态,但在

---

① 所谓"孤立体系",指的是既不与外界发生物质交换、也不发生能量交换的全封闭体系。

② 毕竟就算宇宙之外还有什么存在,"它们"的时间、空间也和我们的宇宙大不相同,甚或其中的"生命"根本就不需借助时空来存活——很难想象两个世界之间能够进行热功交互作用。

时空的个别角落里，能量却可依从概率法则随机起伏。也就是说，在小范围内，"逆熵"是有可能实现的，而宇宙正是抓住了这转瞬即逝的非平衡态，在局部范围内将此类有序进一步有序化，从而在熵的掌缝之间，为物态的多样性撑起了一片片天地。

该理论一经问世，立刻获得了大多数学者的支持。但也有人提出异议，加州理工大学的费曼教授即是其中一位。他分辩说：如果生命的进化果真源自局部时空的能量涨落，那么身处于一个完整的宇宙当中，我们就应期待在某些方向观测到混沌。但时至今日，在宇宙的各个方向，目力所及，我们看到的世界是如此的有序，各式星云镶嵌于渺渺虚空，错落有致、层次分明，丝毫透露不出混沌的信息。因此，费曼提出了另一种假说，他认为，宇宙的昨天比今天更有序，而我们——确确实实是走在熵增的不归路上。

麦克斯韦妖

有关生命的起源，是生命体最为关注也最难参悟的玄机。而熵的疑云并不仅只笼罩着生命现象，在无机王国，它同样无孔不入。把一冷一热两杯水混入一个大杯，再测量大杯的温度，它将介于冷热水之间。反过来，若桌上放着一杯凉水，可有谁曾见过杯底自发地结起了冰而杯面却"咕噜咕噜"沸腾不已？不可能把热从低温物体转移到高温物体而不对环境产生其他影响——这便是热力学第二定律。

作为分子热力学的创始人之一，麦克斯韦针对该"不可能任务"设计了一个思想实验：在一个密封箱里充入一定量的气体，于箱子中间设置一块隔板，板上开一小孔，孔中住着一只妖怪——没错，它正是铁面无私的"麦克斯韦妖"。此妖密切地注视着箱内气体分子的一举一动。无论何时，只要在左侧看到有分子飞快地向小孔冲将过来，就立马开启微型门，让它去往右侧；而如果遇见行动迟缓的分子，则关闭闸门不予放行。反过来，对右侧箱，则只准慢慢吞吞的分子挪往左侧。如此，一段时间之后，左侧越来越冷，而右侧却越来越热，熵增难题不就成功破解了吗？孤立体系之内，气体分子从一团混沌变得阵仗鲜明，箱内温度也自均一而变得高低起伏。

难道堂堂热力学定律面对麦克斯韦妖也将束手就擒？且慢，让我们仔细来分析一下小妖的处境。既然身处密封箱内，小妖自然也摆脱不了热效应的侵蚀，随着时间的推移，掌控着通关阀门的麦克斯韦妖自身也将变得越来越热。不一会儿，它将被自己给热得头昏脑胀，再也看不清眼前分子的运动状况，而这还仅只是混乱的开始。不论麦克斯韦妖是由什么材料构成，只要其比热不是无限大，就无法摆脱能量累积所带来的飞奔冲动。最终可怜的小妖将像箱内其他分子一样，到处乱窜，再也无法执行它守护关卡的光荣使命。

从物理定律的时间反演到世间万物的单向进化，在对称的迷宫里，我们已经跋涉了许久，但却依然有些辨不清方向。而随着讨论愈加深入，你将发现，各对称特性之间并不是全然孤立的，唯有穿越层层暗道，才能把握其中的关联。因此，让我们把有关时间的困惑权且先放一放，来看看大自然在微观世界设置的另一种对称性。

物质 vs.反物质

"电荷共轭"（C 反演），这个名词对多数人来说也许还比较陌生，但若换个角度——物质 vs. 反物质——那么，相信无须借助物理课本，这对概念早已通过形形色色的科幻、奇幻、魔幻故事深深地盘结在了你的脑海。从街边的小册页到美轮美奂的大荧幕，正反物质相遇时那激情澎湃的一刻撩动着所有地球人的心弦。然而，倘若追溯起来，如此热烈的画面却是诞生于物理史上最为冷静的人物保罗·狄拉克的头脑之中。

狄拉克之海

1928 年，26 岁的狄拉克在将波动力学相对论化的宏伟工程中演算正酣。遨游于算符海洋转眼已近两年，其间，他不但对微观粒子的第四重坐标——自旋量子数——给出了精准定义，还找到了描述所有自旋量子数为半整数的粒子分布状态的统计规律，即费米—狄拉克统计。一切即将大功告成，然而，在收尾

TIME
AND LIGHT：
The History of Physics

时与光
一场从古典力学
到量子力学的思维盛宴

阶段推导电子所携带的能量 E 时，他发现自己得到的是 E^2 的表达式。这意味着开根号后能量将有两个数值，一正一负。依据质能方程，质量是能量的一种表达形式，如果存在"负能量"，那么理所当然也就必定存在"负质量"体。这将是怎样一朵奇葩呀。想象一下，当你向一粒"负质量"电子施加吸引力，它却反倒离你远去的诡异景象吧。此时，顽童伽莫夫正巧游学欧洲，当他听闻狄拉克在量子理论中引入了这么个指东偏朝西的怪家伙，不禁戏谑道：不如把你那倔驴一般的负质量电子给取名叫"驴电子"好啦。

如果说物理界存在"潜规则"的话，那它也与专注于纯逻辑的数学界有所不同，理论家在仰望星空的同时还需脚踏大地。因此，部分学者倾向于将与现实不相契合的结果简单地贴上"没有意义"的标签，而把注意力集中于数据天平上容易解读的一端。但狄拉克拒绝这种取巧的做法，他执拗地为自己笔尖开拓的新世界寻找着意义……

"驴电子，嗯哼，我还就从你下手"，狄拉克思忖道。电子既然有无穷多个正能量的量子态，为什么不可以拥有同样数量级的"负能态"呢？但另一方面，电子作为一种费米子，它们必须时刻遵从泡利君王的律令，自能态最低处开始不相重叠地依次入驻各个岗位。假若负能态真的存在，为何从来没人观察到电子族群从正能态跌落至负能态并释放大量辐射的壮观景象呢？而更进一步的矛盾是，既然负能态上还有空缺，世间为何还有那么多的电子敢忤逆排布规则，逡巡于高高在上的正能态中呢？

又经过长达两年的思考，狄拉克终于为他笔下的"$-E$"找到了一种合乎逻辑的解释：电子之所以能在正能态中游荡，是由于负能态早都已被占满了。什么，占满了？那我们怎么从未见识过任何负能态物质？这是因为负能态"颗粒"实在太多、太密，它们无孔不入，填满了空间的每一丝缝隙，从而形成一个真正意义的"连续统"——没错，物理学中曾引发百年纷争的"真空"概念再次浮出了水面①。在狄拉克构建的异世界里，它就是承载负能量的海洋，史称"狄拉克之

---

① 用"真空"来形容负能量之海可能会引起一点误会，要注意，不"空"的地方同样填充着负能量，在有物质的地方，"真空"只是退居背景地位，并不会消失。换句话说，正能态物质并不是"漂浮"在海上，而是"浸透"在海水中。

海"。因为负能态绵延、均一地分布在宇宙的每一个角落，正如风平浪静时，鱼儿几乎感觉不到海水的存在一样，徜徉在密度各向一致的狄拉克之海，你亦很难觉察到它的存在。

好一幅绝美画卷，既为泡利君王挣回了颜面，又为狄拉克方程的负数解保留下了足够大的空间——大到吞纳寰宇，气势简直了得！可是，介于狄拉克为他的负能量之海所下的定义，海里的粒子相互之间不受任何作用力约束，这是不是意味着，我们永远也无法通过仪器检测到它们，因而也就不可能对理论进行证实或证伪了呢？

治学严谨的狄拉克当然不会随意抛出无法验证的空谈。调动逆向思维，他想出一套绝妙的实验方案：虽然我们尚无能力用瓢将海水舀起，但利用高能射线这把大锤，从海中凿出一两颗负能量粒子却是可行的。而负能量粒子一旦跃出海平面，闯入正能态，立马就会变成普普通通的正质量粒子。从外部看来，突然多出的些许质量仿佛违背了守恒原则，但此时，你若把目光探向狄拉克之海深处，就会找到一个与之对应"空穴"。举个例子：如果从海中逃逸的微粒携带负电荷，那么原本均匀的连续统现在就缺失了部分负电荷，此时在空穴处应能检测到等量的正电荷。更重要的是，逃逸的粒子随身带走了负质量，无意间为正质量的涌入创造了契机。借此，狄拉克在看不见摸不着的负能量之海掬起了一颗实实在在、兼具正质量与正电荷的微粒，恰与海面上携带负电荷的普通微粒两相呼应。新理论不但丝毫没有破坏能量守恒，同时还是电荷守恒的最佳佐证。

但创生于狄拉克之海中的那颗神秘微粒到底是什么呢？当时已知的唯一一种携带正电荷的微粒就是质子，可是经狄拉克计算，质子的质量要比空穴能够容纳的正质量的最大值高得多。与当今科学家们都以发掘新粒子为己任不同，在前加速器时代，物理界对新物种的降生普遍持保留态度。在这样的氛围之下，一向果敢的狄拉克也犹豫了起来，含含糊糊不愿吐露新粒子的芳名。当此关头，一同奋战在量子前线的泡利和海森堡闻知狄拉克的奇想后，立刻放下手中的工作，对其进行校验。结果两人的计算一致指向该微粒的质量必须与电子相等。更有规范场宗师赫尔曼·外尔从对称性的角度给狄拉克服了一剂定

TIME
AND LIGHT：
The History of Physics

时与光
一场从古典力学
到量子力学的思维盛宴

心丸。他侃侃而道：如果暂时抛却方程中的细节，狄拉克之海其实就像一面镜子，海里的粒子与海面的粒子应当在形态、质量、核电荷数等各方面都一一对应。很难想象质量为电子 1800 倍的质子会作为它的镜像出现在海洋当中，那岂不成了"哈哈镜"？

在好友与前辈的双重鼓励下，狄拉克终于迈出了决定性的一步。1931 年，他将自己原先迫于压力勉强塞入负能量之海的质子给挖了出来，在新发表的论文中，公布了"正电子"这一概念——它的质量与电子相当，却携带着与其等量的正电荷。不仅如此，狄拉克更顺势将"海水"蔓延至整个世界。他解释道：相对于我们所熟悉的电子而言，创生于空穴的微粒又可称作"反电子"；那么运用同样的手段，只要能量足够大，当然也可以从真空之中敲出"反质子"——质量与质子相当，却携带着负电荷。有了反质子与反电子，待技术进一步成熟，我们就可利用它们搭建"反原子""反分子""反物质"……狄拉克以他举世无双的创造力，在天地之间为大家开辟了一整块"反大陆"！

寻找"反世界"

1932 年，从事宇宙射线研究的美国科学家卡尔·安德森（Carl Anderson）在云室观察到一种特殊的粒子，它在磁场中的偏转程度与电子相当，但转身方向却恰好同电子相反。安德森的导师罗伯特·密立根正是那位意欲驳斥"光量子"，结果却最先证明了该理论的实验大师。此时他已是物理界的风云人物，面对又一新奇景象，密立根再次展示了自己无与伦比保守，他告诉安德森：云室捕捉到的不过是常规的质子而已。

卡尔·安德森

但安德森敏锐地意识到，质量硕大的质子其偏转角度不太可能与电子呈现完美对称，因此便排除了导师的猜测。那么还有何可能呢，会不会是反方向运行的电子不小心误入云室？可安德森的研究对象是宇宙射线，它们统统来自外太空，运行方向必然是自上而下，怎么会产生自下而上的径迹呢。为保险起见，他用铅板将云室隔断。由于铅能够部分地吸收粒子的能量，穿越铅板后粒子的速率必定有所减慢，因此通过比较铅板两侧粒子的飞行速率，就可以确定它来自哪个方向了。经反复测算，安德森进一步排除了反向电子的干扰。这样一来，便只剩唯一一种可能性了：他撞见了质量与普通电子相当，但所带电荷却与其相反的正电子（图 7.3）。

图 7.3　安德森于云室拍摄的正电子径迹

不顾密立根的反对，安德森立即将自己对新现象的诠释公布于众。消息传到卡文迪许实验室，卢瑟福的又一爱将帕特里克·布莱克特（Patrick Blackett）大惊失色。原来，他在云室里早就拍到了与安德森同样的画面，可出于谨慎起见迟迟没敢公布结果，闪念的犹疑，让他错失了新粒子的"认领权"——发生在中子身上的故事几个月后在正电子这儿又重演了一遍。只是这一回，当惯了喜剧主角的卡文迪许不幸沦为了悲剧的一方。

该发现不仅印证了狄拉克的学说，在短短四年内为安德森赢得了一座诺贝尔物理学奖，同时也为世人打开了通向神秘的反物质世界的大门。1955 年，赛格雷（Emilio Segrè）与张伯伦（Owen Chamberlain）两人共同发现了反质子；一年后，反中子也在伯克利劳伦斯辐射实验室的同一加速器中诞生。紧随而来的"战后粒子潮"中，μ 子、τ 子、中微子等千奇百怪的小家伙蜂拥而至，与其相对应的反粒子也很快被逐一登记在册。理论上来说，除少数粒子（比如自旋量子数为 1 的光子）的反粒子就是其本身以外，多数粒子都拥有自己独一无二的反粒子。这样看来，几乎没什么理由可以阻止庞大的反粒子群于时空之中构建专属于它们的"反帝国"。

那么，"反帝国"若存在，对我们的世界将会有什么影响呢？请把目光再次收回到微观乐园，仍以电子为例：公平地说，正电子在它的国度与负电子在我们的世界行为并没什么两样；但如果两粒电子恰于时空之中相遇，此刻对于负电子来说，正电子在他眼中不过是连续统内一个小小的空穴。于是，负电子必将迫不及待地钻入洞穴填补虚空……耀眼的光华后，连续统恢复了往昔的绵延与宁静，但可怜的正负电子却在相互抱拥的刹那灰飞烟灭。该过程又称"正反物

TIME
AND LIGHT:
The History of Physics

时与光
一场从古典力学
到量子力学的思维盛宴

质湮灭"①。二者汇合,质量相消,所产生的能量以光子的形式向着四周喷薄发散——把质量完完全全转化,这绝对是采撷能量最为高效的方式。当微不足道的一克物质与一克反物质相撞,它们释放的能量将超越毁灭广岛与长崎的两颗原子弹所释放的辐射量之和!

以上是我们从"正物质"的角度预见的景象。试想,如果同样为狄拉克方程所主宰的反物质星球上也有智慧生物,那么在他们看来,携带负电荷的电子才是连续统内的空穴,而他们可爱的正电子则是闯入虚空、缝补裂痕的勇士。两种描述不论过程还是最终结局,都完全等效——电子与空穴同归于尽,弥合了电荷连续统上的一道小小创口。因此,所谓"正"与"反"不过是地球人依据自个儿的口味贴上的标签而已,反物质星球上的居民们肯定也认为自己才是"正统",而人类却是不折不扣的"反生命体"。

当镜头再次切换回地球视角,新的问题随之而来:如果对称是设计之神所追求的最高美学境界的话,物理法则应当对任何一方都不偏心,那为何除了在加速器尽头,科学家很少能捕捉到自然状态下的反粒子呢?更别说观测到整块的反物质、浩瀚的反星系了。

反粒子缘何会成为地球上的稀客,其实很容易理解。狄拉克在他初版的空穴理论中就已意识到,正反粒子一旦相遇,湮灭是其无法逃避的宿命。因此即使有海量的反粒子穿行于宇宙之间,能躲过层层撞击,闯入我们"正物质"包围圈的,实属亿万里挑一的幸运儿,所以我们检测到的反粒子自然少之又少。而这也正体现着设计的精妙,若非如此,假如我们周围的空间里充斥着反物质,拳头大小一块"反陨石"飘然而落,就足以把人类赖以生存的蓝色星球化作一片光的海洋。可见,把正反粒子利用宇宙的广袤隔离开来,是物质世界得以存在的最基本的条件。

那么,在遥远的外太空是否存在着与太阳系看似相同却又截然对立的"反星系"呢?由于物质与反物质遵循同一套物理法则,二者的宏观性质皆一模一

---

① 资料显示,早在1930年,毕业于南京高等师范学校、年仅28岁的赵忠尧在密立根实验室攻读博士学位时,就已观测到该湮灭现象。可惜,由于一些偶然因素,终与诺贝尔奖失之交臂。

样，因而我们也就无法通过天文望远镜拍摄的图像或收集的光谱将它们分辨开来。但倘若真有大规模的反物质星团存在，那么正、反物质区将不可避免地存在大片交界面，而二者交锋之处，震天彻地的湮灭将在幽暗的时空中燃起一盏不灭的明灯。可是迄今为止，人类从未瞥见上述景象。当然，这也可能是因为反物质普遍聚集于我们的视界之外。但以现今的观测水平来看，多数天文学家更倾向于认为反物质星云根本就不存在，或者即使有也是宇宙中的少数派，绝不足以与我们正物质帝国平分秋色。

究竟是什么原因造成了正物质的优势地位？一些理论家相信，正、反粒子起先并无优劣之分，但在随机的涨落过程中，一群正粒子偶然聚到了一块，由此比起飘零四散的反粒子，其存活率将略微增高。可别小看了这极其细微的差别，在漫长的演化过程中，它将像滚雪球般越积越大，最终在这场旷日持久的运气与实力的双重较量中，正物质不动声色地以压倒性优势胜出，成了宇宙唯一的主宰者——正如时间之矢，历史本身也是由无数偶然汇聚而成的必然长河。而另一派则认为，并不存在什么随即涨落，宇宙自初创之时，原本就比较偏爱正物质，所谓的时间反演（T 反演）、电荷共轭（C 反演）等一系列令人心醉神迷的对称性，无一不是大自然这位狡猾的魔术师耍弄的障眼法，这种种表象，皆是为了掩饰其内心那座并不"公正"的终极天平。

左手 vs.右手

地球上，与你的左手最为相似的是什么？"当然是我的右手。"相信你不假思索就能回答。它俩由同一枚受精卵发育而来，在同一个大脑的支配下于同样的环境中共同生活了若干年。掌心相对、双手合十，世间所谓"心心相印"莫过于此。但是，你能让左右手完全重合吗？生活经验告诉我们，如果把左手的手套套到右手上，右手立马就会向神经中枢反馈不适感；拿起罗丹雕塑的石膏手像，在空间任意翻转，不论它以怎样的姿态呈现，你总能分辨出那是左手还是右手。表面上形同双胞的左右手，背后却暗藏着某种根本性差别，是什么禁止了它们互相替换？而这和物理又有什么关系？

柯尼斯堡的思想者

故事要从两百多年前波罗的海东岸的文化重镇柯尼斯堡①说起。1740 年 6 月 1 日，年仅 28 岁的腓特烈二世（Friedrich Ⅱ）接过父亲手中的权杖，成为普鲁士王国第二任君主。与他穷兵黩武的老父不同，于启蒙浪潮中成长起来的新国王在经济、政治、文学乃至音乐、建筑等诸多方面皆深深浅浅有所涉猎，是一位开明而自律的执政者。在他的倡导下，王国境内名校林立、大师云集。尽管乱世之中任何国家若想存活下去都必须以战斗和扩张为最高目标，并且腓特烈二世的确也凭借其卓越的军事才能率队南征北战，最艰难的时候甚至孤军独抗俄、法、奥数十万人马的三面围攻，把一个风雨飘摇的小小邦国打造成了日后统一德意志帝国的核心力量。但他最为称道的政绩却是建立了一套人性化的法制体系，"法律面前人人平等"的宣言把启蒙思潮的春风从英吉利海峡沿岸引向了深广的内陆地区。作为全欧第一个把出版自由与信仰自由赋予人民的君主，腓特烈二世为德意志民族在自然科学与人文科学领域的全面复兴做出了不可磨灭的贡献，被尊为"腓特烈大帝"为后人世代铭记。

作为普鲁士王国的前沿港口，柯尼斯堡屡遭战火侵袭。但同时，思想的碰撞在这片多民族、多语言汇聚的土地上从来都不曾停歇。1724 年，马鞍匠大街一个皮匠世家迎来了他们九个孩子中的老四，同所有出生贫苦却天赋迥异的小孩一样，他凭借对知识异乎寻常的痴迷，为自己争取到了受教育的宝贵机会。当这名 16 岁的男孩跨入柯尼斯堡大学的校门时，恰逢腓特烈大帝新政伊始。高校内，各学科竞相争鸣，他很快便被那同自己一样正值青春年华的自然科学深深吸引。为了探寻哥白尼日心说里太阳系的起源，理解伽利略关于相对性的阐释，判别牛顿与莱布尼茨关于时空的辩论孰是孰非……他系统地研读了相关的数学、物理和哲学著作。7 年后，由于财力不支，他不得不中断学业，离开家乡，到附近村镇为富裕人家的孩子做私人教师——这也是他人生中最远的一次

① 该城 1946 年被苏联更名为加里宁格勒。

巡游。在那里，他不但完成了自己的第一部重要论著，更接触到了波兰、立陶宛等多元的异国文化。1755 年，他重返母校成为一名编制外的私募教师，同时教授数学、力学、地理学、工程学、伦理学、逻辑学、雄辩学等多门课程，以其近乎全能的名师风范吸引着八方学子前来拜谒。此时，他不过 30 岁刚出头。之后的年月里，他婉拒了无数院校的邀请，陪伴着柯尼斯堡大学从俄皇膝下重又回到普鲁士的怀抱[1]。

1770 年，经过长达 15 年的申请，他终于在母校获得了一个教授职位，并从此潜心于哲思之中，过上了大隐隐于市的"修行"生活。每日清晨 5 点准时起床，持续工作到中午 12 点整；正午，挑选一家中意的餐馆去吃一天里唯一的一顿饭；饭后，当邻居们纷纷猜测他又将埋头于书堆时，他却信步徜徉在普列戈利亚河那著名的七座拱桥间[2]——传说由于其迈出的每一步都机械般固定而精准，市民们简直可以用他出现在自家门前的时刻来判定时间；遛弯结束后，再次回归书房，阅读至晚上 10 点，上床睡觉。365 日，日日如此，这样的画面循环播放了整整 34 年，直到他临终前那一天。

伊曼努尔·康德

这位生活方式令 20 世纪的思想巨人伯特兰·罗素（Bertrand Russell）都惊叹不已的奇人便是伊曼努尔·康德（Immanuel Kant）——柯尼斯堡送给尘世最为珍贵的礼物，一个不忘初心的赤子。有关他生平的传记浓缩起来也许还用不了三句话，但有关他著作的论述却卷帙浩繁，有形无形地影响着自其诞生之后的每一个灵魂。终其一生，康德的活动半径从未超过 60 千米，但后继的探险家们在勇敢地越过他用逻辑设置的道道迷墙后，却惊讶地发现自己竟站在了宇宙的边缘……

1768 年，大部头的"三大批判"尚在酝酿之中，而此刻康德的心神仍有部分

---

[1] 这所创立于 1544 年的学府历经世事变迁。即使在席卷了大半个地球的"七年战争"中，沙俄曾短暂占领柯尼斯堡，它那以骄奢淫逸而著称的女皇伊丽莎白·彼得罗芙娜在对教育资源的保护方面也未敢有丝毫懈怠。可学校却在 1945 年被苏联接管之后，顷刻间毁于一旦。

[2] 启发欧拉创建拓扑学的"七桥问题"即源自此处。

TIME
AND LIGHT:
The History of Physics

时与光
一场从古典力学
到量子力学的思维盛宴

还流连在自然科学的乐土,日夜困扰着他的"绝对空间"之争依然看不清方向。但康德已敏锐地意识到,或许可以通过确定世上有无"绝对的左"与"绝对的右"来为"绝对空间"提供佐证。于是,他写下了《关于空间中方向区分的终极基础》一文,标题一如既往地长,可内容却只有薄薄的七页纸。在文中,康德论述道:"人体的四肢提供了最为普遍和清晰的例子,它们相对于身体的垂直平面对称排布。"那想象中的"垂直平面"就如同一面镜子,左边与右边在镜中完全重合。但紧接着,康德话锋一转,以一个显而易见的事实揭示出左与右的区别:"一只手的手套,断不能为另一只手所用。"自此,人类第一次以哲学的眼光来审视我们习以为常的左与右,它们的不同究竟源自哪儿?答案就藏在手套之中。

再举个更为直观例子。如图7.4所示,三角形 a 的每条边、每个角在三角形 b 身上都可以一一找到对应。试问,在保持二维平面不变的情况下,如何才能让这两个三角形所覆盖的区域完全重叠?平移?不行。旋转?也不行。唯一的办法就是把 a 或 b 从纸面"挖"出来。以 b 为例,如若让它暂时脱离自己居住的二维王国,在三维空间中来个 $180°$ 旋空翻,再落回平面内,即可与 a 完美贴合。

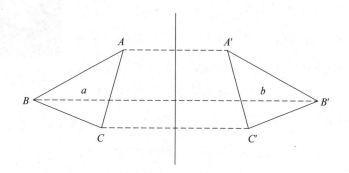

图 7.4　镜面两边的三角形

另外,诸位在小学的劳动课上都制作过莫比乌斯环(图7.5)吧?那也是一个帮助二维纸片君翻转的神器。将三角形 b 贴着莫比乌斯环的环壁绕上两圈,当它再回到起点时,将惊讶地发现,自己已不知不觉变成了 a。整个过程 b 都不曾离开二维纸面半步,却已悄然在三维空间完成了转换。

左与右的壁垒同样横亘于一维王国,试想在轴线上左右滑行的线段,如果

图 7.5 莫比乌斯环

不借助二维平面，如何才能调转过头？那么，对于生活在三维世界的我们来说，是否也可以借助四维空间来扭转一下，变成自己的镜像呢？[①] "镜像人"相对于普通人而言，绝不仅仅是左手变右手这么简单，构成身体的每一种器官、每一块蛋白质、每一个细胞、每一粒分子、原子、各种"子"……都将彻底翻转。

　　如此说来，左和右之间确实存在着无法逾越的鸿沟。那么，这条鸿沟的实质究竟是什么？换句话说，是否有一种"绝对"的办法来区分左和右？康德给出的答案是肯定的，即依靠"绝对空间"。只要牛顿的猜想正确，那么在绝对的、原初的空间里当然就存在着绝对的方向坐标，确定了东南西北，也就定义了不可变更的左与右。通过构造逻辑套环，康德找到了空间与左右的深层联系。但正如所有的机关玩具一样，这套"九连环"也暗藏着一个缺口。且不论百年之后，狭义相对论的横空出世击碎了牛顿关于"绝对空间"的幻境；在左与右的标定过程中，本身就隐含着一个不确定因素，那就是维度。虽然在单一维度下，左与右不可互换，但自然从来就没把空间限定在某一维度。如上所述，就我们三维生物而言，为生活在更低维度的小家伙们调换方向不过举手之劳；以此类推，从四维角度看，三维世界的左与右当然也不再具有恒定意义；再往后，四维来了，五维、六维……还会远吗？如果空间真是一个由多重维度层层累叠的迷幻魔方，那么高维生物只需轻轻一转，低维世界原先的东南西北顷刻便会支离破碎……

---

　　①　办法是利用莫比乌斯环的升级版——克莱因瓶。但前提是我们得先在四维空间内造出真正的克莱因瓶。

　　若干年后，康德也意识到了这一问题。他不但全盘推翻了自己于 1768 年作出的论证，同时也彻底否定了空间的客观属性，并代之以第三条道路，那便是后世广为流传的"先验论"。该理论认为：所谓空间、物质根本就是人类心智的产物，因为我们恰巧属于三维物种，所以我们描绘的世界呈三维状态；设若某物种生活在六维国度，那它们的物理学中空间自然应该有六个维度，而这两套体系没有谁比谁更"客观"。

　　数百年来，探索在康德开辟的第三条道路上，人类从未敢有片刻停歇。前方究竟是坎坷迷津还是真理之门，目前尚无定论，而关于认识论的思辨已大大超出了本书的讨论范围。不过，通过以上这一小段艰难跋涉，我们至少获得了一条重要提示：尽管左与右之间有着明确的界限，但我们却无法通过空间等"外部"因素来划定这条界限。

　　那么，左右之间，究竟深藏着怎样的"内在"区别呢？

细菌王国的探险家

　　康德去世 18 年后，微生物学的开创者路易·巴斯德（Louis Pasteur）于法国东部裘拉省山清水秀的洛尔小镇出生。19 世纪后半叶，人类在这位满脸络腮胡的大学者的带领下，第一次将视野从大型生物拓展至微观群落，第一次试着与细菌、病毒等单细胞甚或无细胞个体对话，地球文明对生命的定义亦从此改写。不过，在 1846 年，福泽天下的"巴氏消毒法"尚未诞生，"疫苗"的概念在巴斯德那灵感奔涌的头脑中也还未见雏形。此时，年方 23 岁的他才刚获得巴黎高等师范学校颁发的物理教师资格证书，机缘巧合下，进入了化学家安托万·巴莱（Antoine Balard）的实验室，继续自己挚爱的研究工作。年轻的巴斯德透过显微镜接触的第一个对象，正是不久前才刚在世人面前展露姿容的有机晶体。这群表面上形态各异，暗地里却遵循着特定排布规律的分子阵列立刻激起了他的探索欲望。两年后，巴斯德向法国科学院提交了一篇别具一格的论文，文章从前人闻所未闻的切入点，将生物

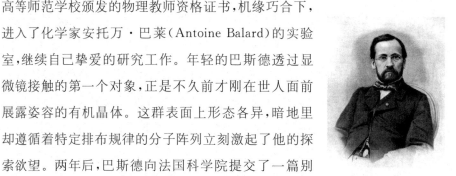

路易·巴斯德

学带到了新一层的迷宫岔道口。

在考察葡萄酒的发酵机制时,巴斯德注意到,葡萄酒中产生的天然酒石酸在偏振光的照射下会显现出一种特殊的"旋光性",令光源朝着顺时针方向旋转。但是,若把工业合成的同一物质放在偏振光下,却不会引起任何变化。二者都是酒石酸,经检测,它们的各项化学性质也都一致,为什么偏偏在偏振光下表现得如此迥异?经过细心地观察,巴斯德发现,原来天然酒石酸晶体与人造晶体在形状上确有极其细微的差别,前者只有一种构型,而后者却由两种互为镜像的晶体颗粒混合而成。

这其中一定包藏着不为人知的大秘密!于是,巴斯德耐着性子,用解剖针将人造酒石酸中的两种晶体一粒一粒地分离开来(图 7.6)。完工之后,他将两拨晶粒的水溶液分别置于偏振光下,果如其所料:两拨样品中的一组能令光源顺时针旋转,另一组则正好相反。此时,若从两边各取等量

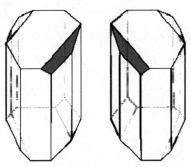

图 7.6　酒石酸的两种晶体

颗粒溶入水中,旋光性立刻就消失了。就好像光在液体之中左转一圈、右转一圈,便又回到了原初的轨迹上来。巴斯德将该现象命名为"外消旋"①。因此,人工合成的酒石酸又叫外消旋酸。而从葡萄自然发酵生成的酒石酸身上,却总能检测到同一种旋光性,故我们把它称为右旋(D-)酒石酸。这一奇特现象说明了什么呢?化学反应对分子式相同、形态互为镜像的两类分子并不厚此薄彼,所以在人工合成的酒石酸中,两种晶体正好一样多。可作为生命体的葡萄君似乎并不以"公平"为意,它们口味极端挑剔,故意打破平衡,将产物统统集中在镜子的某一面。至此,左与右的裂痕初露端倪。

多年以后,当巴斯德终于知晓了微生物的存在,便迫不及待地将其引入到左与右谜题,结果却带来了更大的困惑。他发现,把细菌放入右旋(D-)酒石酸,它们可以自由自在地生息繁衍;但将同一种群放入左旋(L-)酒石酸,不久它们

---

①　对应的"内消旋"是指单个分子的内部结构呈镜像对称,所以在偏振光下无旋光性。

TIME
AND LIGHT:
The History of Physics

时与光
一场从古典力学
到量子力学的思维盛宴

却因代谢受阻而全都活活饿死。难道说,葡萄酒所透露的并不仅仅是它自身的某种特质,而是整个生物圈莫不尊崇的普遍规律——大自然对左或右确实有所偏好?

一生一灭,这组惊人的对照在物理、化学、生物等各个领域同时掀起了实验狂潮。随着检测范围不断扩大,科学家终于不得不承认:这颗星球上几乎所有物种,大到哺乳动物、鱼类、鸟类,小到单细胞真菌以及连细胞核都不具备的细菌,对左与右皆是爱憎分明。具体来说,生命体不可或缺的氨基酸一律都是左旋(L-)型的,而糖类则都是右旋(D-)型的。又过了 30 年,当显微术更进一步把镜头探入晶体内部时,顺着以上线索,化学家不费吹灰之力便找到了造成旋光性的最根本原因——两种互为镜像的同分异构分子。

如图 7.7 所示,仍以酒石酸为例,左边部分即为天然的右旋产物,左右混合即是工业上的外消旋酸。若在二者之间搁一面镜子,它俩就像我们的左右手一样,每一点都一一对应,但就是无法在三维空间内相互重合。1883 年,开尔文勋爵(Lord Kelvin)[①]在一次科学演讲中,率性地把分子的此类性质描述为"手性",这一颇为传神的外号很快便在学术圈中流传了开来。

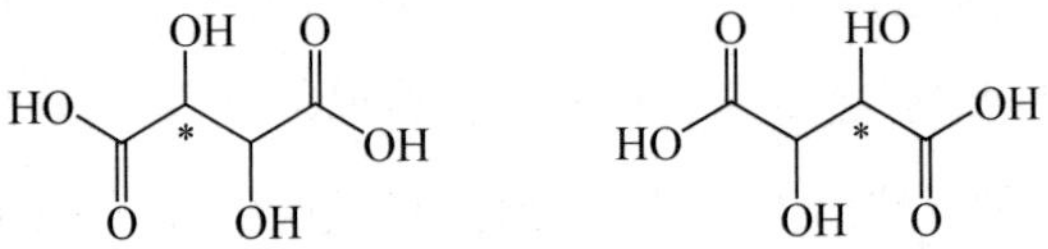

图 7.7　酒石酸的两种同分异构分子

左与右,一镜相隔的竟是生命与非生命两个世界!但同时,我们从人工化合的角度却可以肯定,物理法则并不偏爱其中任何一方。笼罩在正反物质上空的疑云再一次滚滚压将下来:漫长的进化之路上,究竟是什么原因让镜子的一边掌握了绝对性优势?比较轻松的回答依旧可以说是偶然性在作祟。太古之初,游离的单细胞原本"左手"、"右手"各半,但在随机的涨落中,某一方在数量上出现了微弱的优势。以氨基酸为例,如果某片区域内搭建蛋白质的氨基酸全

---

① 原名威廉·汤姆逊(William Thomson),热力学温标"K"的创始人。

部是左旋构型，那么不幸降生于该区的右旋个体都将被环境自然淘汰。渐渐地，左旋氨基酸声势越来越浩大，而唯有适应此等口味，族群才能蓬勃发展。此时，不论原先残留的，抑或通过变异新生的右旋物种都极难再找到立锥之地。就这样，惨烈的生存竞争中，以右旋为食的物种一轮轮溃败、逃亡，地盘一再收缩，最终在这颗星球彻底销声匿迹。

不过，与正反物质之谜一样，该解释亦面临着同一个问题：既然左右之争中，胜利一方的优势完全源于偶然，那就意味着外太空中必定存在嗜好右旋氨基酸的生命体喽？限于目前的探测技术，人类还没有能力给出肯定或否定的证据。但有一点：与正反物质相遇所面临的灾难性后果不同，左与右完全可以相安无事地生活于同一片星空下。那么，自然为什么不设计一种"左右通吃"的生物呢？相对于口味单一的"右旋爱好者"或"左旋爱好者"来说，这种生物岂不更有生存优势？可进化终究没有走上这"第三条坦途"，难道设计之神是想通过生命的不对称结构，透露其非左即右的小小偏执——如果自然并不像我们想象中的那么"公正"，那到底是哪一环节出现了偏颇？

镜子的另一端

时光回到 1820 年，当英伦岛国的电磁小天才迈克尔·法拉第尚在导师戴维的指定下专注于氯气及其化合物的研究时，北海彼岸的童话王国里，哥本哈根诗人兼学者汉斯·奥斯特（Hans Ørsted）已率先跨出了第一步。现今，由奥斯特设计的那款经典实验早已被当作引领孩童跨入电磁王国的小游戏，而出现在每一本入门读物上——闭合电路的导线会使放置在它周围的小磁针发生偏转——可有谁能够想象，奥斯特为验证这一猜想竟付出了整整 8 年的努力。而其间暗藏的思维陷阱，恰与对称性有着密切的关联。

为理解该现象的奇异之处，我们不妨像物理哲人恩斯特·马赫那样，在奥斯特的装置面前添加一面镜子。1883 年，就在开尔文勋爵发表"手性宣言"的同一年，马赫在他那部对爱因斯坦、泡利及海森堡都产生过巨大影响的《力学史评》中回忆道，当他还是个孩子时，带电导线能使与之平行的小磁针发生偏转一事曾令他备受困扰。

TIME
AND
LIGHT:
The History of Physics

时与光
一场从古典力学
到量子力学的思维盛宴

如图 7.7 所示,镜前置有一根导线、一个带磁针的罗盘。开关断开时,将磁针调整至与导线相平行,这时镜中的图像与真实情形严格对称。

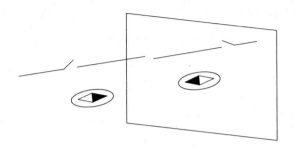

图 7.7　导线与磁针

开关闭合后,假设导线内的电流方向如图 7.8 所示,自镜面向"外"远去,由于电磁场间的相互作用,导线近旁的小磁针将发生偏转。此时,若有一观察者面朝镜子站立,那么以他的角度来看,电流自镜子一方朝他涌来,小磁针的南极(白色部分)转向了他的左手边。而与此同时,镜中的世界正发生着什么呢?电路闭合后,电流将自镜面流向镜子深处。那么,观察者在镜中的影子小人会看到什么景象呢?对"他"来说,电流同样是从镜面流向他站立的一方,可是,镜中小磁针的南极却转向了"他"的右手边。

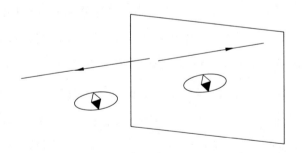

图 7.8　通电导线与磁针

如果物理定律是完全对称的,镜中的情形应该与镜外一致才对。所以,就算设计之神无法令两个世界的磁"南"极统统转向"左"边,至少也应该令磁针静止不动,以维护其完美的对称性。难道大自然真的对左或右、南或北其中一方钟爱有加?幼年的恩斯特头痛不已。

原来,19 世纪中期,电与磁的秘密关系才刚刚曝露于世,对二者之间的互动
方式,科学家只能从整体、宏观的角度进行猜测。把磁极的一端涂上颜色,借此
来标定南或北。但而今你若带上一柄"超级放大镜"再来考察同一现象,就会发
现镜里镜外的"不对称"不过是幻象而已。罗盘所谓的"磁性"到底来自哪里?
实际上,那是磁针体内所有电子在同一时刻沿同一方向自旋的结果。如图 7.9
所示,让我们用两组小箭头来展示电流流过导线时,电子受到的影响。在真实
世界,磁针内部的电子以顺时针方向旋转;而在镜中,则刚好相反,它们并没有
违背对称原则。如此说来,镜中小磁针的白色部分实际上是它的"北极"——我
们被颜色给欺骗了!

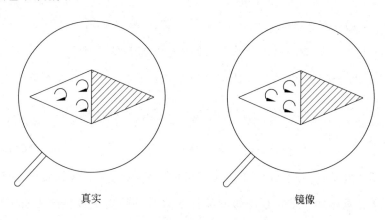

真实　　　　　　　　　镜像

图 7.9　放大镜下的小磁针

所谓的"南"与"北"不过是人为的划分,而小磁针作为一个整体,其上每
一粒电子的运动方式都是相同的。换句话说,当你把磁针从中间掰断,它
绝不会随之分裂成"南针"与"北针",而只会得到两枚小号的双磁极针。回到
上述实验,让我们把镜头再次对准镜中的世界,当开关闭合,只见小磁针的南
极(黑色部分)老老实实地转向了镜中人的左手边。原来,我们熟悉的指南针
实则乃是镜中人的"指北针"。对称法则大获全胜,"镜里镜外佯谬"得以
破解。

可是康德的追问依旧无人能答:既然空间没有"绝对"的左与右,还有什么
别的办法能让我们只望一眼就确定左右?办法虽然仍未找到,不过当左与右同
磁体的南北极相关联后,希望似乎不再如从前那般渺茫,答案兴许就埋藏在微

观世界里。

OZMA 谜题

OZMA[①] 是美国国家射电天文台发起的一项搜寻地外文明的长期任务。著名科普作家、数学魔术师马丁·加德纳(Martin Gardner)借此计划向《科学美国人》的读者出了一道很有意思的谜题:假设在非常非常遥远的星系,某智慧生物通过电磁波与地球取得了联系。交流过程中,人类试图向对方介绍自己,而唯一的规则就是——我们只能传递声频信号而无法传输图像。试问,人类是否有办法向亿万光年外的朋友展示自己的形貌呢?

沟通从最简单的数字开始,"滴"表示"一","滴滴"表示"二","滴滴滴"表示"三"……借助宇宙通行的数学语言,地球人与 X 星人渐渐得以展开对话。于是,人类自我介绍道:健全的躯体拥有一个脑袋两只手、两条胳膊两条腿,平均身高约 1.68 米……等一下,请问"米"是什么概念?地球周长的 $\frac{1}{6\ 400\ 000}$?这可不行,X 星人并不知道地球有多大。那么,有没有一把全宇宙通用的量尺呢?当然有,那便是构筑万物的原子。我们可以告诉 X 星人:米的长度等于氪 86(Kr)原子在真空中于某特定能级间跃迁所释放的辐射波波长的 1 650 763.73 倍。这样,X 星人只需在他们居住的区域内观测一下该 36 号元素,就能把"米"转化为 X 星计量单位"⊙"啦。

我们继续娓娓道来:人体的平均体温在 310.5 开左右,也就是"绝对零度"(一切原子、分子都停止热运动的理想状态)往上升高 310.5 个单位,而每一"开"的大小可由海量分子热运动的平均动能来定义;人类的平均寿命约为 2 207 520 000 秒,而每一"秒"即是光在真空穿行 3.0×10^8 米所需的时间……这样一来,只要技术达到原子水平,不论两个文明相隔多远,都很容易对长度、温度、时间等概念达成共识。

勾勒出人类的大致样貌后,好奇的 X 星人还想了解更多,躯体的里里外外

---

① OZMA 来源于由 L. Frank. Baum 的童话故事 *Ozma of Oz* 中的 Ozma 公主。

都镶嵌着哪些器官呢？外部嘛，一双眼睛两只耳、一个鼻子一张嘴……一切呈镜像对称。可是内部描述起来，似乎就不那么顺畅了。每个人都拥有一颗心脏，它是生命的动力之源，对绝大部分人来说，心脏位于胸腔偏左一方。难题来了：我们如何让 X 星人理解"左"与"右"呢？

由于手性是分子的内禀性质，如果一个左旋氨基酸放在面前，我们很容易就能向 X 星人解释什么是"左"。可问题是，规则不允许长距离输送实物或影像。虽然 X 星上的分子也一定具有两种旋光性，但万一他们惯称的"左"恰好是我们所说的"右"呢？不如换种方法：抬头凝望北斗七星，规定"勺面"凹陷时"勺柄"所指的一端即为"右"，可惜 X 星与我们相距甚远，根本辨不清我方周围星体的细节，因此也就无从参考。那再换一种方法：由于 X 星人已经拥有了人类躯干的大致图样——脑袋连着身子再接上腿脚——那么以脑袋所在方向为"北"脚为"南"，根据"上北下南左西右东"的惯例，不就能定义左右了吗？可是，"东、西、南、北"本身亦是建立在"上、下、左、右"的基础上，若没办法区分"左、右"，如何与 X 星人探讨"东、西"？

有没有什么更为基本的元素，让我们如同定义"数字""时间""温度""长度"那样，借助某种宇宙通行的标准来区分"左"与"右"呢？似乎还真有。不知你可还记得中学时代与电磁学初次会面时，它向大家奉上的那记下马威——右手螺旋定则（即"安培定则"）。咦，该法则竟然自带方向名词，如此说来，电与磁的互动关系中确实暗藏着分辨"左"与"右"的诀窍？

如图 7.10（a）所示，在条状磁铁上缠绕一段导线。电源接通后，电流的流向如箭头所示。依据右手螺旋定则，即右手的拇指竖直，其余四指弯曲，当四指与电流走向一致时，拇指所指的方向（上方）就是磁条的北极（N 极）。然后，再来看看上述装置在镜像中的运行状况。如图 7.10（b）所示，导线的缠绕方向恰好与实际情形相反，可接通电源后，右手定则竟同样适用！北极追随着右手拇指的指尖，从上方转到了下方——若移除镜面，在现实世界依照图 7.10（b）装置布置一套图 7.10（a）装置的"还原镜像"，你将测得，其北极确实指向下方。

镜里镜外所遵循的法则居然"顺拐"，这感觉就如同当你举起右手时，镜中人也呼地举起了"右手"一样怪异。难道设计之神是个右撇子？若果真如此，只

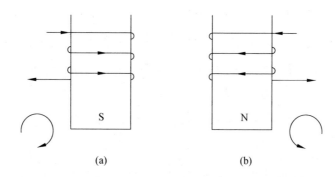

图 7.10　右手定则下的通电线圈与磁铁

要 X 星人手中握有一个电源、一段导线与一块磁铁，我们就能轻松对他讲解哪边是左哪边是右了。

　　且慢，在欢天喜地地召唤你的异星朋友去找导线来绕磁铁之前，我们还需再多问一句：所谓的磁南极与磁北极究竟指的是什么？你如何能保证 X 星人定义的南极就是我们所说的南极？别忘了马赫的"镜里镜外伴谬"，就算你在磁针外部涂上颜色，我们观察到的南与北往往也只是一种表象。所以，我们必须化身为小小电子，钻入微观世界去探究一下电磁场中究竟发生了什么。

　　导线之所以能与磁体发生交互作用，是由于导线中有电子在流动。而《光的故事》里，法拉第曾告诉我们：运动本身伴随着"场"，这个场既是电场也是磁场。在电磁场的作用下，磁铁内部原本随机转动的"小磁子"（其实就是一群高度活泼的电子）瞬间便统统转朝一个方向，由此才在宏观层面显现出南北极。图 7.10(a) 装置中，电子全部顺时针转动，此时我们把朝下的一方标定为"南极"；而在其图 7.10(b) 镜像中，电子则统一跳着逆时针之舞，相应地，下方找到的则是"北极"。

　　如此说来，要定义"南极"与"北极"，首先必须得明确什么叫"顺时针"，什么叫"逆时针"。而顺逆时针的标定，又需借助于我们的双手。请再次举起右手，将手掌拳起，从拇指一端观察，其余四指指尖的转向刚好与磁体内部电子的自旋方向相反。终于，通过你那神奇的右手，磁体的南北极与电子的顺逆时转向牢牢地联系到了一块。且整个过程中，用到了两次右手——先从宏观的角度描述当线圈通电时磁场的方向；再从微观的角度定义磁体内电子的转向。

那么，如果把"右手"换成"左手"，情况又会如何呢？

如图 7.11(a)所示，接通电源后，现实世界里，左手的拇指朝向下方，原先的南极变成了"北极"。再把目光投向微观王国，同样，拳起四指，从拇指指尖看过去，你将发现，此时四指指尖的方向与磁体内部电子的自旋方向却是一致的——又一次与图 7.10(a)中实验相反。"负负得正"，经历了两轮反转后，一切又转了回来。

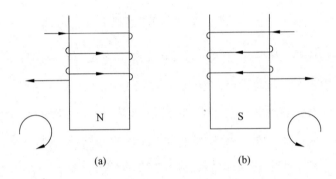

图 7.11 "左手定则"下的通电线圈与磁铁

因此，如果说根据"右手螺旋定则"，四指顺着电流方向握住导线时，将拇指指向定义为北极；那么同样可以依据新开发的"左手螺旋定则"来定义北极——只不过，此时的北极恰恰变成了右手君王法令中的"南极"。你发现了吗？事实上，本实验不过是"镜里镜外佯谬"的一个扩充版，它再次印证了所谓南北极都是世人约定俗成的称谓，而将"右手螺旋"统一替换成"左手螺旋"，亦丝毫不会引发量子立交桥的交通堵塞。

如果以上转来转去的小戏法转得你一头雾水，一时半会儿仍逃不出"镜里镜外同举右手"的噩梦，下面这个更加动感的小实验或许能帮助你走出困境。如图 7.12(a)所示，在上述装置产生的电磁场中加入一粒携带负电荷的电子，令其以垂直于场的初速度飞行，即从外部钻入纸页当中。此时，电子将受到一个水平向右的洛伦兹力。所以，垂直射向纸面的电子并不会沿着直线穿越到书本背后，其轨迹将逐渐向右偏移。那相应地，图 7.12(a)的镜像装置中将发生什么呢？如图 7.12(b)所示，把同样一粒电子垂直射入纸页，此时它将获得一个水平

TIME
AND LIGHT：
The History of Physics

时与光
一场从古典力学
到量子力学的思维盛宴

向左的洛伦兹力,因而其运行轨迹也将随之左转。

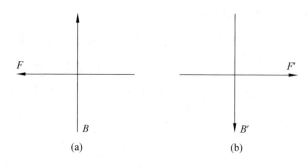

图 7.12 电子进入磁场

现实与镜像,一左一右,对称依旧,并未曾出现同举右手的异象,你可以放心大胆地照镜子了。但也因此,我们还是没有办法向 X 星人解释左与右,正如《银河系漫游指南》特派员福特·派法特(Ford Prefect)所指出的:若想与猎户座参宿四附近某颗小行星上从未谋面的朋友相约一聚,即使你历尽千辛万苦,好不容易越过茫茫时空踏上行星表面,但关键的最后一步——到北半球某指定地点与其碰面——也将有 50% 的可能性会失败。然而,固执的地球人并不甘心就这样停下探索的脚步……

宇称守恒吗

故事得从 1945 年说起。这年 8 月,美国将原子弹"小男孩"和"胖子"分别抛掷在广岛、长崎上空,短短一个月内,原本尚作困兽之斗的日本军国集团即仓皇投降。此事令浴血奋战了整整十四个年头的中国军民大为震惊——唯有科技的振兴,才是民族复兴之根本!时任中华民国军政部次长兼兵工署署长的愈大维曾是哈佛大学引以为傲的"全 A 才子",他深知教育质量的优劣直接关乎国家未来的命运,于是马上力邀数、理、化各领域的领军人到重庆来商讨发展国防科研之大计。讨论的结果,决定由军政部向高校借聘吴大猷、曾昭抡、华罗庚三位教授,请他们遴选并带领最优秀的学子共同赴美进行为期两年的交流学习。

数学大师华罗庚推荐了孙本旺，中国化学的奠基人曾昭抡推荐了唐敖庆与王瑞
骁，而物理学之父吴大猷则选中了系里 21 岁的助教朱光亚以及另一名年仅 19
岁、尚在西南联大攻读本科二年级的大男孩李政道。

李政道出生时，正值中华大地军阀混战、内外交
困，但硝烟与动乱都没能搅扰这个来自书香门第的孩
子对知识的渴慕。他与兄弟姐妹先是就读于东吴大
学附中，1941 年，日军占领上海租界后，由于不愿做
刺刀下的奴隶，他远离家乡辗转于江西、贵阳等地，一
面逃亡，一面追寻着烈火中几经淬炼的"移动学府"，
从江西临时中学一直跟进到浙江大学的贵州驻地。
不但功课一点儿没落下，还遇到了影响他一生的启蒙

秦惠䇹与李政道夫妇①

恩师束星北，从此确定了修习物理的研究方向。1945 年夏天，李政道经考核转
入西南联大，在已是全球实验领域的知名学者叶企孙、吴有训、赵忠尧等归国赤
子的熏陶下，更有理论物理集大成者吴大猷先生的悉心教导，短短一年的时间
里，天资聪慧的李政道已汲取了大量知识，为翌年初秋到异国求学做好了准备。
1946 年，他以本科二年级的学历被美国芝加哥大学研究生院破格录取，两年后
又顺利地通过了考试，开始攻读博士学位，而导师正是鼎鼎大名的恩里科·
费米。

从洛斯阿拉莫斯②归来后，这位"粒子之友"便把目光透过微观世界一直延
伸到浩渺苍穹，对宇宙射线的源起产生了浓厚的兴趣。同时，他还不忘吸纳汤
川秀树于前些年提出的"π介子学说"，力图为核子间的相互作用构筑统一模型。
在费米的影响下，勤奋好学的李政道自然是左右开弓，先后在核物理与天体物
理——一个极细微、一个极宏大的两个领域——分别发表了数篇优质论文。

---

① 自 20 世纪 70 年代末，李政道夫妇为发起"中美联合招考研究生"（CUSPEA 项目）可谓呕心沥
血。1997 年，为纪念爱妻秦惠䇹，李政道先生又拿出他与妻子多年的存款，创建"䇹政基金"，资助祖国的
优秀学子到海外第一流的科研团队交流学习。

② 世界上第一颗原子弹的研发基地。

1956 年，年仅 29 岁的李政道已成为东岸名校、精英荟萃的哥伦比亚大学的物理学教授，是该校建校两百多年来历史上最年轻的正教授。

τ-θ 之谜

也就在此时，一条被学界广为接纳的法则——宇称守恒——正遭遇着新的挑战。通过前面的介绍可知，历经了数百年的探索，物理法则始终未能区分左与右，从牛顿运动定律到麦克斯韦电磁学说，再到薛定谔量子方程，无一不严格遵循着"镜里镜外、同一制度"的约定。我们把这条规律叫做空间反演（P 反演）对称。20 世纪 30 年代，量子场论初现身形时，作为创始人之一的尤金·维格纳更把左右对称原则直接引入到亚原子世界，"宇称守恒"从此便成了微观领域不言而喻的真理。但到 50 年代，人们在研究 κ 介子的过程中却发现了一个奇怪的现象，即所谓"τ-θ 之谜"。κ 介子是一种寿命极短的奇异粒子[①]，当时观察到它有两种衰变方式，一种产物是 τ 介子，另一种是 θ 介子。两种微粒自旋同为零，质量、核电荷数等参量也都完全一致，但进一步衰变后，二者的宇称却截然相反。具体说来，当 τ 粒子衰变时，产生 3 个 π 介子（3π 末态），其宇称为负；而 θ 粒子衰变时，产生 2 个 π 介子（2π 末态），其宇称为正。如若镜里镜外粒子应该步调一致，这翻转的宇称当作何解释呢？

自 1955 年盛夏，李政道与其合作者奥里尔就一直在努力为该谜题寻找合理的解答，可惜提出的种种机制都没能通过计算的检验。直到半年之后，李政道的同事兼好友，来自德国的实验家杰克·施泰因贝格尔（"Jack" Steinberger）告诉他：另一类奇异粒子（超子）在衰变过程中也出现了意想不到的状况。联想到疑云重重的"τ-θ 谜案"，李政道心头一亮：如果宇称在奇异粒子衰变时根本就不守恒，那所有问题不都迎刃而解了吗？

与此同时，另一位来自中国的学子杨振宁，也在密切关注着 β 衰变中的这一疑难杂症。与李政道的求学足迹相似，杨振宁同样毕业于西南联大，是吴大猷先生的爱徒。1945 年硕士毕业后，他凭借庚子赔款的奖学金来到芝加哥大学

---

① "奇异粒子"即所有"奇异数"不为零的粒子，具有协同创生、非协同衰变的特点。

攻读博士学位，师从海森堡的首位弟子爱德华·泰勒研习量子理论。1949 年，他进入普林斯顿高等研究院以博士后的身份继续其研究工作。

1956 年 5 月的一天，杨振宁从布鲁克海文驱车前往哥伦比亚大学探访李政道，这是一次电光火石的交锋，两人就"宇称是否守恒"展开了激烈的辩论，并最终达成了共识[①]。在四种已知的相互作用中，抛开引力不谈，有关电磁力与强力的各项实验均严格地印证着宇称守恒，剩下唯一一块未经核查的领地便是弱作用了。β 衰变，从卢瑟福到泡利，经过半个多世纪的理论与实验的双重剖析，我们不仅从中分离出了反中微子，还针对放射性建立了许多有意义的模型。但由于宇称守恒一向被视为不可动摇的铁律，反倒无人想过要对此进行核查。而此时，李、杨二人恍然惊觉：假若奇异粒子在衰变过程中宇称并不守恒，那是不是意味着，所有弱相互作用中，大自然都对左右对称性轻微地做了些手脚？

上帝是个左撇子？

然而，要说服实验高手来验证二人的奇想却不是件容易的事。李政道首先想到了他的另一位好友，此时已是 β 衰变领域内权威人士的吴健雄。吴健雄出生于 1912 年，恰逢辛亥革命短暂的间歇中，民主与开放的思潮在苦难而闭锁的中华大地正悄悄蔓延。父亲吴仲裔是同盟会最早的成员之一，1913 年，为帮助女性争取受教育的权利，他回到家乡江苏太仓，一手创办了明德女校。在父亲的言传身教下，吴健雄从很小便开始读书。高中毕业后，她先是进入上海公学师从国学巨匠胡适先生修习人文。很快，胡适就发现班里有个学生每次考试都拿满分。一次，他在办公室与教授法学的杨鸿烈、公学校长马君武聊及此事，不料他们也都异口同声地说，班里最近出现一个奇才。三人把名字写到纸上一对——原来是同一个人。但尽管文学、历史、社会学等门门功课都考满分，吴健雄却发现自己最感兴趣的还是自然科学。在胡适先生的鼓励下，她转入国立中央大学学习物理。

---

① 李、杨二人于 1962 年分道扬镳，后对该发现的具体过程各执一词。好在当年亲历事件的诸位学者——吴健雄、施瓦兹、施泰因贝格尔、莱德曼等人——都在各自的回忆录、科研笔记等形式的文集中生动地讲述过这段历史。读者若有兴趣，真相不难查证。

TIME
AND LIGHT :
The History of Physics

时与光
一场从古典力学
到量子力学的思维盛宴

1936 年，吴健雄乘船远渡重洋，准备去往美国东北部的密歇根大学继续深造，途径加利福尼亚州时，一趟拜访老友之行却在不经意间改变了她的人生轨迹。那天，朋友带她参观了伯克利辐射实验室的回旋加速器，经加速器的缔造者劳伦斯介绍，吴健雄这才意识到，核物理这门新兴科学比自己原本打算钻研的光谱学前景要广阔得多。于是，她退掉已经买好的火车票，加入了加州大学伯克利分校的研究团队，跟从劳伦斯、奥本海默等名师攻读博士学位。也正是那一天，吴健雄在实验室里邂逅了比她提前 3 个星期来到美国，同样有志于修习物理的袁家骝，6 年后，两人喜结伉俪。

胡适与吴健雄师徒

吴健雄与袁家骝夫妇

1946 年，李政道初到美国时，吴健雄刚从举世闻名的"曼哈顿计划"中重返校园。适逢泡利应邀到普林斯顿高等研究院做访问教授，严苛得要命同时又爱"才"如命的泡利十分赏识这位才思敏捷的实验型学者，时常专程从新泽西州赶往吴健雄与袁家骝位于纽约的家中做客。两年后，李政道才第一次与这位传奇女性相结识。那时，吴健雄已在哥伦比亚大学拥有了自己的实验室。李政道见到她时，她正在打磨一件器物。"你在干嘛？"李政道好奇地问。"我正在校正 β 衰变实验中可能存在的测量误差。"吴健雄介绍说，要想获得准确数据有两个秘诀：第一，晶体表面一定要光滑；第二，电子要训练得特别好，使之不离散。这对李政道来说非常新奇，搞理论的人通常的关注点在于找寻恰当的方程式来描述电子的行为，而像吴健雄这样每天与电子朝夕相处的人，却需要像对待小孩一样对待电子，悉心呵护、严加训练，才能透过这群顽皮的小家伙来探知深藏在物质最底层的奥秘。这是两条相互独立却又殊途同归的道路,自那时起,两人一步步建立起了长达半个世纪的亲密友谊。

1956 年春,吴健雄从李政道那里得知,他认为"τ-θ 之谜"中所反映的宇称不守恒可以在整个弱作用领域推而广之。换言之,她最为熟悉的 β 衰变即是对称性最有可能遭受破坏的高危阵地。吴健雄对此将信将疑,但她立刻意识到,若能对学界这一公认准则重新进行考核,无论结果如何都将

泡利与吴健雄师徒

具有深远意义。于是,她放弃了同丈夫游学远东的机会,全心准备实验。师长泡利听闻吴健雄居然在为这样一件"荒唐事"而奔波时,提笔写道:"我绝不相信上帝竟会是一个轻微的左撇子,我将以高赔率下注,赌实验将给出对称性的结果。"

依据李、杨二人的建议,吴健雄利用放射性元素钴 60 设计了一套绝妙的实验方案。为使实验原理形象化,让我们权且把钴元素的原子核看作一个"小地球"。同所有具有磁性的星球一样,钴核在自然状态下会围绕横贯南北的轴心旋转——当然,正如我们无法辨识左与右,此刻南极与北极的标定仍保持着随意性。与星球有所不同的是,由于钴天然的放射性,原子核在转动的过程中将不断地甩出电子[①]。这样一来,电子往哪个方向飞将成为决定镜里镜外是否对称的关键因素(图 7.13)。

若想获取可靠数据,吴健雄首先要做的便是"驯化"一群钴原子,令其在稳定的电磁场中被冷却到接近绝对零度,以保证所有原子都朝着同一方向自旋。此时,如果宇称守恒,原子核应该沿着顺时针与逆时针两个方向释放同样数量的电子。可吴健雄观察到的现象却恰恰相反,原子核沿自旋方向射出的电子要远远多于逆自旋!如此一来,如果在钴原子面前放置一面镜子,镜世界内的物

---

① 此过程即为"β 衰变"。确切地说,是钴核内的一粒中子衰变成了一粒质子、一粒电子和一粒反中微子。

TIME
AND LIGHT：
The History of Physics

时与光
一场从古典力学
到量子力学的思维盛宴

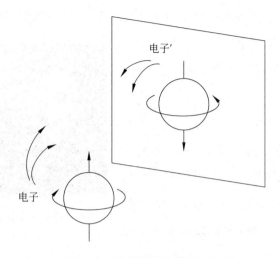

图 7.13　镜里镜外的钴原子核

理学家就会捕捉到更多的电子逆着原子核的自旋方向射出，这就意味着镜里镜外微观粒子所遵循的运行规则并不完全一致。对称性确实在弱作用范围内遭到了破坏——泡利错了，上帝即使不是彻头彻尾的左撇子，至少也是个藏得很深的偏心眼儿，它在物质大厦的最底层终于不小心流露出了自己对左或右的偏爱。

　　1956 年的平安夜，漫天大雪中，吴健雄从位于华盛顿的低温实验室赶回哥伦比亚大学。刚到纽约火车站，她就兴冲冲地打电话把这个好消息告诉了李政道："实验结果证明，宇称不守恒的参数很大！"好极了，正与李、杨二人的推断完全吻合。翌年 1 月，就在吴健雄重返华盛顿，以其特有的严格与细致带领课题组再次对实验每个环节可能存在的纰漏进行排查时，李政道已把实验内容向同行们做了简单介绍。午餐会上，论战的硝烟立马盖过了馅饼的香气。日后成为费米国家实验室的掌舵人，并将其独有的喜剧范儿一层层散播到物理界的传奇人物利昂·莱德曼当时正在哥伦比亚大学参与回旋加速器的建造与调试工作。唇枪舌剑中，他突然意识到，自己在对 π 介子衰变的研究中很可能也已收集到宇称不守恒的证据！他迅速邀约合作者理查德·伽尔文（Richard Garwin）针对反应过程中的对称性问题重新设计实验方案。72 小时后，李政道又一次被午夜铃声吵醒，电话那端，莱德曼慢悠悠地吐出了他的四字贺文：左手胜出。

1 月 15 日，吴健雄在物理系召开了正式的新闻发布会，一时间众皆哗然。《纽约时报》翌日即以头版头条"物理的基本概念被实验推翻"，将这一爆炸性消息传遍了全世界。2 月 15 日，吴健雄与莱德曼同时于《物理评论》上发表了各自的研究成果，随后人们又在 μ 子、中微子等微粒身上进一步证实了弱作用过程中宇称的不守恒。半年之内，相关的研究论文竟达数百篇之多。李政道与杨振宁也因此而赢得当年的诺贝尔桂冠。其中，年仅 31 岁零 16 天的李政道更成为诺贝尔奖史上第四年轻的获奖者①。李、杨二人于量子世界创建的新理论一举动摇了人们对"对称"根深蒂固的执念，并终于为康德 188 年前提出的"左右手谜题"找到了答案：左与右的本质区别深藏在原子核心，物理定律在微观底层确实更加钟爱左或右其中一方。同时，此结论也使得 OZMA 难题迎刃而解：无须依靠影像，只要远方的 X 星人像我们一样有能力俘获钴原子，通过核对该元素衰变时电子的发射方向，地球人便可同 X 星人建立起统一的顺、逆时概念，从而确定钴核的南北极。而空间方向既定，左与右也就随之得以标定。从此，与外星人鸿雁传书理论上已不再受任何限制。

随即，人们便联想到同宇称相依相伴的另一个问题：电荷共轭。尽管依据天文观测，正物质很可能霸占着宇宙中绝大部分空间，但从狄拉克方程来看，正反物质在本质上却是毫无区别的。因此，截至 1956 年，多数理论家仍坚信电荷共轭具有普遍性，并已在部分实验中观察到了 C 反演的对称性。可如今，吴健雄的数据却打破了这片宁静——宇称不守恒会不会仅只是环环相扣的物理定律中若干个机关之一？ 由此顺藤而上，会不会摸到更多不对称的缺口？

首先被置于聚光灯下的是泡利的孩子，中微子。不久，实验人员便发现，所有中微子无一例外都是左手性的！不知当年到底有没有人胆敢与"上帝的皮鞭"一赌。泡利一方，不但自己的得意门生，到最后就连自己亲手发掘的粒子也统统站到了他的对立面，可怜的泡利这回算是输惨了。然而，更精彩的还在后面，根据电荷共轭不变性，反中微子也应是左手性的；但 β 衰变过程中，释放的

---

① 第一名是和平奖得主、17 岁的马拉拉·尤萨夫扎伊，第二名是 25 岁零 250 天的劳伦斯·布拉格，第三名是 31 岁零 5 天的海森堡，第五名是 31 岁零 97 天的安德森，第六名是 31 岁零 122 天的狄拉克——截至 2014 年，诺尔学术奖项最年轻的头五把交椅全部由物理学家稳占。

TIME
AND LIGHT:
The History of Physics

时与光
一场从古典力学
到量子力学的思维盛宴

反中微子却统统呈右手性！这意味着弱相互作用下，电荷共轭不变性也遭到了破坏。由此，理论家又提出一种新解释：大自然之所以分别轻微地破坏电荷共轭（C 反演）与空间反演（P 反演）的对称性，是为了从更高的层次——当 CP 联合操作时——还原这种对称性。

泡利长长地舒了一口气，在给吴健雄的一封信中，他写道："第一次的冲击过后，我开始反思……而现在，使我震惊的是，当上帝想要强烈地表达它自己时，世界仍然是左右对称的。"可惜，新打造的金钟罩很快也被狂风掀了开来。1964 年，普林斯顿大学一课题组宣布，他们捕捉到了自然对 CP 联合对称性的破坏！

不过，沿着泡利的思路，物理学家对"完美之境"的追求并未彻底幻灭。CP 联合遭遇阻滞，那么 CPT 三方共同携手呢？为了找寻新的平衡点，理论界终于冒着巨大风险把时间反演（T 反演）也给囊括了进来——由于 CP 并不守恒，如果 CPT 守恒，则意味着 T 反演自身也略微地不守恒[①]！难道"时间之矢"早已被上帝偷偷藏在了微观尽头，物理定律从来就更加偏爱从过去到未来？

轮盘上的物理学

目前为止，人类还从未观测到 CPT 不守恒的例子。上帝似乎也在努力把自己对空间、时间、电荷某一方的些许偏爱小心翼翼地遏制在一个狭窄的范围内，使其无法在强力、电磁力、引力所掌控的天地间兴风作浪。但这依旧没能解释为什么 C 反演、P 反演、T 反演以及 CP 联合操作会不守恒，对称性的轻微破损对万物的演化又有什么意义？

驴子的困境

让·布里丹（Jean Buridan）是 14 世纪巴黎索邦学院的院长。传说他去世

---

① 尔后，在中性 κ 介子的衰变过程中，科学家确实观察到 T 反演的对称性遭到了微小破坏。

后,人们在其某本藏书的边角处找到了这样一则妙趣横生的故事:谷场两端放有两堆一模一样的干稻草,把一头饥肠辘辘的驴子领到与两份美食等距离的地方,那么接下来会发生什么呢?对驴子来说,选择左边的干草与选择右边将收获同样的幸福感,它没有理由为了一方而放弃另一方。因此从逻辑上看,可怜的驴子必将陷在两难之中无论如何也迈不开腿,最终被活活饿死。

大概连布里丹自个儿也未曾料到,他信手涂鸦生造出来的"布里丹的驴子"竟比他心血著就的所有大部头作品都更为知名,成了数百年来哲学界争议不断的命题。然而,驴子虽则蠢名远扬,但现实中,还没见过哪头蠢驴在美食面前由于"二选一综合征"而困顿致死。那么,是什么帮助驴子暗中化解了这一难题呢?原来,两边的干草堆放得越对称,就意味着该系统越容易受扰动:一阵微风吹过,从右侧飘来阵阵稻香,没准就把驴子的注意力牢牢拴在了右侧的佳肴上;一只小虫飞过,驴子摇晃着脑袋微微转向左侧,没准它刚一抬眼瞥见那里有个草垛,想都不想就奔过去大嚼起来……又是偶然性,这一回,它在严丝合缝的对称锁链中为我们打开了一个小小缺口,给生命以喘息的机会。

前面我们说过,尽管在微观层面 C、P、T 各对称性均遭到了轻微的打击,但在多数学者心中,对称仍是最高的美学追求。他们坚信,大自然在大方向上依然是公正无私的。可这又产生了一个新问题:如果设计是完全对称的,那么粒子之间顶多只能有一种相互作用,也就是说,所有粒子必须一模一样,不再有质子、中子、电子、光子之分,各"同子"不再聚合成原子、分子,也就不再有群星、玫瑰、狐狸和小王子……大爆炸之后的 $1/10^{44}$ 秒,即是宇宙最为对称的时刻——一锅混沌的"同子"汤。如果该情形一直延续下去,那世界将多么无趣,没有质量疏密,没有温度高低。没有了多样性,一秒钟就等于亿万年。如果时空之外有一超级智慧,那它只需望上一眼,就通晓了该宇宙的整部历史。

彻底的对称带来的是彻底的沉寂与肃杀,没有了新生,你甚至连死亡的气息都休想闻到,目力所及,唯有彻底的绝望……

自发对称性破缺

你看,大自然是多么不容易,既要保持对称又得破坏对称,既要维护统一又得兼顾多样，它究竟是如何实现这"不可能任务"
的呢？

借助拉斯维加斯最受欢迎的小游戏"轮盘
赌"，让我把秘密向你——道来。图 7.14 中，若撕
掉五颜六色的数字牌，则轮盘转起来是完全对称
的。也就是说，盘内各点没有谁比谁更优越。此
时，若将一粒小球抛入其中，可以预期，小球滚进
各空格的几率也一定相等。但当转动停止，小球

图 7.14　轮盘赌

落入某一凹槽，轮盘将不再百分百对称，被小球偶然选中的那一方，于众多方向
中将显得与众不同。小球与凹槽相互作用的瞬间，即产生了某种作用量；而小
球最终的归宿，则对应着真实的历史。就这样，在完美无缺的对称法则下，大自
然为我们创造了一个不对称的现实世界，该过程即是前沿领域最为热门的"自
发对称性破缺"。

此概念中，最重要的乃是"自发"二字。与此相对地，如果赌场的幕后操控
者想要牟取暴利，他可以事先在某位置下方装上磁条，并往小球内部填充铁粉，
这样转轮停止时，小球落入该空格的概率就会高得多。同理，大自然若想"出老
千"，它也可以暗中在时间、空间的某一端将天平微微倾斜。如此一来，历史在
发生之前，就已埋下了伏笔。让我们权且把该过程命名为"手动对称性破
坏"吧。

如果一切早已注定，那不就又回到了机械决定论的死循环？因此，比起"手
动对称性破坏"，不仅物理学家，大多数的地球人也都更加偏爱"自发对称性破
缺"。完美对称的作用量，加上一点点随机性，便造就出不对称的真实历史，这
是多么不可思议，却又多么合情合理。

回到布里丹谷场：仅只关注一头驴，我们无法预测它会选择左边还是右边；
但是，如果把一千头驴子分别领到两堆草垛间，则可以预期，大约有五百头将会
转向左侧，另外的五百头则跑到了右边；如果驴群扩大至一万头、十万头……随
着总量的增多，双方比例亦将更趋近一比一。锁定单一样本，或许会让人产生
一种错觉，觉得对称性遭到了破坏；但当样本数量逐渐增大，随机与概率的博弈

将把双方拉回平衡点——从少数变成群体的过程中，对称性逐渐重掌大局。

同样，在"自发对称性破缺"的赌局中，随着轮盘一轮轮转动，2 点、4 点、601 点……各种各样的可能皆会变成现实：通过强强联合组成强子的夸克，结伴创生的奇异粒子，交际花般的光子，独行侠般的中微子……不论拥有何等怪癖，在我们包容的时空大家庭，它都能找到自己的位置。而亲爱的宇宙也正是因为这些可能性，才一步步衍生出美不胜收的大千世界。

第八章

雅典娜与对称美：

守恒的故事

TIME
AND LIGHT：
The History of Physics
时 与 光
一场从古典力学
到量子力学的思维盛宴

1882 年 3 月 23 日，德国南部埃尔兰根郊区的一栋别墅里，马克斯·诺特（Max Noether）教授来回踱步在爱妻的产房外，一向幽默健谈的他此刻却紧张得结结巴巴："啊……孩子已经生下来啦……怎么没有听到哭声?"屋内，一个粉嘟嘟的女婴睁着一双大眼睛一眨不眨地盯着天花板。原来，她是被那错综拼接的几何图案给吸引住了，甚至都忘记了哭泣。

躺在母亲怀中这个安静的小生命名叫埃米·诺特（Emmy Noether），她的父亲马克斯·诺特是埃尔兰根大学的数学教授。马克斯年少时曾因小儿麻痹而落下轻度残疾，但身为一名犹太人，周围人异样的眼光并没能阻挡他对知识的向往。凭着勤奋与天赋，马克斯不但为自己建立起了学术声望，更以其风度与自信赢得了博学多才的艾达·考夫曼的爱情。降生在这样的家庭，想不被智慧熏陶都难。埃米还有一个比他小两岁的弟弟弗里兹·诺特（Fritz Noether），后来也成长为了一名数学家。1935 年，弗里兹因遭纳粹迫害而逃往苏联，在西伯利亚托木斯克数学力学研究所当教授，可没多久便被悄悄投入监狱，从此杳无音信。

岁月如梭，转眼已是 1900 年。这一年不仅是人类从经典物理迈向量子大陆的转折点，同时也是埃米·诺特人生中至关重要的转折点。诺特生活的时代，正处在认知形态大变革的前夜，微生物、遗传学、统计热力学、精神分析……小到原子结构、细菌群落，大到太阳系外的浩渺星空；近到朝夕相伴的风云雷电，远到我们从未曾触及的心灵世界……各学各派各新兴思潮如雨后春笋般破土而出，空气中处处激荡着振奋人心的气息。但这一切却与女性半点儿关系都没有。眼看新世纪将至，在学术之邦德意志帝国的土地上，十来岁的女孩接受的是怎样一套教育呢？主要课程除了弹钢琴和跳舞之外，便是诸如布置房间、买菜、教育孩子之类的家政课。由此可以反映出社会的普遍观点：女性的天职不外乎当好一名家庭主妇而已。可诺特对那套以社交为导向的音乐课程完全提不起兴致。中学期间，除了认真学习英语、法语之外，她把所有的精力都投入到了解数学谜题的游戏当中。

数学？不不，数学绝不适合女性，她们的智力怎能承受如此复杂的逻辑推演？纵贯 18、19 世纪，类似的观点层出不穷，数百年间一直左右着所有人（包括女性自己）对性别与能力的认知。以至有好心的学者专门撰写出"女性版"科普书籍，为的是当沙龙里男人们就新发现、新定律侃侃而谈时，帮助交际花们可以不时地接两句茬，而不至于杵在一旁尴尬得像个木头人。《艾萨克·牛顿爵士的哲学——专为女士解读》在描述引力的平方反比定律时，是这样说的："我不禁想到，引力与距离的平方成反比这个关系，甚至在爱情中也不难观察到：分别八天之后，爱情就变得只有第一天的六十四分之一了……"这真是和如今我们专门把《喜羊羊》拍给孩子们看，有着异曲同工之妙。

高中毕业后，18 岁的诺特走到了人生第一个岔道口。是待在中学教书，拿着稳定的薪水，利用大把的闲暇参加各种聚会找寻如意郎君呢，还是追随梦想、继续求学？毫无疑问，对一个女孩来说，上大学在当时简直是死路一条。不但周围人人侧目，并且依据官方规定，女生不得正式注册，无特殊审批不得参加考试，甚至某些教授见到班里出现女性的身影，便故意处处刁难以迫使其知难而退。诺特知道，她一旦选择跨入大学，就很难再如同别的女孩一般结婚生子、拥有属于自己的小家庭了。因为即使她有此意愿，社会上也鲜有男性敢于迎娶这样一位贴着"数学家"标签的奇异女子。但与此同时，在数学圈中，她又会由于贴着"女性"字眼儿而几乎没有被接纳的可能性。"我已和真理订了婚。"当旁人问及海帕西娅为何不结婚时，她曾如是回答。亚历山大城最美丽的女儿 1500 年前那铿锵有力的话语隐隐回荡在诺特耳畔。埃米，勇敢地朝

埃米·诺特

TIME
AND LIGHT:
The History of Physics
时与光
一场从古典力学
到量子力学的思维盛宴

前走,将此生嫁给数学吧!

三年后,诺特顺利完成学业,成了几百名应届学生中唯一没有文凭的毕业生。这一次,她做了一个更加勇敢的决定:到数学圣地哥廷根当一名旁听生。此时的哥廷根正处于全盛时期,云集着世界上所有顶尖高手,包括希尔伯特、克莱因、闵可夫斯基等。不变量、n 元二次型、希尔伯特空间……包罗万象的前沿理论令她眼界大开。紧接着,好消息传来,德国大学改制,首次允许女性注册。于是诺特重返母校,用三年时间拿下了博士学位。此时,她已在代数领域发表了 6 篇重要论文。1916 年,爱因斯坦的广义相对论在哥廷根刮起一阵强劲旋风,由于诺特在不变量领域的超群实力正是揭开时空谜题所必需的,因此身为掌门人的希尔伯特急切地向她发出了邀请函。

然而,即使在全球第一个向女性颁发荣誉博士称号的哥廷根大学,诺特的处境仍十分艰难。希尔伯特原想依靠自己的影响力为她争取一个讲师席位,但数学在当时尚未自成院系,与它同属于哲学大系的语言学家、历史学家们听闻竟有一位女性想要加入他们的行列,立刻炸开了锅:"怎么能允许一个女人成为讲师呢? 如果她成了讲师,以后就会成为教授,成为大学评议会的成员……当我们的士兵回到大学时,发现自己将在一个女人脚下学习,他们会怎么想呢?"希尔伯特淡定地回应道:"先生们,我想提醒大家,我们办的是大学,而不是澡堂子。"可他的反抗却因势单力孤最后还是失败了。不得已,希尔伯特只好采取缓兵之计,以自己的名义多开一门课程,让诺特前去"代课"。就这样,埃米·诺特终于站上了哥廷根的讲坛,以一个"编外人员"的身份无名又无偿地默默耕耘了许多年。

诺特定律

加入哥廷根不到三年,诺特连续发表了两篇重量级论文。一篇论文将黎曼几何中常用的微分不变量化为代数不变量,该思想引入广义相对论后,帮助爱因斯坦进一步确定了能量-动量张量 T 的守恒关系;而另一篇则将自然界诸多的守恒律同不变量一一联系起来，推导出囊括四海、并吞八荒的"诺特定律"，该定律的诞生永久地改变了理论物理的面貌。

在《对称的故事》中，我们不厌其烦地把一个个抽象概念镶嵌于时空之中，平移、旋转、反演……为的是向你展示物理法则在经历种种考验之后，其对称性依旧完好如初。但宇宙花了这么多心思为一条条法则编织对称性，除了让它们"看上去很美"之外，还有什么更深层的用意呢？

埃米·诺特论证道：作用量在每一种连续对称中都会产生一个相应的守恒量。以上一单元提到的"时间平移"为例，如果物理法则不因时间轴的向前、向后滑移而改变，则能量必定守恒。请想象这样一个世界，引力定律随着钟表指针的转动而起伏变化，今天与距离成反比，明天则与距离的平方成反比，后天又以距离的三次方成反比……如此一来，质量恒定的物块在今天、明天和后天将拥有不同的重量。相应地，你此刻费老大的劲儿才举起的一块巨石，到了后天它将轻如鸿毛，你所消耗的能量莫名其妙地消失了！因此，唯有物理法则在时间平移的过程中严格对称，流动于时空的能量才会永久地保持不变。

同理，物理法则在"空间平移"的对称性则对应着动量守恒。对此，理查德·费曼结合他所挚爱的最小作用量原理曾给出一段生动的讲解。诸位若有兴趣，可查阅费曼在康奈尔大学为非物理专业的本科生开设的系列讲座①。此外，宏观世界还有一条守恒律叫做"角动量守恒"。你若对它还比较陌生，可以回忆下花样滑冰的比赛现场。当旋转中的选手将她舒展的双臂猛然向内收拢，其身体霎时就飞旋了起来。这是因为覆盖面积缩小之后，唯有依靠转速的提升才能维持原先的角动量。以此类推，该守恒原则即对应着物理法则在"空间转动"过程中的对称性。

而在微观世界，"空间反演"则对应着宇称守恒。上一单元我们曾介绍过，弱作用范围内大自然对宇称守恒有轻微地破坏。但理论学家并没有灰心，他们相信，在更大范围之内，强力、弱力、电磁力在空间、时间、电荷的多重变换下，将

---

① 演讲共 7 个专题，均收录于 *The Character of Physical Law*。

TIME
AND LIGHT:
The History of Physics

时与光
一场从古典力学
到量子力学的思维盛宴

恢复对称性,这便是"规范对称性"的由来。

守恒,它是每个孩子在认识自然规律之前首先被告知的法则。是所有法则之上的法则。我们甚至都无法像力学定律、光学定律那样一步步追溯它的由来。能量守恒、动量守恒、角动量守恒……仿佛洪荒之初,原该如此,因而也从没人想过"为什么非守恒不可"。但 1918 年,埃米·诺特竟大声向世人宣布:守恒的背后还藏有更深层的动因!她把对称这种历来只在美学范畴加以考量的行为引入了物理学,不仅是史上第一个凭借归纳演绎大胆揣摩设计之神思想的女性,同时通过把宇宙中看似毫不相关的各基本作用量纳入同一定律,她亦成为推动理论物理走向统一的第一人。

诺特一生命运多舛。20 世纪 20 年代末,因其独立创建的"抽象代数"为数学这棵苍天古木注入了新的生机,她终于获得了同行的广泛赞誉。可紧接着,纳粹的横行又让她在祖国无处安身。辗转逃往美国后,眼看新的事业即将启程,却不幸因一次手术的术后并发症而猝然离世。但历史将永远记住这个名字——埃米·诺特,数学王国的雅典娜。"在我成为物理学家的这些年里,与诺特定律初遇时的滋味始终萦绕心头,它使我快乐、敬畏又感动。"正如《可畏的对称》中徐一鸿教授所言,人类也将永远感谢埃米·诺特,因为她,我们才第一次领略到设计蓝图的对称之美。

第九章

重回起点：

光的故事

20 世纪 20 年代,围绕光的身世之争在席卷了大半个宇宙、波及当时已知的所有物质/非物质族群之后,终于在波粒双方握手言和的融洽气氛中缓缓落下了帷幕。然而,在向来以不安分为特质的物理界,并不是每个人对"二象性"这样一种略显中庸的解决之道都心服口服,新一轮狂风骇浪正悄悄酝酿。此时,那位将在日后率领众人重回起点,从光的本性出发开辟量子力学"第三大道"的科学顽童,才刚刚从母亲的怀抱中醒来,他揉揉眼睛,透过暴风之眼好奇地张望着外面的世界……

理查德·费曼(Richard Feynman)于 1918 年出生在美国纽约。他的父亲梅伟尔·费曼(Melville Feynman)是一名犹太后裔,幼年即跟随祖辈从俄国迁往新大陆,成年后从事服装生意。同所有犹太家庭一样,让子女获得优质教育永远是家中的头等大事,从理查德记事起,父亲就是他最亲密的玩伴与导师。老费曼常常饶有兴致地陪着儿子驾驶玩具车,当小费曼提问:"为什么汽车突然停止时,车兜里的小球会向前滚?"父亲并不像多数"大人"那样,机械地把书本上的答案复述给孩子,而是启发小费曼说:"普遍规律是,物体总愿意保持它原有的运动状态,人们把这叫做'惯性',但谁也不知道为什么会这样。"原来标准答案的背后还藏着一个"为什么",这立时激起了小费曼的求知欲。两人在林中散步,一同观察飞鸟,梅伟尔仍不忘循循善诱:"一种鸟如果你只知道它的名称,哪怕把全世界各种语言里这只鸟儿的叫法都背下来,它对你来说依然不过是个陌生的影子。只有通过认识其行为:它为什么经常用喙梳理身上的羽毛,各个成长阶段它的叫声有什么不同,与别种鸟儿相比它有什么独特的习性……了解了这些，哪怕你并不知晓鸟儿的名字，面前的小生灵对你来说也已鲜活无比。"
父亲对自然独到的观察方式令费曼受益匪浅。终其一生，他始终怀揣着一颗自
由的心，从不人云亦云，坚持用自己的眼睛来认识世界，用自己的语言来描绘万
物，并以他"费曼式"的滑稽把失落已久的趣味性
重新带回到学术界。

1935 年秋，中学毕业后，费曼来到麻省理工
学院修习数学。凭借早早展露的解谜天分，他原
以为自己定能乘着数字魔毯在这片乐园大显身
手。没想到，不到一学期，那些在各维空间缠来
绕去"系疙瘩"①的小游戏便搞得费曼晕头转向，
他找系主任询问道："学这些课程，除了为今后更

理查德·费曼

难更高深的数学做准备之外，还有什么用呢？"系主任回答："既然会提这样的问
题，就说明你并不是我数学王国的后备军。"于是，"问题男孩"费曼成了继海森
堡之后，又一个被数学拒之门外的天才。不过，这倒给了费曼一个挖掘自己天
赋的机会，他试着选修了一门电磁理论，从此便一发不可收拾地爱上了物理。4
年后，费曼原打算留在麻省理工学院继续深造，可导师斯莱特教授却建议道：
"母校虽好，但你更应该趁着年轻四处走走，看看世界的其他地方是什么样子。"
一席话令费曼豁然开朗。于是，他来到普林斯顿，计划跟从尤金·维格纳学习
量子场论，但却阴差阳错地成了"疯狂的惠勒"的研究生。约翰·惠勒仅比费曼
年长 7 岁，此时他刚从哥本哈根访学归来，在普林斯顿大学担任助理教授。让
这两颗奇思妙想汩汩往外冒的脑袋凑到一块儿简直就是天作之合，两人不仅是
师生更是密友。惠勒宽泛的兴趣爱好与胆大超前的学术风格对费曼影响颇深，
同时，惠勒也坦言："大学之所以招收学生就是为了来教导教授，而费曼无疑是
这群学生中最杰出的一个。"

1942 年，受狄拉克量子代数的启示，费曼以一种新形式的"全时空观点"从
最小作用量原理直接导出了系统的运动方程，这相当于把一套已经确立的理论

---

① 该课程的标准名称叫"扭结"。

TIME
AND LIGHT：
The History of Physics

时与光
一场从古典力学
到量子力学的思维盛宴

用另一种截然不同的方式给表述出来。数年后，全时空观点成了他探寻通往量子城堡的第三密道不可或缺的拐杖。但此时，战争之火已蔓延到美国疆域，惠勒与费曼都先后被军事部门征召并分配予特殊任务。非常境况下，费曼的新学说只能以博士论文的形式暂时刊印出来，却没机会公开发表。

答辩刚一完成，费曼就做了人生中最重大的决定：与青梅竹马的爱人阿琳举行婚礼。阿琳·格林鲍姆（Arline Greenbaum）与费曼生活在同一社区，两人相识于中学时代，那时的阿琳性格活泼、美貌迷人，而费曼也已凭借他卓越的才智在同学间美名远扬，真是天造地设的一对儿。可惜，正当费曼求学于普林斯顿时，阿琳被查出患有淋巴结结核。这在当年尚属不治之症。眼看阿琳原本热烈绽放的生命一天天凋谢下去，两人的婚事遭到了所有亲友的反对，但费曼却毅然回答："如果一位丈夫听闻他的妻子身患结核就离她而去，难道也合情合理吗？"这两个人的心，很多年前就已悄然合抱在了一起。他们在前往新泽西州的途中举行了一场没有宾客的婚礼。

遗憾的是，费曼的深情依然没能挽留住妻子的生命。3年后，阿琳在昏迷中安然入梦。此时，"曼哈顿计划"已进入冲刺阶段，告别爱妻后，费曼随即便赶回工程所在地洛斯阿拉莫斯。朋友们正不知该如何来安慰这位往常总给大家带来欢笑的伤心者，却发现悲痛中的费曼看起来比平日还要欢快几分。这是他处理情绪的独特方式，从不把忧伤传染给周围的人。只在一个月之后，当费曼走过一家百货商店，看到橱窗里漂亮的连衣裙，忽然想到如果阿琳在的话她一定会喜欢，才禁不住失声恸哭……

核武器的研发工作紧张而有序。1943年，从丹麦辗转逃亡美国的玻尔父子也来到了洛斯阿拉莫斯，张罗着要为提高核爆的威力出谋献策。费曼因为负责工程计算，也参加了那次大人物云集的讨论会。会后，玻尔专门指名请费曼前来一谈。当聊到技术细节时，费曼依着他那不依不饶的劲头："不，这绝对不行。""这次听起来要好一些，但里面却藏着个该死的笨念头！"足足争论了两个钟头，最后玻尔才说："好，现在让大家都过来吧。"事后，费曼才从玻尔的儿子奥格·玻尔（Aage Bohr）那里得知，头一轮讨论结束时，父亲马上对他说："记住后排那个小伙子，他是唯一一个不怕我，并在我说出愚蠢的想法时敢于反驳的人。

下一回，当我们有了新的想法，根本不必去找那些只会说'是，玻尔博士'的家伙，我们要先同这位小伙子聊聊。"

费曼出众的才干与直率的性格同样赢得了曼哈顿主帅奥本海默的赏识。早在工程完结之前，奥本海默已迫不及待地写信给加州大学伯克利分校的物理系主任，强烈建议他把这个不可多得的奇才收至麾下。可康奈尔大学下手更快——他们两年前就已向费曼伸出了橄榄枝。1945 年 11 月，费曼离开新墨西哥州，前往位于纽约州的康奈尔。

可翌年初秋，失去了灵魂伴侣的费曼再次经历了别离之苦，亲爱的老父也离他而去。此外，他参与研制的核武器先是被当局滥用，后又在全球范围内无度扩散，内疚的阴霾生生吞噬着他对物理的热情。最消沉的时期，费曼甚至觉得，他的灵感好像已耗散殆尽，再也创造不出什么有趣的东西来了。

一天，他在餐厅吃饭的时候，看到一个孩子把印有康奈尔校徽的碟子旋转着抛向空中，那炫动的身影牢牢地牵注了费曼的目光。他忍不住就着桌上的纸巾，运用刚体力学方程对其轨迹进行演算。写着写着，在费曼眼中，康奈尔的徽标渐渐化作一粒电子，既绕着碟心不停旋转，同时还随着碟片的上下翻飞，在空中划出一道优美的波浪弧。普普通通的一个餐碟里，竟蕴藏着量子世界许多的秘密，这再次唤醒了费曼研习物理的初心。他重新翻开当年在普林斯顿匆匆写就的博士论文，对原先的创想进行整合与修正。1948 年，费曼在《物理评论》上发表了一篇题为《非相对论性量子力学的空间-时间方法》的论文，首次将"路径积分"公布于众。从此，世间除了薛定谔方程、海森堡矩阵，又多了一把通往量子秘境的天梯。下面就让我们抓紧绳索、攀缘而上，一同去领略一下云端那不一样的旖旎风光吧。

路径积分

首先，还请回到本书开篇《光的故事》里最简单的例子：光的反射。如图 9.1 所示，在 S 处放置一单色光光源，而在与 S 相隔一段距离的地方装有一块平面镜。暂且除却镜面对光的吸收以及散射等影响因素，假设 S 发出的光被镜面"全反射"。由费马最小作用量原理可知，从光源 S 出发的光子将如数到达 P 点——入射角等于反射角，一切是那么对称和谐。

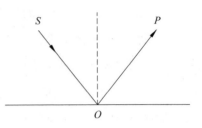

图 9.1 光的反射

可别忘了，所有的表观规律背后都必定躲藏着更深层次的"为什么"。光束究竟是依靠什么来择出其最优路径的呢？为找寻答案，费曼将上述装置略作改动，便创造了一个更为精巧的反射实验。在图中 P 处添加一根光电倍增管，它的效用有点类似我们熟悉的扩音器。所不同的是，这回被加工的是光信号。信号通过光电效应层层激荡，被放大成可探查的电子流，最终化作一声"嗒"音告知大家光子已抵达 P 处。如此一来，只需降低光源的强度，令其一粒一粒缓缓发射光子，就可根据 P 处发出的声响来判断每一粒光子是否都如预期所言，以最快速率冲向 P 处。

流传已久的费马原理让人们普遍抱有这样一种印象：光子有且只有一条道（S—O—P）可走。但费曼却争辩道，何不探查一下其他可能性呢？镜面那么辽阔，光子又何苦那么执念，S—A—P、S—B—P、S—H—P、S—K—P……通向 P 点的路千万条，换换口味又何妨呢（图 9.2）？沿着这一思路，他抓住量子力学的精髓——概率——绘出了费曼图的雏形：一堆小箭头。

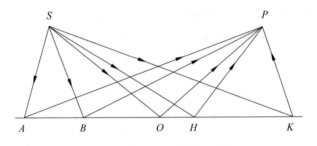

图 9.2 费曼假想的光子路径

若想与小箭头共舞，首先你得了解一下它的生成规则：在时空中任意画一箭头，令其长度的平方恰等于某事件发生的概率。那箭头的方向又如何确定呢？这就需要一只"秒表"前来助阵了[①]。如同跑场上的运动员，在光子脱离 S 的瞬间，我们按动开关，当光子冲到 P 处"嗒"声想起时立即卡停，此时秒针的指向即是箭头所指的方向。照此方式，让我们重新为划过镜面的每一粒光子绘制一张径迹图吧。

理论上来说，如果镜面无限宽，则可从四面八方画出亿万条路径。为简化起见，我们仅截取其中有限的一段，且仅考虑一维直线内的情形。如图 9.3 所示，此时，光从 S 经镜面到达 P 可选择 A、B、C、D……多种方案，或许你会凭"常识"推断：路径 $S—O—P$ 最为便捷，光子选择 O 点的概率也必定最大。因此，箭头 o 的长度自然要远远超过其左邻右舍。错！你若抱着开放的态度把光的反射当作一全新现象来研究，就不应先入为主、盲目臆测，你得化作一粒刚刚从无中创生的光子——既然条条大路通罗马，我有什么理由要厚此薄彼呢？所以，光子选择每条路径的概率都相同，也就是说，所有的小箭头长度相等。

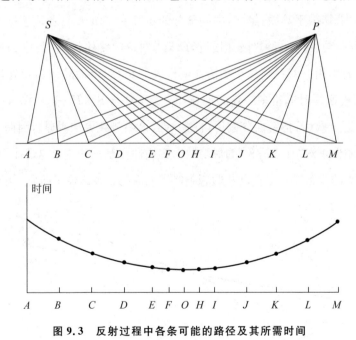

图 9.3　反射过程中各条可能的路径及其所需时间

现在，我们可以根据秒表终停的指向，依次画出代表各路径的小箭头了。

---

① 实际采用的时间单位比"秒"要短得多，但原理是一致的。

图 9.3 展现了各路径消耗时间的长短，S—A—P 最费时间，越靠近 O 点耗时越短，过了 O 点之后又逐渐增长。但当我们把时长转化成小箭头，情况却发生了有趣的变化，由于小箭头遵循的是"钟算数"规则，由图 9.4 可以看出，a 与 m、b 与 l、c 与 k······恰好长得一模一样。最后，当我们把这堆小箭头首尾相连、叠加起来，从箭头 a 的起点指向箭头 m 的终端，这根巨型箭头即是光子的终极路径。

你若把整群光子看作一个醉汉，每个小箭头就是他跟跟跄跄跨出的一步路。从图 9.4 中你将发现，起始那两三步，绕了半天其实并没迈出多远，因为每一步与下一步的方向大不相同，左转、左转、左转、再左转······实际上就是原地兜圈儿；但靠近中段时，醉汉渐渐有了方向感，箭头 e、f、o 的指向越来越趋同一致，因此他终于远离了起点；可惜好景不长，临近尾声时，他又开始犯迷糊，右转、右转、再右转······综上可知：第一，两端的小箭头虽然数量众多，但对"终极箭头"的贡献却微乎其微；第二，中间部分的小箭头 f、o、h 三者几乎排成了一条直线，且方向与"终极箭头"极其接近，所以它们对"终极箭头"长度的增长起着至关重要的作用。联系到每个小箭头所代表的路径，所需时间最短处（S—O—P）及其附近所需时间略多一点的地方（S—F—P 与 S—H—P），提供的箭头彼此指向趋近一致（若把镜面分割得再密一点，该趋势会更加明显），因而才能在长度恒定的条件下对"终极箭头"的形貌做出实质性贡献——透过这群小箭头，现实中概率最大的少数路径竟自动从假想中概率相等的各条路径里凸显了出来！

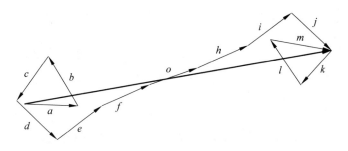

图 9.4 反射过程中所有路径的箭头集合

由此，不走寻常路的费曼先生终于把费马原理之下更深层的秘密给揭开了来：光之所以能走最短路径，是因为它们在各路径之间做过探查与比较。什么？

难道光在出发之前，就已"嗅到"各条路径的优劣？对，这正是费曼想要证明的，马上你将看到：如果不给光子探试前方路段的机会，它们将无法选出最优路径。

现在，让我们重新来审视一下光行为中最简单却也最难参透的原则：直线传播。按照费曼的设想，如图 9.5 所示，光子从光源 S 到达倍增管 P 处有无数路径可供选择，它可以弯弯扭扭地打旋，漫不经心地晃荡，甚至绕着银河系周游一圈儿再从背面抵达 P 点……但所有那些成双成对的小箭头在大箭头面前都得两两相消。最终，起决定作用的还是耗时最短的直线路径以及直线附近稍微弯曲一丁点儿的弧线路径。

第二步，如图 9.6 所示，在 S 到 P 的连线之间设置一道障碍。当 A、B 间的空隙逐渐收拢时，便等于把光的"嗅觉"给一步步阻断，使得它无法预先探明终点及其周边的路况。终于当缝隙窄到某一值域内，奇迹出现了：光子不仅笔直地奔向 P 处，若在距 P 很远的 Q 处放置一个倍增管，同样也能收到光信号，并且 Q 处"嗒"声响起的频率将与 P 处一样高[①]。不确定幽灵缓缓自暗影中浮现——你永远无法同时探知某微粒的位置与动量，把光子此刻的位置卡得太紧，自然就掌握不了它下一步的动向。借由费曼的多路径解释，我们甚至窥见了不确定性背后的玄机。

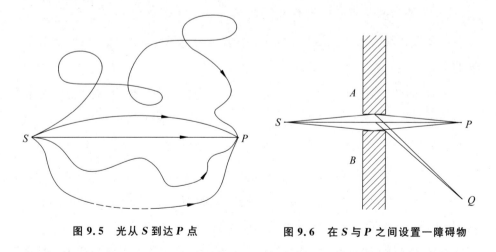

图 9.5　光从 S 到达 P 点　　　　　图 9.6　在 S 与 P 之间设置一障碍物

---

① 确切地说是一样低，原本统统奔向 P 的光子群，分流到了屏障背后各处。

TIME
AND LIGHT：
The History of Physics

时与光
一场从古典力学
到量子力学的思维盛宴

同理，在镜面反射一例中，依据费曼的猜想，立在光源对岸的镜子也必须留足一定的面积让光可以先行探路。否则，假若镜面小到无法容纳除最优路径之外，比它耗时略多的周边路径，那么就算你将镜子精确地放置于 O 点，光路也无法如你所愿，由 $S—O—P$ 统统汇聚于 P，反而却会向着四面八方散射。

顺着这一思路，光的反射、折射、干涉、衍射、偏振，光在不同介质中传播速率的变化，光子与电子的相互作用等各类现象，无一不能通过形态各异的小箭头加以阐释。传统理论中，干涉、衍射一直被归为波的特质，可鬼才费曼仅将实验稍加改造，就通过新建的模型从粒子的角度对其进行了解析。历史又一次发生了戏剧性的大转折——微粒说再度独步天下。波粒之争，这场将地球上一个个天才中的天才悉数卷入涡流的宏大变革，它所掀起的每一道波澜都引领着人类窥见宇宙更深一层的面貌，而费曼这次独辟蹊径的尝试为我们带来的则是量子电动力学（quantum electrodynamics，QED）的全面崛起。

量子电动力学最早是在 20 世纪 20 年代由泡利、海森堡、约当、狄拉克等人共同创立的。为诠释电与磁的相互作用，他们把光子看作量子化的电磁场，而电子则成了量子化的电子场。如此一来，通过光电之间变化万端的纠缠与互动，原子的物理、化学性质，凝聚态物理，以及等离子体……几乎都可以借由电磁效应予以解析。说"几乎"，那是因为使核子得以聚合的强作用力，以及掌控着原子衰变的弱作用力尚游离在电磁王国之外。还有，别忘了在与微观遥相对望的宏观世界，无所不容的引力帝国也分毫没有要同电磁和谈的意思。

然而，抛开其他三种力且不论，仅只为电磁力构造数学模型，就曾让哥廷根那帮小天才伤透了脑筋。光电之间有一种常规效应，电子释放一粒光子，不久又将它重新俘获。泡利与海森堡原本期望利用微扰法从该过程直接解出电子的质量，可得到的结果却无穷大。迷宫中一旦出现"无穷"二字，便相当于在前方竖起一块告示牌："此路不通"。刚刚跨入 QED 的勇士们心一下子凉了半截，自此，有关 QED 的研究也随之进入停滞期。

直到 20 世纪 50 年代初，费曼的加盟才又为该理论注入了新的活力。他提出：在没有电磁相互作用的情况下，电子的纯粹质量是观测不到的，我们所掌握的实则是"物理电子"的质量,其值约 0.5 兆电子伏,而若把之前解出的无穷大吸收到"非物理电子"的质量当中①,待到计算的尾声,恼人无穷量将消失无踪。此过程即是开启后量子时代的所谓"重正化"。借助这套方案,理论家们虽然依旧解不出电子的质量,但却可跳过那只"无穷大"的拦路虎,做出一些有意义的预测。如电子的磁矩,依照狄拉克方程,决定磁矩的 g 因子应为整数 2。但另一位犹太学者、29 岁便荣升哈佛大学正教授的朱利安·施温格(Julian Schwinger)通过重正化解出的答案却是 2.00232,与实验值吻合到了小数点后第四位! 由此,理查德·费曼、朱利安·施温格与来自日本的朝永振一郎共同分享了 1965 年的诺贝尔物理学奖。

不过,同是跋涉在 QED 征途,三人手中的兵刃却大不相同。其中,费曼为我们奉上的运算工具一如他以往所有的作品——再没什么比好玩更重要。那是一套由各式线条、箭头和圆点组成的费曼图(图 9.7)。通过它们,光子、电子及其反粒子在时空舞动的画面瞬间便跃然纸上。

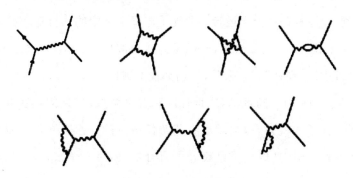

图 9.7　各式各样的费曼图

行至此处,你若依旧兴致高昂,那么欢迎来到诡谲无常的量子世界! 在光与电的疯狂派对中,你将有幸目睹更多稀奇古怪的行为:概率像变形虫般伸缩自如、光子以快于或慢于 c 的节奏跳跃、电子在时光中倒行、光子忽然分裂成正负电子对……假若光是听到上述奇闻,你就已然惊得目瞪口呆,这就对了,引一段费曼的原话或许能给你带来些许安慰:"我们物理系的研究生根本不理解它,

---

① 所谓"非物理",指的是假想中不与光子交互作用的单独电子。

而这正是因为我本人也不理解它——没人能理解它。"

尽管如此，现今，从 QED 导出的理论值与实验值已吻合到小数点后十一位。在不理解的情况下，在一片漆黑之中，只要拄杖在握我们依然能够前行。而这也正是物理迷宫的奇幻之处，谁也不知道，天亮后眼前将是怎样一番风景⋯⋯

芥子与须弥

除了从外界的角度来探查光子，三百年前将"老顽童"费马拖进迷宫的趣题同样吊起了"小顽童"费曼的胃口：假若我就是一粒光子，世界在我眼中会是什么模样？

狭义相对论告诉我们，运动物体的时间总是随着运动速率的增加而延缓。当速率达到 c 时，时钟将停止运转。而光子在真空之中的飞行速率恰好等于 c，那么对光子来说，从过去到未来，时间难道永远凝固吗？不，在光子的字典里，你根本连"过去"、"现在"、"未来"这些词都找不到！

一粒光子从太阳飞向地球，用地球的时钟来测量，它共需花费 8 分 20 秒；然而，如果从光子的视角看，它并没有花费任何时间。百万光年外星体发出的光，待它到达地球时，其母星早已衰老了百万岁；但对光子来说，一切不过眨眼之间。宇宙背景辐射中的光子，在地球人看来，从大爆炸至今，它们至少已翱翔了 140 亿年；但倘若有机会对其中一粒进行采访："活了那么久，光子君，请问你有何特殊感受？"它必然会瞪大眼睛望着你："那么久？大爆炸与此时此刻难道不是同一时刻吗?!"

无怪乎在描画各类粒子相互作用的费曼图中，唯独光子的径迹没有箭头。[①]漫步在时空境内，从此地到彼方，对光子来说既无距离之隔也无时间落差，这也

①　前面介绍的小箭头组图，只是路径积分的创作思路。若要进一步了解费曼图的绘制方法，请参阅费曼在加州大学洛杉矶分校开设的系列讲座 QED：*The Strange Theory of Light and Matter*。

正是光子没有反粒子的原因——它就是自己的反粒子。而光子最亲密的伙伴则莫过于电子，它俩相互交缠，于寰宇之间织起一张张电磁巨网。对电子来说，网格之上，过去、现在、未来，世间万物由因到果、层层演进；可对光子来说，它却能"同时"感知这一切。费曼的导师约翰·惠勒把这副图景引申得更远：由于不存在时间差，所以在光子的眼中，不论此地或他乡，永远都只有同一粒电子，它在时空的编织机上马不停蹄地来回穿梭，织就着变化万千的纹案，织就着大千世界、芸芸众生……佛家讲求纳须弥于芥子，原来，所谓须弥本就是芥子的幻象。

　　不过，这副图景并不完备。因为光子作为一种玻色子，它既可凭空创生又会凭空消失，所以这张巨网并不稳定。况且我们现今已知道，经由大爆炸后，空间自身的退行速率是可以超越光速的，如此一来，就算电磁之网能够稳定存在，宇宙也有它覆盖不到的地方。那么，对光子来说，光锥之外又是怎样一番景象呢？

迪克，我们爱你

　　与光子相关的谜团还真是魅力无穷，横看、侧看、从里看、从外看、从各个角度看，皆能衍伸出无数的新话题。但不同于左拥哲学、右抱物理的惠勒，费曼终身都小心翼翼地与哲学保持着距离。开辟出量子第三大道之后，他把对细节的诠释留给了其他感兴趣的人，自己则转身投入到另一场大冒险——将引力理论量子化的工程之中。他明白，缺失了引力则不足以考量设计的终极对称性。

　　研究科学的同时，贪玩的费曼也不曾错过生活中各式享乐：奋战在荒芜的洛斯阿拉莫斯，为给自己制造点儿律动，他学起了邦戈鼓，不想竟练成一专业鼓手，时常在文艺演出里担任伴奏；还是在洛斯阿拉莫斯，为和同事开个玩笑，他灵机一动便打开了保险箱，后来又将这小把戏一路玩到军机总部，为向负责人证明他们封存文档的方式是多么不靠谱，他轻轻松松就窃走一沓机密文件，令所有人大惊失色；他曾心血来潮，潜心向朋友学习作画，一年后竟办起了个人画展；一段时期，他忽然迷上了玛雅文字，接着便从中考据出玛雅人的天文知识；20世纪70年代末，受量子多重态的启示，他突发奇想提出如果沿此思路制造计算机，其效率将比普通计算机高出几何级数倍！而这，正是当今量子计算机的理论雏形。

太多的游戏等着他去玩耍，太多的谜题缠着他去解答，可是命运却和他开了个小小玩笑。1978年，60岁的费曼被查出患有癌症。之后的十年里，病情一步步加重，与之相应的手术治疗几乎掏空了他整个腹腔。但在所有人眼里，他依然精神矍铄、笑容满面。"物理，不，不，物理没什么要紧，重要的是欢笑。"在生命的最后时刻，已经虚弱得无法说话，他依然做出鬼脸逗身旁的人发笑。

1988年2月15日晚，科学顽童带着他那顽皮的笑容永远地沉入了梦乡。第二天，学生们自发地在图书馆顶层挂起了一块幕布，上面大大地写着：Dick，We Love You!

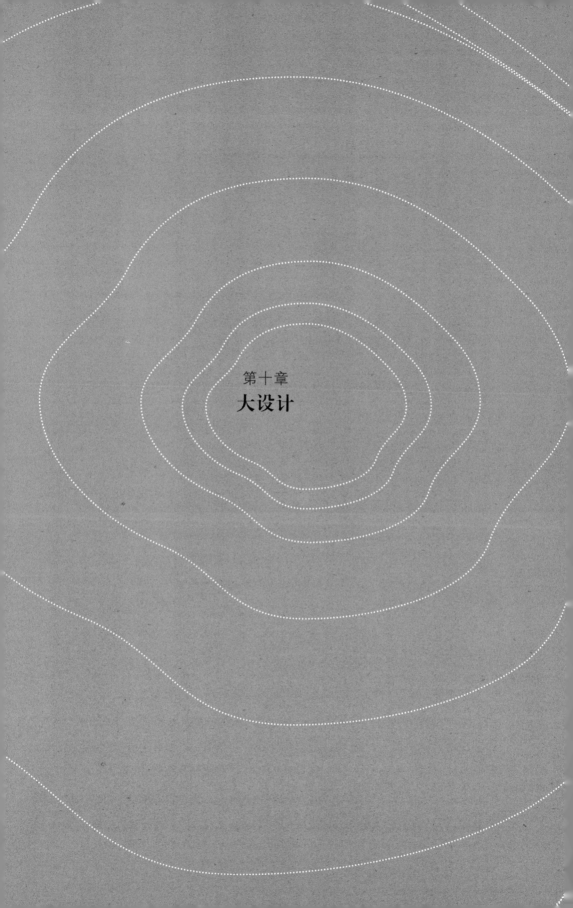

第十章

大设计

传说泡利死后升入天堂,上帝问他有什么心愿未了,他不假思索地回答:
"我想看看宇宙的设计蓝图。""好吧。"感其一片赤诚,上帝小心翼翼地把图纸交
到泡利手中。盯着图纸琢磨良久,泡利仰天长叹:"Oh My God,竟然一点儿错
误都找不到!"

世间万物的背后真有一幅设计宏图吗?

如果答案是肯定的,那图像是否完美无缺?

如果答案仍旧是肯定的,那么目前的我们距离一睹图纸芳容这一终极梦想
还有多远?

量子岔道口

隐变量

时光回到 1927 年,在那届颇具传奇色彩的索尔维会议上,经典派铩羽而
归。老帅爱因斯坦手下第一儒将路易·德布罗意惨遭敌方第一火药桶沃尔夫
冈·泡利的猛烈轰击,当场缴械投降,放弃了原本已具雏形的导波理论。此番
失利对德布罗意打击甚大,不同于哥本哈根那帮骁勇善战的小将,这位来自法
国的小王子天性并不好争斗,加之导波猜想确有许多缺陷,因此在随后的许多
年里,身为爱因斯坦为数不多的支持者之一,眼看概率、不确定性这群怪兽横行

江湖,气焰日益嚣张,他却一再保持沉默。然而,内心深处,德布罗意从未认同过玻尔对微观世界的互补诠释。作为物质波的发现者,他自己却并不相信粒子与波是同一枚硬币的两面——根本就不存在什么概率波,实物粒子永远是实在而确定的,所谓物质波,不过是守候在粒子身旁的"影子谋士"而已。

除此之外,我们在《量子》一章还介绍过,针对玻恩那威力无穷的骰子,德布罗意曾提出一种隐变量假说:量子效应表面的随机涨落实则是由一些人类尚不知晓的隐形变量与已知变量相互作用共同铸就的。正如轮盘赌游戏中,众目睽睽之下,铁球这次落入 3 号,下一回便落入 27 号,整个过程看上去完全是随机的。殊不知庄家暗中早有安排,这一轮,他把磁条贴在 3 号格下方,下一轮又偷偷换到 27 号位——因为这两处恰巧没人押宝。而赌客们尚未参透其中奥妙,只顾埋怨自个儿运气不好。同样,我们无法预测单独一粒电子的运动趋势,或许并不是因为它没有严格遵循因果关系,却是由于我们的理论水平还不够高,让可恶的隐变量在大家眼皮底下出起了老千。

可惜的是,面对进一步的诘问:那神秘的隐变量究竟藏在哪儿? 其缔造者德布罗意一时也说不出个所以然。这就好像众赌客中,终于有人悟出赌局背后有诈,但却没能揭穿庄家的行骗伎俩,依旧毫无说服力。在哥本哈根不依不饶地强势围剿下,眼看隐变量假说已奄奄一息,偏偏就在这时,压死骆驼的最后一根稻草从天而降。1932 年,装配着超强 CPU 的冯·诺依曼在与好友维格纳、狄拉克等人共同创建量子场论的过程中,顺便对隐变量猜想进行了一番详查。考察的结果竟明确指出:不论何种形式的隐变量理论,它都无法针对测量行为做出预言。不能给出确定的预言? 那和不确定的哥本哈根诠释又有什么区别? 因果律的最后一线希望破灭了。看来即使确实存在隐变量,我们也别想指望它能把物理学从随机性的魔掌之中拯救出来。

就这样,失却了众人的信任,隐变量只得悄声隐匿在布幕后方,默默注视着量子舞台轮番上演的悲喜剧。斗转星移,一晃已是 20 年。1952 年,情况突然出现一丝转机,而带来好消息的是另一位犹太学者戴维·玻姆(David Bohm)。玻姆于 1917 年出生在美国宾夕法尼亚州北部一座矿山小城,22 岁从宾州大学毕业,来到加州伯克利追随奥本海默研习核物理。学成之后,经导师推荐,他又前往普林斯顿担任助教。在此期间，因受爱因斯坦影响，其兴趣逐渐从解决技术难题转向了理论探讨。然而，就在玻姆提笔撰写《量子理论》一书时，"麦卡锡飓风"忽然横扫北美大陆，一时间惶恐蔓延、人人自危。玻姆于攻读博士期间曾参与曼哈顿计划，但其研究内容并不涉及技术核心，因此针对他的调查本不过走个形式而已。可是，臭名昭著的"非美活动调查委员会"竟专门传唤玻姆，要求他就"二战"期间与其在伯克利辐射实验室一道工作的"部分同事"对于美国的忠诚问题做出证明，因为他们被无端指控为共产党间谍或同情者。出于对自由的信仰，玻姆援引宪法关于公民权利的第五修正案，拒绝出庭作证。

为平息风波，麦卡锡政府表面上撤销了对玻姆的起诉，暗地里却迅速把他列入黑名单。1951 年，玻姆与普林斯顿的合同到期，奥本海默劝他不要停留在美国，以免形势恶化之后遭遇不测。果不其然，玻姆刚刚逃至南美，官方便直接吊销了他的护照，使得他从此踏上了流亡之路。而在巴西圣保罗大学那几年，恰是玻姆的创造力高峰。他用自己的方式重建起一套隐变量理论，该理论不但抵挡住了泡利全方位的围攻，更把德布罗意拉回到了原先的立场。

戴维·玻姆

若想重树隐变量之军威，首先须得跨越冯·诺依曼精心打造的"不可能"壁垒。可眼见其又是递归又是叠加，重兵埋伏，防守做得严丝合缝，根本找不到突破口。玻姆灵机一动、计上心头：何不绕过这座堡垒，到荒原去勘探新的路径？思路一旦打开，霎时一马平川。一方面，他吸纳了爱因斯坦对量子力学实在性的考问，把建立更加完备的实在性定立为研究目标；另一方面，又汲取了玻尔针对 EPR 佯谬所提出的整体性观点，将注意力集中于微观粒子对宏观环境的全域相关性。玻姆坚信，目前的量子理论实际上还未曾触及世界的最底层。

1952 年，玻姆在《物理评论》连续发表了两篇论文，一篇专门论述单个粒子，另一篇则把结论拓展至多粒子体系及电磁场中。二者前后呼应，力图在因果律的基石之上建立一套全新的学说。论文刊出之后，他才得知，原来自己提出的"量子势"概念正是德布罗意"导波"的升级版。英雄所见略同，两人都毫不含糊地将电子、光子等微粒统统定义为实在粒子，不论我们是否注视着它，它始终拥有确定的位置与动量；但与此同时，每个微粒除了内禀的实在性之外，还逃不开量子势的纠缠。所谓量子势，它同德布罗意导波一样，描述的仍旧是波动性质。以电子为例，该势场以电子为中心向着四周发散，一直延伸到宇宙尽头而没有丝毫衰减。因此凭借量子势，电子对整个宇宙每时每刻所发生的每件事情都了若指掌。当它得知前方有两道狭长的缝隙时，便玩起了分身术，将自己化作若干条纹；可当你拿出监控器想要来个魔术大揭秘，探知电子在穿越狭缝时究竟耍了什么花招，身为"影子谋士"的量子势岂会看不穿你的意图？在量子势的授意之下，电子立刻老老实实地恢复到粒子模式，排着队挨个儿冲向对岸，令你虽捕捉到它的径迹，却再也看不到美丽的干涉条纹。如此说来，电子确有一套客观实在的行为准则，但倚仗隐变量的掩护，我们却永远无从知晓。

借助量子势，玻姆将经典派久违的因果秩序恢复到了系统之中。可相应地，他的理论在维护实在性的同时，却不得不舍去定域性。所谓定域性，指的是任何信息都不得以跨时空的"超距"作用相互传递。而玻姆的量子势则上天下地、无孔不入，在宇宙的一端发生任何事情，位于另一端的电子都可依靠这张遍布整个时空的"超级信息网"同步感知。这显然违背了相对论的核心原则：光速极限。还记得我们在第三单元进行的论证吗，超越光速意味着什么？不费吹灰之力就能回到过去！想象这样一幅场景：此刻，你若带上刀回到 60 年前杀死你的外祖父，那如今的"你"是怎样诞生的？而"你"若不存在，又是谁杀死了外祖父？这便形成了有关时间旅行的最大悖论——外祖父悖论。因与果分崩离析，扭曲的时间之矢刺穿了逻辑网络，留下一串无法缝合的破洞……

因此，虽然高举着回归经典的大旗，玻姆创建的隐变量理论始终没能得到主帅爱因斯坦的认可；而另一方面，由于量子势的存在与不确定性、互补律相抵触，玻姆又时时遭受着哥本哈根的冷嘲热讽，真可谓腹背受敌。

贝尔不等式

中年以后，玻姆的兴趣逐渐从量子力学扩散到了哲学、艺术、心理等多重领域。他艰难地将自己对实在的信念向着纵深拓展。与此同时，玻姆的新猜想却

TIME
AND LIGHT:
The History of Physics

时与光
一场从古典力学
到量子力学的思维盛宴

在冥冥之中为另一个想要恢复经典物理无上荣耀的年轻人燃起了一盏明灯。

约翰·贝尔

这个年轻人名叫约翰·贝尔（John Bell），他于 1928 年出生在北爱尔兰首府贝尔法斯特。幼年的贝尔聪明好学，11 岁便立志要成为一名科学家。21 岁时，贝尔从贝尔法斯特女王大学拿下了实验物理与数学物理两个学位。随后，他转战欧洲各核物理机构（AERE 及 CERN）[①]，一面从事有关粒子加速器的课题研究，一面关注着前沿理论的进展。1952 年，量子势的诞生令贝尔顿觉眼前一亮，他找到了行进的方向！

循着那一线微光，贝尔在迷宫之中整整摸索了十二个夏秋春冬。首先，他回身来到起点，既然玻姆已经给出反例，这是不是说明冯·诺依曼当年的论断亦有问题？的确如此。原来，正如欧几里得为几何学立起的五大支柱，冯·诺依曼关于隐变量的一系列推演同样建立在五大前提条件下，而"No.5"又一次不幸成为了不稳定因素。贝尔牢牢抓住这个漏洞，一举将证明全盘推翻。谁曾想，神机妙算的冯·诺依曼也会大意失荆州？笼罩在隐变量上空的最后一丝阴云业已驱散殆尽，贝尔又可以自由驰骋在经典草原啦。剩下的唯一任务就是——重塑世界的定域性。1964 年，他终于找到一种判别 EPR 实验里两颗子粒的相关性的可靠方法："贝尔不等式"。

让我们先简单回顾一下爱因斯坦与他的朋友波尔多斯基和罗森共同设计的那款经典实验：假设一颗自旋为零的母粒于某一时刻分裂为 A、B 两颗子粒，A、B 沿反方向朝着空间深处漂移。按照哥本哈根的说法，在被观察之前，两颗子粒只能以波的形式四处漫游。此时，若有一观察者对其中任意子粒进行探视，那么当他观察到 A 坍缩成自旋为 −1 的微粒时，为保持自旋角动量的守恒，远在时空另一端的子粒 B 必将立刻坍缩为 +1。介于 A、B 已相隔万千光年，它们若不通过"超距离心电感应"，又怎能如此默契地一个自旋为正，另一个就必

① AERE（Atomic Energy Research Establishment，原子能研究组织）；CERN（European Organisation for Nuclear Research，欧洲核子研究组织）。

定为负呢？违背了定域性，这便是爱因斯坦口中哥本哈根学派"不完备"之所在。而玻尔则回应道，A、B子粒不论相隔多远，在坍缩之前二者永远是一个整体。因此它们对观察行为共同做出回应是理所当然的，根本不需借助什么"超距"传输。为维护系统的定域性，玻尔不惜放弃了客观实在性，把母粒看作一团弥散于时空之中的不确定的整体。

玻尔，还是爱因斯坦？29年前那场旷世论战的余音仍久久回荡在苍穹。只见贝尔纵身跃入EPR迷域，追逐着A、B子粒上下翻飞，猛然间他想到一个问题：虽然在同一方向上，两颗子粒的自旋相关性恒定（一粒为＋1时，另一粒必然是－1）。但我们生活的空间可不止一个维度，如果从水平方向观察子粒A，同时，却沿着一个略微倾斜的角度来观察子粒B呢？

为理解这个问题，首先我们还得回到经典世界中来。假设桌上放有一把双头枪，它能同时向着左右两端发射铁钉，且射出的钉子在运动时身体与枪口相平行。如图10.1所示，两枚长钉在空中飞行一段距离后，将分别撞向标靶A与标靶B。而A、B正中各有一条缝隙，若铁钉到达靶心时，其偏转角度恰与狭缝一致，则可安然通过。以右侧枪口为例，如果铁钉被垂直射出，那么它刚好就能钻过狭缝B，此时我们称铁钉"中靶"，用"＋"表示；反之，除了与桌面相垂直，铁钉以任何角度飞向靶心都将"脱靶"，相应地我们用"－"来记录该行为。

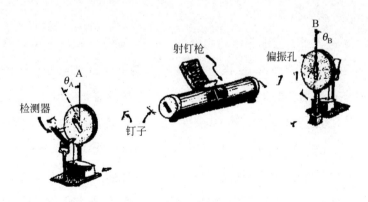

图 10.1　双头枪及标靶

在第一轮实验中，令A、B两条狭缝方向一致（例如：都垂直于桌面），然后便随意地转动枪筒，扣动扳机。由于左右俩枪口步调协同，可以预计，A、B两块

TIME
AND LIGHT：
The History of Physics

时与光
一场从古典力学
到量子力学的思维盛宴

标靶报出的结果大致如下：

A	＋	－	－	＋	－	－	－	－	...
B	＋	－	－	＋	－	－	－	－	...

二者要么都中，要么双双脱靶，两行数据 100％ 相互吻合。

接下来，让我们把狭缝 A 稍稍扭转一点儿，令其与垂线之间产生一个夹角 θ。继续射击，结果会如何呢？

A	＋	－	－	＋	－	－	－	－	...
B	＋	－	－	－	－	－	－	－	...

在此轮实验中，由于靶心轻微地偏转，以同一角度向左右飞出的两枚铁钉命运将有所不同。请注意第四列数据，A 钉中靶，可 B 钉却脱靶了。射击出现一次"失误"。不过，由于空隙要比铁钉的身体宽一些，大部分时候，A、B 俩钉依然可以共同进退。假设连续射击 100 次后，A、B 所报结果有 10 次不一致，则失误率为：$E(\theta)=10\%$。

第三轮实验，这回我们不去转动 A 靶，而是令 B 靶的缝隙与垂线呈 θ 倾斜。再次连开 n 枪，结果又会如何呢？可以预期，失误率 $E(\theta)$ 依然是 10％，因为 A 与 B 是严格对称的。

最后，要进入关键性的第四轮实验了。此番，研究人员将分别把 A、B 各朝顺、逆时针两个方向转动 θ。这样一来，缝隙 A 与缝隙 B 之间的夹角就成了 2θ。试问，在该条件下射击的失误率又会是多少呢？按理说，转动 A 靶与转动 B 靶这两个行为相互之间是全然独立的，所以当夹角变成 2θ 之后，其失误率也因是二者之和，即：$E(\theta)+E(\theta)=2E(\theta)=20\%$。但是，此式却还藏有一个小小漏洞：如若 A、B 两处出现"双重失误"呢？例如，当缝隙 A、B 皆与桌面垂直时，数据显示的是"＋"、"＋"，铁钉两两中靶。但当 A、B 分别有所偏转时，则会得到两组数据"＋"、"－"与"－"、"＋"，这意味着实验二与实验三当中，各自出现了一次失误。可在实验四中，由于 A、B 同时偏转，依照原先角度射出的两枚铁钉将双双脱靶，被记录为"－"、"－"——双重失误的结果，竟是无误！

综上所述,由于实验四的"无误数据"中掩盖了前两轮实验的双重失误,所以当缝隙 A、B 之间的夹角变成 2θ 时,其失误率必然比分别转动 A 靶或 B 靶的失误率之和要小,即

$$E(2\theta) \leqslant 2E(\theta)$$

这便是贝尔不等式的一个变体。若想让该式恒成立,有一个非常重要的前提条件:实验过程中,转动 A 靶与转动 B 靶是两个互不相干的事件。作为实在性的忠实拥护者,贝尔坚信,A 端的观察员在记录左侧铁钉运行状况的同时,就算他无暇顾及右侧的枪口,B 钉也照样会遵循一套客观规则,沿着既定的轨迹朝 B 靶奔去。也就是说,不论 A 靶如何转动,都不可能对 B 靶一方造成任何影响。

把该前提置于经典框架,自然毋庸置疑。可是,当我们把上述思想实验中的铁钉换做光子,判别式依旧会成立吗?不用说,身为爱因斯坦的追随者,贝尔对此信心十足。量子想要突破不等号极限,那是绝无可能。什么?实在和定域竟再度联手?!经典派的观点不是早已没入尘埃了吗,莫非还能卷土重来不成?此式一出,研究人员个个摩拳擦掌,恨不能马上设计出相应的实验,将它证明或推翻。然而,限于技术条件,直到 1982 年,法国奥赛光学研究所的阿兰·阿斯佩克特(Alain Aspect)等人才首次在真正意义上对 A、B 粒子的行为进行了检测。

针对贝尔判别式,阿斯佩克特团队及随后的研究者们提出的验证方案可谓五花八门、各具特色,但总的来说,原理大致相同。为同上述铁钉实验相互对照,这里所介绍的是一个简化版本。如图 10.2 所示,在桌面正中放置一座粒子源,内装若干"电子偶素",它是一种类原子系统,由一粒电子和一粒正电子组成,会不时地衰变为两粒反向运动的光子。之所以选择电子偶素作为"子弹库",那是因为它同前述双头枪有个共同特点:从左右两孔射出的任何一对光子,偏振方向总是保持一致。

与经典世界对应,首轮实验中,令 A、B 两个偏振器方向一致。此时 A、B 身后的光电倍增管将接收到两组完全一致的信号,即光子要么同时到达左右两个倍增管,要么都脱靶。失误率为零。

TIME
AND LIGHT:
The History of Physics

时与光
一场从古典力学
到量子力学的思维盛宴

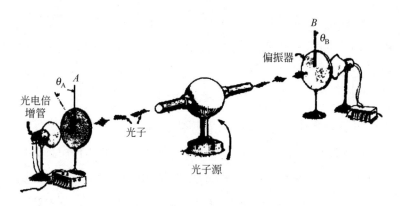

图 10.2 光子枪、偏振器及光电倍增管

接下来,再利用光子枪重复上述思想实验中的第二步与第三步。固定偏振器 A,将偏振器 B 扭转角度 θ;然后,固定 B,将 A 扭转 θ。可以预期,由于前后两次操作完全对称,所以,实验二与实验三所测得的失误率也应相等,假设 $E(\theta)=10\%$。

目前为止,一切尚在经典王国的掌控之中,并无出格之处。决定胜负的第四回合即将到来,大家纷纷屏住了呼吸。把 A、B 两台偏振器分别转动角度 θ,如此一来,A、B 之间的夹角便成了 2θ。准备就绪,实验开始。在众人热切的目光下,电子偶素随性地释放着光子对,片刻之后,结果出来了:

A	+	−	−	+	+	−	−	…
B	−	−	+	−	+	−	−	…

失误率竟高达 37.5%!! 远超 20%,不等式设下的极限惨遭突破。这说明,我们在转动 A 处的偏振器时,肯定对 B 处的光子造成了某种影响,反之亦然。因此才会导致 A、B 两粒光子在到达信号检测器时,表现出更多的不一致性。

同一时刻,相隔一定距离的两粒光子,它们在行为上确实存在着某种相关性。这是不是恰如玻尔当年所言,只有舍弃实在性,把未被观察的 A、B 子粒看作一个整体,方可理解子粒于观察瞬间所显现的量子效应?随后的 20 年里,借助更加先进的检测手段,实验人员把粒子的间距逐渐拉长至 20 米、400 米,把实验对象从光子、电子置换成体积更大的有机分子足球烯，把粒子数从两颗扩展到三颗甚至更多……一系列的实验结果无一不翻越贝尔极限。看样子，爱因斯坦又输了。

不过，贝尔本人可不这么认为。从现有的每个实验里他都能挑出一些瑕疵，论证那并不是严格意义上的 EPR 实验。同玻姆一样，贝尔对"实在"有着异乎寻常的执着，就算有朝一日实验人员按照爱因斯坦原初的设定，同时对相距若干光年的两颗粒子进行观测，所得结果依旧突破贝尔极限，他也宁愿割舍定域性来保卫实在性。可以预见，未来的许多年里，物理学家间针对 EPR 佯谬还有得争论。

玻尔，还是贝尔？不管你喜欢以上哪种解读方式，抑或两种皆不认同，现象本身可是板上钉钉的：两个或多个粒子经过短暂耦合之后，不论它们相隔多远，单独搅扰其中任意一个，将不可避免地影响到其他粒子。此类现象有个拟人化的名字，叫做"量子纠缠"。说来有趣，该名称的首创者竟是情圣薛定谔大叔——纠缠者，前世今生剪不断、理还乱——当年他为 EPR 实验中的 A、B 子粒下此定义，本意是为了凸显其荒谬性。没想到，当思想照进现实，量子纠缠却真实存在！如今，量子纠缠已成为通信领域的一大研发热点，实用派们可不在乎那些个玄而又玄的哲学意义，管它实在还是定域，先拿来"用"着再说。信息舞台即将上演的重头戏：量子计算、量子加密等，都离不开量子纠缠的帮助。

平行宇宙

就在隐变量异军突起的同一时期，关于量子行为的另一种新颖诠释也正奋力杀出重围，挣扎着在哥本哈根的夹缝中寻觅不一样的天空。它就是休·艾弗雷特三世的大千世界猜想。与隐变量不同的是，大千世界脱胎于"又死又活"的薛定谔怪猫，因而它从创生那一刻起似乎就带上了几分玄想的味道。但这并不意味着大千世界背后的数学框架经不起推敲。恰恰相反，艾弗雷特对建模极具天分，他从一开始，就独具慧眼地自更高层次来俯瞰我们的宇宙，并指出：人类千百年来所生活的世界并不是世界的全部，它只是一个更宏大、更高维度的时空于某个方向的一层薄薄的投影。

为理解艾弗雷特的设想，让我们先把视野自降一维，从二维扁片人的角度来看看三维世界的样貌吧。下图是三维世界一根普普通通的实心圆柱。然而，生活在二维平面的扁片人却无法从不同角度来探查这根圆柱。他们所能看到的，只是圆柱在各个世界的投影。

如图 10.3 所示，甲是 x 平面国里一位粗通几何的工程师，当他看到大地突然被烙上一块圆乎乎的暗影，便断言道：一张扁平的圆片自天外到访我国。与此同时，终日生活在 y 平面的乙看到的却是另一番景象，一块四四方方的矩形大毯。同一实体，投影到不同平面所展现的特征大相径庭，且 x 与 y 还仅只是两种特殊情形，随着平面的倾斜、翻转，还可以得到诸如"椭矩形""椭菱形"等千奇百怪的图案，要问其中哪一个反映得才是真实状况？都不是。设若圆柱与每张平面的相对位置永远固定不动，平面国内的扁片人是无从知晓真相的。

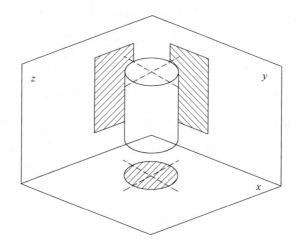

图 10.3　三维圆柱及其二维投影

类似地，艾弗雷特论述道，我们所熟悉的三维空间也只不过是更高维度的"母宇宙"投影在三维世界的无数"子宇宙"之一。以薛定谔的黑箱为例，如果开箱的瞬间，一个世界目睹了原子衰变/小猫死的惨状，则必然存在着一个与之相对应的世界。在那里，原子维持原状/小猫活蹦乱跳。二者当中哪一幅才是宇宙的终极图景呢？都不是，终极景象是这两幅画面在更高维度的叠加。而一粒原子衰变与否，仅仅是我们这个子宇宙每时每刻都会发生的数以亿万的微小事件之一。可以想象,随着每颗微粒的每一次选择,子宇宙的数量将以怎样一套几何级数暴涨!各子宇宙之间除了数理法则一致——一加一都等于二,引力都与距离的平方成反比,速率极限都是 c 等——之外,还必须共享同一条时间轴。母宇宙就像一株无限疯长的历史树,枝丫上抽出新的枝丫、新的枝丫又分裂出更多枝丫……距离较近的枝杈间环境的相似度会比较高,而自远古就已分裂的两条主干经历若干裂变后形成的枝丫则可能相互已认不出对方。如果不经生物雕琢,地球会呈现怎样一副面容?如果在板块漂移的过程中,欧洲与非洲靠得再近一点,把地中海给挤没了,那个子世界的文艺复兴将发生在哪里?又或者在某个子世界里,玻尔一心只为足球狂,没有了哥本哈根学派,量子力学还会是现今我们所熟悉的样子吗?不过,话说回来,相距甚是遥远两根枝条也并不一定非得有云泥之别,兴许其中某个子世界里地球不幸遭遇核冬天,人类及多数大型哺乳动物先后灭绝,为"小强帝国"的崛起创造了机会,而经辐射变异的蟑螂族群也不负重托,继续把文明演进到底。与此同时,在另一个没有愚蠢到拿起武器瞄准自己的人类所经营的子世界里,我们正一步步走向终极智能,抛弃躯壳,让思维漫步于网络。尔后,历尽千辛万苦,人类终于全体数据化,恰与母宇宙另一端的蟑螂智能殊途同归。又或者无须抛弃躯体,但我们一代又一代利用基因技术改良着自己身上的零部件,总有一天,我们将与另一个子世界的"鸟人"在形貌上不分彼此……正如圆柱在 y 平面与 z 平面的投影,无意之间二者竟完美重合。

站在历史的分叉点上,如果亚历山大身染恶疾之时,他的朋友赫菲斯提翁还活着,他会不会因为多了一个精神支柱而逃过一劫?而如果这位狂傲的征服者不在 33 岁英年早逝,帝国日后又将是怎样一番格局?如果文森特·梵高没有一个能将他那换不来半文钱的星夜、麦田、向日葵视作珍宝精心收藏的弟弟,我们将失却怎样一片灵魂净土?如果老舍先生能有机会完成《正红旗下》,那将为岁月留存下怎样一段记忆……每一个偶然因素都会对历史造成无法估量的影响。可依照艾弗雷特的设想,根本就没有所谓偶然性——一切的"如果"实际上都确确实实地存在着,只不过存在于另一些与我们的时间相平行的子宇宙,这便是"平行宇宙"的由来。

亿万种可能正在同时发生！但我们所能体验的却只有唯一一种。在我们的子宇宙，曹孟德醉酒当歌纵意人生，司马仲达装疯卖傻隐忍待发，两大枭雄明争暗斗共同成就了魏晋王朝；而同样文韬武略的诸葛丞相却为愚主所囿，出师未捷身先死。倘若赵子龙当初未能从万马军中救出阿斗，倘若大敌当前蜀吴能够认清时局稳固结盟，《三国》又会是怎样一段传奇？可不管演义如何多样性，那许多的"历史"却与我们毫不相干。正如被困于三维空间的研究人员，终究只得随着原子衰变或不变，去面对猫死或猫活的单一结局。艾弗雷特以他高超的数学技巧令薛定谔方程旧貌换新颜，他把拥有无限维度的母宇宙当作终极版客观实体，母宇宙的状态可由唯一一个波函数严格加以描述，该函数遵照薛定谔方程延续不断地向着四方扩张。随着时间的推移，它将变得错综复杂、头绪万千。而薛定谔方程的每一个解，始终都对应着母宇宙于低维时空的一个投影，即一个子宇宙；反过来，数量无限的子宇宙相互叠加，即组合成无所不包的母宇宙。

这是最好的宇宙，也是最坏的宇宙。美丽的、丑陋的、善良的、邪恶的、生机勃勃的、死气沉沉的……它统统照单全收。可同时，各子宇宙之间却无法互通往来。如果把每个子世界看作母体的一重人格，而各人格相互之间又从不沟通，那简直就是精神分裂！

好一个病入膏肓的母宇宙。可是，实验室里，科学家明明检测到两列电子穿越狭缝的干涉条纹了呀。这意味着，在微观世界，粒子们是有机会体验多重叠加态的，那为什么生活在宏观世界的我们却从没目睹过来自母体的其他投影呢？换句话说，有没有什么办法能让你和宇宙中的另一个"你"取得联系，通过感知彼此的境况，共同描绘那世界之上的世界呢？

宏观与微观间无形的鸿沟再次浮出水面。可是，艾弗雷特尚未针对这一难题做出回应便退出了物理界。直到多年以后，平行宇宙新一轮的拓荒者们沿着祖师爷的思路再次攀上那屹立于想象力之巅的高维时空，才好不容易找到一个解决方案。

依旧以图 10.3 为例，x 与 y 是三维世界的两块平面。从图中我们可以看到，同一实心圆柱在俩平面内的投影相差甚大，可为什么会形成这一结果呢？

根源就在于两块平面的放置角度。由图可知，x 与 y 二者是完全垂直的，也就是说，将光源垂直照射于 x，无论其覆盖面积有多大，在平面 x 上是找不到 y 的投影的，反之亦然。在这种情况下，我们说，平面 x 与 y 相互"正交"，相互正交的世界是无法从对方获取信息的。但莫大的三维空间所能容纳的平面可远远不止 x、y、z，单以 x 为中心，我们还可以构造出与之平行的或呈 10°、20° 夹角的无数张平面。除了平行这种特殊情况，其他平面亦能在 x 面上找到自己的影子，只不过短了点儿，形状扭曲了点儿罢了。相应地，圆柱在这些平面的投影与在 x 平面或多或少也都有着几分相似。这暗示着，相互不垂直的两块平面之间很可能具有某种关联性，我们把它称作"相干"。

那岂不是意味着，只要找到与我们相干的子宇宙，就有办法与之建立通信了？且慢，以上我们分析的仅是二维平面在三维空间的情形，任取两块平面，它们在三维空间相互正交的概率确实微乎其微。但艾弗雷特的思维王国里，高高在上的母宇宙可不仅只有三个维度，甚至也不是四维、五维、六维……而是无限维！随着维度的升高，空间中任意两块平面的位置关系将越来越接近正交。你若一时想不明白，可先用两根直线来比划一下。在二维的白纸上，随手画两条线，它们是极难恰相垂直的；但在三维空间里，由于每根线的自由度增了，相对地，它们相互牵绊的机会也就减少了；再往高维深入，随着自由度越来越丰富，空间中任意两根直线的垂直程度也将越来越高。待到跨入艾弗雷特所描绘的无限维空间，再任选两根直线，它们几乎就无法相干了。

同理，把我们可爱的三维小宇宙抛入无限维的巨型母体，要寻觅一个与我们相干的子宇宙，那几乎就是不可能的任务。可是，为什么微观粒子能够相干呢？这是由于当系统只包含单个或一群粒子时，所牵涉的变量是极少的。比如说 10 个，那么在十维空间之中，粒子所处的子空间想要相互交换信息希望还是挺大的，因此身为微粒，它们可以同时感受到许多子空间的存在。但当系统包含整个子宇宙，所涉及的状态量至少也在 10^{80} 数量级，你可以试着计算一下，在一个 10^{80} 维的空间之中，一个子空间与另一个碰巧相干的概率将有多低。

依照平行宇宙猜想，宏观与微观之间的区别在于所容纳的维度不同。但这马上又引出了另一个问题，正如《对称的故事》中所谈到的，随着系统内粒子数

TIME
AND **LIGHT**：
The History of Physics

时与光
一场从古典力学
到量子力学的思维盛宴

目的增多，反应过程逐渐从可逆变为不可逆，时间之矢慢慢浮现。但究竟怎样才叫"多"呢？系统在包含 100 颗粒子的时候从相干变为退相干，还是 1000 颗、10000 颗？

抛开微观与宏观之间的暗墙暂不考虑，假若艾弗雷特的猜想接近事实，那盲人摸象的噩梦岂不又回来了？且这一次情况更糟，我们不仅与"真象"之间隔着亿万万重维度，还没有办法与其他盲人进行交流。总之，我们手里握有的，只是大象的一撮毛，至于象的其他部分，它们既存在又与我们毫不相干。老问题亦随之回荡在耳畔：既然无从证实，那和不存在又有什么区别？

量子永生

平行宇宙的支持者们还没来得及对此做出回应，顺着艾弗雷特的思路往前，一出更加不可思议的悲喜剧正等待着诸位。新一轮思想实验同样衍生自薛定谔那只备受摧残的小猫。不过这一次，喵星人终于不必再担惊受怕了，我们要直接把一个活人塞进黑箱。依据艾弗雷特的猜想，每到开箱时分，总有一个子世界箱里的原子发生衰变，受试者不幸命归黄泉；但与此同时，也必有一个子世界的原子完好无损，受试者虚惊一场。重复上述实验，不管开箱多少遍，总存在一个子世界，在那里受试者侥幸避开了原子的每一轮衰变，始终安然无恙。尽管在其他世界，受试者已然死了千万遍，但那一切，对活下来的这唯一一位受试者来说完全没有意义。在他眼里，原子永不衰变，毒气瓶永远完好如初，生命恰似那永不凋零的玫瑰花。因此，如果平行宇宙确实存在，从某种角度来说，箱内的受试者是永远也杀不死的，这便是令人哭笑不得的"量子永生"。

按照艾弗雷特的猜想，即使不借助薛定谔黑箱，我们每天的生活中，每一次微小扰动都会带来无数的可能性，而每一种可能性就会创生一个与之相应的子宇宙。试想，假如你面前放着一套生死签，抽到"生"字便放你一条生路，抽到"亡"字则必死无疑。由于平行宇宙的存在，你尽可以放心大胆地走上前，随便挑一支签，不论抽到怎样的结果，总有另一个"你"会抽到与之相反的结果。在经典世界，每一轮抽签过后，你活下来的概率是 1/2。因此，如果连续进行十轮，你依旧活在世上的概率将剧降至 $(1/2)^{10}$，可以说，希望已极其渺茫。但在艾弗雷特的世界,每一轮生或死的概率都是百分之百,所以类似的游戏哪怕再来个一百回,对你来说也不过小菜一碟——总有一个"你"能从鬼门关下死里逃生。

开什么玩笑? $(1/2)^n$ vs. $(100\%)^n$,随着 n 的增长,二者之间的差距可容天渊,岂是轻易能够跨越。艾弗雷特的导师约翰·惠勒是极少数从一开始就对多世界猜想抱有兴趣的人:"这个想法足够疯狂,它很可能是对的。"因此,当他听闻反对者的质疑,便举出如下事例作为回应:如果你是一名男性,请算算看,你爸爸有儿子、你爷爷有儿子、你曾爷爷也有儿子……如此上溯洪荒,从数百万年前的某头雄性始祖地猿繁衍至今,历经气候变化、迁徙、战乱、饥荒、贫病等重重灾难,不但每一代都活到生育年龄,且每一代都产下健康男婴,这样的概率是有多低[①]?设若从 440 万年前算起,每 18 年繁殖一代,每一代中有 $1/2$ 的受精卵携带 y 染色体,其中有 $1/2$ 长到成年,而这群成年男子找到伴侣且产下婴孩的概率仍是 $1/2$,则综合概率为 $(1/8)^{244444}$,几乎等于零。可你的存在便是 $(1/8)^{244444} \neq 0$ 的绝佳证据——地球上如今生活着 70 亿人,每一个的背后都是 $(100\%)^{244444}$。

结合平行宇宙猜想,将此结论推而广之,更加诡异的场面还在后头。自杀的人不论采取什么手段来结束自己的生命,跳楼、饮弹、喝药……总有一个子世界,他碰巧跳到了缓缓驶来的软垫车上、开枪时手抖没瞄准又或幸运地买到瓶假药……不论这样的事件概率有多小,也不论在其他世界此人已面见死神多少回,总有一个"他",永远也死不掉。同理,衰老、疾病、意外伤害……任何一种因素都不足以导致个体"百分之百"地死亡。所以,生命一旦被创生,从高维角度看,便永远不会消亡。多么荒谬的一座永生地狱!

不过,如此一来,我们不就找到检验平行宇宙是否存在的方法了么?只需哪位勇士不停对着自己开枪,连响 10 000 声,旁人看到他依旧屹立不倒,则平行宇宙在很大程度上的确是可信的。等等,壮士,您且慢拿起左轮手枪。依照艾弗雷特的设定,虽然在第 10001 号宇宙您活了下来,但在其他 10 000 个平行宇宙里,您的尸体可是血淋淋地躺在地上呐。依照时间顺序,您周围的人可能见

①　女性可从母亲一方推起。

TIME
AND LIGHT:
The History of Physics
时与光
一场从古典力学
到量子力学的思维盛宴

证您一枪毙命,也可能看到您在第 101 次扣动扳机时才中弹……不论哪种情况,您一旦死亡,永生的神话也就随之破灭,人们并无法判断您是去了平行宇宙还是单纯走向了死亡。而各宇宙间又无法交换信息,所以,您的存在永远只对您存在着的那唯一一个子宇宙有意义。一个在 99.9999……%的子世界都既不能证实又不能证伪的理论,其可靠性依旧值得商榷。

艾弗雷特的猜想自问世以来几起几落,可围绕它的争论与诡辩却从未停歇。而上空的重重疑云,恰又为该理论蒙上了一层神秘面纱,使得不仅科学界,近年来公众对它的热情亦是有增无减。不过,艾弗雷特为我们描画的还仅只是弱版的平行宇宙,不久你将看到,随着历史求和的诞生,更加狂暴的多宇宙模型在时空之弦的振荡下应运而生:各子宇宙不仅时间轴可以任意设定,就连数理法则也是随机生成!让人不得不惊叹,大脑的创造力真是没有极限。但此刻,还得请你将发散到异域的思绪暂且收收拢,把注意力集中到即将登上历史舞台的风云悍将——量子计算机——上来,因为平行宇宙的支持者们相信,此类计算机的工作原理与多重宇宙的存在有着莫大的关联。

万物源于比特

众所周知,传统计算机依赖于二进制编码,任何信息输入中央处理器都将首先被转换成一连串的 01001……而每一个"0"或"1"即是信息量的最小单位"BIT",中文译作"比特"。在经典世界,每个比特都有唯一确定的数值,不是 1 就是 0。处理器正是利用这亿万比特的数据沙盘,遵照外部指令为人类构建各类模型的。可当进入量子迷域,情况顿时变得复杂起来。一个比特可不可以既是 0 又是 1 呢?还真有这种可能,依据哥本哈根的解释,单独一粒电子在我们不对其进行观测的时候,必将处于既上旋又下旋的叠加状态。试想,若能把它直接做成信息载体,令上旋代表 1,下旋代表 0,那一粒电子岂不同时就能装下 1 和 0 的叠加态。我们把装载双重态的电子称作"量子比特",当你向此类计算机输入十量子比特的信息,所得到的可就不仅是传统计算机上那规规矩矩的十位二进制数了,而是 2^{10} 个十位数聚成的洪流!可想而知,同样的资源条件下,量子计算机的效率将比现有计算机高出多少倍。

量子场论演化至今,庞杂的计算量已令其举步维艰。当系统容纳的微粒从一粒增加到数粒时,态叠加使得计算量指数级暴涨,更别提动辄亿万粒子的宏观反应了,再是理论高手也只能望洋兴叹。直到 20 世纪 80 年代初,理查德·费曼才终于为大伙儿找到一个解决办法:我们何不直接利用量子自身的叠加特性来模拟实际过程中的叠加效应呢?真妙,以彼之道还施彼身。

不过,想法虽然美妙,要将多重态这匹野马驾驭,人类还需付出巨大的努力。单说这量子纠缠,我们知道,各微粒间须得经历耦合才能互通有无,而有了信息交流后彼此的行为才有可能建立一定的相关性,从而为同一目标服务。但量子纠缠非常容易退相干,一旦失去联系,丢失的信息就再也找不回来了。因此,物理学家除了要努力将更多的粒子"捆绑"到一块儿之外,还得为信息远距离传输的稳定性再摸索一阵。

可这一切与平行宇宙又有什么关系呢?该理论的支持者宣称,电子正是通过把计算过程投射到无数子宇宙,将那些宏观世界无法触及的"隐形资源"统统调动起来,才会在如此之短的时间内,完成如此巨量的工作的。但哥本哈根学派立即反驳道,态叠加是微观粒子的基本属性,大自然根本无须为每种状态专门去配置一个宇宙,电子所负载的信息在被读取之前,本就弥散呈多重状态,彼此可协同工作。

多重态,还是平行宇宙?

坍缩,还是分裂?

古老的辩论桌上又添新花样。

但不管其背后的图景究竟为哪般,量子计算机的诞生注定会为人类的生活方式带来深刻变革。数学史上曾有一道非常著名的难题:要令平面内任意一张地图上两两相邻的区域颜色不相重合,至少需要几种颜色?经过无数次尝试,人们发现,四种颜色似乎就足够了,却总也无法给出证明,这便是曾难倒闵可夫斯基的"四色猜想"。该猜想提出 124 年后,美国伊利诺伊大学的数学家凯尼斯·阿佩尔(Kenneth Appel)与来自德国的客座教授沃尔夫冈·哈肯(Wolfgang Haken)合力向学界投下一枚重磅炸弹,二人宣布:他们已利用计算机程序证明了这一难题。

原来，结合前人的工作，阿佩尔与哈肯发现，平面内无限多样的地图可由有限种类的基本模块拼接而来。如此，通过分析基本模块就有可能将情况推演至无限，正如了解了质子、中子、电子的行为模式，就能推演出整张元素周期表一样。然而，基本模块的种类可不像质子、中子、电子那样简单清晰，它们足有1482种。理论上，只要将这1482个模块一一加以解析，确定每个模块所需颜色都不超过四种，问题也就得证了。可是，谁来完成这项核算呢？他俩估算了一下，就拿当时最先进的计算机来说，令其昼夜不停地狂奔也需要一百年才能完工，换成人力的话，一个人从会握笔的那一刻起就马不停蹄埋头苦算，直到他离去之时大概也完不成十分之一。

于是，阿佩尔与哈肯只得另寻解决办法。从1970年起，两人将注意力一转，致力于编写更加"聪明"的程序，期望它不仅会计算，还会教导计算机如何更高效地运算。起初，阿佩尔与哈肯将信息输入计算机，他们总是能够预言下一步的进展。但几年后，奇迹出现了：程序竟在后台指引着计算机跳过一些常规步骤，走起了捷径！"它会根据我们教它的技巧制定出复杂策略，通常这些处理方法远比我们曾试过的方法要高明。"也就是说，程序反过来指导起了它的创造者。最终，经过1200小时的连续奋战，1482种基本模块被计算机彻底详查了一遍，确实没有哪一模块所需颜色超出四种。1976年6月，"四色猜想"正式升级为"四色定理"。

然而，四色定理的诞生却不像以往任何重大难题被攻克那样令世人欢欣鼓舞。部分人从中嗅到了计算机的巨大潜力，更多的人则疑惑不安：证明过程就如同把题目输入黑箱，片刻之后从黑箱的另一端吐出一个答案，对或者错。我们拿到了结果，却依旧不知道为什么会产生这一结果。更令人恐慌的是，传统的验证方式对阿佩尔与哈肯的结论统统不奏效。通常一篇数学论文在发表之前，都得经过该领域内若干专家独立审核，分别确认无误后方可刊出。这样，后人才能放心大胆地踩着前人的基石继续前行，而不必每推导一个新命题都得回头验证前面所有结论。虽然随着数学大厦的扩建，该方式日积月累也难免存在隐患，但这一次，连最起码的人工审核也都成了不可能任务！那么，由谁来确证四色定理的成立呢？另一台计算机吗？就算我们把信息输进另一台机器，也得到了同样的结论,谁又能保证这不是由于两台机器碰巧犯了同一个运行错误,从而导出了同样的错误结论。还有更可怕的,依据阿佩尔与哈肯的描述,可以说他们编制的程序已然进化出了某种程度的"智能",谁知道它会不会故意操纵计算机来欺骗人类呢?

我们之所以恐惑,是由于无法掌控黑箱之内究竟发生着什么?如果量子计算机研发成功,它将把高悬在我们头顶的这枚大大的问号推向极致。且不论其他功能,单看它处理计算的能力,也将是普通人力的几何级数倍。换言之,哪怕量子计算机所掌握的算法并不比普通计算机高明,但它几秒钟就能干完普通计算机数十年的活计,通过穷举法(将指定范围内所有的可能性一一加以排查,最终确定命题的真伪),它完全有能力抢在人类之前把当今许多等待证明的猜想暴力破解。到时,我们手持一纸答案,知其然却不知其所以然,这对数学的未来将产生怎样的影响?是踩着这些摸不清底细的砖块惶惶然前进,还是停下来,抛开黑箱给出的对错,自行求证?而不同的选择,又将对人类的思维方式造成怎样的影响?悲观的人如临大敌,他们将阿佩尔与哈肯编制的程序所取得的胜利看作是数学王国纯逻辑圣地的陷落;乐观的人则不以为然,他们相信利用计算机求证终不过旁门左道而已。四色问题虽已得证,但许多数学家仍在努力,誓要依靠脑力为它找到更为优雅的证明方式,毕竟引领文明走到今日的不仅有"是什么",还有更加迷人的"为什么"。

不过,当系统包含的元素无限多,面对诸如黎曼猜想、哥德巴赫猜想之类的谜题时,蛮力却也奈何它不得。π,圆的周长与直径之比,亘古以来我们最熟悉却又最陌生的几何常数,它是"合取"的吗,3.1415926535……往后无限延伸,会包含我们这个宇宙中所有的数字组合吗?它是"正规"的吗,以十进制为例,在 π 中从 0~9 每个数字出现的频率相同吗?它是"随机"的吗,每一个位置上 0~9 出现的机会均等吗?尽管目前的超级计算机已将 π 推算至小数点后 10^{12} 位,尽管未来的量子计算机轻轻松松就能在此基础上翻个 10^n 倍,但在"无穷"脚下,二者实则同样渺小。此时,人类与量子计算机终于又站在了同一起跑线,是传承千年的归纳演绎更胜一筹,还是量子分身术进化得更快?让我们拭目以待。

比特,构建信息的最小单位,却包藏着宇宙中最大的秘密。受此启示,晚年间，约翰·惠勒放弃了平行宇宙说，独自创立了一套宇宙观：万物源于比特。一切的粒子、力场甚至时空本身，皆是由微小而跳跃的比特构成——大千世界创生于微，宇宙的本质是不连续的。如果惠勒的观点成立，芝诺设下的赛跑迷局不就找到突破口了么，若时间与空间皆不可无限分割，可怜的阿基里斯便不会陷在那最后的 0.000 000……1 秒而无法自拔了。但与此同时，更加狡黠的"量子芝诺悖论"却尾随而至。

原来，除却阿基里斯与龟，埃利亚的芝诺还为后人留下了另一道谜题："飞矢不动"。利箭一旦离弦，必定全速前进，旁人但闻"嗖"的一声，便知它已从此端飞向了彼岸。可芝诺却争辩道：单独挑出任意时刻，为空中的箭拍上一张照片，它定然是静止不动的，而无数个静止联合起来，怎么会产生运动呢？以此类推，不但飞矢不动，一切"运动"从本质来看，无不荒唐透顶。觉得不可思议？还有更离奇的呢，主流的哥本哈根解释不是以观测为塑造历史的核心吗，未被注视的波函数将一直处于发散的多重态。那么反过来呢，假如我们对某一系统持续进行监测，它的波函数岂不一直在坍缩，根本没机会幻化出万千分身进而扩充与繁衍。如此说来，只需持续关注某一系统，它必将"凝固"于某一状态不再变化。这便是不动的飞矢潜入微观世界所形成的"量子芝诺效应"。

在肉眼所及的世界，任凭你怎么看，裸眼捕捉、高速摄影……飞驰的利箭是不会因你而停驻的。但这很可能是由于光子划过箭身时撞击力度太过微弱的缘故，又或者按照哥本哈根的解释，该观测行为不足以令整支箭内由 10^n 个粒子共同组成的波函数集体"冻结"。然而，当系统仅只包含数颗微粒时，看的威力便显现了出来，越来越多的证据表明，量子芝诺效应确实存在。镜头对准微观王国，每当观测频繁到一定程度，粒子便纷纷中止了演化。因此从某种意义上说，你若能一直注视着它们，这群小精灵便可永葆青春。

历史求和

20世纪70年代，隐变量、平行宇宙等猜想在经历了长期的困顿之后，纷纷积蓄力量开始发动反击。曾经新锐的哥本哈根学派渐渐沦为了各方眼中的传统势力，攻下哥本哈根，就意味着坐拥量子大陆的制高点。而哥本哈根最为学界所诟病的,莫过于它对观测行为的戏剧化解读。但要取代"观测—坍缩说"却又谈何容易。此时,一种企图弥合"观察"与"客体"间的裂痕的新学说横空出世,这一次被置于聚光灯下的乃是"历史"本身。

何为历史?当然是时空之内发生过的所有事件的集合。尽管对同一时期发生在同一客体身上的故事,我们早已习惯从不同角度听到矛盾重重甚至截然相反的描述,所谓历史,本就"假作真时真亦假"。但在内心深处,我们却依然认定,现实只能由单一轨迹发展而来。而全新的世界观"历史求和"恰恰想要告诉你:宇宙只有少许,但历史却无限多!

若论历史求和的源头,还得追溯到 20 世纪 40 年代。当理查德·费曼通过路径积分为量子力学开辟出第三大道,他不仅拓宽了世人的眼界,更燃起了大家的创造激情。在费曼的理论中,光子只有遍历所有可能的路径,才能确定自己最终的选择。那么,我们所熟悉的历史,会不会也是宇宙在探试了无数种可能性后,才汇成的现实?在其他"历史"里,统治地球的智慧生物可能长着翅膀,或者用鳃呼吸。当然啦,这还属于与我们比较接近的情况。在更远的"历史"中,引力的大小可能与电磁力不分伯仲,或者 $1+2 \neq 2+1$ ……历史求和的支持者宣称,那些连物理常数同数学法则都与我们相去甚远的"历史",诚如铺展在光子面前的那些放着近道不走,偏要绕过大半个地球才晃到目的地的可择路径,在求和过程中,总会被一对对相互抵消掉。最后,遍历求和的结果将淘汰大部分"历史",只留下少数优势选项。

我们此刻所面对的现实原来是历史的最优选择之一?受此鼓舞,1973 年,英国天体物理学家布兰登·卡特(Brandon Carter)在哥白尼诞辰 500 周年的纪念会上,把多重宇宙说又往前推衍了一步:既然从时空的宏观维度、膨胀速率到元素的基本构型,宇宙中每一个细节看起来都是为碳基生物的降生而准备的,所有的常数添一分、减一毫,眼前的世界都将瞬间崩塌,那么关于"宇宙为何会呈现如今的样貌"之类的问题,我们可否反过来回答:如果宇宙不是这个样子,也就不会有智慧生命存在其中并提出如此这般的为什么了。这便是"人择原理"的最初版本。

其实,早在 20 世纪 50 年代,约翰·惠勒与理查德·费曼师徒就已分别谨慎地探讨过类似观点,不过他俩只是把这作为一种思维游戏,提醒大家切莫陷入人择原理的怪圈。不想多年以后,重新包装的人择原理再现江湖,竟受到物理界另一位传奇人物史蒂芬·霍金(Stephen Hawking)[①]的关注。从《时间简史》到《大设计》,在写给大众的科普书中,人择原理一步步从幕后走到台前,成了一个正经八百的理论。那么,人择原理究竟告诉了我们些什么呢?苹果为什么落向地球?牛顿回答:因为引力的存在。引力为什么能使物体互相靠近?爱因斯坦回答:因为力场的存在导致时空弯曲从而使物体落入既定的轨道……好的答案总能允许我们继续提问,随着谜团一个个解开,我们对世界的了解也将不断深入。于是,对于人择原理,我们也再多问个为什么吧:为什么若宇宙不是现在的样子,就无法演化出智慧生命?该原理的支持者将不厌其烦地向你列举,假如修改了某一参数,宇宙会变成怎样一个非人世界。最后,终于得出结论:宇宙没有长成别的样子,那是因为我们已经在这里,这难道不是最无可辩驳的原因和证据?

读到这是不是有点眼熟:乌鸦为什么是黑的?因为它不是白的。那乌鸦为什么不是白的呢?因为它是黑的……原来所谓人择原理,不过是用结果来回答原因,于是乎,果—因—果—因……无限循环。

颇具讽刺意味的是,作为尼古拉·哥白尼诞辰的献礼,布兰登·卡特提出的观点恰恰站到了哥白尼的对立面。430年前,哥白尼于临终之时向出版商寄去一纸书稿,以日心说一举将上帝赐予地球的光环摘下,从而把人类从神的桎梏当中解救了出来;而人择原理表面上虽然在强调,宇宙不需依靠上帝来启动,却在无形之中为我们塑造了一个新的神——人类自己。这一次,我们确确实实成了万物之灵长,连数理法则也不得不臣服于我们的智慧。即使抛开人择原理从娘胎里带来的逻辑死结不谈,试问,该原理将如何来界定"智慧"呢?如果宇宙真有很多重,其他物理条件下难道不能演化出与之相适应的生命吗?说不定,在隔壁宇宙的生物体眼中,引力与距离的平方成反比也是十分荒诞的呢,而这样恶劣的环境中怎么可能孕育出智慧呢?我们无法理解别的存在,正如"它

---

① 他同时也是布兰登·卡特的好友兼合作者。

们"也理解不了我们一样。

不过，如能小心避开人择原理设下的陷阱，历史求和这一思路本身还是挺值得玩味的，它解开了联结各子宇宙的最后一根绳索——共同的时间轴及基本法则——让想象力真正地天马行空。自《天体运行论》诞生以来，人类几经挣扎最终不得不承认，地球并不是宇宙最特殊的存在，而太阳系也不是宇宙唯一的孩子。紧接着，艾弗雷特问道，如果连宇宙也并不唯一呢？他走得是不是过于遥远了？不，更震撼的还在后头呢，如果连数理法则都不是唯一的呢？如果我们历尽艰辛去勘探的"永恒"规律，不过是大自然随机生成的小玩意儿，这叫人类情何以堪呐。后量子时代，哥本哈根一统天下的局面早已一去不复返，隐变量、平行宇宙、系综、基本环、客观坍缩、主观坍缩、随机诠释、交易诠释、非布尔逻辑、多心灵解释……各门各派怪招迭出，都想趁着乱世为自己争下一席之地。人类又一次站在了未知的边界线。这一回，前方不是没有路，而是可供选择的方向实在太多，物理将何去何从？而我们又将何去何从？

137 之谜

到底除了我们所熟悉的时空之外，还有没有别的宇宙存在？目前尚无法给出答案。而回身望去，仅仅包纳我们的这个世界，也还仍有许多的秘密等待着人类去挖掘。1958 年深冬，苏黎世红十字会医院的病床上，"上帝的皮鞭"沃尔夫冈·泡利正缓缓走向天堂入口。前来探望的朋友纷纷注意到，泡利病房的门牌号码真是不同寻常。137，这个数字在普通人眼里或许没什么特别意义，但对物理学家来说，它却像一道难以逾越的迷墙，把多少想要窥视终极设计的目光挡在了高墙之外。

精细结构常数 α 是物理学中一个重要的无量纲常数，其值约等于 137 的倒数：

$$\alpha = \frac{2\pi e^2}{hc} = \frac{1}{137.035\,999}$$

看到上式，你有什么感觉？圆周率 π、基本电荷 e、普朗克常数 h、光在真空的传播速率 c——小小一个 α 背后，竟集结着本宇宙中呼风唤雨的几大狠角色！世纪之初，泡利与海森堡的导师阿诺德·索末菲在解释原子光谱的精细结构时首先将 α 引入，所以它又被称作"索末菲常数"。但随着研究的推进，人们发现，α 的含义远不止表征轨道能级的精细结构这么单纯，截至量子电动力学时代，它已被重新定义为：电磁作用中电荷之间耦合强度的度量。

这么一个连单位都不屑配备的数字，竟一口气把电动力学、相对论和量子力学三者结合到了一块，可见其身世绝不简单。若能利用现有公式将 α 从理论上推导出来，浮现在我们面前的会是怎样一幅景象？不用说，137 自诞生之日起，便令所有人为之神魂颠倒。从爱丁顿到费曼，诸位大师莫不使尽浑身解数寻找迷宫出口，可惜时至今日，我们依旧只能通过实验来测定 α 的大小。

1958 年 12 月 15 日，伴着困惑他多年的 137 谜题，泡利在 137 号病房走到了生命的尽头。不知天堂里面，泡利可曾追着上帝要到了他心仪已久的设计蓝图，而上帝给出的答案，又是否能让这根"上帝之鞭"百分百地满意呢。

常数无常？

20 世纪 50 年代末到 60 年代，学界可谓伤心事不断：费米、冯·诺依曼、泡利、奥本海默、伽莫夫、朗道……这群曾嬉笑怒骂、携手勇闯量子迷域的猛士在创造力正旺盛之时，却先后离开了我们。而战争的隔阂又让海森堡与约当脱离前沿多年。物理王国风靡云涌、时不我待，眼看昔日由一群天才"零零后"谱写的创世神话即将进入最终章。此时，在一本经理论界后起之秀、量子电动力学的缔造者之一——朱利安·施温格——整理编纂的论文集里，竟有一位"零零后"元老新近贡献的文章不论质量还是数量皆可与理查德·费曼比肩，他就是保罗·狄拉克。

原来，早在 20 世纪 30 年代，集量子理论之大成的狄拉克方程刚刚完工，狄拉克便将目光投向了更高目标——建立相对论化的量子场论。由他打造的"狄拉克场"后来成为费曼、施温格与朝永振一郎三人发展协变量子论的基石,而这也奠定了狄拉克在量子电动力学的鼻祖级地位。十年之后,凭借重正化,东山再起的量子电动力学巧妙地绕过了电子磁矩计算过程中令人头痛"无穷大",将理论值与实际值的吻合度推进到小数点后第四位。这可是前所未有的骄人成绩,霎时在理论界掀起一阵龙卷风,引得众学派争相前来观摩。

然而,身为量子电动力学的创始人,狄拉克却对它提出了强烈质疑:"我们关于电子与电磁场作用的理论必定有某些东西从根本上就错了。所谓根本,我的意思是指力学基础错了,或者相互作用力错了。该理论的错误程度就像玻尔的电子轨道之于实际情形一样。"因此,当多数人正欢天喜地地奔向重正化这条康庄大道时,狄拉克却默默转过身,独自向着路的源头进发。质疑整座大厦的基石,而且还是凝聚着自己多年心血的基石,这需要多大的勇气啊!不久,狄拉克便提出了一个十分大胆的猜想:"大数假说"。

20 世纪后半叶,有关量子行为的各种光怪陆离的诠释纷纷亮相,大有语不惊人死不休之势。尽管如此,若要做个各大猜想疯狂度排行榜的话,大数假说必定榜上有名。不知你在中学时代是否曾好奇过,万有引力公式与静电作用力公式为何长得那么像?

$$F = G \frac{m_1 m_2}{r^2} \quad \text{与} \quad F = k_e \frac{q_1 q_2}{r^2}$$

二者在形式上有着某种微妙的相似性,可数值上却天差地别。以电子为例,两粒电子之间的静电斥力是万有引力的 10^{42} 倍,到底这样巨大的数字从何而来呢?狄拉克将目光从微观尽头一直延伸至时空边缘,他发现,一粒光子穿过质子的时间是 10^{-24} 秒,如果我们把这个时间与宇宙的年龄(10^{10} 年)相比较,其比值正好也是 10^{42}。难道说,这反映了万物的某种内在联系吗?可宇宙的年龄是在不断增长的,要保持比值总是相等,只有令引力也不断减小。怎样才能减小两个固定物体间的引力呢?只有不断降低引力常数 G。通过计算,狄拉克甚至给出了随着时间的推移 G 的变化幅度。

常数无常,这样的想法即使放在今天亦是异常奇幻的。很难想象,它在1937 年被提出时,给物理界带来了多大的震撼。就像外表宁静的雪山内部,细小的冰晶正一刻不停地改变着自己的形貌，日积月累，终有一瞬，某次微不足道的形变将引起整座雪山的崩塌，万年的冰封就此毁于一旦……如果 G 真会随着时间的增长而逐渐收缩，从芥子到须弥，人类建立的所有模型都得推倒重来。实验人员立即着手检验狄拉克的猜想，但依据该假说，G 的变化幅度是极其微小的，证明或证伪皆谈何容易，在很长一段时间内，都无人能拿出切实证据[①]。

一波未平一波又起。1948 年，爱德华·泰勒在狄拉克的启示下进一步提出，随着时间的推移，不但 G 会改变，与其相关的精细结构常数 α 也在改变！而 α 若改变，则牵动着一连串的重量级常数，e,h,c，它们当中不论谁的大小做出丝毫调整，都将改变现代科学的整体面貌。如今，研究人员正加紧从微观粒子和宏观星体两个方面来检测 α。不远的将来，理论界是地动山摇还是风平浪静，抑或修修补补又能支撑一阵？没有谁比物理学家自个儿更想知道答案。

纵观 20 世纪，物理学共经历了三轮惊心动魄的变革：头 30 年，相对论与量子力学并肩崛起；40 年代至 50 年代，将相对论与量子相结合的尝试为量子场论注入了新的生机；自 60 年代起，一个更宏伟的目标，建立"大统一"帝国，成了许多物理学家心中的夙愿……一轮接一轮的汹涌浪潮中，保罗·狄拉克是唯一一名始终伫立在浪尖的勇士，这位平均每小时吐字不超过一个的沉默大师，在历次有关量子的辩论中，从未加盟过任何一派。他遗世独立，既有胆量推翻自己，更有魄力全盘重建。美先于真，爱因斯坦对设计之美的极致追求深深地印刻进了狄拉克的灵魂。晚年间，除了大数假设，在将广义相对论融入量子场的努力中，为保证电与磁的完美对称，他又创造了一个匪夷所思的概念："磁单极子"。尽管统一之梦尚未实现，尽管狄拉克为我们描绘的这些幻象到头来很可能统统成空，但他那诡谲的奇思和那种将整个宇宙纳入一幅山水白描的理论风格却深深影响着包括费曼等一大批后来者。而除却科学研究，狄拉克长达 82 年的人生也像他的文章一样，墨痕寥寥却无一废笔，令人回味无穷。真可谓"三尺秋水尘不染，天下无双。"

[①] 目前，由澳克洛天然反应堆给出的数据并不支持大数假说。

爱因斯坦的“错误”

1998 年 1 月,美国劳伦斯伯克利国家实验室超新星宇宙学项目负责人索尔·珀尔马特(Saul Perlmutter)向世界宣布了一条惊人消息:我们的宇宙正在加速膨胀!

在《广义相对论的故事》里,我们曾详细探讨过宇宙未来可能呈现的几种面貌。如果时空内部的总质量低于某一临界值,它将持续膨胀直至化作一团死寂的浮尘。如果总质量高过临界值,则膨胀终会停止。尔后,在引力的召唤下,万物将彼此聚拢,直至空间不能承受之重……你有没有发现,前一种情形与《圣经》的描述恰有几分相似,从上帝创世到末日审判,时间是一条笔直的射线;而后一种则暗合了东方宗教的轮回思想,大爆炸的尽头是大暴缩,暴缩的终点是新一轮的暴胀……时间就像闭合圆环,每一次毁灭都孕育着新生。

然而,不论实际情形到底为哪般,在科学家预设的图景中,宇宙的膨胀速率必定是逐级递减的,区别只是在于:减慢到一定程度时,被引力喊停,物质就有机会重新回炉;若引力的强度不足以唤回它的臣民,则膨胀速率将无限递减下去。谁也没有料到,大爆炸过后,宇宙的膨胀速率竟还会增大。

珀尔马特教授和他领导的小组从事超新星研究已超过 10 年,设立该项目最初的目的就是为了证明膨胀的减速,并测算具体速率。可是,积累多年的数据却向他透露出一个可怕的秘密:与地球相距较近的星系的退行速率要高于远方的超新星及其所在星系。这说明了什么呢?请回想一下第四单元所描画的膨胀气球。若空间以等速率膨胀,距离地球越远的位置,退行速率应该越快才对。同时,光的传播需要时间,因此从更遥远的超新星传来的辐射数据所展示的其实是更早以前的景象,所以,若膨胀一直在减缓,则更远处所反映的退行速率就该快上加快。可珀尔马特观测到的结果却恰恰相反,这只能意味着宇宙的整体膨胀速率正在飙升。

结果一经公布,举世震惊。如果宇宙的膨胀越来越快,就意味着它根本是无限的！而对物理学家来说，又一个恼人的"为什么"也随之闪现：是什么在拼命抗拒着引力，将星系加速推开？难道宇宙中还存在着某种未被认知的神秘力量？茫然中，人们搜遍了物理大厦的每个角落，想要为眼前的奇观寻找一种合理解释。忽然，有人指着废纸篓叫道："咦，这里有个东西在闪闪发光呢。"众人忙将篓中的纸片展开一看，是 Λ，被遗忘多时的宇宙常数安静地躺在上面。

自宇宙的动态模型确立之日，Λ 就被它的主人爱因斯坦果断冠名为自己一生"最大的错误"而无情丢弃。但 Λ 既能赤手空拳越过十八铜人阵，于场方程中为自己挣下一个尊贵的席位，其实力自然不同凡响，岂是轻易能够抹去？多年来，它悄无声息地隐居幕后，正是为了等待复出这一刻。如今，时机终于来临，面对加速膨胀的宇宙，唯有它 Λ 才能应对自如——与无处不在的引力相抗衡，这正是爱因斯坦当年赋予 Λ 的神圣使命。

不过，如果现有理论靠谱的话，宇宙在经历了大爆炸过程内 $1/n$ 秒的暴胀之后，必须有个收紧缰绳的减速阶段，尔后才能进入新一轮加速膨胀。照此说来，宇宙"常数"实则应该是个变量。观测结果公布之时，距离爱因斯坦去世已有 40 多年。40 年间，人们发明了各类算法来解他那迷雾重重的场方程，而计算方式也由纯人工逐步进化为电脑辅助。可却再也没有人拿得出爱因斯坦当年的气魄，大笔一挥，改动方程中任意项。

膨胀加速现象至今仍是天文界的头号难题，除了搬出救兵 Λ 之外，暗物质、幻能量、第五元素等五花八门的新猜想也在陆续出台，真相终将花落谁家，还得依靠进一步的观测来说话。或许，就连爱因斯坦所犯的最大错误，也有可能部分是对的，可惜他却不能亲自参与新一轮的大改造了。

统一之路

时光再次回到 20 世纪 20 年代，当哥本哈根与哥廷根的"零零后"们正沐浴在量子大陆初升的暖阳下纵缰驰骋时，他们心中的偶像、曾以一人之力颠覆人类时空观的阿尔伯特·爱因斯坦已渐渐迈入中年，年轻时那蓬卷卷的黑发也已随着年龄的增长缓缓披散下来，向着晚年间银丝飞舞的标志性造型靠拢。令玻恩与玻尔两位量子领军人始料不及的是，此时的爱因斯坦为了追逐心中的完美之境，竟与各主流学派渐行渐远。"上帝是难以捉摸的，但他绝无恶意。"爱因斯坦始终相信，所谓"概率"、"不确定性"不过是老头子在的探索之路上故意设下的迷障，为的是和我们开一些善意的小玩笑。如能越过樊篱，人类终将看到一幅全然确定的、唯一的终极蓝图。

跟从这一信仰，尽管在与哥本哈根的论战中，他率领的队伍三番五次败下阵来，尽管饱受世人揶揄："1925年后，爱因斯坦就算改行去钓鱼，对物理学也不会有丝毫影响"，尽管昔日的好友纷纷为他感到惋惜，但在接下来的30年光阴里，这位倔强的思想者从未放弃前行。爱因斯坦坚信，相对论与量子力学这两套看似分立的体系之上一定存在着某种更为完整理论，如同母亲一般把这两个淘气的孩童拥入怀中——一个宽厚而博大的母体，在大尺度上她可与广义相对论相契合，而在小尺度范围又能随机变幻，轻灵地与量子共舞。46岁以后，除了为对抗暴政、争取和平而奔走之外，爱因斯坦将他全部的精力都投到了实践这一信念，可无数次碰壁徘徊，他终究也没能窥见一丝光亮……

爱因斯坦失败了。难道"老头子"忘了给迷宫设计出口？还是爱因斯坦选择了错误的大方向？多年后，人们才意识到，原来在爱因斯坦一头扎入"统一之梦"的时候，微观世界除电磁力之外的另两根支柱，强力与弱力，其概念尚未明确，相关的实验数据更是残缺不全。因此他在将量子力学相对论化的征途之中，根本没把强、弱二力纳入体系。巧妇难为无米之炊，食材不全，再具创意的大厨也烹不出绝世佳肴。

看来，出口虽未找到，也并不意味着前方定然是死胡同。沿着爱因斯坦那深邃的目光，寻找一种包罗万象的终极理论的梦想就像一团星火，点燃了后来者的豪情。20世纪60年代，四种作用力具已亮出庐山真面。大家这才恍悟，每种相互作用的媒介本身亦是量子化的，各媒介粒子统称为"胶子"：与引力相关联的胶子叫做"引力子"，与电磁力相关联的是光子，与弱作用力相关联的是"弱胶子"，而"带色胶子"则提供着束缚夸克的强作用力。它们看起来对应得是如此规整。那么，到底能否借助某座桥梁，把四种力给整合起来呢？这一次，众人决计采取迂回战术，把引力子先放到一边，试着将其他三力纳入统一框架。目标既定，探险队再度整装出发，只见飘扬的队旗上赫然写着三个大字——GUT：Grand Unified Theories——"大统一"由此启程。

弱电统一

1968 年，美国哈佛大学的史蒂文·温伯格（Steven Weinberg）与巴基斯坦物理学家阿卜杜勒·萨拉姆（Abdus Salam）向着目标跨出了艰难的第一步。在希格斯机制的基础上，两人分别建立起了一套整合弱相互作用与电磁作用的模型。两年后，温伯格中学时代的同窗好友谢尔登·格拉肖（Sheldon Glashow）也加入到这趟冒险中来，经其拓展之后，温伯格理论中弱力与电磁力间的联系终于涵盖了所有基本粒子，该理论遂被称为"弱电统一"。

什么是希格斯机制呢？让我们先回顾一下《对称的故事》中讲到的一个重要概念：自发对称性破缺。大自然是热爱对称的，可百分百对称的条件下，又怎能容纳万物的多样性？因此，轻微的"破缺"必不可少。那么，如何才能令对称性自发地走向破缺呢？萨拉姆讲述了一个有趣的例子：圆桌之上，每套餐碟与相邻餐碟之间都摆放着一盘色拉。这时对每位食客来说，他既可以享用左边那盘，又可以选择右边那盘，整桌宴席是完美对称的。然而，如果哪位食客率先端起了右边的色拉盘，那么其余的人也都只好把餐叉伸向自己右边。就这样，对称性偶然地发生了破缺——而希格斯粒子正是那第一个端起色拉盘的人。希格斯机制一旦成立，弱力对称就既能在近距离之内（高能量）保持，又能在远距离范围（低能量）破缺。

当然，温伯格—萨拉姆在微观世界所搭建的"餐桌"要比上述复杂得多，但原理却是一致的，即从对称的方程式导出不对称的解。有趣的是，尽管温伯格三人由于建立弱电统一模型，于 1979 年就分享了诺贝尔物理学奖。但该体系的核心元素，号称"上帝粒子"的希格斯玻色子，却直到 2012 年才在大型强子对撞机里被正式俘获。翌年底，84 岁高龄的"上帝粒子"之父彼得·希格斯（Peter Higgs）才在众人饱含热泪的目光中，低调地接过了奖章。

量子电动力学(QED)与量子色动力学(QCD)

弱力与电磁既已联手,征服强力不就指日可待了吗?电子之间相互交换光子即产生电磁力,受此启发,来自日本的汤川秀树亦为核子打造了一种媒介:π介子,通过它所传递的力即是强力。但不同于光子,汤川笔下的 π 介子是有静止质量的。这怎么可能?依照埃米·诺特的论证,即便在微观世界,能量也无法凭空创生。而这正是汤川异乎寻常之处,他以全局化的眼光将不确定性引入了模型当中——Δt 与 ΔE 不可同时确定——也就是说,如果我们确定了 π 介子离开质子的时间,就无从知晓它到底携带着多少能量。这意味着能量可以短暂地不守恒,直到 π 介子将盗走的能量又归还给目标粒子。如此一来,有质量的 π 介子不但没有破坏守恒原则,还顺便对强力的短程效应给出了合理解释:电磁力之所以是长程的,那是因为光子无须背负静止质量,因而它可以任意创生,且想跑多远就跑多远;但 π 介子生而有质量,由于海森堡不等式的限制,它背负的能量越大,自由活动的时间就越少,因而奔跑的距离也就越短。所以,当两粒核子相距超过一定范围,它们就再也不受彼此的强力所羁绊了。

电磁力与强力,两种既相似又不同的作用模式,决定了二者走向统一的难度。20 世纪 40 年代,借助重正化,费曼等人历尽艰辛终于为高耸的 QED 大厦的封上了穹顶,而这同时也为统一序曲奏响了第一个音符。QED 是相对论性的,它符合狭义相对论的全部思想,同时它又是量子化的,并且它还是场论的——正是 QED 第一次把光子描述为电磁场的胶子,并据此建立起数学模型。之后的岁月里,"粒子大爆炸"将亚原子家族那群稀奇古怪的兄弟姐妹接二连三送到世人面前,经重新分类,学者们把所有能感受强相互作用的粒子统称为强子。1964 年,加州理工的盖尔曼教授第一个举刀"切"开了强子,提出了大名鼎鼎的夸克模型:每个强子都可以进一步被分割成拥有不同"色"与"味"的夸克,而夸克之间通过带色胶子来传递作用力。这便是量子色动力学(Quantum Chromodynamics,QCD)的雏形,听名字是不是很耳熟,没错,它就是要光明正大地效仿 QED。

最后的阵地

目前,强力与弱电的统一大业在规范对称的指引下正朝着前方稳步迈进。但雄心勃勃的物理学家一刻也没有忘记,他们的大后方还有丝毫未曾妥协的万有引力。引力,这个绝世孤高的家伙,对量子大陆诚意满满的求和信函全然嗤之以鼻。它执拗地伫立在大洋彼岸,如同一座空灵的灯塔,替它的主人——同样孤傲的场方程之父阿尔伯特·爱因斯坦——守护着经典王国最后的阵地。

与电磁力相比,引力是如此之小,更别提电磁身后的强作用力了。如果10^{42}这样的数字对你来说还不够形象的话,请拿起磁石对准地上的铁钉,"呼",只见铁钉乖乖地攀附到磁石表面——小小一块磁石与铁钉之间的电磁力竟战胜了整个地球对铁钉的吸引力!但同时,与其他三种力相比,引力的作用范围却又如此之广,如果宇宙的质量密度足够高,它甚至能将整座时空凝为一个奇点。

也许你要问,引力 vs. 强力、弱力、电磁力,宏观 vs. 微观,分而治之不是挺好吗,为什么其他三力皆一心想要吞并引力呢?追逐统一之梦的探险家们相信,上溯至时空源头,在大爆炸最初的十亿分之一秒,超高能的热空间之中,四种相

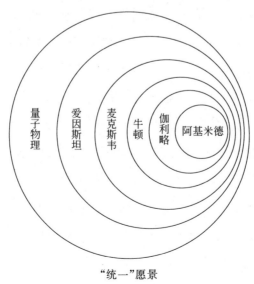

"统一"愿景

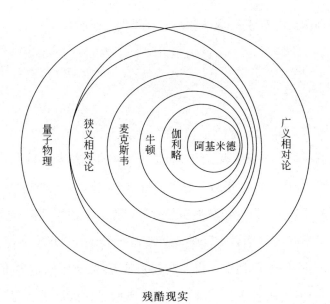

残酷现实

梦想 vs. 现实

互作用确曾合而为一。那是一种高度对称的作用力。混沌之中,夸克、轻子均匀地散布在各个角落,一切是那么和谐,但它同时也是一片不毛之地。渐渐地,随着火球的膨胀,宇宙开始冷却,而对称性亦随之破缺。首先分立出来的,自然是作用于宏观尺度的引力,尔后强力、弱力、电磁力也纷纷找到了用武之地,于各层次间施展着自己的魔力。夸克汇聚成强子,光子于电子身旁穿梭跳跃,弱胶子 $W^{\pm}$ 与 Z^0 则偷偷改变着夸克的"味道"……是对称的破缺,为宇宙带来了生气。可要探寻宇宙的起源,我们就必须恢复那完美的对称性。

如此说来,创建统一大业,并不仅仅是量子帝国对经典世界的全面征服,同时亦包含着人类对对称之美的渴求。然而,作为理论界最最"爱美"之人,爱因斯坦却从未认同过有关引力子的任何猜想——他原本还指望凭借广义相对论去收服量子论呢。依照爱因斯坦的描述,引力身为一种场,必然是延绵不断的,恰与跃动的引力子形成鲜明对比。

波,还是粒子

场,还是比特

又或者,二者有无可能走向统一?

TIME
AND LIGHT:
The History of Physics

时与光
一场从古典力学
到量子力学的思维盛宴

古老的问题换上新容颜，又一次站立在了世人面前。

弦

宇宙到底有没有一幅终极蓝图？将整个乾坤的秘密浓缩于一件 T 恤之上，爱因斯坦之后，几代学人对此的野心可谓有增无减。尽管前路漫漫，一向以霸气横扫天下的物理学家却早已依照祖师爷艾萨克·牛顿的风格，毫不客气地为新目标取好了名字："万有理论"（theory of everything，TOE）。然而，连电、弱、强都尚未统一，我们如何朝引力进军呢？别着急，人类的创造力可是无限的，既然强攻不下，何不绕开重火力区，潜入物质世界更底层去找寻更为基本的元素？

20 世纪 90 年代，从数学界穿越而来的菲尔兹[①]级全才爱德华·威滕（Edward Witten）让我们看到了第一线希望。凭借对拓扑与对称的深刻理解，威滕将沉睡多时的"弦理论"再次唤醒。

弦理论最早诞生于 1968 年，意大利物理学家加布里叶·维尼基亚诺（Gabriele Veneziano）在研究强作用力时发现，欧拉 β 函数，这个由高产大师莱昂哈德·欧拉于 200 年前随手构造的小玩意儿，竟能帮助他导出一些有效解。不久，芝加哥大学的南部阳一郎、斯坦福大学的伦纳德·萨斯坎德（Leonard Susskind）和玻尔研究所的霍尔格·尼尔森（Holger Nielsen）三人更进一步证明：新体系中，构成物质的最小单元可等效于类似橡皮筋那样的弹性弦线。

什么？弦线？数百年来，理论模型一直是建立在点阵之上。因此，多数人心目中，如果基本单元真的存在，那它也必定是零维的，而弦线却是一维的。不仅如此，经施瓦兹（John Schwarz）进一步推算，由弦构建的时空竟有 26 个维度！该理论的古怪程度简直超乎想象。加之数学上的巨大困难，到 20 世纪 70 年

---

① "菲尔兹奖"堪称数学界的诺贝尔奖。唯一不同的是，它每隔 4 年才颁发一次。获奖难度可想而知。

代，随着看上去更加优雅的规范场论的兴起，维尼基亚诺的创想很快就被人们束之高阁。

其后的 20 年里，虽然投身于开发弦理论的人少之又少，但每一次突破性进展都深深地刺激着物理界的神经。好消息是：26 维已被逐步简化至 10 维，并且借助"超对称"原理，弦也已升级为"超弦"。施瓦兹等人甚至在超对称所预言的一大堆新粒子中找到了一个自旋为 2、质量为 0 的小家伙——这不正是 TOE 梦寐以求的引力子吗！可是，坏消息亦随之而来：人们发现了五种互不相容的弦理论，那还谈何统一呢？直到 1995 年，爱德华·威滕携重装升级"M 理论"①出现在物理年会时，"五弦谜案"才终得破解。原来，五种版本的弦理论彼此之间都是对偶的，它们皆出自同一个"母体"，即 M 理论。该体系不但能把上述五副面孔统统收纳于一身，同时还证明了 10 维的超弦理论与 11 维的超引力理论也对偶。由此，M 理论把我们带入了一片全新的天地，它很可能会描画出一幅更恢宏、更连贯的超弦图景，并最终实现 TOE 的夙愿，将引力全面量子化。

一个理论之上的理论。

难道说，人类闭着眼睛摸索了许久之后，"真象"终于被找到啦？且慢，让我们再仔细来研究一下，有关宇宙的秘密，M 理论究竟能透露多少。首先，既然理论显示时空应有 11 个维度，为何我们始终只触摸得到三维的空间和一维的时间呢？威滕的支持者回答说：那是因为剩下的 7 个维度全都蜷缩了起来。就好像田间的麦管，远远望去，它们不过是些一维细线；可对于安居在此的小虫来说，一簇簇麦管不但有弯曲的表面，还有中空的内腔，简直就是天赐的三维乐园。与此类似，虽说在宏观尺度，我们只拥有（3＋1）维，可是，如能把视线延伸至普朗克尺度，微观世界的另外 7 个维度将无处藏身。然而，就算该模型成立，蜷缩起来的为什么是 7 个维度，而不是 3 个或者 6 个呢？目前，M 还无法对此做出解答。

抛开"维度之谜"不谈，在如此复杂的模型当中，M 为我们奉上的基本单元

---

① 对于 M 的含义，威滕给出的注解是：膜—Membrane，魔术—Magic，谜—Mystery，又或者母亲—Mother……随你意愿。

亦不止一种，除却一维的弦，还有二维的膜、三维的球，而三维来了，四维、五维乃至更多维还会远吗？这套不断繁衍的体系很快就为自己赢来一美名：p膜。"To work on the p-branes, you have got a pea brain."理论家们相互戏谑道。物理一旦脱离零维点阵，向着高维攀附，那么今日既能构造出超弦，待到明日人类掌握了更加高深的数学技巧，超膜、超球……会不会无穷无尽地涌出呢？p的隐秘含义，不会是潘多拉（Pandora）吧。

从弦到超弦，再到M理论，此类模型的构建始终基于这样一幅图景：作为基本单元的弦时刻都在舞动，而每一种舞步皆对应着一种特定的微观粒子。然而，拨弹一根弦，花样可是无限多。扭动弦线，虽然弹出了稀世珍宝"引力子"，但同时也引来了千千万万的"无名子"。如此说来，M理论确实有可能包含着宇宙中所有的作用关系，但里面却也掺杂着许多不属于我们这个世界的东西。

在一个极其复杂并无限延伸的迷宫之中有A、B两点，求问：如何才能尽快从A点走到B点？你若拿类似的问题去咨询M理论，那么它的反应不外乎：覆盖地图上所有的活路、死路、最远路线、最捷径……然后告诉你说，你要的答案就在其中。

没错，答案确实就藏在其中。

但，究竟是哪一条呢？

启程

在爱因斯坦等众位前辈心目中，设计首先应当是美的。而美则意味着唯一，添一丝则肥、少一分则瘦，就像引力反比于距离的平方，它必须如此、别无选择。但物理发展到今天，平行宇宙、历史求和、M理论……不论哪个方向，往前一步，你都将面对无数的问号：（3＋1）维到底是不是时空的内在禀性？我们亲爱的宇宙究竟是大自然唯一的宠儿，还是众多试验品之一？1＋1除了等于2，还可以有别的选择吗？又或者，如此这般的繁芜离乱不过是大自然耍弄的障眼法，待我们绕出那一条又一条的死胡同，在更高一层次上，统一与确定终将回到身旁？

自从智慧的火种点燃了人类的探索激情，在这颗星球上，每隔一段时期乐观的科学家总会纷纷发表预言：知晓宇宙的全部秘密已指日可待。可每到这个时候，大自然却总是变戏法似的放出一捧烟幕弹，抖出几朵小乌云：孩子们，我还没玩够呢，快加把劲儿，往后有的是宝藏！

从古典力学到量子力学，这段征程，我们已经走了很远很远。但置身于茫茫迷宫，陌生的疆域仍然了无穷尽——大自然在建造迷宫之时，到底有没有为它设计出口？如果答案是肯定的，那么通往终点的道路是不是仅有一条？如果不是，那么究竟哪条才是最优路径？

答案的背后，是新的问题。

问题的背后，依旧还是问题。

而这或许才是探索游戏的最奇妙之处——下一关，永远在前方等着你。

附录一 费马最短时间原理的证明

首先考虑光在真空中的情形。由于两点之间直线最短,匀速运动过程中,最短的路程当然耗费的时间也最少。因此,费马原理成立。

然后是反射的情况。仍以全反射为例,如附图 1.1 所示,真空中有任意两点 A、B 与一平面镜 MM'。如果规定:光从 A 点出发,必须在最短时间内碰到镜面 MM' 再折返至 B 点,请问它应该怎样走呢?

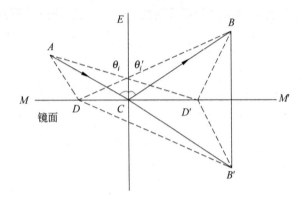

附图 1.1 反射详图

利用几根辅线,我们很快便可帮助光束做出选择。如图所示,透过镜面 MM' 作 B 点的镜像 B',连接 AB',令 AB' 与 MM' 交于 C 点。由于 B 与 B' 互为镜像,所以 CB 与 CB' 相等,即得:$AC+CB=AC+CB'=AB'$。于是路径 A—C—B 转化为直线 AB'。又因为直线外任何一点 D 所确定的路径 A—D—B(其长度为:$AD+DB=AD+DB'$)都要长于 AB'。所以,路径 A—C—B 即为最短路径。方案既定,我们就可以来求算反射角的大小了。

由于:$\angle ACM=\angle B'C\,M'$(对顶角相等),

$\angle B'CM'=\angle BCM'$(等腰三角形推论),

所以：$\angle ACM$ 就等于 $\angle BCM'$。

又由于：$\angle ACE = \angle MCE - \angle ACM = 90° - \angle ACM$，

$\qquad \angle BCE = \angle ECM' - \angle BCM' = 90° - \angle BCM'$，

所以：$\angle ACE = \angle BCE$。

在反射角与入射角恰好相等的条件下，光所走过的路程最短。同样，由于整个过程不涉及介质转换，光保持匀速运动，因此最短路程所耗费的时间也最少。费马原理再一次得证。

最后是变化多端的折射。如附图 1.2 所示，界面 x 轴之上是真空，下面是水。问：从 A 点到 B 点最省时的路径是哪条？

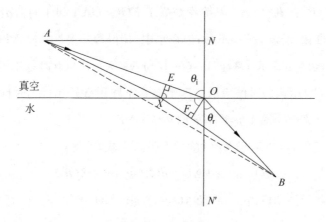

附图 1.2　折射详图

这还不容易，光偷偷一乐：两点之间直线最短嘛，我一如从前，笔直地奔向目的地 B，岂不畅快。嗨，请等一等。光线君，这回你面对的可是两种不同介质，不管不顾地沿着直线向前冲依旧是最优方案吗？设想一下，如果一个人得从位于陆地的 A 点迅速抵达海洋中的 B 点，他会怎样做？由于在沙滩奔跑比在海浪翻腾的水域游泳要快得多，所以为节省时间他不妨绕点儿弯路，在陆地上跑到距离 B 点较近的海岸后再往水里跳。如此说来，光线也可采用同样的计谋，从 A 出发经过 O 点中转一下，再折向 B 点；在传播速率较快的介质里多跑一段，以压缩它在另一介质的穿行距离。这样虽然总行程增加了，总时间反而有所削减。

TIME
AND LIGHT:
The History of Physics
时与光
一场从古典力学
到量子力学的思维盛宴

可是,直线 AB 之外存在无数折线,究竟哪一条才是明智之选呢? 如附图 1.2 所示,以 O 为原点做两条相互垂直的线,分别代表界面与法线。连接 OA、OB,在距离 O 点不远处的界面上任取一点 X,连接 XA、XB。首先,假设路径 $A—O—B$ 耗时最少,由于 X 点距离 O 点极近,所以路径 $A—O—B$ 与 $A—X—B$ 所需时间几乎相等(如果你熟悉微分原理,更准确的说法是:两条路径在一级近似下保持不变。$A—O—B$ 之所以略微优越于其周边任意路径 $A—X—O$,是因为转折点 X 只要往 O 点左、右稍有移动,就会产生一个正的增量,它对应着时间上二级无穷小的改变量)。然后,再具体分析两条路径。于附图 1.2 中,过 X 做 AO 的垂线 XE,过 O 点做 XB 的垂线 OF。当路线从 $A—O—B$ 偏移至 $A—X—B$,在真空部分,其路程减省了 EO($\angle OAX$ 极小的情况下,$\angle AXE$ 可近似看作直角,所以 $AE \approx AX$);但在水中,却得额外多走一段 XF($BO \approx BF$,理由同上)。由前定假设,路径 $A—O—B$ 与 $A—X—B$ 总耗时基本不变,因此光在真空路段 EO 所需的时间应恰好等于在水下路段 XF 穿行的时间,假设光在水中的速率是真空中的 $1/n$,即有:$EO \approx n \cdot XF$。

把直角三角形 OEX 与 XFO 的关系带入上式,可得:

$$XO \cdot \sin\angle EXO \approx n(XO \cdot \sin\angle XOF)$$

消去公共斜边 XO 后:$\sin\angle EXO \approx n \cdot \sin\angle XOF$

又由于:$\angle NAO = \angle XOE$(内错角相等)

所以直角三角形 ANO 与 OEX 中:

$$180° - \angle NAO - 90° = 180° - \angle XOE - 90°$$

即得:$\angle NOA = \angle EXO$,$\angle EXO$ 与入射角 θ_i 大小相等

又因为 $\angle BOF$ 可近似看作直角,所以:

$$\angle XON' - \angle FON' = \angle BOF - \angle FON'$$

即:$\angle XOF = \angle BON'$,$\angle XOF$ 与折射角 θ_r 大小相等

所以:$\sin\theta_i \approx n \cdot \sin\theta_r$,即:$\dfrac{\sin\theta_i}{\sin\theta_r} \approx n$

所得结果在形式上与斯涅耳公式完全契合! 光为了在最短时间内从 A 点到达 B 点,它只有一个选择:令自己在两种介质之中的速率之比恰等于入射角

θ_i 与折射角 θ_r 的正弦之比。也就是说,从最短时间原理能够直接推导出斯涅耳原理,费马又获胜了。

与逐一检测折射率相比,新原理的优势何在呢？给定任意两种介质,依据原先的方法,若不实地勘测根本无法确定光路。而有了费马原理之后,只需知道光在两种介质的传播速率,就可先行计算出它的偏转角度了。事实上,17 世纪的实验设备尚不足以精确测定光的飞行速率。但通过费马原理,由"光在穿越气—液界面时,空气部分的入射角 θ_i 总是大于水中的折射角 θ_r"这一现象,不难判断：光是为了压缩水中的行进距离而特意拉长其在空中的路程。因此,可反过来推知,光在水中的传播速率要比空气中慢。

附录二　牛顿与苹果

为了突出引力效应的无所不至,本文刻意对该定律的发现过程做了戏剧化处理:一个苹果砸到 23 岁的牛顿头上,从而砸出宇宙的惊天秘密。关于 1666 年这个"奇迹年"的故事,历史上确有记载,不过,最初的版本却是源自牛顿本人晚年的追忆。功成名就之后回首往昔,其中有多少浮夸成分,诸位还需谨慎判断。

科学史上的两大奇迹年,1666 年与 1905 年,仔细探究起来,其实有着本质的不同。爱因斯坦在 1905 年一年之内向科学院连续递交了六篇重量级论文,那是白纸黑字、有据可查的,但牛顿的所谓奇迹年,却很难拿出证据。从现存的算稿来看,直到从乡下返回剑桥时,他对离心力的认识仍是模糊不定的;更在 1679 年至 1680 年间,经胡克指出,牛顿才意识到"引力按距离增长的平方倍衰减"是公式中最最关键的因素。

当然,这么说并不是要否认牛顿的贡献,他仍是古典力学的集大成者,并极具天才地用自己创造的"流数"严格证明了所有重要关系式。但物理规律的探掘需要经历漫长的积累、无数次的犯错,把它简单归结为坐在苹果树下等待"尤里卡",未免抹杀了其他人所付出的心血。诸位若对这段历史感兴趣,还需另行查证,切不可以文中所述为据。

附录三　质能方程的简单推导

$$E = m\gamma c^2 = \frac{mc^2}{\sqrt{1 - \left(\dfrac{v}{c}\right)^2}}$$

由泰勒展开式可得

$$E = mc^2 + \frac{1}{2}mc^2\left(\frac{v}{c}\right)^2 + \frac{3}{8}mc^2\left(\frac{v}{c}\right)^4 + \cdots$$

$$= mc^2 + \frac{1}{2}mv^2 + \frac{3}{8}m\frac{v^4}{c^2} + \cdots$$

其中 mc^2 与 $mv^2/2$ 分别是展开式的第一项与第三项；第二项为 0，第四、第五……直至第 n 项为高阶值。由于 $(v/c)^n$ 值随着 n 的增大而迅速收缩，一般情形下，第四项往后可忽略不计。因此

$$E \approx mc^2 + \frac{1}{2}mv^2$$

附录四　重力加速度 g 的推导

以从比萨斜塔掉落的大小铜球为例,伽利略已经证明,若空气阻力等干扰因素均忽略不计,它们将同时触摸到塔底的地面——置于同一引力场中同一位置的任何物体,运动加速度 a 与其自身的质量、体积、形状等任何性质都无关:

由牛顿第二定律:$F = am_1$

同时:$F = G\dfrac{m_1 m_2}{r^2}$

所以:$am_1 = G\dfrac{m_1 m_2}{r^2}$

此例当中,m_1 可为任意铜球的质量 $m_{铜球}$,而 m_2 则是地球的质量 $m_{地}$;由于地球半径极大,相较之下比萨斜塔的高度可以忽略不计。所以铜球与地心之间的距离 r 可以看作是恒定值,即地球半径 R。

因此:$a = G\dfrac{m_{地}}{R^2}$

由地心引力赋予地球周边所有物体的这个特殊的加速度 a 即是大家所熟悉的“重力加速度”,其值为:$Gm_{地}/R^2$,用英文字母 g 表示。

附录五 玻尔对爱因斯坦光箱的破解

玻尔与爱因斯坦最关键的分歧在于,由弹簧来测量光箱的位移 Δx 从而推定系统的能量损失 ΔE,与由时钟来确定光子的逸出时间 Δt,这两个事件是否相互独立?

若两个事件互相之间不会产生牵连,那么从理论上来说,ΔE 与 Δt 就可分别被控制在很小的范围内,因而也就推翻了海森堡不确定性:$\Delta t \Delta E \geqslant h/4\pi$。

针对此诘问,玻尔的答复如下:

首先,光子的逃逸会使箱子受到一个向上的冲量。该冲量的大小等于光子的重量 $g(E/c^2)$ 与逃逸所耗时间 t 的乘积。而此冲量即是光箱的动量:

$$\Delta p = \frac{g\Delta E}{c^2} \cdot t$$

根据海森堡原理,箱子的动量 Δp 与弹簧缩短所造成的箱子的位移 Δx 之间因满足

$$\Delta p \Delta x \geqslant \frac{h}{4\pi}$$

同时,根据广义相对论,引力场越强的地方,时空越是扭曲,相应地,时间走得就越慢(而原子的振动也因此变慢,光的频率变低,所以谱线便朝着红端移动。俗称"引力红移效应")。由此,可推出光箱在引力场中的位移 Δx 与位移所造成的时间膨胀 Δt 之间的关系为:

$$\frac{\Delta t}{t} = \frac{g\Delta x}{c^2}$$

这是破译该难题最重要的一步,它表明测量箱体的位移与测量时间的变化这两个步骤并不互相独立!

最后,综合以上三式,$\Delta t \Delta E \geqslant h/4\pi$ 就又回来啦。

附　录　六

　　本文对许多知识点的讲解都受到了《费恩曼物理学讲义》①的启发,虽然在章节的编排上并没有严格按照讲义的顺序,但却借鉴了其核心的推演过程。希望拙作能够触及原著的些许皮毛,把不一样的思考方式呈现给大家。

　　另外,对万有引力的介绍,参阅了徐一鸿教授的《爱因斯坦的宇宙:老人的玩具》。对狭义相对论的介绍,参阅了哈拉尔德·弗里奇教授的《改变世界的方程:牛顿、爱因斯坦和相对论》。对广义相对论的介绍,参阅了阿米尔·D.阿克塞尔教授的《上帝的方程式:爱因斯坦、相对论和膨胀的宇宙》。验证宇称是否守恒的实验,参阅了徐一鸿教授的《可畏的对称》。贝尔不等式的推演过程,参阅了海因茨·R.帕格尔斯教授的《宇宙密码:作为自然界语言的量子物理》。关于对称与守恒之间的关系,参阅了费曼先生的 *The Character of Physical Law*。而对量子电动力学的解读,则参阅了费曼先生的另一本书《QED:光和物质的奇异性》。

　　以上诸位大师不仅在学术方面颇具创见,更为把知识传达给公众,付出了许多心血。正是因为这样一群人的努力,物理学的面貌才日益丰富和有趣。借此机会,笔者想对他们以及"参考书目"中所提到的每一位作者,致以深深的谢意。

---

　　①　费恩曼即费曼,乃不同书籍译名不同。

参 考 文 献

[1] 理查德·菲利普·费恩曼. 费恩曼物理学讲义:第1卷[M].郑永令,华宏鸣,吴子仪, 译.上海:上海科学技术出版社,2013.

[2] 理查德·菲利普·费恩曼. 费恩曼物理学讲义:第2卷[M].李洪芳,王子辅,钟万蘅, 译.上海:上海科学技术出版社,2013.

[3] 理查德·菲利普·费恩曼. 费恩曼物理学讲义:第3卷[M].潘笃武,李洪芳,译.上 海:上海科学技术出版社,2013.

[4] 理查德·菲利普·费恩曼. QED:光和物质的奇异性[M].张钟静,译.北京:商务印书 馆,1994.

[5] 艾萨克·牛顿. 自然哲学的数学原理[M].赵振江,译.北京:商务印书馆,2006.

[6] 路易·德布罗意. 德布罗意文选[M].沈惠川,译.北京:北京大学出版社,2012.

[7] 邓景发,范康年. 物理化学[M].北京:高等教育出版社,1993.

[8] 姜·范恩. 热的简史[M].李乃信,译.北京:东方出版社,2009.

[9] 普里戈金. 从混沌到有序:人与自然的新对话[M].曾庆宏,译.上海:上海译文出版 社,2005.

[10] 阿尔伯特·爱因斯坦. 相对论的意义[M].郝建纲,刘道军,译.上海:上海科技教育 出版社,2005.

[11] 阿尔伯特·爱因斯坦. 狭义与广义相对论浅说[M].杨润殷,译.北京:北京大学出版 社,2006.

[12] 约翰·惠勒. 宇宙逍遥[M].田松,南宫梅芸,译.北京:北京理工大学出版社,2006.

[13] 阿米尔·阿克塞尔. 上帝的方程式:爱因斯坦、相对论和膨胀的宇宙[M].薛密,译. 上海:上海译文出版社,2014.

[14] 哈拉尔德·弗里奇. 改变世界的方程:牛顿、爱因斯坦和相对论[M].邢志忠,江向 东,黄艳华,译.上海:上海科技教育出版社,2011.

[15] 刘辽,费保俊,张允中. 狭义相对论[M].北京:科学出版社,2008.

[16] 赵峥. 物含妙理总堪寻:从爱因斯坦到霍金[M].北京:清华大学出版社,2014.

[17] 徐一鸿. 可畏的对称[M].张礼,译.北京:清华大学出版社,2005.

[18] 徐一鸿. 爱因斯坦的宇宙:老人的玩具[M].张礼,译.北京:清华大学出版社,2004.

[19] 伽莫夫 G. 从一到无穷大:科学中的事实和臆测[M].暴永宁,译.北京:科学出版社, 2002.

[20] 伽莫夫 G,斯坦纳德 R. 物理世界奇遇记[M].吴伯泽,译.北京:科学出版社,2008.

[21] 埃尔文·薛定谔. 生命是什么:活细胞的物理学观[M].上海外国自然科学哲学著作 编译组,译.上海:上海人民出版社,1973.

[22] 理查德·罗兹. 原子弹出世记[M].李汇川,等,译.北京:世界知识出版社,1990.

[23] 利昂·莱德曼,迪克·泰雷西. 上帝粒子:假如宇宙是答案,究竟什么是问题?[M]. 米绪军,古宏伟,杨建辉,等,译.上海:上海科技教育出版社,2003.

[24] 陆埮,罗辽复. 物质探微:从电子到夸克[M].北京:科学出版社,2005.

[25] 李政道. 李政道文选[M]. 上海:上海科学技术出版社,2008.

[26] 赫尔曼·外尔. 对称[M].冯承天,陆继宗,译.上海:上海科技教育出版社,2005.

[27] 克里斯·麦克马纳斯. 右手,左手:大脑、身体、原子和文化中不对称性的起源[M]. 胡新和,译.北京:北京理工大学出版社,2007.

[28] 威廉姆·庞德斯通. 推理的迷宫:悖论、谜题,及知识的脆弱性[M].李大强,译.北 京:北京理工大学出版社,2005.

[29] 查里得·费曼,斯蒂芬·温伯格. 从反粒子到最终定律[R].李培廉,译.长沙:湖南科 学技术出版社,2003.

[30] 海因茨·R.帕格尔斯. 宇宙密码:作为自然界语言的量子物理[M]. 郭竹第,译.上 海:上海辞书出版社,2011.

[31] 吴国盛. 科学的历程[M].北京:北京大学出版社,2002.

[32] 理查德·费曼. 你干吗在乎别人怎么想:充满好奇心的费曼[M].李沉简,徐杨,译. 北京:中国社会科学出版社,1999.

[33] 理查德·费曼. 别闹了,费曼先生:科学顽童的故事[M].吴程远,译.北京:生活·读 书·新知三联书店,2005.

[34] 巴兹尔·马洪. 麦克斯韦:改变一切的人[M].肖明,译.长沙:湖南科学技术出版社, 2011.

[35] 盖尔·克里斯琴森. 星云世界的水手:哈勃传[M].何妙福,朱保如,译.上海:上海科 技教育出版社,2000.

[36] 尤金·维格纳,安德鲁·桑顿. 乱世学人:维格纳自传[M].关洪,译.上海:上海科技

教育出版社,2001 .

[37] 曹天元. 上帝掷骰子吗：量子物理史话[M]. 沈阳：辽宁教育出版社,2008.

[38] 西蒙·辛格. 费马大定理：一个困惑了世间智者 358 年的谜[M].薛密,译.上海：上海译文出版社,2005.

[39] Feynman R P. The Character of Physical Law [M]. Bridge City：The MIT Press,2001.

[40] Wheeler J, Ford K. Geons,Black Holes,and Quantum Foam：A Life in Physics[M]. New York：W. W. Norton & Company,1998.

[41] Gribbin J. In Search of Schrödinger's Cat：Quantum Physics and Reality [M]. San Francisco：Black Swan,1985.

[42] Gribbin J. Schrödinger's Kittens and the Search for Reality：Solving the Quantum Mysteries [M]. New York：Back Bay Books,1996.

[43] Weinberg S. The First Three Minutes：A Modern View of The Origin of the Universe [M]. New York：Basic Books,1993.

[44] Weinberg S. The Discovery of Subatomic Particles Revised Edition[M]. Cambridge City：Cambridge University Press,2003.

后　记

物理是什么？

你若带着这一问号翻开本书，那么此刻脑海之中定有千万个问号在奔腾。而这正是笔者想要借助些许文字来与你一同分享的——科学殿堂脚下的基石不是答案，却是问题本身。

时与光，这对仿佛永远分离却又终身相依的伴侣
向我们展示的正是提问的乐趣所在
流光飞舞中，人类试着去探知时间的本性
而在时间的长河里，我们一步步向着光的真实面目靠近

这世上，有许多的东西，我们原以为了若指掌，但随着探索的深入，才发觉自己距离真相远不止十万八千里；而另一些东西，曾被认定永远也无从知晓，但随着问号一个接一个地被破解，人类竟慢慢触到了秘密的核心……

宇宙的最可以理解之处是它的无法理解
而宇宙最无法理解之处是它竟然可以被理解